普通高等教育电气工程与自动化（应用型）“十二五”规划教材

嵌入式系统设计

李秀娟　张晓东　于心俊　编著

机 械 工 业 出 版 社

嵌入式系统遍及人们生活的各个领域，涉及嵌入式硬件与软件技术。本书先由嵌入式系统基本构成开始，介绍嵌入式系统硬件结构、硬件开发平台和嵌入式操作系统，然后重点阐述嵌入式系统的开发方法和技术，以及针对嵌入式Linux系统的应用开发，并结合实例详细讲述嵌入式系统开发环境设置、系统移植方法和驱动程序的开发，最后给出嵌入式系统工程开发实例。

本书可作为自动化、电气工程及其自动化、电子信息工程、测控技术与仪器等专业的高年级本科生和研究生的参考教材，也可作为从事嵌入式系统设计、微控制系统设计和电子设计等科研人员和工程技术人员的参考读物。

图书在版编目（CIP）数据

嵌入式系统设计/李秀娟编著．—北京：机械工业出版社，2013.7（2018.8重印）

普通高等教育电气工程与自动化（应用型）“十二五”规划教材

ISBN 978-7-111-42795-7

Ⅰ.①嵌… Ⅱ.①李… Ⅲ.①微型计算机-系统设计-高等学校-教材 Ⅳ.①TP360.21

中国版本图书馆CIP数据核字（2013）第122219号

机械工业出版社（北京市百万庄大街22号 邮政编码100037）
策划编辑：于苏华 责任编辑：于苏华 任正一
版式设计：常天培 责任校对：陈秀丽
封面设计：张 静 责任印制：常天培
北京京丰印刷厂印刷
2018年8月第1版·第3次印刷
184mm×260mm·20印张·544千字
标准书号：ISBN 978-7-111-42795-7
定价：39.00元

凡购本书，如有缺页、倒页、脱页，由本社发行部调换

电话服务
服务咨询热线：010-88379833
读者购书热线：010-88379649

网络服务
机 工 官 网：www.cmpbook.com
机 工 官 博：weibo.com/cmp1952
教育服务网：www.cmpedu.com
金 书 网：www.golden-book.com

普通高等教育电气工程与自动化（应用型）“十二五”规划教材

编审委员会委员名单

前　言

嵌入式系统是融先进的计算机技术、半导体技术、电子技术和各个行业的具体应用于一体的产物，是一个技术密集、不断创新的知识集成系统，是无处不在、广泛嵌入到各个应用领域的智能系统。在科学技术高度发展的今天，嵌入式系统产品充满了竞争、机遇和创新，嵌入式系统开发人才也成为了炙手可热的紧缺人才。

本书共分为10章。第1章嵌入式系统基础，对嵌入式系统进行了全面的概括，通过人们身边熟知的电子设备，引出无处不在的嵌入式系统的概念，介绍嵌入式系统的组成、应用领域及发展趋势，并就嵌入式系统的选型原则进行概述。第2章介绍嵌入式系统的硬件构成，主要对ARM微处理器家族产品特点、结构以及ARM存储与接口技术进行分析研究。第3章详细介绍基于ARM9处理器的硬件开发平台，并通过"JTAG烧写Flash"实训讲述平台的应用方法。第4章介绍有嵌入式系统灵魂称谓的操作系统，重点对嵌入式Linux操作系统的组成和工作原理进行详细讲述，并通过实训介绍创建虚拟机环境的方法。第5章介绍如何构建嵌入式系统的开发环境，以及确保嵌入式系统正常运行的引导程序、内核和根文件系统的设置与加载方法，最后通过实训讲述嵌入式系统软件环境的建立过程。第6章介绍嵌入式Linux系统的移植，利用综合实训详细讲述Linux内核的裁剪、编译与移植过程。第7章介绍嵌入式Linux应用程序的开发与调试，重点以流行的嵌入式C语言程序环境和ARM的集成开发软件ADS为开发工具，详细介绍开发原理与调试方法。第8章针对设备驱动程序如何开启硬件设备的活力，分析研究驱动程序的开发过程和遇到的问题，并对解决办法进行详细的论述，最后结合工程实训介绍ARM系统下直流电动机的驱动程序设计。第9章介绍嵌入式Linux下GUI的开发方法，重点讲述基于Qt/Embedded的嵌入式GUI开发技术，并将基于Qt/Embedded开发实例发布到嵌入式Linux系统的小型设备上。第10章以两个工程开发实例详细阐述嵌入式系统开发过程中的软硬件系统设计，并扩展到嵌入式CAN网络的应用设计。

全书结构清晰、编排合理、深入浅出，全面地阐述了嵌入式系统开发所必需的基础知识和技术，同时，在第3、4、5、6、8、9章中分别给出了综合实训，并结合作者的研发经验，在第10章通过两个工程实例详细讲述了如何进行嵌入式系统的开发。本书对于从事嵌入式系统开发和学习的高年级本科生、研究生和相关科研技术人员不失为一本有价值的教学、自学参考书。

本书由河南工业大学李秀娟教授组织编写，并进行统稿。第1章由李秀娟编写，第2章由于心俊编写、张晓东参与部分编写，第3、5、6、7、9章由张晓东编写，第4章由张晓东编写、李秀娟参与部分编写，第8、10章由于心俊编写、李秀娟参与部分编写。

本书在编写过程中参考了一些相关资料，并得到了相关学校的领导和同行的大力支持与帮助，对部分章节余磊给出意见、李贝贝进行改图，在此一并表示衷心的感谢。

由于作者水平有限，书中不足之处在所难免，敬请广大读者批评指正。

作　者

目　录

第1章 嵌入式系统基础

无所不在的嵌入式系统，就在你的身边，就在你的手头。

本章首先从人们身边熟知的电子设备谈起，介绍什么是嵌入式系统、嵌入式系统的组成与特点；之后简要回顾一下嵌入式系统的发展历史，介绍嵌入式系统的应用领域和常见的几种典型嵌入式操作系统；最后从实际应用角度介绍嵌入式系统的是如何进行选型的。通过本章的学习，读者可以对嵌入式系统有个基本认识，理解嵌入式系统无处不在的特点，初步掌握嵌入式系统的组成结构，激发学习嵌入式系统的兴趣。

✓ 理解什么是嵌入式系统。
✓ 了解嵌入式系统的特点与应用领域。
✓ 初步掌握嵌入式系统的组成。
✓ 了解嵌入式系统的选型原则。

1.1 嵌入式系统

1.1.1 嵌入式系统简介

在人们的日常生活中，随处可见、触手可及的智能手机、汽车、取款机以及电梯等设备中都存在着嵌入式系统（Embedded System），可是人们对此却毫无察觉。人们之所以会忽视自己身边的嵌入式系统，主要原因是嵌入式系统的有别于传统计算机系统的“看不见”和“无所不在”的特性。与通用计算机系统不同，嵌入式系统是嵌入到设备内部的，具有“不可见”特性。例如，嵌入到手机、洗衣机、电冰箱和微波炉中微电脑系统；嵌入在汽车、电梯和POS机等设备中的小巧的计算机系统；嵌入在工业机器人、医疗设备和卫星等执行专门任务的小型计算机系统等。在这些应用的电子设备或者装置中，嵌入式系统执行的是带有特定要求的预先定义好的任务。那么，到底什么是嵌入式系统呢？下面给出目前比较常见的定义：

1）广义上对嵌入式系统的定义：凡是带有微处理器的专用软硬件系统都可以称为嵌入式系统。

2）IEEE（国际电气电子工程师协会）对嵌入式系统的定义：“用于控制、监视或者辅助设备、机器或车间的操作的装置”（原文为：Devices Used to Control，Monitor or Assist the Operation of Equipment，Machinery or Plants）。

3）国内普遍认同的嵌入式系统的定义：以应用为中心，以计算机技术为基础，软硬件可裁剪，适合于应用系统对其功能、可靠性、成本、体积、功耗等方面严格要求的专用计算机系统。

4）应用上对嵌入式系统的通俗的定义：嵌入式系统是一种专用于某个应用或者产品的基于计算机的系统，该系统可以结合处理器的系统电路和专属软件，成为一个独立的系统或者更大的系统的一部分。

由此可见，嵌入式系统是融先进的计算机技术、半导体技术、电子技术和各个行业的具体应用于一体的产物，是一个技术密集、不断创新的知识集成系统，是无处不在、广泛嵌入到各个应用领域的智能系统。在科学技术高度发展的今天，嵌入式系统产品充满了竞争、机遇和创新。

1.1.2 嵌入式系统的组成

既然嵌入式系统是具有执行独立功能的专用计算机系统，那么，嵌入式系统的组成与传统计算机系统组成相比较，就有其不同点。从宏观上讲，嵌入式系统也是由硬件结构和软件结构组成。硬件结构包括嵌入式处理器、存储器等一系列微电子芯片与器件，软件结构包括嵌入式操作系统（Embedded Operating System，EOS）和应用软件。从应用上讲，嵌入式系统是硬件和软件结构相结合的综合体，共同实现诸如实时控制、监视、管理、移动计算、数据处理等各种自动处理任务。简言之，嵌入式系统主要由嵌入式处理器、相关支撑硬件、嵌入式操作系统及应用软件系统等组成，它是可独立工作的“器件”。嵌入式系统的组成如图 1-1 所示。

1. 嵌入式系统硬件结构

由图 1-1 可以看出，嵌入式系统硬件结构的核心仍是嵌入式处理器。嵌入式处理器是控制、辅助系统运行的硬件单元。但嵌入式系统的存储器不像传统计算机那样使用大容量存储介质（硬盘等），而大多使用 EPROM、EEPROM 或闪存（Flash Memory）作为存储介质。根据半导体集成电路技术的发展，人们通常将嵌入式处理器分为嵌入式微处理器（MicroProcessor Unit，MPU）、嵌入式微控制器（Micro Controller Unit，MCU）、嵌入式 DSP（Digital Signal Processor）和嵌入式片上系统（System On Chip，SOC）四种类型。各个类型处理器之间的关系如图 1-2 所示。

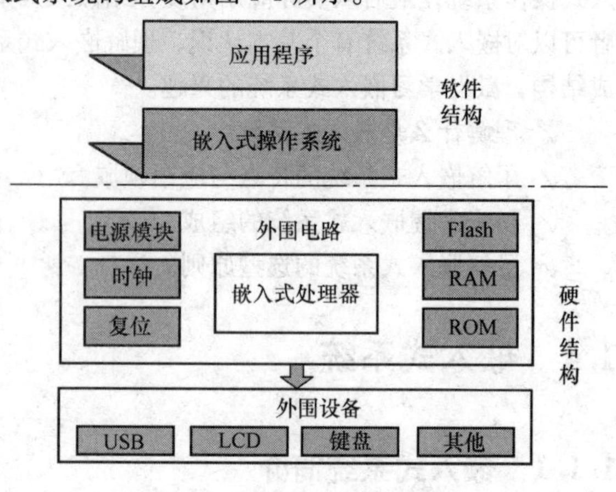

图 1-1 嵌入式系统的组成

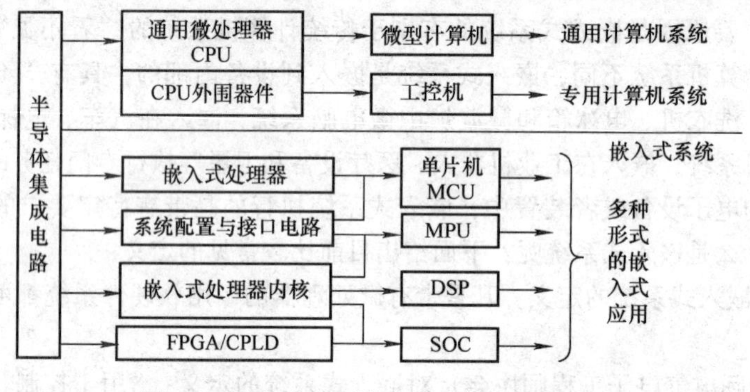

图 1-2 嵌入式处理器分类及其之间的关系

1）嵌入式微处理器（MPU）。MPU 在嵌入式系统中的作用类似于通用计算机中的 CPU。与 CPU 不同之处在于，嵌入式系统在具体应用中只保留了与嵌入式应用紧密相关的功能硬件，去除了其他的冗余功能部分，这样就能达到以最少资源和最低的功耗实现嵌入式应用的特殊要求。在实际应用中，一般是将嵌入式微处理器装配在专门设计的电路板上，俗称“核心板”，如图 1-3 所示。MPU 具有体积小、重量轻、成本低、可靠性高的优点。比较流行的 MPU 的类型有 Am186/88、386EX、SC-400、Power PC、68000、MIPS、ARM/ StrongARM 系列等。

2）嵌入式微控制器（MCU）。MCU 亦称单片机，是将微处理器、存储器（少量的 RAM，ROM 或两者都有）和其他外围设备封装在同一片集成电路内，如图 1-4 所示。MCU 的最大特点是单片化，体积大大减小，从而使功耗和成本下降、可靠性提高。典型有代表性的 MCU 有 MCS-8051、MCS-251、MCS-96/196/296、P51XA、C166/167 系列以及 MCU 8XC930/931、C540、C541 系列，并且有支持 I^2C、CAN-Bus、LCD 及众多专用 MCU 和兼容系列。

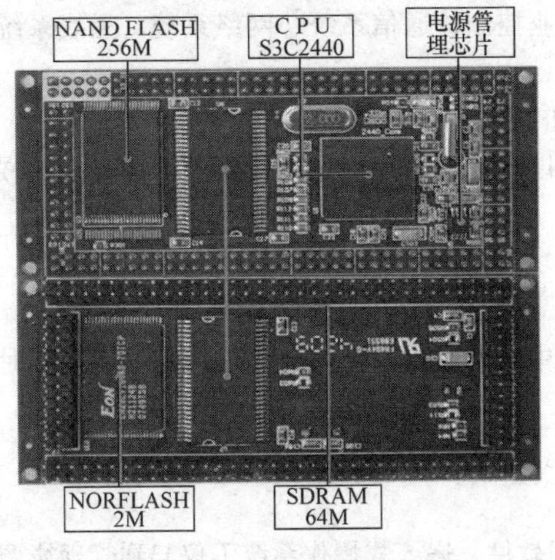

图 1-3 嵌入式处理器核心板

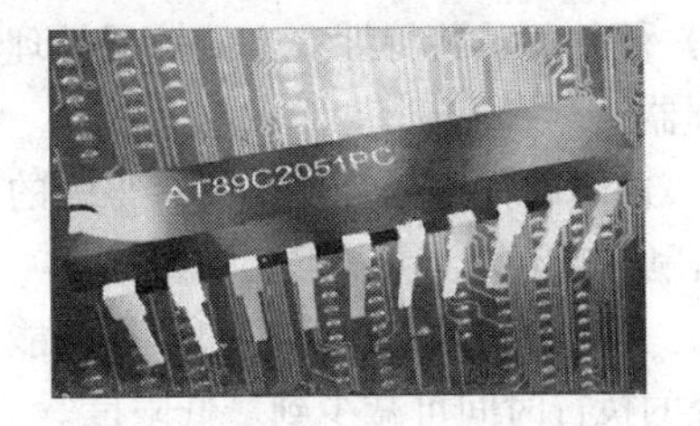

图 1-4 嵌入式 MCU

3）嵌入式 DSP。DSP 是专门用于信号处理方面的嵌入式处理器，如图 1-5 所示。DSP 具有对离散时间信号进行极快处理与计算的特点，提高了编译效率和执行速度。DSP 已经在数字滤波、快速傅里叶变换（FFT）、谱分析、图像处理等领域发挥着巨大作用。目前最为广泛应用的是 TI 公司的 TMS320C2000/C5000/C6000 系列，另外还有像 Intel 的 MCS－296 和 Siemens 的 TriCore 也有各自的应用对象。

4）嵌入式片上系统（SOC）。SOC 指的是在单个芯片上集成嵌入式处理器内核、存储器以及外围电路等构成一个完整的嵌入式系统，包含了嵌入式软件的全部内容，如图 1-6 所示。SOC 最大特点是直接在处理器片内嵌入操作系统的代码模块，成功实现了软硬件无缝结合，整个系统特别简洁。比较典型的 SOC 产品是 Philips 的 Smart XA、Siemens 的 TriCore 和 Motorola 的 M-Core 等。SOC 芯片在声音、图像、影视、网络及系统逻辑等应用领域中的作用不可限量。

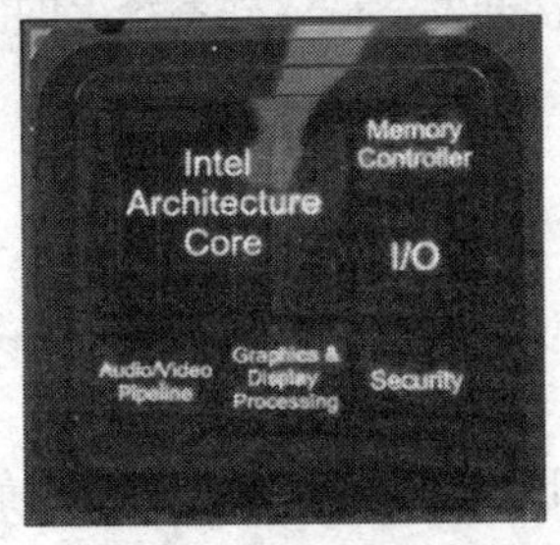

图 1-5 嵌入式 DSP

图 1-6 嵌入式 SOC

据不完全统计，目前全世界嵌入式处理器的品种总量已经超过 1000 种，流行的嵌入式处理器结构有 30 多个系列，如 x86、8051、ARM、MIPS、PowerPC68K 等。现在几乎每个半导体制造商都生产嵌入式处理器，越来越多的公司有自己的处理器设计部门。在此，有必要向读者介绍一下 ARM。ARM（Advanced RISC Machines）是专门从事基于 RISC 技术芯片设计开发的公司名字，同时也代表了嵌入式处理技术，是嵌入式系统业界著名品牌。该公司主要出售芯片设计技术的授权。在全世界有几十家大的半导体公司都使用ARM公司的授权，因此ARM技术既获得更多的第三方工具、制造、软件的支持，又使整个系统成本降低，使产品更容易进入市场被消费者所接受，更具有竞争力。基于ARM技术的微处理器应用约占据了32位RISC微处理器75%以上的市场份额，ARM微处理器已遍及消费类电子产品、工业控制、通信系统、网络系统、无线系统等各类产品市场。

综合上述分析，总结嵌入式处理器的主要特点如下：

1）硬件可裁剪特性，方便扩展处理器结构，可以迅速地获得满足应用要求的高性能的嵌入式处理器。

2）由于软件固化特性，具有很强的存储区保护功能，避免了在软件模块之间出现错误，同时也有利于软件诊断。

3）具有很强的支持实时和多任务能力和较短的中断响应时间，内部代码运行时间和实时操作系统的执行时间可减少到最低限度。

4）嵌入式处理器的功耗低，功耗可达到毫瓦级。

2. 嵌入式系统软件结构

嵌入式系统软件结构包括嵌入式操作系统和应用软件。嵌入式操作系统不仅起到管理协调嵌入式处理器、存储器、电源等硬件资源的作用，还为应用软件提供统一服务。嵌入式操作系统特有的实时性和多任务机制，直接影响嵌入式系统产品的性能。目前嵌入式操作系统种类繁多，如常见的Android、Linux、Windows CE、μC/OS-Ⅱ等。虽然各种嵌入式操作系统侧重点和应用特点不同，但是一般具有以下共同点：

1）嵌入式操作系统内核很小，具有可裁剪、可扩充和可移植性，可以移植到各种处理器上。

2）嵌入式操作系统以实时快速响应和多任务为标志特征，响应时间很短，任务执行时间可确定。

3）嵌入式操作系统有较强的实时性和可靠性，适合嵌入式应用。

嵌入式系统上的应用软件则是根据对象设备或产品编制出来的解决具体任务的专用代码，是直接作用在嵌入式操作系统之上，并与具体对象执行的功能紧密结合的软件编码。一般根据设备或产品功能要求与特点，按用户提出的要求开发或由用户直接开发。嵌入式系统上的应用软件通常是暂时不变的，所以也常称为“固件”。

1.1.3 嵌入式系统的特点

嵌入式系统是将一个具有计算机内核的电子系统嵌入到对象体系中，从而实现对象系统的智能化。与通用的计算机系统相比，嵌入式系统具有以下特点：

1）嵌入性。嵌入性是指在某个对象体系中嵌入了计算机系统内核，如人们常用的手机就是一个具体对象，而将计算机系统内核嵌入到手机对象后就形成了嵌入式系统。

2）专用性。专用性是指嵌入式系统只是被用于解决一项或者几项特殊任务，每个嵌入式系统都面向一个特定应用，如智能手机专门为人们进行通信服务、网络服务和多媒体服务，银行ATM专门为人们存取款提供服务。

3）可裁剪性。嵌入式系统是软硬件设计高效、可裁剪的完整的计算机体系结构，设计人员可以对它进行优化、裁剪尺寸、降低成本。

4）集成性。嵌入式系统是各种先进技术和各行业具体应用相结合的产物，是一个技术密集、资金密集、高度分散、不断创新的知识集成系统。

5）精简性。嵌入式系统内核小，没有明显的系统软件与应用软件区分，并且软件一般固化在存储器芯片或单片机中，结构精简，可靠性高。

6）交叉编译。嵌入式系统一般采用购买现成产品与自行独立开发相结合的方式来构建，但嵌入式系统不具备自举开发能力，需要开发工具和环境支持。开发过程中利用宿主机和目标机思想，宿主机用于程序的开发，目标机作为最后的运行机，开发时需要交替结合进行。

7）生命周期长。嵌入式系统与具体应用有机结合在一起，产品升级换代也是同步进行。因此，嵌入式系统产品一旦进入市场，具有较长的生命周期。

1.1.4 嵌入式系统的分类

由上文可知，所有的嵌入式系统都是嵌入式处理器、嵌入式操作系统与具体应用的物理对象相结合，无论应用到哪个领域，嵌入式系统都是嵌入计算机内核的电子设备或电子产品，只是设备或产品的复杂程度不同而已，如各种带“电脑”的家用电器，工业控制领域中的智能化工具和设备，仪器仪表领域中的智能仪表等。通常，根据嵌入式系统的规模和复杂度将嵌入式系统分为小型嵌入式系统、中型嵌入式系统和复杂嵌入式系统三种类型。

1）小型嵌入式系统。小型嵌入式系统一般采用8位或者16位微控制器设计，硬件与软件复杂度很小，需要进行板级设计，可以电池驱动。软件开发时可以使用控制器自带专用编辑器、汇编器和交叉汇编器，通常用C语言编码，然后再编译成可执行代码存储到存储器中。例如，各类智能IC卡、医用电子器械、鼠标、打印机控制器、工业温度记录仪等。

2）中型嵌入式系统。中型嵌入式系统一般是采用一个16位或者32位的微控制器、微处理器ARM或者DSP设计，硬件与软件复杂度都比较大，硬件扩充了总线接口、网络接口，以解决硬件复杂性的问题。对于复杂的软件开发，如物理和虚拟设备驱动程序、任务调度优化、中断处理机制等程序，可以使用专用的编程工具，如C语言、RTOS、源代码设计工具、调试器和集成开发环境（ODE）和软件调试工具。例如，计算机互联网上的各种路由器、交换机、中继器，图像处理、模式识别机，手持设备PAD，上网笔记本、银行系统的ATM机等。

3）复杂嵌入式系统。复杂嵌入式系统的软件与硬件都非常复杂，采用可升级的处理器或者片上系统（SOC）和可编程逻辑阵列（FPGA），需要硬件和软件协同设计。复杂嵌入式系统可在硬件单元中实现一定的软件功能，即软件硬化，如加密和解密算法、离散余弦变换和逆变换算法，TCP/IP协议栈和网络驱动程序功能等。也可将系统中某些硬件资源的功能用软件实现。除了必要的编程工具如C语言、RTOS和其他编程工具等外，复杂嵌入式系统还需要十分昂贵开发工具，甚至还必须为这些系统开发专门的编译器。例如，实时视频嵌入式系统、高速网络接口、无线LAN设备、太空救生舱等。

1.1.5 嵌入式系统与PC的区别

除了具有计算机系统的基本特征外，嵌入式系统与PC最根本的区别是，嵌入式系统是专用系统，而PC是公共平台。

1）在系统资源方面，嵌入式系统资源紧缺，没有编译器等相关开发工具；而PC系统资源充足，有丰富的编译器、集成开发环境、调试器等。

2）在组成结构方面，嵌入式系统是面向特定应用的处理器，总线和外围设备一般集成在处理器内部，软硬件紧密结合；而PC是通用处理器、标准总线和外围设备，软硬件相对独立。

3）在软件危机方面，嵌入式系统应用软件一般不能重新编程开发，而PC应用程序可以重新编程。嵌入式系统软件故障导致的故障后果比PC大得多。

4）在效率性能方面，嵌入式系统大都有成本、功耗和实时性要求，而 PC 一般没有实时性要求。

5）在开发平台与开发方式方面，嵌入式系统需要专用的开发工具，采用交叉编译方式，开发平台一般是通用计算机，运行平台是嵌入式系统；而 PC 开发平台和运行平台都是通用计算机。

6）在外观形式类型上，嵌入式系统是“看不见”的，是嵌入了计算智能的电子装置或设备，且形式多样、应用领域广，以应用领域分类；而 PC 是实实在在的计算机。

1.2　嵌入式系统的历史与发展

1.2.1　嵌入式系统的历史

嵌入式系统诞生于微型计算机时代，可以追溯到 20 世纪 70 年代单片机的产生时期。历经三十多年的发展至今，各式各样的嵌入式系统产品随处可见，从居家生活、工业生产到军事和航天航空等领域，无处不在。通过内嵌微处理器、微控制器和片上系统技术，已经使得家电、汽车、工业机器人、通信装置和飞行器等，以及成千上万种产品更加智能化、专用化和微型化。

1976 年，Intel 公司生产出第一个单片机 8048，Motorola 公司同时推出 68HC05，Zilog 公司也推出 Z80 系列，从此开启了单片机独立发展之路。这一时期的嵌入式系统，突出的特点是它的嵌入性，它的嵌入对象如电冰箱、洗衣机、微波炉等都是独立的商品。单片机应用系统的嵌入，替代了原先的传统电子系统，实现了嵌入对象的智能化。

到了 20 世纪 80 年代初，Intel 公司成功研制了 MCS-51 单片机，开创了嵌入式系统独立发展的单片机时代，就是人们常说的微控制器时代。与此同时，嵌入式操作系统的实时核也开始应用。实时核包含了许多传统操作系统的特征，如任务管理、任务间通信、同步与互斥、中断支持、内存管理等功能。其中比较著名的有 Ready System 公司的 VRTX、Integrated System Incorporation（ISI）的 PSOS、WindRiver 公司的 VxWorks、QNX 公司的 QNX 等。

20 世纪 90 年代以后，随着对嵌入式系统实时性要求的提高和软件规模的不断上升，实时多任务操作系统（RTOS）逐步成为国际上嵌入式系统的主流，数十种嵌入式操作系统应运而生，如 Palm OS、Windows CE、嵌入式 Linux、Lynx、Android 和 Nucleux，以及国内的 Hopen、Delta Os 等。嵌入式处理器也同样经历了从低到高的发展过程，尤其是 ARM 处理器开启了 32 位处理器的新纪元。从 ARM1 到 ARM11，再到今天 ARMv7 架构的 Cortex 系列，还有新型服务器架构的微处理器进入市场，ARM 为嵌入式系统进驻高端服务注入了活力。2010 年，ARM 公布了适合处理服务器任务的 ARM Cortex™-A15 MPCore™处理器。2010 年，Marvell 公司发布了采用 ARM 架构的服务器芯片。2011 年年底，Calxeda 公司发布业界第一款专门面向服务器应用的 ARM SOC 处理器 EnrgyCore ECX-1000，2012 年 7 月，采用 EnrgyCore ECX-1000 的新型服务器 Boston Viridis 的诞生。

1.2.2　嵌入式系统的应用领域

今日，举凡智能手机、平板电脑、电子阅读器、数码相机和平板电视等移动设备和消费类电子产品，以及电动机车、电动脚踏车及电动汽车等电动交通工具的控制核心，乃至随处可见的与电有关的器材设备，无不与嵌入式系统息息相关。嵌入式系统已经渗透到人们生活的每个角落，工业、服务业、消费电子、军事、航空航天等领域，无处不在。图 1-7 给出了各类嵌入式产品及应用。

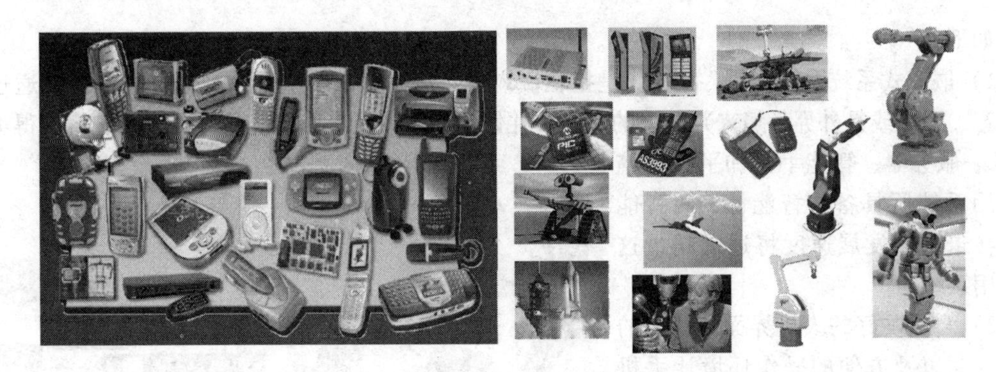

图1-7　嵌入式产品及应用

1）信息家电。家用电器产品，如冰箱、空调、电饭煲等的智能化、网络化已经开启人们生活崭新空间。在这些设备中，嵌入式系统功不可没。未来即使你不在家里，也可以通过电话线、网络远程控制它们。

2）家庭智能管理系统。水、电、天然气表的远程自动抄表，家庭安全监控系统等，其中嵌有的专用控制芯片将代替传统的人工检查，并实现更高效、更准确、更安全的性能。目前在服务领域如远程点菜器等已经体现了嵌入式系统的优势。

3）POS网络及电子商务。公共交通无接触智能卡（Contactless Smartcard，CSC）发行系统、公共电话卡发行系统、自动售货机及各种智能ATM终端将全面走入人们的生活，到时手持一卡就可以行遍天下。

4）工业控制。目前已经有大量的8、16、32、64位嵌入式处理器应用于工业自动化设备中。就传统的工业控制产品而言，低端型设备采用的往往是8、16位单片机，而32位、64位的处理器已逐渐成为工业控制设备的核心，如工业过程控制和数字机床、电力系统、电网安全和电网设备监测、石油化工系统等嵌入式系统不可或缺。

5）交通管理。在车辆导航、流量控制、信息监测与汽车服务等交通运输领域，内嵌GPS模块、GSM模块的移动定位终端已经获得了成功的使用。目前，GPS设备已经从尖端产品进入了普通百姓的家庭，只需要几千元甚至几百元，就可以随时随地找到你的位置。

6）环境工程与自然。在水文资料实时监测、防洪体系及水土质量监测、堤坝安全监测、地震监测、实时气象信息监测、水源和空气污染监测等方面，尤其在很多环境恶劣、地况复杂的地区，嵌入式系统将实现无人监测。

7）机器人。嵌入式处理器的发展使机器人在微型化、高智能方面的优势更加明显，机器人产品的价格大幅度降低，使其在工业领域和服务领域获得更广泛的应用。

1.2.3　嵌入式系统的发展趋势

嵌入式系统是将先进的计算机技术、电子技术和半导体技术与各行业具体应用高度集成的产物。今天在数字化、网络化与信息化产品的强大需求推动下，嵌入式技术具有广阔的发展创新空间，同时，嵌入式产品也具有巨大的商机。正如20世纪80年代问世的PC成就了90年代互联网的根基一样，嵌入式系统发展至今面临的机遇是嵌入式智能系统和物联网的发展。如图1-8所示，嵌入式系统的应用从能够识别驾驶员的汽车，到能够实现客流量统计的数字安全监控系统，以及能够无缝安全地与现有企业和通信基础架构集成的智能网络，甚至具备社交功能的健身设备、具有计算体验的智能设备等，正在迅速渗透各行业并蓬勃发展。未来嵌入式系统的几大发展趋势如下：

1）嵌入式系统智能化。“智能”是指在嵌入式系统中加入一些感知或是计算设备，通过识别语音、手势或是外界环境来判断人的意图，并做出相应的反应。传统的嵌入式系统将获得类似于PC、服务器、智能手机和平板电脑等通用系统所具备的智能性，而智能系统在未来的发展速度将远远超过这些通用系统。

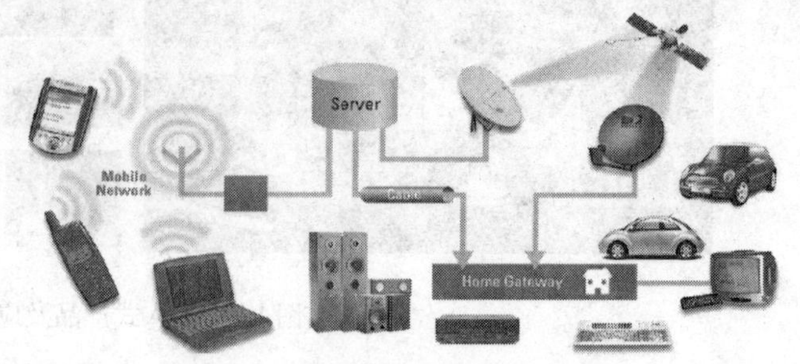

图1-8　嵌入式系统应用的趋势

2）自然友好的人机界面。精美的人机界面以及方便的操作环境让手机使用者倍感温馨。为了确保用户在智能设备上获得与在PC和智能手机上一样的消费体验和计算体验，人机界面对一般的嵌入式设备也提出更高要求。友好的多媒体人机界面能够使得嵌入式设备与用户亲密接触，手写文字输入、语音拨号上网、短消息发布、收发电子邮件以及彩色图形、图像等都会使使用者获得自由的感受。

3）规模化跨行业协作。由于嵌入式系统不具备自举开发能力，因此嵌入式系统厂商不仅要提供嵌入式软硬件系统本身，同时还需要提供强大的硬件开发工具和软件包支持，各类中间开发厂商也加入支持系统开发。目前很多厂商在主推系统的同时，将开发环境也作为重点推广。例如，三星公司在推广ARM7、ARM9芯片的同时还提供开发板和板级支持包（BSP），而Windows CE在主推系统时也提供Embedded VC++作为开发工具，还有VxWorks的Tonado开发环境、DeltaOS的Limda编译环境等。

4）进一步的网络支持。随着大量移动设备被接入互联网和云中，企业和服务提供商网络的安全性问题将日益凸显，未来的嵌入式系统必须支持多种标准网络通信接口，以满足多种场合的需要。同时，新一代的嵌入式系统还应支持USB、BLUETOOTH、CAN、IrDA等多种通信接口，同时也需要提供相应的通信组网协议软件和物理层驱动软件。软件方面，系统内核支持网络模块，甚至可以在设备上嵌入Web浏览器，真正实现随时随地用各种设备上网。

5）小尺寸、微功耗、低成本。嵌入式产品是软硬件紧密结合的设备，减低功耗和成本始终是设计者的追求。为了达到这个目标，首先需要进一步改进嵌入式微处理器，精简系统内核，只保留和系统功能紧密相关的硬件，利用最低的资源实现最适当的功能；其次进一步优化嵌入式软件，这就要求设计者选用最佳的编程模型和最优的算法，优化编译器性能；再者，发展先进嵌入式软件技术，如Java、Web和WAP等。

6）物联网的应用。嵌入式系统是物联网发展的基础，是物联网的重要组成部分。当嵌入式系统嵌入到一个物理对象中，给物理对象以计算和通信智能，并产生完整的物联界面时，加上与物理参数相联的传感器通道接口和控制接口，即可实现人—物交互的人机交互和物—物交互的通信。

目前，嵌入式系统在物联网和智能化城市建设中发挥着前所未有的作用。

1.3　嵌入式操作系统

使用过计算机的读者想必都比较熟悉微软的Windows操作系统，那么操作系统在计算机中起到什么作用？一句话，操作系统的作用就是协调、管理计算机软硬件资源。图1-9所示为操作系统在计算机软件系统中所处的位置。由图可以看出，操作系统就是让所有硬件发挥作用，再者就是让不同的硬件组成的装置都能够利用操作系统提供的统一的接口为上层服务。所以，操作系统的根本任务就是对系统进行内存管理、多任务进程管理和对外围设备与接口资源进行管理。然而，嵌入式软件系统是将所有程序包括操作系统、驱动程序、应用程序等的程序代码全部都烧进一个 RAM 里，即固化。因此，有人把嵌入式软件系统形象地比喻为库（Library）函数，可以在系统执行过程中直接调用，但不能修改。事实上，由于嵌入式硬件的 RAM 的容量有限，因此嵌入式操作系统核心通常要求要很小，除了用户自己开发的应用程序之外，不希望操作系统占太多的空间。实际上，嵌入式操作系统也真的很小，仅仅提供管理界面的算法及一些管理表格，缩小到 10 ~ 20KB 以内的嵌入式操作系统比比皆是。操作系统除了熟悉的 Windows 外，还有 UNIX、苹果的 Mac OS 和开源的 Linux 等，都是很常见的操作系统。与操作系统相比较，嵌入式操作系统就要多很多，下面介绍几款常见的嵌入式操作系统。

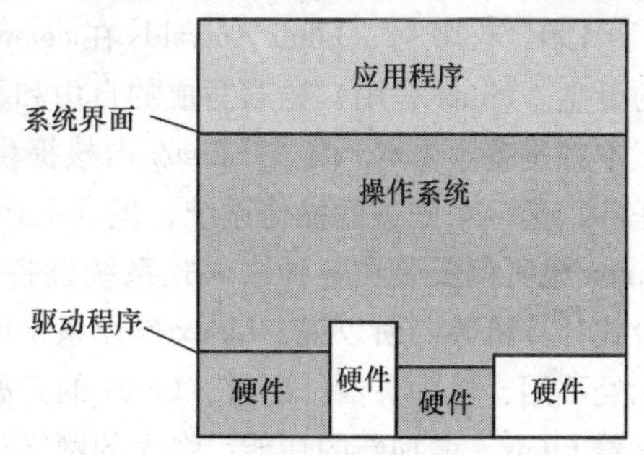

图 1-9　操作系统在计算机软件系统中所处的位置

1.3.1　Android

Android 是 2003 年 10 月由美国人安迪·鲁宾（Andy Rubin）专为移动设备手机开发的软件系统，俗称安卓。Android 操作系统的内核属于 Linux 内核的一个分支，具有典型的 Linux 周期和功能，是半开源操作系统。Android 系统于 2005 年 8 月被 Google 收购。2007 年，由 Google 成立的开放手持设备联盟（Open Handset Alliance，OHA）持续地、更好地推动了 Android 系统的开发。之后，Google 以 Apache 免费开源许可证的授权方式，发布了 Android 的源代码，让生产商推出搭载 Android 的智能手机。后来，Android 操作系统又被逐渐拓展到了平板电脑及其他领域。由于 Android 操作系统的开放性和可移植性，它可以被用在大部分电子产品上。

Android 系统架构和其操作系统一样，采用分层的架构体系。Android 从高层到低层分为四个层次。

1）应用程序层。Android 不仅仅是操作系统，也包含了许多应用程序，诸如 SMS 短信客户端程序、电话拨号程序、图片浏览器、Web 浏览器等。这些应用程序都可以被开发的其他应用程序所替换，所有的应用程序都是使用 JAVA 语言编写的。

2）应用程序框架层。该层是 Android 开发的基础，开发人员也可以完全访问核心应用程序所使用的 API 框架。该应用程序的架构设计简化了组件的重用。利用组件重用机制，可实现快速开发应用程序，也可以方便地替换程序组件。

3）系统运行库层。系统运行库层分别是系统库和 Android 运行时的核心库与 Dalvik 虚拟机。系统库是连接应用程序框架层与 Linux 内核层的重要纽带。Android 系统库包含一些 C/C + + 库，这些库能被 Android 系统中不同的组件使用，并通过 Android 应用程序框架为开发者提供服务。Android 运行时的核心库是 Android 的一些核心 API，如 android. os、android. net、android. media 等。Dalvik 虚拟机依赖于 Linux 内核的线程机制和底层内存管理机制。Dalvik 被设计成一个设备，可以同时高效地运行多个虚拟系统。每一个 Android 应用程序都在自己的进程中运行，都拥有一个独立的 Dalvik 虚拟机实例。

4）Linux 核心层。Android 是基于 Linux2. 6 内核，其核心系统服务如安全性、内存管理、进程管理、网路协议以及驱动模型等都依赖于 Linux 内核。

1.3.2 Linux

1991年10月，Linux Torvalds在comp. os. minix新闻组上发布消息，正式向外宣布Linux内核的诞生。Linux是用C语言写成的自由和开放源码的类UNIX操作系统。目前存在着的多种Linux版本都是基于Linux内核。Linux内核提供对多种处理器的支持，支持跨平台，支持多用户、多任务，是一个先进的操作系统，世界上运算最快的10台超级计算机运行的都是Linux操作系统。Linux也可以安装在各种嵌入式系统设备中，比如手机、平板电脑、路由器、视频游戏控制台、台式计算机等。所以说，Linux操作系统的应用大到服务器和计算机集群，小到PDA和控制器，无处不用，极为灵活。还有，Linux的开源特性也使全世界很多科学工作者对它情有独钟，不断完善Linux，增加新的功能。强大的网络功能也赋予嵌入式Linux系统独特的优越性。

μClinux也是一款优秀的嵌入式Linux操作系统，同标准的Linux相比，μClinux的内核非常小，但是它仍然继承了Linux操作系统的主要特性，包括良好的稳定性和移植性、强大的网络功能、出色的文件系统支持、标准丰富的API，以及TCP/IP网络协议等。但是μClinux没有MMU内存管理单元，所以其多任务的实现需要一定技巧。

1.3.3 μC/OS-Ⅱ

μC/OS-Ⅱ是专门为嵌入式应用设计的实时操作系统，1992年由Jean J. Labrosse设计完成。μC/OS-Ⅱ的名称来源于术语“微控制器操作系统（Micro-Controller Operating System）”。μC/OS-Ⅱ绝大部分的代码是用C语言编写的，包含一小部分汇编代码，使之可供不同架构的微处理器使用。从8位到64位，μC/OS-Ⅱ已在超过40种不同架构上的处理器上运行。近年来，随着嵌入式处理器性能的不断提高，嵌入式系统的应用越来越广泛，至今，μC/OS-Ⅱ的应用已涵盖了如照相机业、医疗器械、音响设施、发动机控制、网络设备、高速公路电话系统、自动柜员机、工业机器人等诸多方面。μC/OS-Ⅱ的鲜明特点是源码公开，便于移植和维护。

1.3.4 Windows CE

Windows CE是微软公司嵌入式移动计算平台的基础，是一个可定制、可裁剪的嵌入式操作系统，也是基于掌上型电脑类的电子设备操作系统。Windows CE不仅继承了传统的Windows图形界面，而且在Windows CE平台上可以使用Windows 95/98上的编程工具（如Visual Basic、Visual C++等）、使用同样的函数、使用同样的界面风格，这个特点使得绝大多数的应用软件只需简单地修改和移植就可以在Windows CE平台上继续使用。Windows CE操作系统广泛用于Pocket PC（掌上电脑）、Handheld PC（手持设备）及Auto PC等工业控制、移动通信、汽车电子、个人消费电子等领域。但Windows CE不开源。

基于Windows CE构建的嵌入式系统大致可以分为四个层次，从底层向上依次是：硬件层、OEM层、操作系统层和应用层。不同层次是由不同厂商提供的，一般来说，硬件层和OEM层由硬件OEM厂商提供；操作系统层由微软公司提供；应用层由独立软件开发商提供。

1.3.5 VxWorks

VxWorks操作系统是美国WindRiver公司于1983年设计开发的一款嵌入式实时操作系统，是由400多个相对独立、短小精悍的目标模块组成，其核心模块甚至可以微缩到8KB。用户可根据需要选择适当的模块来裁剪和配置系统。VxWorks以其良好的可靠性和卓越的实时性被广泛地应用在通信、军事、航空、航天等高精尖技术及实时性要求极高的领域中，如卫星通信、军事演习、弹道制导、飞机导航等。在美国的F-16、FA-18战斗机、B-2隐形轰炸机和爱国者导弹上，甚至连1997年4月在火星表面登陆的火星探测器、2008年5月登陆的凤凰号和2012年8月登陆的好奇号上，也都使用到了VxWorks。VxWorks具有可裁剪微内核结构，高效的任务管理与通信，以及支持多种物理介质及标准的、完整的TCP/IP网络协议等。但由于该操作系统本身以及开发环境都是专有的，因此价格一般都比较高。VxWorks是最早的嵌入式操作系统，早期主要用于军事领域。

1.3.6 Palm OS

Palm OS是早期由U.S. Robotics研制的专门用于掌上电脑产品Palm的操作系统。后来IBM、Sony、Handspring等厂商取得授权，将Palm OS使用在各自旗下产品中。2005年9月9日，Palm OS版权被日本软件开发商爱可信收购，改名为Access Linux Platform。Palm OS是一种32位的嵌入式操作系统，简单易用，运作需求的内存与处理器资源较小，速度也很快，但不支持多线程，长远发展受到限制。根据2012年9月安卓网提供的资料显示，Palm OS的最新版本为Palm OS 5.2，且已用于Palm公司的Tungsten W产品中。被Palm公司收购的Handspring公司的Treo系列手机，都是专门使用Palm OS。

1.4 嵌入式系统的选型原则

嵌入式系统是围绕应用中心、功能和配置可按需剪裁、软硬件一体化设计的专用系统。嵌入式系统的选型过程，主要依据它们在硬件、操作系统、应用软件及适用场合等方面进行。首先是根据嵌入式系统结合应用对象特点，采用专用的嵌入式软硬件一体化设计，关键是选择正确的嵌入式处理器芯片，一旦选定即不可逆转；再者，就是系统硬件逻辑和接口，包括核心逻辑芯片组、可程序逻辑（FPGA）以及其他接口设备和处理器外部的硬件；其次是选择嵌入式操作系统，一旦选定了操作系统，内核、实时程序，或是调度程序（Scheduler）等软件的模型便固定了。某种程度上讲，嵌入式操作系统通常决定着嵌入式处理器的选择，而嵌入式处理器则无法改变嵌入式操作系统选择。

1.4.1 嵌入式处理器的选型原则

目前，市场上嵌入式处理器的性能参数主要包括：处理器的运算速度、处理位数、功耗、软件支持工具、是否内置调试工具及供应商是否提供评估板。实际上，选择一个嵌入式系统运行所需要的处理器，运算速度往往不是最重要的，相反，处理器制造厂商对于该处理器的支持态度更为重要。嵌入式处理器的选型主要应该考虑以下几点：

1）根据系统处理数据的主要类型来确定嵌入式处理器总线的位数，如果主要数据的位数大于8位，就应该选择16位或32位的处理器。例如，对信号采样时，A/D或D/A为12位的，如果采用8位的处理器，在输入或输出以及在中间的数据处理时都要进行数据的类型转换，影响程序运行效率。

2）对于工业应用来说，价格成本通常是影响嵌入式处理器选型的一个比较重要的因素，例如8位的MCU基本都在1美元以下，32位的处理器则相对较贵。而对于武器系统来说，供货的稳定性和可靠性则是选择的非常重要的因素，因为从武器设计到退役往往长达几十年，不仅要保证设计时能买到处理器，更要保证在设备维护时有相应的备件来替换。

3）开发工具的支持。开发工具在嵌入式系统的开发中具有重要地位，它不仅影响开发的进度，而且直接关系到设备的性能，甚至项目的成败。

4）操作系统的支持。简单的机电系统应用不需要操作系统，直接采用汇编语言或C语言就可以编程，通常采用8位MCU就可以完成任务；而对于较复杂的应用，操作系统的支持程度尤为重要。

5）代码的继承性往往决定了嵌入式处理器的选型。在军用设备中，为了实现系统的可靠性，缩短研制周期，往往直接沿用原来的处理器类型。

6）供应商的可持续性因素。若由于功能的扩展，原来选择的嵌入式处理器已经不能满足系统需求，则供应商应能提供相应的升级替换处理器，并提供技术支持。就目前来说，使用ARM芯片的嵌入式产品较多，因此，学习ARM的人也较多。

7）依据预开发的产品与嵌入式处理器自带资源的相近程度进行选型，例如处理器的主频、I/O接口数、支持的OS类型等。如果处理器本身具有的资源和预开发产品的要求很接近，则可以进一步减少开发的复杂程度。另外，若硬件平台需要支持ROM、RAM和OS，则对处理器资源要求较高，处理器虽然内置有RAM和ROM，但其空间很小，一般不会超过512KB，而且OS系统需求的空间一般是兆级以上的，因此，处理器芯片必须支持扩展存储器。

在实际的选型过程中，还可以根据应用领域缩小嵌入式处理器的选择范围，进行有针对性的选择。例如，如果系统最终要应用在要求非常高的工业控制领域，则对处理器的工作温度范围要求较高，宜采用宽温的工业级处理器芯片。目前，对嵌入式处理器的常见应用领域分类为航空航天、计算机、通信、医疗系统、工业控制、汽车电子和消费电子等。

1.4.2　嵌入式操作系统的选型原则

嵌入式操作系统的选型对于复杂的嵌入式系统而言至关重要。不同类型的嵌入式操作系统，其体系架构不同，开发方法也存有差异。一般可以遵循以下原则进行选型：

1）可移植性原则。当进行嵌入式软件开发时，可移植性是要重点考虑的问题。移植性好的软件可以在不同平台、不同系统上运行，跟操作系统无关。一般而言，软件的通用性和软件的性能通常是矛盾的，通用性是以损失某些特定情况下的优化性能为代价的，当产品与平台和操作系统紧密结合时，往往产品的特色就蕴含其中。

2）实时性要求。在嵌入式操作系统的发展中，人们对实时性的要求越来越高，同时，系统的实时性强也进一步促进了系统的稳定。从安全性方面来讲，在控制系统中，操作系统最起码不可以崩溃，而且要求有自愈能力，即使出错，也只会造成若干进程其中之一被破坏，并可通过系统中运行的系统监控进程对其进行修复。

3）系统定制能力。嵌入式产品用户的需求千差万别，硬件平台也不一样，所以对系统的定制能力提出了要求。要分析产品是否对系统底层有改动的需求，这种改动是否伴随着产品特色？Linux由于其源代码开放的天生魅力，在定制能力方面具有优势，开源的Android在Google旗下定制能力明显，Windows CE3.0开放源码及微软在嵌入式领域力度的加强，其定制能力会有所提升。

4）低成本原则。成本是所有产品不得不考虑的综合性问题。操作系统的选型会对成本有什么影响呢？Linux免费，Windows CE等商业系统需要支付许可证使用费，但这都不是问题的答案。更重要的是，当选择某一操作系统时可能对其他因素产生的影响，例如对硬件设备的选型、人员投入，以及公司管理和与其他合作伙伴的共同开发之间的沟通等，这一系列因素都会对开发成本产生影响。

5）中文内核支持。国内产品需要对中文的支持。由于操作系统多数是采用西文方式，是否支持双字节编码方式，是否遵循 GBK《汉字内码扩展规范》、GB18030—2005《信息技术　中文编码字符集》等各种国家标准，是否支持中文输入与处理，是否提供第三方中文输入接口，都是针对国内用户的嵌入式产品必须考虑的重要因素。

6）资源可利用性。任何产品开发都是以快速、低成本、高质量地推出适合用户需求的产品为目的的，因此操作系统的可利用资源对于其选型是一个重要参考条件。资源可利用性好的操作系统，使开发人员能够集中精力研发出特色产品，而其他功能尽量由操作系统附加或采用第三方产品。在这方面，Linux、Android 和 Windows CE 都有大量的资源可以利用，这正是它们被看好的重要原因。而有些实时操作系统，由于比较封闭，开发时可以利用的资源比较少，因此多数功能需要自己独立开发，从而会大大地影响开发进度。另外，值得注意的是，近来的市场需求显示，越来越多的嵌入式系统都要求提供全功能的 Web 浏览器，这就要求有一个高性能、高可靠的 GUI 的支持。

7）图形界面开发能力。友好而简单的图形界面对大多数控制系统都是必不可少的，因此，嵌入式操作系统所支持的开发工具是否功能强大而且使用简单，对产品开发的影响很大。

8）安全性原则。在实际产品中，不仅要求通过硬件设计来提高产品的可靠性和抗干扰性，在软件上也尽可能的减少安全漏洞和不可靠的隐患，避免经过长时间运行后，出现程序跑飞、出错和异常，甚至死循环和系统崩溃的情况。

本章小结

本章从嵌入式系统的定义、组成和特点出发，简要介绍了嵌入式系统的系统结构及发展趋势；从嵌入式系统是专用计算机系统的思想出发，简要介绍了微控制器、微处理器、DSP 和片上系统等嵌入式处理器的特点；从应用系统复杂程度出发，介绍了嵌入式系统分类；从嵌入式操作系统功能作用出发，介绍了几款嵌入式操作系统。最后从工程应用角度介绍了嵌入式系统硬件选型、嵌入式操作系统选型的基本原则。

思考与练习

1-1　请列举你身边的嵌入式系统设备。

1-2　什么是嵌入式系统？主要特点有哪些？

1-3　什么是嵌入式操作系统？看一下你手机中的嵌入式操作系统是什么？

1-4　请仔细思考，若发明或设计一款机器人产品，应该怎么选择嵌入式系统？

第 2 章　嵌入式系统的硬件结构

硬件是嵌入式系统的骨骼，也是嵌入式系统的根基。

本章首先介绍嵌入式系统的硬件组成，然后分别介绍 ARM 处理器的结构和特点、ARM 的存储系统以及 ARM 常用的输入/输出设备、接口技术和总线技术。通过本章的学习，读者将掌握嵌入式系统的硬件组成，为后面的学习奠定基础。

✓ 了解 ARM 嵌入式系统的硬件组成。

✓ 了解 ARM 处理器的家族。

✓ 理解 ARM 存储空间的管理。

✓ 了解 ARM 外围接口与总线技术。

2.1　嵌入式系统的硬件组成

嵌入式系统的硬件是以嵌入式处理器为中心，由时钟、复位电路、中断控制器、SDROM 控制器和外围总线控制器以及电源等必要的辅助接口组成，如图 2-1 所示。嵌入式系统不同于普通计算机系统，它是根据用户需求而量身定做的专用计算机应用系统。在实际应用中的嵌入式系统硬件配置非常精简，除了处理器和基本的外围电路以外，其余的电路都可根据需要和成本进行裁剪、定制。

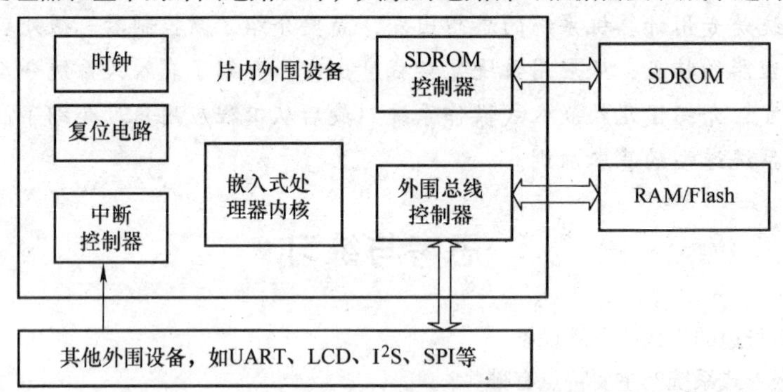

图 2-1　嵌入式系统的硬件组成

嵌入式系统的硬件组成除了处理器核心部分外，还包括丰富的外围接口，如 I^2C、SPI、UART 和 USB 等，它们基本上都是标准配置。在设计系统的时候，通常只要把处理器和外围设备进行物理连接就可以实现外围接口扩展。随着嵌入式处理器高度集成化技术的发展，嵌入式系统可以实现的硬件接口会越来越多，功能也会越来越强。例如，有的 ARM 处理器集成了 Flash 或 SRAM，封装在芯片内，有的 ARM 处理器内部集成了 DSP，还有的 ARM 处理器集成了 LCD 控制器等。

2.2　ARM 微处理器概述

2.2.1　ARM 公司简介

ARM 公司于 1990 年 11 月在英国剑桥成立，原名 Advanced RISC Machine，是专门从事基于

RISC 技术芯片设计开发的公司。作为知识产权供应商，ARM 公司本身并不直接从事芯片生产，而是靠转让设计许可，由合作公司生产各具特色的芯片。世界各大半导体生产商从 ARM 公司购买其设计的 ARM 微处理器核，根据各自不同的应用领域，加入适当的外围电路，从而形成自己的 ARM 微处理器芯片进入市场。目前，总共有超过 100 家公司与 ARM 公司签订了技术使用许可协议，其中包括 Intel、IBM、LG、NEC、SONY、NXP 和 NS 等大公司。

2.2.2　ARM 微处理器的家族

ARM 微处理器的家族包括下面几个系列：ARM7、ARM9、ARM9E、ARM10E、ARM11、SecurCore 等和原 Intel 公司的 StrongARM、XScale 以及 Cortex 系列。

1. ARM7 系列

ARM7 系列微处理器包括 ARM7TDMI、ARM7TDMI-S 和带有高速缓存处理器宏单元的 ARM720T 以及扩充了 Jazelle 的 ARM7EJ-S。该系列处理器提供 Thumb16 位压缩指令集和 Embeded ICE 软件调试方式，适合于对价位和功耗要求较高的消费类应用。

ARM7 具有如下特点：

1）ARM7 系列为低功耗的 32 位 RISC 处理器，采用 V4 架构。

2）ARM7 内核是 0.9MHz 的 3 级流水线和冯·诺伊曼结构。

3）代码密度高，兼容 16 位的 Thumb 指令集。

4）包含 ICE 调试技术的内核，调试开发方便。

5）操作系统支持广泛，包括 Windows CE、Linux 和 Palm OS 等。

6）指令系统与 ARM9E、ARM10E、ARM11 系列兼容，便于升级。

2. ARM9 系列

ARM9 系列微处理器包括 ARM920T、ARM922T 和 ARM940T 三种，主要应用于无线设备、仪器仪表、安全系统、机顶盒、高端打印机、数字照相机和数字摄像机等。

ARM9 的主要特点如下：

1）5 级整数流水线，执行指令效率较高。

2）支持 32 位 ARM 指令集和 16 位 Thumb 指令集。

3）支持 32 位的高速 AMBA 总线接口。

4）MPU 支持实时操作系统。

5）全性能的 MMU，支持 Windows CE、Linux、Palm OS 等多种操作系统。

6）支持数据 Cache 和指令 Cache，具有更高的指令和数据处理能力。

7）提供 1.1MHz 的哈佛结构。

3. ARM9E 系列

ARM9E 系列处理器为综合处理器，它使用单一的处理器内核提供了微控制器、DSP、Java 应用系统的解决方案，因此，适用于同时使用 DSP 和微处理器的场合。

ARM9E 的主要特点如下：

1）支持 DSP 指令集，适合于需要高速数字信号处理的场合。

2）5 级整数流水线，执行指令效率较高。

3）支持 32 位 ARM 指令集和 16 位 Thumb 指令集。

4）支持 32 位的高速 AMBA 总线接口。

5）支持 VFP9 浮点处理协处理器。

6）MPU 支持实时操作系统。

7）全性能的MMU，支持Windows CE、Linux、Palm OS等多种操作系统。

8）支持数据Cache和指令Cache，具有更高的指令和数据处理能力。

9）主频最高可达300MHz。

4. ARM10E系列

ARM10E系列微处理器包括ARM1020E、ARM1022E、ARM1026EJ-S三种类型，它具有高性能、低功耗的特点，由于采用了新的体系结构，同ARM9相比，其性能得到了很大的提高。

ARM10E的主要特点如下：

1）支持DSP指令集，适合于需要高速数字信号处理的场合。

2）6级整数流水线，执行指令效率更高。

3）支持32位ARM指令集和16位Thumb指令集。

4）支持32位的高速AMBA总线接口。

5）支持VFP9浮点处理协处理器。

6）全性能的MMU，支持Windows CE、Linux、Palm OS等多种操作系统。

7）支持数据Cache和指令Cache，具有更高的指令和数据处理能力。

8）主频最高可达400MHz。

9）内嵌并行读写操作部件。

5. ARM11系列

ARM11系列微处理器是ARM公司近年推出的新一代RISC处理器，主要有ARM1136J、ARM1156T2和ARM1176JZ三个内核型号，分别针对不同应用领域。它是ARM新指令架构ARMv6第一代设计的实现。ARM11主要应用在下一代的消费类电子、无线设备、网络应用和汽车电子产品等领域。

ARM11的主要特点如下：

1）支持DSP指令集，适合于需要高速数字信号处理的场合。

2）8级整数流水线，执行指令效率更高。

3）ARMv6体系架构。

4）多媒体处理扩展，使MPEG4编码/解码速度加快一倍，音频处理速度加快一倍。

5）增强的Cache结构，实地址Cache4，减少Cache的刷新和重载，减少上下文切换的开销。

6）增强的异常和中断处理，使实时任务的处理更加迅速。

7）支持Unaligned和Mixed-endian数据访问，使数据共享、软件移植更简单，也有利于节省存储器空间。

8）流水线的并行机制，ARM11的数据通路中包含多个处理单元，允许ALU操作、乘法操作和存储器访问操作同时进行。

9）64位的数据通道，ARM11中，内核和Cache及协处理器之间的数据通路是64位。

10）主频最高可达500MHz。

6. SecurCore系列

SecurCore系列微处理器专为安全需要而设计，它提供了完善的32位RISC技术的安全解决方案，因此，除了具有ARM体系结构的低功耗、高性能的特点外，还具有其独特的优势，即提供了对安全解决方案的支持。SecurCore系列微处理器主要应用于一些对安全要求较高的应用产品，如电子商务、电子银行业务、网络和认证系统等领域。SecurCore系列微处理器除了具有ARM体系结构的各种特点外，还在安全方面具有如下特点：

1）带有灵活的保护单元，以确保操作系统和应用数据的安全。

2）采用软内核技术，防止外部对其进行扫描探测。

3）可集成用户自己的安全特性和其他协处理器。

7. XScale 和 StrongARM 系列

XScale 处理器是基于 ARMv5TE 体系结构的解决方案，是一款全性能、高性价比、低功耗的处理器。它支持16位的 Thumb 指令和 DSP 指令集，主要应用在数字移动电话、个人数字助理和网络产品等领域。

Inter StrongARM SA-1100 处理器是采用 ARM 体系结构高度集成的32位 RISC 微处理器，它融合了 Inter 公司的设计和处理技术以及 ARM 体系结构的电源效率，采用在软件上兼容 ARMv4 体系结构，同时采用具有 Inter 技术优点的体系结构。Inter StrongARM 处理器是便携式通信产品和消费类电子产品的理想选择。

8. Corte X 系列

Cortex 系列是 ARM 基于 ARMV7 架构的 Cortex A 系列、Cortex R 系列和 Cortex M 系列处理器的总称。

Cortex A 系列处理器是开放式操作系统的高性能应用处理器。其主要特点是：支持移动 Internet 的低功率设计、全天浏览和连接；Cortex-A 设备能够为其目标应用领域提供各种可伸缩的高性能支持，如 Cortex-A5、Cortex-A7、Cortex-A9 和 Cortex-A15 处理器都支持 ARM 的第二代多核技术；支持对称和非对称的操作系统实现；具有与上一代经典 ARM 和 Thumb® 体系结构的二进制兼容性，还具有高级扩展优势。Cortex A 系列处理器适用于具有高计算要求、运行丰富的操作系统以及提供交互媒体和图形体验要求的领域，从最新技术的移动 Internet 必备设备（如手机和超便携的上网本或智能本）到汽车信息娱乐系统和下一代数字电视系统都有应用。

Cortex R 系列处理器的开发有严格的实时限制，对低功耗、良好的中断行为、高可靠性以及现有平台的高兼容性等需求进行了平衡，具有面向深层嵌入式实时应用的卓越性能。其主要特点是：快速——以高时钟频率获得高处理性能；确定——处理器在所有场合都必须符合硬实时限制；安全——可靠且可信的安全关键系统；成本效益——处理器及其内存系统在成本和功耗方面具有竞争力。Cortex R 保持与经典 ARM 处理器（如 ARM7TDMI-S、ARM946E-S、ARM968E-S 和 ARM1156T2-S）的二进制代码的兼容性，因此，可确保应用的可移植性。例如，已经认证可用于汽车系统的代码复用，使旧源代码发挥作用。Cortex R 通常运行实时软件操作系统（RTOS），并且不需要虚拟内存管理单元（MMU）。作为应用于汽车、医疗行业和工业等方面，以及硬盘驱动器、智能手机和机顶盒等，系统的嵌入式处理器，Cortex R 为范围广泛的深层嵌入式器件应用市场设置了行业标准，提供有20个许可、100个设计和数百万的设备。

Cortex M 系列处理器是主要针对微控制器领域开发的。在该领域中既需要进行快速且具有高确定性的中断管理要求，又需要将门数和可能功耗控制在最低范围，提供具有确定性微控制器应用的成本敏感型领域的解决方案。Cortex M 都是二进制向上兼容的，这使得软件重用以及从一个 Cortex M 无缝发展到另一个成为可能。Cortex M 针对成本和功耗敏感的 MCU 和终端应用，如人机接口设备、汽车和工业控制系统、大型家用电器、消费性产品和医疗器械等混合信号设备进行了优化。Cortex M 是全球微控制器标准，已许可给了40个以上的 ARM 合作伙伴，包括 NXP Semiconductors、STMicroelectronics、Texas Instruments 和 Toshiba 等领先供应商。

显而易见，Cortex R 提供的性能比 Cortex M 提供的性能高得多，而 Cortex A 专用于具有复杂软件操作系统（使用虚拟内存管理）的面向用户的应用。

图2-2所示为 ARM 微处理器的家族系列产品的功能和性能比较。

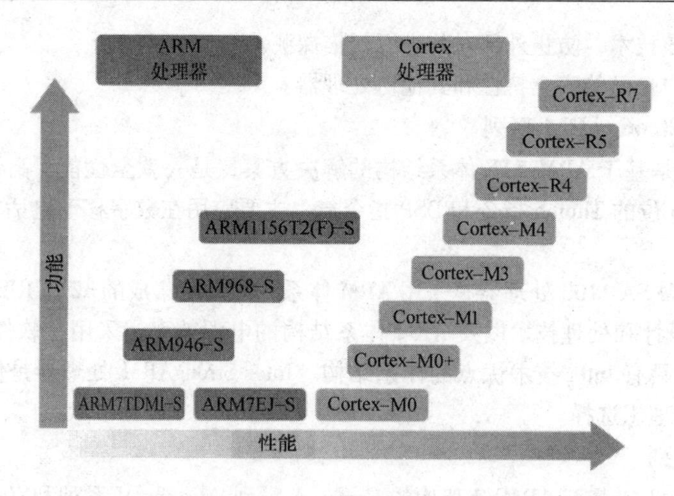

图 2-2　ARM 微处理器的家族系列产品的功能和性能比较

2.2.3　ARM 微处理器的结构

1. ARM 体系结构

ARM 体系结构是构建每个 ARM 处理器的基础，从 ARM7 系列的 ARMV4 架构到 ARM11 系列的 ARMV6 架构，再到 Cortex 系列 ARMV7 架构，ARM 体系结构不断增加新功能，在高性能需求及新兴市场的需要也得到应用。但是，从 ARMV4 到 ARMV7 架构，其核心仍然遵从冯 · 诺依曼结构体系或哈佛结构体系以及流水线技术。

冯 · 诺依曼结构的计算机系统是由一个中央处理单元（CPU）和一个存储器组成。这个存储器存储全部的数据和指令，并且可以根据所给的地址对其进行读写操作。其中，CPU 有几个可以存放内部使用数据的内部寄存器，典型的内部寄存器是程序计数器（PC）。CPU 先从存储器取出指令，然后对指令译码，最后执行。冯 · 诺依曼体系结构的程序计数器是间接地指向了存储器中的指令。只要改变指令，就能改变 CPU 所做的事情。在 ARM 处理器的家族中，ARM7TDMI 采用的冯 · 诺依曼体系结构，如图 2-3 所示，其指令和数据共用信号总线以及存储器。冯 · 诺依曼体系结构将指令存储器和数据存储器放在一起，即在同一个存储空间取指令和数据，两者分时复用一条总线，故限制了工作带宽，同时控制电路也较复杂。

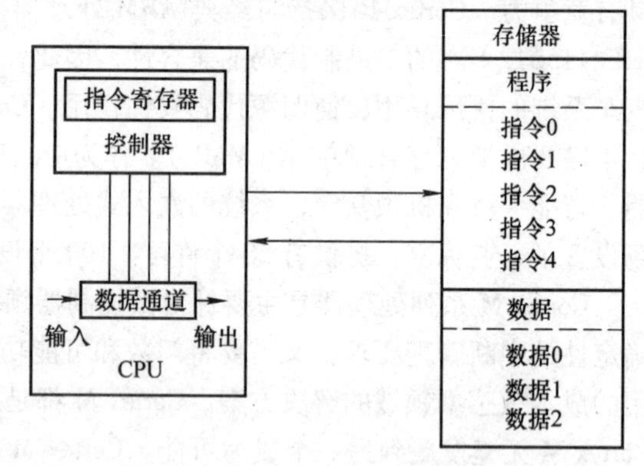

图 2-3　冯 · 诺依曼体系结构

哈佛体系结构的计算机为数据和程序提供了各自独立的存储器，程序计数器只指向程序存储器而不指向数据存储器。独立的程序存储器和数据存储器为数字处理提供了较高的性能，让两个存储器有不同的端口，可以提供较大的存储器带宽。这样一来，数据和程序不必再竞争同一个端口，这使得数据适时地移动更加容易。这种结构的弱点是很难在哈佛机上编写出一个自修改的程序，即写入数据值后，将这些数据值作为指令的程序。目前大部分 DSP 和 ARM9 微处理器都是采用哈佛体系结构。图 2-4 所示是 ARM9TDMI 采用的哈佛体系结构，其特点是指令和数据各使用一条总线。哈佛结构将指令和数据空间完全分开，每个存储器独立编址、独立访问，在一个时钟周期内能从存储器中同时读取程序和数据，这样就相应地减少了执行每一条指令所需的时钟周期，使多个操作可以高速、并行工作，在加快应用程序执行速度的同时简化了控制电路。

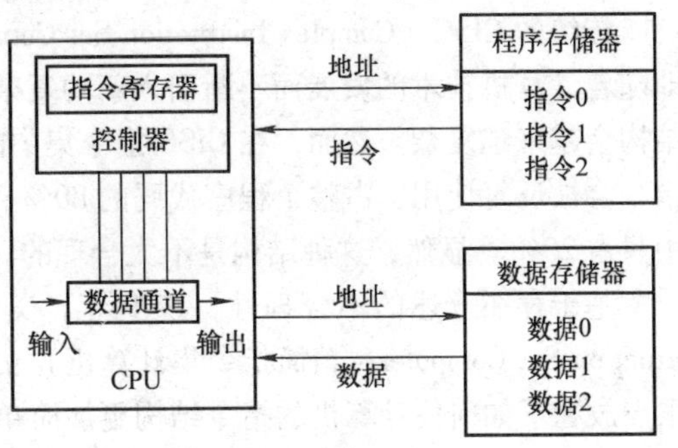

图 2-4　哈佛体系结构

图 2-5　ARM7 的指令流水线

嵌入式处理器中一条指令的执行可以分为多个进程或者若干个阶段，使用流水线技术可以使多个命令通过多个功能部件并行工作，以此来缩短程序执行时间，提高处理器核的效率和吞吐率，增加处理器指令流的速度。以 ARM7TDMI 为例，其使用的 3 级流水线机制，如图 2-5 所示。每条指令执行可以分取指、译码、执行三个阶段：分别为从存储器取出一条指令并装载进指令流水线中；指令所使用的寄存器解码，识别将要被执行的指令；执行步骤从寄存器组中读取、移位和进行 ALU 算术和逻辑运算操作以及把结果写回存储器组。由于每个阶段的操作都是相对独立的，因此可以采用流水线重叠技术来提高系统的性能。处理器中的流水线重叠技术指的是，在流水线装满之后，几个指令可以同时并行执行，这样可以充分利用现有硬件资源，提高处理器的运行效率。ARM7 流水线上的一条指令虽然需要三个时钟周期来完成，但通过多个部件并行，使得处理器的吞吐率约为每个周期一条指令，提高了流水线指令的处理速度，从而可达到 0.9MIPS/MHz 的指令执行速度。

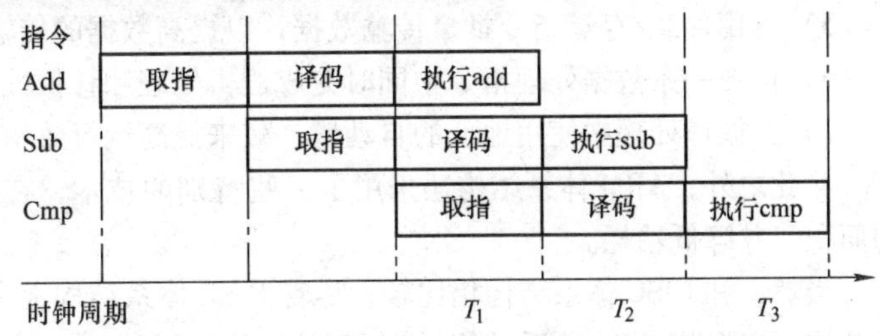

图 2-6　ARM7 单周期指令的 3 级流水线操作示意

ARM7 单周期指令的 3 级流水线操作示意如图 2-6 所示。图 2-6 中给出的是流水线的最佳运行情况，3 级流水线在处理简单的寄存器操作指令时，吞吐率为平均每个时钟周期一条指令（在有存储器访问指令、跳转指令的情况下可能出现流水线阻断情况，导致流水线的性能下降）。从图 2-6 可看出，Add、Sub、Cmp 指令均为单周期指令，从 T_1 开始，用三个时钟周期执行了三条指令，指令平均周期数（CPI）等于一个时钟周期。此外，ARM7 可采用带分支预测的 3 级流水线，在译码时进行分支预测，这样遇到跳转指令时也不会阻断流水线，只是在程序设计时，需要注意程序计数器（PC）值总是指向正在取指的指令而不是正在执行的指令。

ARM9 系列处理器使用的 5 级流水线操作，示意如图 2-7 所示，分为取指、译码、执行、访存、回写等 5 个环节。取指环节从指令存储器取指；译码环节读取寄存器操作数；执行环节产生存储器地址（对于存储器访问指令来讲）或产生 ALU（各种算术和逻辑运算操作）运算结果；访存环节访问数据存储器；回写环节完成执行结果写回寄存器。ARM9 的 5 级流水线将 ARM7 的 3 级流水线中的执行单元进一步细化，减少了在每个时钟周期内必须完成的工作量，进而允许处理器使用较高的时钟频率；且由于采用了哈佛体系结构，具有分开的指令和数据存储器，

取指 IFetch	译码 Decode	执行 Execute	访存 Memory	回写 Write

图 2-7　ARM9 的 5 级流水线操作示意

减少了冲突的发生，每条指令的平均周期数明显减少。

2. RISC 指令集

传统的 CISC（Complex Instruction Set Computer，复杂指令集计算机）结构有其固有的缺点，即随着计算机技术的发展而不断引入新的复杂的指令集，为支持这些新增的指令，计算机的体系结构会越来越复杂。然而，在 CISC 指令集中的各种指令，其使用频率相差悬殊，大约有 20% 的指令会被反复使用，占整个程序代码的 80%；而余下的 80% 的指令却不经常使用，在程序设计中只占 20%。显然，这种结构是不太合理的。

基于存在上述的不合理性，1979 年，美国加州大学伯克利分校提出了 RISC（Reduced Instruction Set Computer，精简指令集计算机）的概念，RISC 并非只是简单地减少指令，而是把着眼点放在了如何使计算机的指令结构更加简单、合理地提高其运算速度上。RISC 结构通过以下措施来达到上述目的：优先选取使用频率最高的简单指令，避免复杂指令；将指令长度固定，指令格式和寻址方式种类减少；以控制逻辑为主，不用或少用微码控制等。

到目前为止，RISC 体系结构还没有严格的定义，一般认为，RISC 体系结构应具有如下特点：

1）采用固定长度的指令格式，指令整齐、简单，基本寻址方式有 2~3 种。

2）使用单周期指令，便于流水线操作执行。

3）大量使用寄存器，数据处理指令只对寄存器进行操作，只有加载/存储指令可以访问存储器，以提高指令的执行效率。

4）所有的指令都可根据前面执行的结果决定是否被执行，从而提高指令的执行效率。

5）可用加载/存储指令批量传输数据，以提高数据的传输效率。

6）可在一条数据处理指令中同时完成逻辑处理和移位处理。

7）在循环处理中使用地址的自动增、减来提高运行效率。

除此之外，ARM 体系结构还采用了一些特别的技术，在保证高性能的前提下尽量缩小芯片的面积，并降低功耗。

当然，和 CISC 体系结构相比较，尽管 RISC 体系结构上有上述优点，但绝不能认为 RISC 体系结构可以取代 CISC 体系结构，事实上，RISC 和 CISC 各有优势，而且界限并不那么明显。现代的 CPU 往往采用 CISC 的外围，内部加入了 RISC 的特性，如超长指令集 CPU 就是融合了 RISC 和 CISC 的优势，成为未来的 CPU 发展方向之一。

3. ARM 处理器的寄存器结构

ARM 处理器共有 37 个寄存器，被分为若干个组（Bank），这些寄存器包括：

31 个通用寄存器，包括程序计数器（PC），均为 32 位寄存器；

6 个状态寄存器，用以标志 CPU 的工作状态及程序的运行状态，均为 32 位，目前只使用了其中一部分。

这些寄存器不能同时被访问，处理器工作状态和具体运行模式决定了编程者可访问哪些寄存器。ARM 处理器有 7 种不同的处理器模式，分别为用户模式、快中断模式、中断模式、管理模式、中止模式、未定义模式和系统模式。在每一种处理器模式下均有一组相应的寄存器与之对应，即在任意一种处理器模式下，可以访问的寄存器包括 15 个通用寄存器（R0~R14），1~2 个状态寄存器和程序计数器。在所有的寄存器中，有些是在 7 种处理器模式下共用的同一个物理寄存器，而有些寄存器则是在不同的处理器模式下有不同的物理寄存器。

4. ARM 处理器的指令结构

ARM 处理器在较新的体系结构中支持两种指令集：ARM 指令集和 Thumb 指令集。其中，

ARM 指令为32位的长度，Thumb 指令为16位长度。

Thumb 指令集是 ARM 指令集的一个子集，是针对代码密度问题而提出的，它具有16位的代码宽度。与等价的32位代码相比较，Thumb 指令集在保留32位代码优势的同时，大大地节省了系统的存储空间。Thumb 不是一个完整的体系结构，不能指望处理器只执行 Thumb 指令集而不支持 ARM 指令集。

当处理器在执行 ARM 程序段时，称 ARM 处理器处于 ARM 工作状态，当处理器在执行 Thumb 程序段时，称 ARM 处理器处于 Thumb 工作状态。Thumb 指令集并没有改变 ARM 体系底层的编程模型，只是在该模型上增加了一些限制条件，只要遵循一定的调用规则，Thumb 子程序和 ARM 子程序就可以互相调用。

与 ARM 指令集相比较，Thumb 指令集中的数据处理指令的操作数仍然是32位，指令地址也为32位，但 Thumb 指令集为实现16位的指令长度，舍弃了 ARM 指令集的一些特性，相比之下从指令集上看 Thumb 和 ARM 主要有以下不同：

1）跳转指令。Thumb 状态下，条件跳转在范围上有更多的限制，转向子程序只有无条件转移。

2）数据处理指令。对通用寄存器进行操作时，操作结果需放入其中一个操作数寄存器，而不是第三个寄存器。Thumb 状态下的数据处理操作比 ARM 状态的更少，访问寄存器 R8 ~ R15 受到一定限制。

3）单寄存器加载和存储指令。Thumb 状态下，单寄存器加载和存储指令只能访问寄存器 R0 ~ R7。

4）批量寄存器加载和存储指令。LDM 和 STM 指令可以将任何范围为 R0 ~ R7 的寄存器子集加载或存储，PUSH 和 POP 指令使用堆栈指针 R13 作为基址实现满递减堆栈，除 R0 ~ R7 外，PUSH 指令还可以存储链接寄存器 R14，并且 POP 指令可以加载程序指令 PC。

5）Thumb 指令集没有包含进行异常处理时需要的一些指令，因此，在异常中断时还是需要使用 ARM 指令。这种限制决定了 Thumb 指令不能单独使用，需要与 ARM 指令配合使用。

在存储器是32位的情况下，ARM 性能略好，这是因为同样的代码编译的结果，Thumb 指令将会比 ARM 指令多30% ~40%，Thumb 指令仍旧花费同样指令周期来从32位内存中读取。在16位内存上，即使有比 ARM 多的代码，这时 Thumb 性能仍然较好，这是因为 Thumb 每一条指令读取需要一个周期而每条 ARM 指令需要两个周期，因此尽管 Thumb 指令比 ARM 指令要多，但是执行速度依然比 ARM 要快。另外，在16位内存上，Thumb 的性能降低了，这是因为数据即使在 Thumb 下，堆栈操作仍是32位操作，这在16位内存架构上导致了低的性能。

另外，与 ARM 指令相比较，使用 Thumb 指令，存储器的功耗会降低约30%。

2.2.4　ARM 微处理器核的技术特点

采用 RISC 架构的 ARM 处理器一般具有如下特点：

1）体积小、功耗低，低成本、高性能。

2）流水线结构。

3）支持 Thumb（16位）和 ARM（32位）双指令集，能很好地兼容8位/16位器件。

4）大量使用寄存器，指令执行速度更快。

5）大多数数据操作都在寄存器中完成。

6）寻址方式灵活，执行效率高。

7）指令长度固定，支持条件执行。

8）具有桶形移位器（Barrel Shifter），可以提高数学逻辑运算速度，不过也增加了硬件的复杂性，会占用更多的芯片面积。

9）AMBA 互联总线协议，可以有效地将各个 IP 组件连接起来。

10）ARM 的大部分设计都采用 RISC 思想，当然它也综合一些 CISC 的设计理念以达到最佳性能，所以 ARM 不是纯粹的 RISC 架构。

2.3　ARM 的存储系统

2.3.1　ARM 的存储空间

ARM 体系结构使用单一的平板地址空间，该地址空间的范围大小为 2^{32} 个 8 位字节。这些字节单元的地址是一个无符号的 32 位数值，其取值范围为 $0 \sim 2^{32}-1$。

32 位的地址空间可以看作由 2^{30} 个 32 位的字单元组成。每个字的地址是字对准的，故字单元的地址可以被 4 整除。例如，字对准地址是 A 的字，由地址为 A，A+1，A+2 和 A+3 的 4 字节组成。

16 位的地址空间可以看作由 2^{31} 个 16 位的半字组成。每个半字的地址是半字对准的，故半字单元的地址可以被 2 整除。例如，半字对准地址是 A 的半字，由地址为 A 和 A+1 的 2 字节组成。

地址的计算通常由普通的整数指令完成。这意味着，若计算的地址在地址空间中上溢或下溢，通常就会环绕，地址缩减到计算结果取 2^{32} 的模。大多数分支指令通过把指令指定的偏移量加到 PC 的值上来计算目的地址，然后把结果写回到 PC。计算公式如下：当前指令地址 +8+ 偏移量。

如果计算结果在地址空间中上溢或下溢，则指令因其依赖于地址环绕而不可预知，因此，向前转移不应当超出地址 0xFFFFFFFF，向后转移不应当超出地址 0x00000000。

2.3.2　存储器的格式

ARM 体系结构将存储器看作是从零地址开始的字节的线性组合。从 0 字节开始到第 3 个字节放置第一个存储的字数据，从第 4 个字节到第 7 个字节放置第 2 个存储的字数据，依次排列，作为 32 位的微处理器，ARM 体系结构所支持的最大寻址空间为 4GB（2^{32}B）。

ARM 体系结构可以用两种方法存储字数据，分别称之为大端格式和小端格式。大、小端的选择对于不同的芯片来说有一些不同的选择方式，一般都可以通过外部的引脚或内部的寄存器来选择。

大端格式：在这种格式中，字数据的高字节存储在低地址中，而字数据的低字节则存放在高地址中。大端模式下的存储格式见表 2-1。

表 2-1　大端模式下的存储格式

位	31 … 24	23 … 16	15 … 8	7 … 0
字	字单元 A			
半字	半字单元 A		半字单元 A+2	
字节	字节单元 A	字节单元 A+1	字节单元 A+2	字节单元 A+3

小端格式：与大端存储格式相反，在小端存储格式中，低地址中存放的是字数据的低字节，高地址存放的是字数据的高字节，见表 2-2。小端格式较符合人们的思维习惯，因此在系统设计中多采用小端格式。ARM 默认是小端格式。

表 2-2　小端模式下的存储格式

位	31　…　24	23　…　16	15　…　8	7　…　0
字	字单元 A			
半字	半字单元 A+2		半字单元 A	
字节	字节单元 A+3	字节单元 A+2	字节单元 A+1	字节单元 A

2.3.3　存储器的管理

ARM 系统中，存储系统差别很大，包含多种类型的存储器件，如 Flash、SRAM、SDRAM、ROM 等，这些不同类型的存储器件速度和宽度等各不相同；在访问存储单元时，可采取平板式的地址映射机制对其操作，或使用虚拟地址对其进行读写；因此系统中，引入了存储保护机制，增强系统的安全性。为适应如此复杂的存储体系要求，ARM 处理器中引入了 MMU（Memory Manager Unit，存储管理单元）来管理存储系统。

ARM 系统中都存在着一个程序产生的地址集合，称之为地址范围。这个范围的大小由 CPU 的位数决定，32 位的 ARM 的地址范围是 0 ~ 0xFFFFFFFF（2^{32}，4GB），这个地址范围称之为虚拟地址空间，该空间中的某一个地址称之为虚拟地址。与虚拟地址空间和虚拟地址相对应的则是物理地址空间和物理地址，物理地址空间和物理地址表示系统主存储器的实际地址空间和它的实际地址。ARM 处理器使用 MMU 实现虚拟地址到实际物理地址的映射方式对 ARM 的存储器进行管理。

处理器运行的进程所需的内存有可能大于实际内存容量之和，这样所有数据就不能一起加载到内存（物理内存）中，势必有一部分数据要放到其他介质中（比如硬盘），待进程需要访问那部分数据时，再通过调度进入物理内存。所以，虚拟内存是进程运行时所有内存空间的总和，并且可能有一部分不在物理内存中，而物理内存就是系统硬件扩展的实际内存。

ARM 处理器使用 MMU 对存储器系统进行管理。MMU 会对虚拟内存地址空间分页产生页（Page），对物理内存地址空间分页产生页帧（Page Frame）。页与页帧的大小相同。系统通过页表（Page Table）实现虚拟内存页到物理内存页帧的映射，确切地说是页号到页帧号的映射，且一一对应。但由于虚拟内存页的个数大于物理内存页帧的个数，因此有些虚拟内存页的地址永远没有对应的物理内存地址。MMU 有个页面失效（Page Fault）功能，操作系统找到一个最少使用的页帧，让它失效，并把它写入磁盘，随后把需要访问的页放到页帧中，并修改页表中的映射，这样就保证所有的页都有被调度的可能了。这就是处理虚拟内存地址到物理内存的方法。

虚拟内存地址由页号（与页表中的页号关联）和偏移量组成。页号对应地映射到一个页帧。偏移量就是页（或者页帧）的大小，即这个页（或者页帧）到底能存多少数据。例如，有一个虚拟地址，它的页号是 4，偏移量是 20，那么它的寻址过程是这样的：首先到页表中找到页号 4 对应的页帧号（比如为 8），如果页不在内存中，则用失效机制调入页，否则把页帧号和偏移量传给 MMU 组成一个物理上真正存在的地址，接着就是访问物理内存中的数据了。

MMU 的实现过程，实际上就是一个查表映射的过程。建立页表是实现 MMU 功能不可缺少的步骤。页表位于系统内存中，页表的每一项对应于一个虚拟地址到物理地址的映射，每一项的长度即是一个字的长度（ARM 中一个字的长度为 4B）。页表项除完成虚拟地址到物理地址的映射功能之外，还定义了访问权限和缓冲特性等。

MMU 的映射分为两种：一级页表变换和二级页表变换。两者的不同之处是其实现的变换地址空间大小不同，一级页表变换支持 1MB 大小的存储空间的映射，而二级页表变换可以支持 64KB、4KB 和 1KB 大小地址空间的映射。

2.4 输入/输出设备

嵌入式系统中的输入设备一般包括触摸屏、语音识别、按键、键盘和虚拟键盘，输出设备主要有 LCD 显示和语音输出。下面简要介绍几种常见的输入/输出设备。

2.4.1 LCD 显示

液晶显示器（Liquid Crystal Display，LCD）具有体积小、耗电少等特点，被广泛应用于嵌入式系统中。液晶显示器的工作原理是利用液晶的物理特性，在通电时导通，使液晶排列变得有秩序，光线容易通过；不通电时，排列则变得混乱，光线不易通过。彩色显示通过利用三种原色混合的原理显示不同的色彩。在彩色面板中，每个像素都由三个液晶单元格构成，其中每个单元格前面分别有红色、绿色或蓝色的过滤片，光线经过滤片的处理变成红色、蓝色或绿色，利用三原色的原理组合出不同的色彩。

常见的 LCD 包括 TN（Twist Nematic，扭转向列）型显示器（如 TN _ LCD、STN _ LCD、DSTN _ LCD）和 TFT（Tin Film Transistor，薄膜晶体管）型显示器。这两种显示器的工作原理比较接近，不同点在于：TN 型显示器通过电极控制液晶分子，显示质量较差；TFT 型显示器则通过 FET 控制液晶分子，FET 的电容效应可以使液晶分子能在下一次电极变化前保持原有的排列，因此 TFT 型显示器的颜色数量和刷新速度都优于 TN 型显示器。

ARM 处理器芯片中集成了 LCD 控制器。以 S3C2410 为例，其 LCD 控制器的作用主要是将内存中的图像信息传送到 LCD 驱动器中。一般的 ARM 处理器芯片中集成的 LCD 控制器都支持多种 LCD 显示模式，比如单色、灰度、伪彩色或真彩色等，所以 ARM 处理器芯片连接不同的 LCD 显示设备时，需要通过设置控制寄存器来调整显示状态，以便正常显示。因此，ARM 对 LCD 控制器的控制实际上转换为对映射到内存空间的寄存器值的控制。

2.4.2 触摸屏

触摸屏作为一种实用的输入/输出设备，具有节省空间、坚固耐用、反应速度快、易于交流等优点，非常适合用于手持终端设备的人机交互接口。触摸屏由触摸检测装置和触摸屏控制器两部分构成。触摸检测装置安装在显示器屏幕前面，用于检测用户触摸位置，接收到数据后发送给触摸屏控制器；触摸屏控制器的主要作用是从触摸检测装置上接收触摸信息，并将它转换成触点坐标，再送给处理器。同时，触摸屏控制器也能接收处理器发来的命令并加以执行。

触摸屏按其工作原理的不同分为电阻式触摸屏、电容式触摸屏、表面声波触摸屏和红外线式触摸屏。

1. 电阻式触摸屏

电阻式触摸屏的屏体部分是一块多层复合薄膜，其结构如图 2-8 所示。它由一层玻璃或有机玻璃作为基层，表面涂有一层透明的导电层（ITO 氧化铟锡，透明的导电电阻），上面再盖有一层外表面经过硬化处理、光滑防刮的塑料层。它的内表面也涂有一层 ITO，在两层导电层之间有许多细小（<0.001in，1in=0.0254m）的透明隔离点把它们隔开。当手指触摸屏幕时，平常相互绝缘的两层导电层就在触摸点位置有了一个接触，因其中的一面导电层接通着 Y 轴方向的5V均匀电压场，使得另一面导电层（侦测层）的电压由零变为非零，控制器检测到这个接通后，进行A/D转换，并将得到的电压值与5V相比，即可得到触摸点的 Y 轴坐标；同理，可以得出 X 轴的坐标。这就是所有电阻式触摸屏共同的基本工作原理。

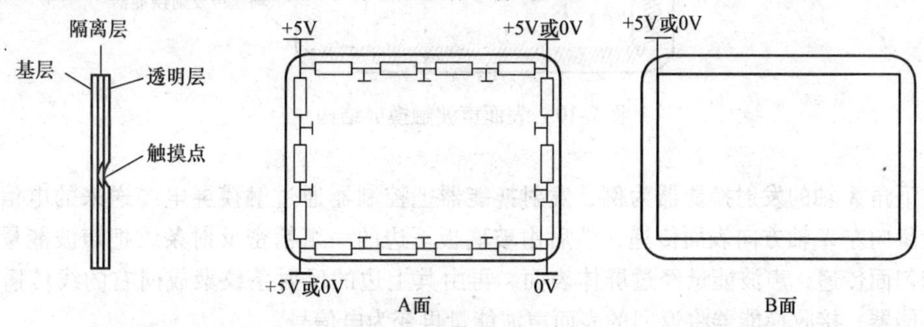

图2-8　电阻式触摸屏结构

电阻式触摸屏价格便宜且易于生产，因而仍是人们较为普遍的选择。四线式、五线式以及七线、八线式触摸屏的出现使其性能更加可靠，同时也改善了它的光学特性。

电阻式触摸屏的主要特点是，高分辨率，高速传递反应；表面硬化处理，减少擦伤、刮伤及防化学处理；具有光面及雾面处理；一次校正，稳定性高，永不漂移。

2. 电容式触摸屏

电容式触摸屏是一块四层复合玻璃屏，其结构如图2-9所示。玻璃屏的内表面和夹层各涂有一层ITO导电层，最外层是只有0.0015mm厚的矽土玻璃保护层。内表面ITO涂层作为屏蔽层，以保证良好的工作环境；夹层ITO涂层作为检测定位的工作层，在四个角或四条边分别引出四个电极。

电容式触摸屏的基本工作原理是，人作为接地物（零电势体），给工作面通上一个很低的电压，当用户触摸屏幕时，手指会吸收走一部分很小的电流，这部分电流从触摸屏四个角或四条边上的电极中流出，并且这四个电极的电流与手指到四个角的距离成比例，控制器通过对这四个电流的比例进行精密计算，即可得出触摸点的位置。

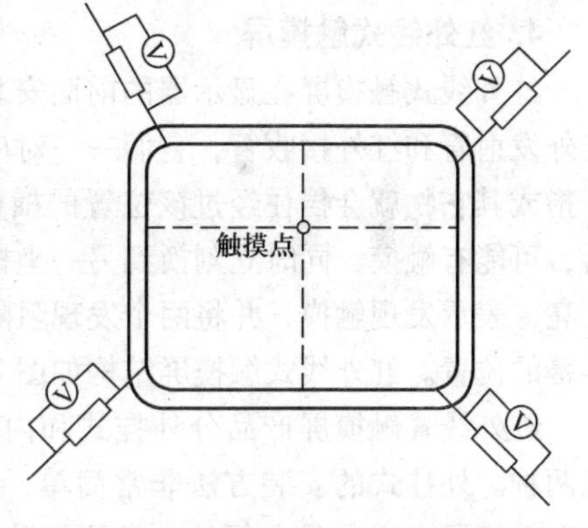

图2-9　电容式触摸屏结构

电容式触摸屏的主要特点是，设备精确、反应快，尺寸稍大时也有较高分辨率，更耐用（抗刮擦），因而适合用做游戏机的触摸屏。而且，新出现的近场成像技术改良了电容式触摸屏的性能，减弱了可能出现的漂移现象。

3. 表面声波触摸屏

表面声波触摸屏的触摸屏部分是一块平面、球面或者柱面的玻璃平板，安装在CRT、LED、LCD或是等离子显示器屏幕的前面，结构如图2-10所示。这块玻璃平板只是一块纯粹的强化玻璃，与其他触摸屏的区别是，它没有任何贴膜和覆盖层。玻璃屏的左上角和右下角各固定了竖直和水平方向的超声波发射换能器，右上角则固定了两个相应的超声波接收换能器。玻璃屏的四个周边刻有倾斜角为45°的由疏到密间隔非常精密的反射条纹。

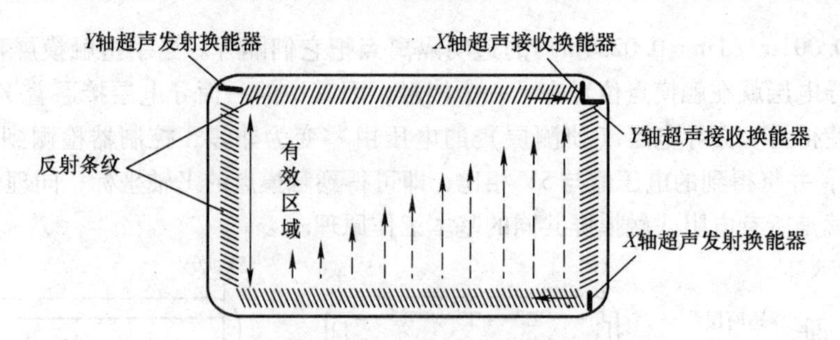

图 2-10 表面声波触摸屏结构

以右下角 X 轴的发射换能器为例，发射换能器把控制器通过触摸屏电缆送来的电信号转化为声波能量向左 X 轴方向表面传递，然后由玻璃板下边的一组精密反射条纹把声波能量反射成向上的均匀面传递，声波能量经过屏体表面，再由其上边的反射条纹聚成向右的线传播给 X 轴的接收换能器，接收换能器将返回的表面声波能量再变为电信号。

发射信号与接收信号波形在没有触摸的时候，接收信号的波形与参照波形完全一样。当手指或其他能够吸收或阻挡声波能量的物体触摸屏幕时，X 轴途经手指部位向上走的声波能量被部分吸收，反映在接收波形上即某一时刻位置上波形有一个衰减缺口。接收波形对应手指挡住部位信号衰减了一个缺口，计算缺口位置即可得到触摸点的坐标。控制器分析到接收信号的衰减并由缺口的位置判定 X 坐标。Y 轴用同样的过程判定出触摸点的 Y 坐标。除了一般触摸屏都能响应的 X、Y 坐标外，表面声波触摸屏还响应第三轴 Z 轴坐标，也就是能感知用户触摸压力大小值，其原理是由接收信号衰减处的衰减量计算得到。

表面声波触摸屏的主要特点是，清晰度高，透光率好；高度耐久，抗刮性能良好；一次修正永不漂移；反应灵敏。缺点是，易污损，需要经常维护。

4. 红外线式触摸屏

红外线式触摸屏在显示器的前面安装一个外框，外框里设计有电路板，从而在屏幕四边排布红外发射管和红外接收管，它们一一对应形成横竖交叉的红外线矩阵。用户在触摸屏上触摸时，手指或其它物就会挡住经过该位置的横竖红外线，触摸屏扫描时发现并确信有一条红外线受阻后，可能有触摸，同时立刻换到另一坐标再扫描，如果再发现另外一轴也有一条红外线受阻，黄灯亮，表示发现触摸，并将两个发现阻隔的红外对管位置报告给主机，经过计算判断出触摸点在屏幕的位置。红外线式触摸屏结构如图 2-11 所示。

红外线式触摸屏产品分外挂式和内置式两种。外挂式的安装方法非常简单，是所有触摸屏中安装最方便的，只要用胶或双面胶带将框架固定在显示器前面即可，缺点是影响外观。内置式红外线式触摸屏性能更加稳定，影响外观程度小。

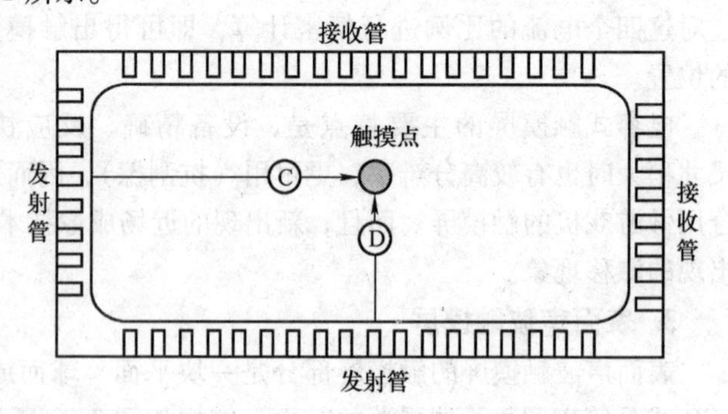

图 2-11 红外线式触摸屏结构

红外线式触摸屏的主要特点是，不受电流、电压和静电干扰，适宜于某些恶劣的环境；价格低廉、安装方便，可以用在各档次的计算机上；此外，由于没有电容充放电过程，响应速度比电容式快，但分辨率较低。

2.4.3 键盘

键盘是一组按键的组合，它是最常用的输入设备，操作人员可以通过键盘输入数据或命令，实现简单的人机对话。在嵌入式系统中使用的键盘的键通常是一种常开型的开关，键的两个触点处于断开状态，键按下时它们才闭合。

键盘从结构上分为独立式键盘和矩阵式键盘。一般按键较少时采用独立式键盘，按键较多时采用矩阵式键盘。

1. 独立式键盘

在测控系统及智能化仪器中用得最多的是独立式键盘。这种键盘具有硬件与软件相对简单的特点，其缺点是按键数量较多时，要占用大量输入接口。一个利用ARM接口设计的独立式键盘如图2-12所示。当键没按下时，CPU对应的I/O接口由于有上拉电阻，其输入为高电平；在键被按下后，对应的I/O接口变为低电平。只要在程序中判断I/O接口的状态，即可知道哪个键处于闭合状态。

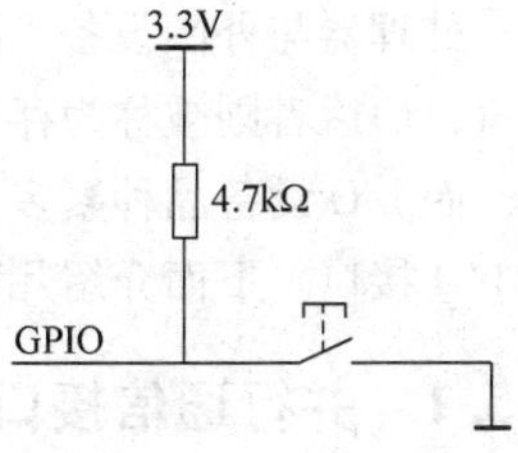

3.3V
4.7kΩ
GPIO

图2-12 独立式键盘

2. 矩阵式键盘

矩阵式键盘适用于键的数量较多的场合，它由行线与列线组成。键位于行、列的交叉点上。一个3×3的行列结构可以构成一个有9个键的键盘。同理，一个4×4的行列可以构成一个16键的键盘。很明显，在键数量较多的场合，与独立式键盘相比，矩阵式键盘要节省很多I/O接口。图2-13所示为矩阵式键盘接口电路。

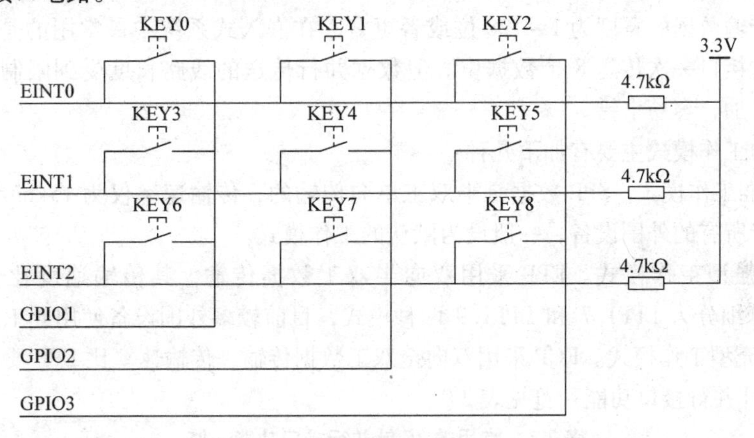

图2-13 矩阵式键盘接口电路

在嵌入式应用系统设计中，为了节省硬件，无论是采用独立式键盘还是采用矩阵式键盘，处理器对键盘的控制大都采用以下三种方式：

1）程序控制扫描方式。这种方式只有在处理器空闲时，才可调用键盘扫描子程序，查询键盘的输入状态是否改变。

2）定时扫描方式。处理器对键盘的扫描也可采用定时扫描方式，即处理器每隔一定的时间对键盘扫描一次。在这种方式中，通常采用处理器内部的定时器产生10ms的定时中断，CPU响应定时中断请求后对键盘进行扫描，以查询键盘是否有键按下。

3）中断扫描方式。虽然采用程序查询与定时扫描方式的程序编制简单，但一个应用系统在运行时的大多数时间里键盘基本是不工作的。为了进一步提高CPU的工作效率，可采用中断方式。当键盘有按键动作时产生中断，处理器响应键盘中断后，执行键盘中断程序，判别键盘按下键的键号，并做相应处理。

由于通常的键所用的开关是机械开关，当开关闭合、断开时并不是马上稳定地接通和断开，而是在闭合与断开瞬间均伴随有一连串的抖动。为了确保 CPU 对键的一次闭合仅做一次处理，必须在程序或硬件上进行防抖处理。为节省硬件，一般不采用硬件方法消除键的抖动，而是采用软件消抖方法。即当检测到键闭合时，延时 5 ~ 10ms，让前沿抖动消失后再一次检测键的状态，如果仍保持闭合状态电平，则确认真正有键按下；当检测到键断开时，也要给 5 ~ 10ms 的延时，待后沿抖动消失后再转入键被释放的处理程序。

2.5 ARM 的接口技术

处理器与外围设备、存储器的连接和数据交换都需要通过接口设备来实现，前者被称为 I/O 接口，而后者则被称为存储器接口。通常存储器在处理器的同步控制下工作，接口电路比较简单，而 I/O 设备品种繁多，其相应的接口电路也各不相同，因此，人们习惯上说到接口，通常是指 I/O 接口。下面介绍几种 I/O 接口技术。

2.5.1 并行通信接口

由于并行接口功能简单，易于管理，所以利用并行接口开发专用测试与控制系统非常普遍，如简单的数据采集、联网控制、打印共享等。目前使用最普遍的是利用并行接口作为打印机端口和设计软件加密狗。

并行接口传输数据的宽度为 1 ~ 128 位或者更宽。在嵌入式系统中最常用的是 8 位，这时微处理器可以通过接口一次传送 8 个数据位。但数据并行传送的线路长度受到限制，因为长度增加，干扰就会增加，容易出错。

并行接口的工作模式主要有如下几种：

1）SPP 标准工作模式。SPP 数据是半双工单向传输的，传输速率仅为 15kbit/s，速度较慢，但几乎可以支持所有的外围设备，一般设为默认的工作模式。

2）EPP 增强型工作模式。EPP 采用双向半双工数据传输，其传输速度比 SPP 高，可达 2Mbit/s。EPP 可细分为 EPP1.7 和 EPP1.9 两种模式，目前较多外围设备使用此工作模式。

3）ECP 扩充型工作模式。ECP 采用双向全双工数据传输，传输速率比 EPP 要高。

常用的 25 针并行接口功能一览见表 2-3。

表 2-3 常用的 25 针并行接口功能一览

针脚	功 能	针脚	功 能
1	选通端 STROBE，低电平有效	10	确认 ACKNLG，低电平有效
2	数据位 0（DATA0）	11	忙（BUSY）
3	数据位 1（DATA1）	12	缺纸（PE）
4	数据位 2（DATA2）	13	选择（SLCT）
5	数据位 3（DATA3）	14	自动换行（AUTO FEED），低电平有效
6	数据位 4（DATA4）	15	错误（ERROR），低电平有效
7	数据位 5（DATA5）	16	初始化（INIT），低电平有效
8	数据位 6（DATA6）	17	选择输入（SLCTIN），低电平有效
9	数据位 7（DATA7）	18 至 25	地线（GND）

2.5.2　串行通信接口

串行通信包括两种最基本的方式：同步串行通信方式和异步串行通信方式。

1. 同步串行通信方式

所谓同步通信，是指数据传送是以数据块（一组字符）为单位，字符与字符之间、字符内部的位与位之间都同步。同步串行通信的特点可以概括如下：

1）以数据块为单位传送信息。

2）在一个数据块（信息帧）内，字符与字符间无间隔。

3）因为一次传输的数据块中包含的数据较多，所以接收时钟与发送时钟应严格同步，通常要有同步时钟。

同步串行通信的数据格式如图2-14所示，每个数据块（信息帧）由如下三个部分组成：

1）2个同步字符作为一个数据块（信息帧）的起始标志。

2）n个连续传送的数据。

3）2个字节循环冗余校验码（CRC）。

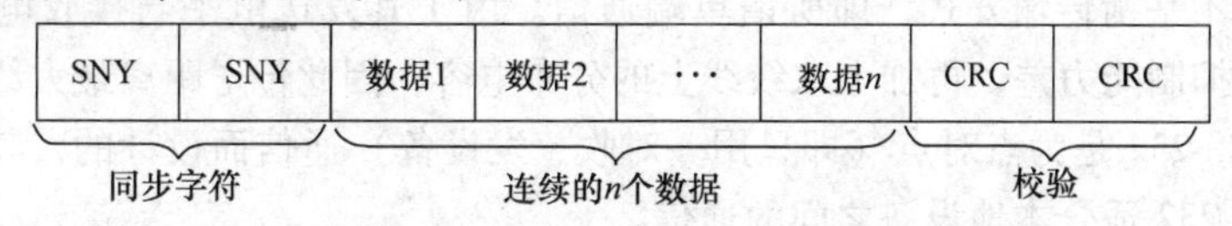

图2-14　同步串行通信的数据格式

2. 异步串行通信方式

所谓异步通信，是指数据传送以字符为单位，字符与字符间的传送是完全异步的，位与位之间的传送基本上是同步的。异步串行通信的特点可以概括如下：

1）以字符为单位传送信息。

2）相邻两字符间的间隔是任意长。

3）因为一个字符中的位长度有限，所以需要接收时钟和发送时钟只要相近就可以。

简单地说异步方式的特点就是：字符间异步，字符内部各位同步。

异步串行通信的数据格式如图2-15所示，每个字符（每帧信息）由以下四个部分组成：

1）1位起始位，规定为低电平。

2）5~8位数据位，即要传送的有效信息。

3）1位奇偶校验位。

4）1~2位停止位，规定为高电平。

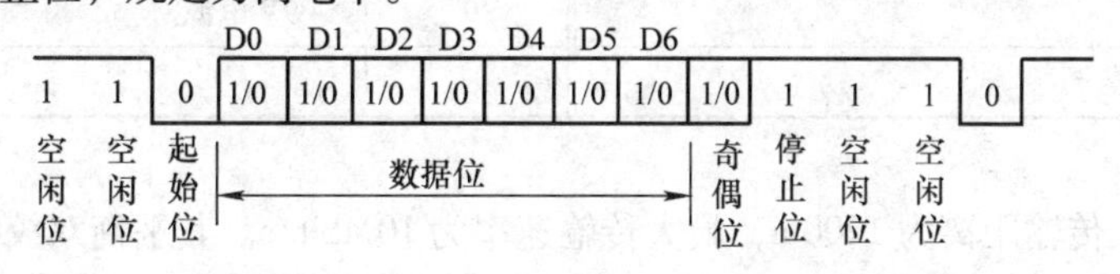

图2-15　异步串行通信的数据格式

3. 串行通信接口

串行通信接口按电气标准及协议来划分有RS-232、RS-422、RS-485等标准。这些标准只对接口的电气特性做出规定，不涉及具体的接插件、电缆或协议。

1）RS-232。也称标准串口，是最常用的一种串行通信接口。RS-232是在1970年由美国电子工业协会（EIA）联合贝尔系统、调制解调器厂商及计算机终端生产厂商共同制定的用于串行通信的标准。它的全名是“数据终端设备（DTE）和数据通信设备（DCE）之间串行二进制数据交换接口技术标准”。传统的 RS-232 接口标准有 22 根线，采用标准 25 芯 D 形插头座（DB25），现已很少使用。现使用最为广泛的是简化的 9 芯 D 形插头座（DB9），其接口定义见表 2-4。

表 2-4 RS-232 DB9 接口定义

针脚	功　能	针脚	功　能
1	DCD 载波检测	6	DSR 数据准备好
2	RXD 接收数据	7	RTS 请求发送
3	TXD 发送数据	8	CTS 允许发送
4	DTR 数据终端准备好	9	RI 振铃提示
5	SG 信号地		

RS-232 采取不平衡传输方式，即所谓单端通信。由于其发送电平与接收电平的差仅为 2 ~ 3V，所以其共模抑制能力差，再加上双绞线上的分布电容，因此传送距离最大约为 15m，最高速率为 20kbit/s。RS-232 是为点对点（即只用一对收、发设备）通信而设计的，其驱动器负载为 3 ~ 7kΩ。所以 RS-232 适合本地设备之间的通信。

2）RS-422。RS-422 标准全称是“平衡电压数字接口电路的电气特性”，它定义了接口电路的特性。典型的 RS-422 是四线接口，实际上还有一根信号地线，共 5 根线。其 DB9 连接器引脚定义见表 2-5。由于接收器采用高输入阻抗和发送驱动器，因此比 RS-232 具有更强的驱动能力，故 RS-422 允许在相同传输线上连接多个接收节点（最多可接 10 个节点）。一个主设备（Master），其余为从设备（Slave），从设备之间不能通信，即 RS-422 支持点对多的双向通信。接收器输入阻抗为 4kΩ，故发射端最大负载能力是 10 × 4kΩ + 100Ω（终端电阻）。RS-422 四线接口由于采用单独的发送和接收通道，因此不必控制数据方向，各装置之间任何信号交换均可以按软件方式（XON/XOFF 握手）或硬件方式（一对单独的双绞线）实现。

表 2-5 RS-422 DB9 接口定义

针脚	功　能	针脚	功　能
1	GND 信号地	6	TXB/TX-/B 发送负
2	TXA/TX +/A 发送正	7	RXB/RX-/Z 接收负
3	RXA/RX +/Y 接收正	8	NC
4	NC	9	+9V 电源
5	NC		

RS-422 的最大传输距离为 1200m，最大传输速率为 10Mbit/s。其平衡双绞线的长度与传输速率成反比，只有在 100kbit/s 传输速率以下，才可能达到最大传输距离；也只有在很短的距离下才能获得最高速率传输。一般 100m 长的双绞线上所能获得的最大传输速率仅为 1Mbit/s。

3）RS-485。RS-485 是从 RS-422 基础上发展而来的，所以 RS-485 许多电气规定与 RS-422 相仿，如都采用平衡传输方式、都需要在传输线上接终端电阻等。RS-485 可以采用二线与四线方式，二线制可实现真正的多点双向通信，而采用四线连接时，与 RS-422 一样，能实现点对多的通信，即只能有一个主（Master）设备，其余为从设备。但 RS-485 比 RS-422 有改进，无论四线还是二线连接方式，总线上都可以连接 32 个设备。

RS-485 与 RS-422 的不同还在于其共模输出电压是不同的，RS-485 是 -7 ~ +12V 之间，而 RS-422 在 -7 ~ +7V 之间，RS-485 接收器最小输入阻抗为 12kΩ、RS-422 是 4kΩ；由于 RS-485 满足所有 RS-422 的规范，所以 RS-485 的驱动器可以用在 RS-422 网络中应用。

RS-485 与 RS-422 一样，其最大传输距离约为 1200m，最大传输速率为 10Mbit/s。平衡双绞线的长度与传输速率成反比，只有在 100kbit/s 传输速率以下，才可能使用规定最长的电缆长度；只有在很短的距离下才能获得最高速率传输。一般 100m 长双绞线最大传输速率仅为 1Mbit/s。

2.5.3　USB 接口

USB 全称通用串行总线（Universal Serial Bus）。USB 接口是现在比较流行的接口，用于将使用 USB 的外围设备连接到主机。USB 接口最大的好处在于能支持多达 127 个外围设备，并且可以独立供电。普通的串、并接口外围设备都要额外的供电电源，而 USB 接口可以从主机上获得 500mA 的电流。USB 接口采用 4 芯电缆来传输电流和信号，因为在电缆和连接点的设计上做了处理，所以热插拔产生的强电流可以被安全地吸收，实现了真正意义上的热插拔，真正做到了即插即用。USB 接口的标准统一，使用起来很方便。一个 USB 接口可同时支持高速和低速 USB 外围设备的访问，由一条 4 芯电缆连接，其接口定义见表 2-6。其中，两条是正负电源，传送的是 5V 的电源，两条是数据传输线。数据传输线是单工的，在整个系统中的数据速率是一定的，要么是高速，要么是低速。高速外围设备的传输速率为 12Mbit/s，而低速外设的传输速率以前是 1.5Mbit/s，USB2.0 标准的最高传输速率可达 480Mbit/s。

表 2-6　USB 接口定义

针脚	功　能	针脚	功　能
1	+5V 电源（VCC）	3	数据通道（DATA +）
2	数据通道（DATA -）	4	地线（GND）

一个 USB 系统包含三类硬件设备：USB HOST、USB HUB、USB DEVICE。

1. USB HOST

在一个 USB 系统中 HOST 主机有且仅有一个，USB HOST 有以下功能：

1）管理 USB 系统。

2）每毫秒产生一帧数据。

3）发送配置请求对 USB 设备进行配置操作。

4）对总线上的错误进行管理和恢复。

2. USB HUB

USB HUB 用于设备扩展连接，所有 USB DEVICE 都连接在 USB HUB 的端口上。一个 USB HOST 总与一个 HUB（ROOT HUB）相连。USB HUB 为其每个端口提供 100mA 电流供设备使用。同时，USB HUB 可以通过端口的电气变化诊断出设备的插拔操作，并通过响应 USB HOST 的数据报把端口状态汇报给 USB HOST。一般来说，USB 设备与 USB HUB 间的连线长度不超过 5m，USB 系统的级联不能超过 5 级（包括 ROOT HUB）。USB 总线拓扑如图 2-16 所示。

3. USB DEVICE

USB DEVICE 是插在 USB 总线上工作的设备，在一个 USB 系统工作时，各个 USB DEVICE 之间不会彼此干扰。USB DEVICE 和 USB HUB 总数不能超过 127 个。USB DEVICE 接收 USB 总线上的所有数据报，通过数据报的地址域来判断是不是发给自己的数据报，若地址不符，则简单地丢弃该数据报；若地址相符，则通过响应 USB HOST 的数据报与 USB HOST 进行数据传输。对于用户来说，可以看成是 USB DEVICE 和 USB HOST 直接相连，之间的通信只要满足 USB 的通信协议即可。

USB 支持四种基本的数据传输模式：控制方式传输、同步传输、中断传输及数据块传输。如果是从硬件开始设计电路，要正确选择传输方式；如果书写驱动程序，只需要清楚它采用什么工作方式就可以了。通常，所有的传输方式的主动权都在 HOST 端，即 PC 端。

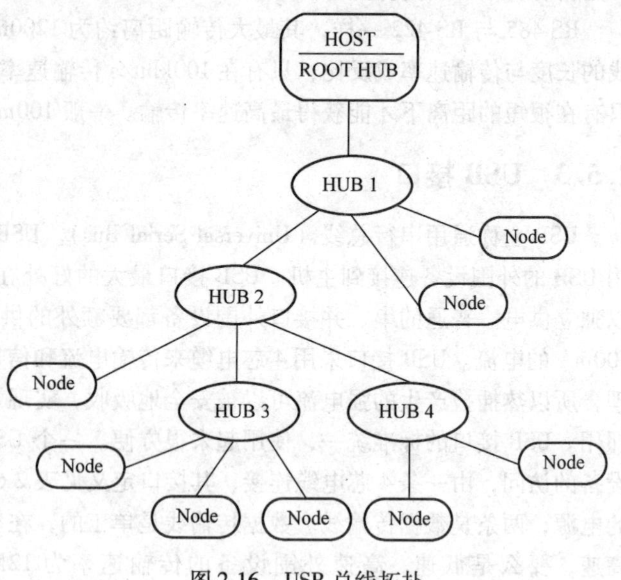

图 2-16 USB 总线拓扑

1）控制方式传输。支持外围设备与主机之间的控制、状态和配置等信息的传输，为外围设备与主机之间提供一个控制通道。每种外围设备都支持控制传输类型，这样主机与外围设备之间就可以传送配置和命令或状态信息。控制方式传输是双向传输，通常数据量较小。

2）同步传输。支持有周期性、有限的时延和带宽且数据传输速率不变的外围设备与主机间的数据传输。该类型无差错校验，故不能保证正确的数据传输。

3）中断传输。主要用于定时查询是否有中断数据要传送。其典型应用在少量的、分散的、不可预测数据的传输。像游戏手柄、鼠标和键盘等输入设备，这些设备与主机间数据传输量小，无周期性，但对响应时间敏感，要求立刻响应。

4）数据块传输。主要应用在数据大量传送和接收上，同时在没有带宽和间隔时间的要求下，要求保证传输。打印机和扫描仪属于这种类型。这种类型的设备适合于传输非常慢和大量被延迟的数据传输，可以等到其他所有类型的数据传输完毕再传送和接收数据。

4. USB 设备的连接

USB 设备通过 USB 接口连接后将自动进行检测，连接示意如图 2-17 所示。由软件自动配置结束后，就能立刻使用，不需要用户做任何操作，这一功能主要由 USB 的总线枚举（Bus Numeration）来实现。

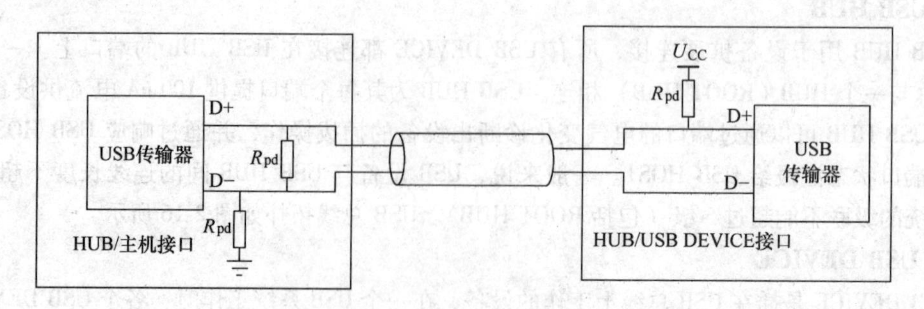

图 2-17 USB 设备连接示意

USB HUB上有两个偏置电阻，在没有设备插入的时候，它们可以使D+和D-为低电平而不悬空。在USB DEVICE上有一个偏置电阻和D+或D-相连。根据约定，当USB DEVICE的偏置电阻连接到D+的时候，则表明USB DEVICE是高速的（12Mbit/s）；当USB DEVICE的偏置电阻连接到D-的时候，则表明USB DEVICE是低速的（1.5Mbit/s）。当检测到有USB电缆插入的时候，偏置电阻将使D+或D-上升为高电平。

主机或HUB将根据D+或D-上的电平高低来判断USB DEVICE的插入和USB DEVICE的类型，并开始与USB DEVICE通信。USB DEVICE插入后将自动复位并置自己的地址为0，过程如下：

1）主机向地址0发送获取描述符/设备的请求。

2）USB DEVICE依据向主机发送的ID数据，表明USB DEVICE“身份”，响应主机的请求。

3）主机将向USB DEVICE发送Set Address请求，为USB DEVICE提供一个唯一的且不为0的地址，以与其他连接到总线的DEVICE相区分。

4）主机将向新分配地址的USB DEVICE发出多个Get Descriptor请求，用来获取更多的USB DEVICE信息。

5）USB DEVICE发回所有描述符。

上述过程被称为“枚举”。在这个过程当中，主机将会为USB DEVICE分配地址、堆栈、数据等资源，并为USB DEVICE安装相应的USB DEVICE驱动程序。同理，对于设备拔出的过程，主机和USB HUB将会检测到D+或D-上电平由高到低的变化，然后收回为USB DEVICE分配的资源，最后卸载相应的USB DEVICE驱动程序。

2.5.4　红外线接口

利用红外线接口进行文件传输不用连线，且速度较快，一般可达4Mbit/s，是短距离双机通信的一种好方法。当进行红外线通信时需注意两系统之间的距离不能相距太远，应将具有红外线通信功能的两个系统尽可能靠近，一般在1~2m，且红外线发送口大致在同一水平线上，角度相差不超过30°。

红外线通信是一种廉价、近距离、无连线、低功耗和保密性较强的通信方案，起初主要应用在无线数据传输方面，但目前已经逐渐开始在无线网络接入和近距离遥控家电方面得到应用。红外线接口大多是一个5针插座，其针脚定义见表2-7。

表2-7　红外线接口5针插座定义

针脚	功　能	针脚	功　能
1	IRTX（Infrared Transmit，红外传输）	4	NC（未定义）
2	GND（电源地线）	5	VCC（电源正极）
3	IRRX（Infrared Receive，红外接收）		

IRDA（Infrared Data Association，红外数据协会）提供的红外通信电路标准方案如图2-18所示。

红外发射电路由红外线发射管VL2和限流电阻R_2组成。当主板红外接口的输出端IRTX输出调制后的电脉冲信号时，红外线发射管将电脉冲信号转化为红外线信号发射出去。电阻R_2起限制电流的作用，以免过大的电流将红外线发射管损坏。当R_2的阻值越小时，通过红外线发射管的电流就越大，红外线发射管的发射功率也随电流的增大而增大，发射距离就越远，但R_2的阻值不能过小，否则会损坏红外线发射管或主板红外接口。

红外接收电路由红外线接收管 VL1 和取样电阻 R_1 组成。当红外线接收管接收到红外线信号时，其反向电阻会随光信号的强弱变化而相应变化，根据欧姆定律可以得知，通过红外线接收管 VL1 和电阻 R_1 的电流也会相应变化，而在取样电阻两端的电压也随之变化，此变化的电压经主板红外接口的输入端 IRRX 输入主机。由于不同的红外线接收管的电气参数不同，所以取样电阻 R_1 的阻值要根据实际情况，在一定范围内调整。

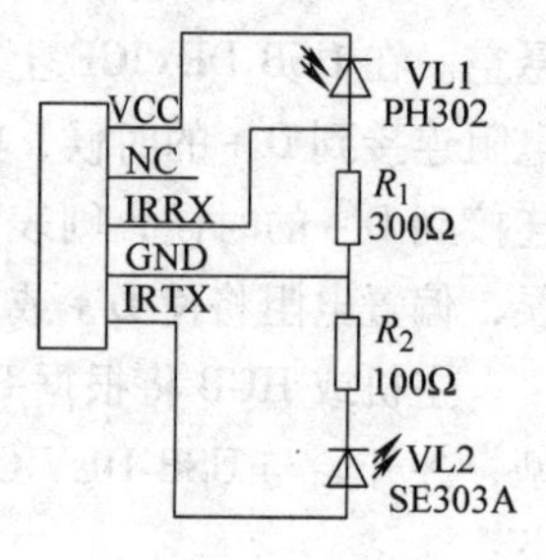

图 2-18　红外通信电路标准方案

2.5.5　PCMCIA 和 CF

1. PCMCIA 标准

PCMCIA 全名为 Personal Computer Memory Card International Association，中文意思是“国际个人计算机存储卡协会”。凡符合此协会定义的界面规定技术所设计的界面卡，便可称 PCMCIA 卡或简称为 PC 卡。以前这项技术标准只适用于存储器扩充卡，但后来还扩展到存储器以外的外围设备，如网络卡、视频会议卡及调制解调器等。

PCMCIA 卡共分成四种规格，分别是 TYPE Ⅰ、TYPE Ⅱ、TYPE Ⅲ 及 CardBus。由于 CardBus 属于需要高频外围设备的界面规格，而且不常见，因此这里集中介绍前三类规格，即 TYPE Ⅰ、TYPE Ⅱ及 TYPE Ⅲ，它们常被应用于一般的外围设备规格上。它们的平面尺寸均为 8.56cm × 5.4cm，仅厚度不同。TYPE Ⅰ 的厚度为 0.33cm，适用于一般存储器扩充卡。TYPE Ⅱ 的厚度为 0.5cm，应用范围包括 Modem 卡、Network 卡、视频会议卡等。TYPE Ⅲ 的厚度为 1.05cm，应用范围为硬盘。

TYPE Ⅰ 的厚度最薄，最适合用于存储器扩充卡；TYPE Ⅱ 则常用于数据传输、网络连接等产品，所以 Modem 卡和 Network 卡都是 TYPE Ⅱ 规格的；TYPE Ⅲ 较厚，它适合于取代机械式的存储媒体，如硬盘。

PCMCIA 卡除了轻巧、方便携带外，它有个和 USB（Universal Serial Bus）外围设备相同的特色，就是支持“热插拔”（Hot Plugging）功能。所以 PCMCIA 规格的设备可用于计算机开机状态时安装插入，并能自动通知操作系统进行设备的更新，省去不少安装的麻烦。

2. Compact Flash 标准

20 世纪 90 年代初，当消费性数码电子产品尚在研制时，Sandisk 和 Canon（佳能）等几家公司就洞悉到急需新的存储介质与之相适应。通过业界的沟通，Sandisk 和 KODAK（柯达）、CASIO（卡西欧）、Canon（佳能）结成战略性伙伴，制定了新一代的基于 RAM 和 ROM 技术的固态非易失的存储介质标准：Compact Flash 标准。到 1994 年，Sandisk 推出第一块可擦写的 CF 卡（属于 EPROM）。随后，在 1995 年，由 125 家厂商联盟组成一个非盈利性质的、旨在共同推广 CF 标准的协会——Compact Flash Association（简称 CFA）。

CF 卡分两种，TYPE Ⅰ为 43mm ×36mm ×3.3mm（CF Ⅰ），TYPE Ⅱ为 43mm ×36mm ×5mm（CF Ⅱ），其厚度还不到目前的 PCMCIA TYPE Ⅱ卡的一半，体积只有 PCMCIA 卡的 1/4，给大家的感觉就像是 PCMCIA 卡的缩小版。但要注意的是 CF Ⅰ卡的卡槽较窄不能兼容 CF Ⅱ卡，CF Ⅱ卡槽则可兼容 CF Ⅰ卡。CF 卡遵从 ATA-IDE 工业设计标准，CF 卡的连接装置与 PCMCIA 卡相似，只不过 CF 卡是 50pin（PCMCIA 卡是 68pin），CF 卡可以很容易的插入无源 68pin TYPE Ⅱ 适配卡并完全符合 PCMCIA 电气和机械接口规格。CF 卡同时支持 3.3V 和 5V 的电压，由于大部分的数字集成电路的供电要么是 5V 要么是 3.3V，CF 卡为方便适应不同数字集成电路，可以在电压为3.3~5V间运行，因此，CF卡可以选择其范围内的任一电压。CF卡的兼容性还表现在它把Flash Memory存储模块与控制器结合在一起，这样使用CF卡的外围设备就可以做得比较简单，而且不同的CF卡都可以用单一的机构来读写，不用担心兼容性问题。CF卡的工作原理如图2-19所示。

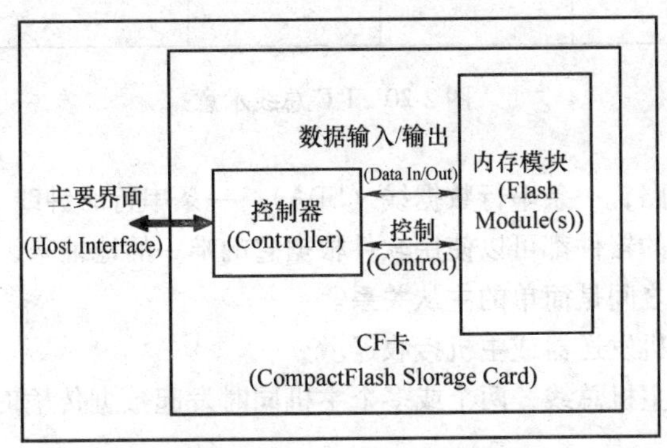

图2-19　CF卡的工作原理

2.6　总线技术

总线就是各种信号线的集合，是计算机各部件之间传送数据、地址和控制信息的公共通路。总线技术中涉及的主要参数有：

1）总线的带宽。总线的带宽是指在一定时间内总线上可传送的数据量，即人们常说的每秒传送多少兆字节（MB）的最大稳态数据传输速率。与总线带宽密切相关的两个概念是总线的位宽和总线的工作时钟频率。

2）总线的位宽。总线的位宽是指总线能同时传送的数据位数，即常说的32位、64位等总线宽度的概念。总线的位宽越宽则总线每秒数据传输速率越大，也即总线带宽越宽。

3）总线的工作时钟频率。总线的工作时钟频率以兆赫兹（MHz）为单位，工作频率越高则总线工作速度越快，也即总线带宽越宽。

2.6.1　I^2C总线

I^2C是Inter-Integrated Circuit的缩写。I^2C总线是一种由飞利浦公司开发的串行总线，用于连接微控制器及其外围设备。具有I^2C接口的设备有微控制器、A/D转换器、D/A转换器、存储器、LCD控制器、LCD驱动器以及实时时钟等。

采用I^2C总线标准的器件，其内部不仅有I^2C接口电路，而且将内部各单元电路按功能划分为若干相对独立的模块，通过软件寻址实现片选，减少了器件片选线的连接。CPU不仅能通过指令将某个功能单元挂靠或脱离总线，还可对该单元的工作状况进行检测，从而实现对硬件系统简单而灵活的扩展和控制。I^2C总线只有两条物理线路：一条串行数据线（SDA），一条串行时钟线（SCL），其连接方法如图2-20所示。

连接到I^2C总线上的设备分两类：主控设备和从控设备。它们都可以是数据的发送器和接收器，但是数据的接收和发送的发起者只能是主控设备。正常情况下，I^2C总线上的所有从控设备被设置为高阻状态，而主控设备保持高电平，表示空闲状态。

I^2C总线具有如下特点：

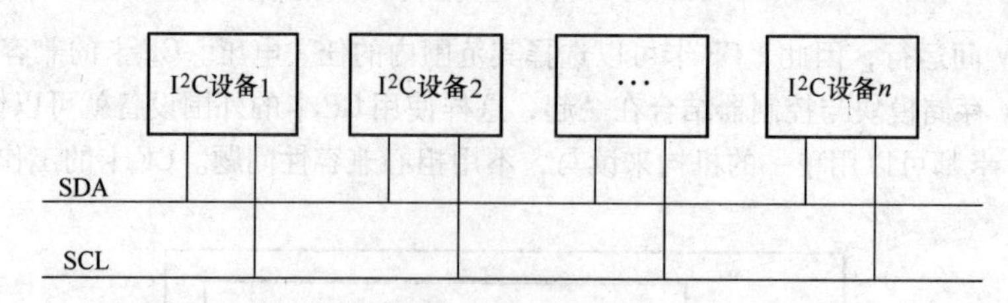

图 2-20　I^2C 总线示意

1）只有两条物理线路，一条串行数据线（SDA），一条串行时钟线（SCL）。

2）每个连接到总线的器件都可以使用软件根据它的唯一的地址来识别。

3）传输数据的设备之间是简单的主从关系。

4）主机可以用做主机发送器或主机接收器。

5）是一个真正的多主机总线，两个或多个主机同时发起数据传输时，可以通过冲突检测和仲裁来防止数据被损坏。

6）串行的 8 位双向数据传输，位速率在标准模式下可达 100kbit/s，在快速模式下可达 400kbit/s，在高速模式下可达 3.4Mbit/s。

1. 起始条件和停止条件

I^2C 总线的操作模式为主从模式，即主发送模式、主接收模式、从发送模式和从接收模式。当 I^2C 总线处于从模式时，若要传输数据，必须检测 SDA 线上的起始条件。起始条件由主控设备产生。起始条件规定为，在 SCL 保持高电平期间，SDA 由高电平向低电平的变化状态，如图 2-21 所示。当 I^2C 总线上产生了一个起始条件，那么这条总线就被发出起始条件的主控器占用变成"忙"状态。而当 SCL 保持高电平期间，SDA 由低电平向高电平变化状态时，则规定为停止条件，如图 2-21 所示。停止条件也是由主控设备产生，当主控器产生一个停止条件，则停止数据传输，总线被释放，I^2C 总线变成"闲"状态。

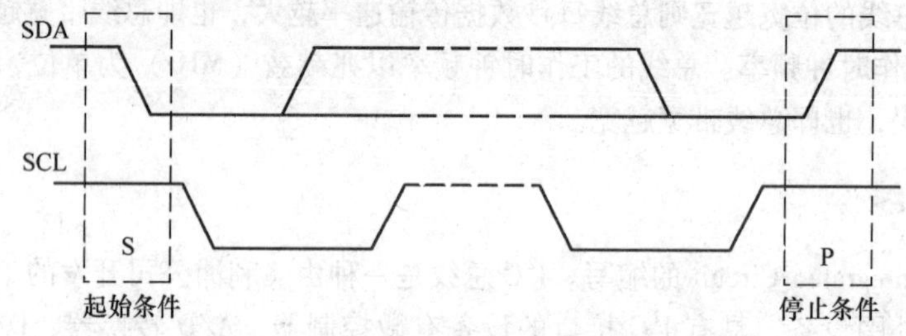

图 2-21　I^2C 总线的起始条件和停止条件

2. 从机地址

当主控器发出一个起始条件后，它还会立即送出一个从机地址，来通知与之进行通信的从器件。一般从机地址由 7 位地址位和 1 位读写标志 R/W 组成，7 位地址占据高 7 位，读写位在最后。读写位为"0"，表示主机将要向从机写入数据；读写位为"1"，则表示主机将要从从机读取数据。

带有 I^2C 总线的器件除了有从机地址（Slave Address）外，还可能有子地址。从机地址是指该器件在 I^2C 总线上被主机寻址的地址，而子地址是指该器件内部不同部件或存储单元的编址。例如，带 I^2C 总线接口的 EEPROM 就拥有子地址。某些器件（只占少数）内部结构比较简单，可能没有子地址，只有必需的从机地址。与从机地址一样，子地址实际上也是像普通数据那样进行传输的，传输格式仍然是与数据相统一的，区分传输的到底是地址还是数据要靠收发双方具体的逻辑约定。子地址的长度必须由整数个字节组成，可能是单字节（8 位子地址），也可能是双字节（16 位子地址），还可能是 3 字节以上，这要看具体器件的规定。

3. 数据传输控制

I^{2}C 总线总是以字节（Byte）为单位收发数据，每个字节的长度都是 8 位，每次传送字节的数量没有限制。I^{2}C 总线首先传输的是数据的最高位（MSB），最后传输的是最低位（LSB）。另外，每个字节之后还要跟一个响应位，称为应答。接收器接收数据的情况可以通过应答位来告知发送器。应答位的时钟脉冲仍由主机产生，而应答位的数据状态则遵循“谁接收谁产生”的原则，即总是由接收器产生应答位。主机向从机发送数据时，应答位由从机产生；主机从从机接收数据时，应答位由主机产生。I^{2}C 总线标准规定：应答位为“0”，表示接收器应答（ACK），简记为 A；为“1”则表示非应答（NACK），简记为$\overline{A}$。发送器发送完 LSB 之后，应当释放 SDA 线，以等待接收器产生应答位。如果接收器在接收完最后一个字节的数据，或者不能再接收更多的数据时，应当产生非应答来通知发送器。发送器如果发现接收器产生了非应答状态，则应当终止发送。

I^{2}C 总线基本数据传输格式根据从机地址可以分为 7 位寻址和 10 位寻址两种数据格式。无子地址的从机地址由 7 位地址位和 1 位读写位构成，称为 7 位寻址方式，其数据格式如图 2-22a 和图 2-23a 所示；有子地址的从机地址为 10 位寻址方式，分别由 7 位地址位和 1 位读写位，以及 2 位子地址构成，其数据格式如图 2-22b 和图 2-23b 所示。

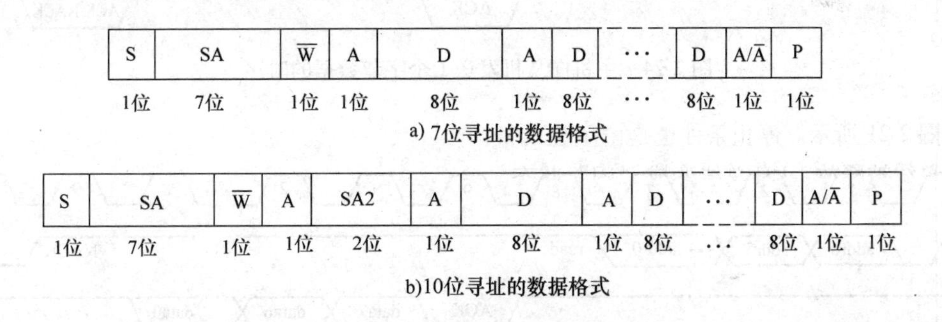

图 2-22　主机向从机发送数据的基本格式

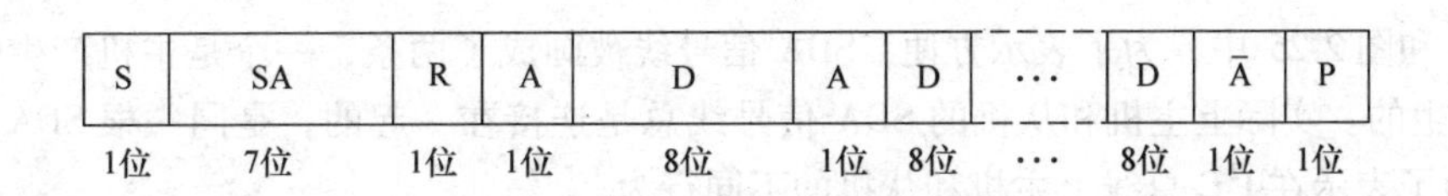

a) 7位寻址的数据格式

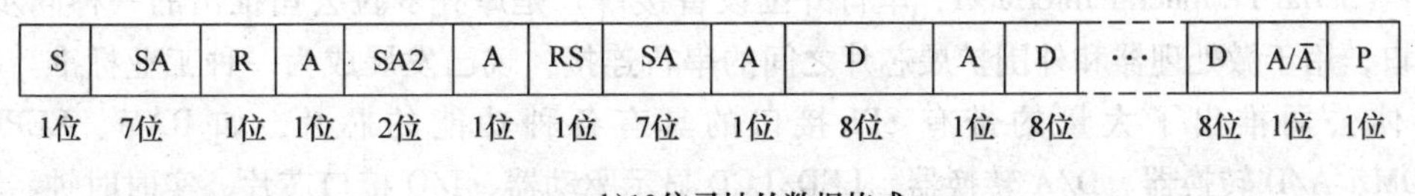

b)10位寻址的数据格式

图 2-23　主机从从机接收数据的基本格式

图 2-22 和图 2-23 中：

S：起始位（START），1 位；

RS：重复起始条件，1 位；

SA：从机地址（Slave Address），7 位；

SA2：从机子地址，2 位；

W：写标志位（Write），1 位；

R：读标志位（Read），1 位；

A：应答位（Acknowledge），1 位；

$\overline{A}$：非应答位（Not Acknowledge），1 位；

D：数据（Data），每个数据都必须是 8 位；

P：停止位（STOP），1 位。

4. 数据传输时序

I^{2}C 总线主机向从机发送 1 个字节数据的时序如图 2-24 所示，主机接收从机发送的 1 个字节数据的时序如图 2-25 所示。

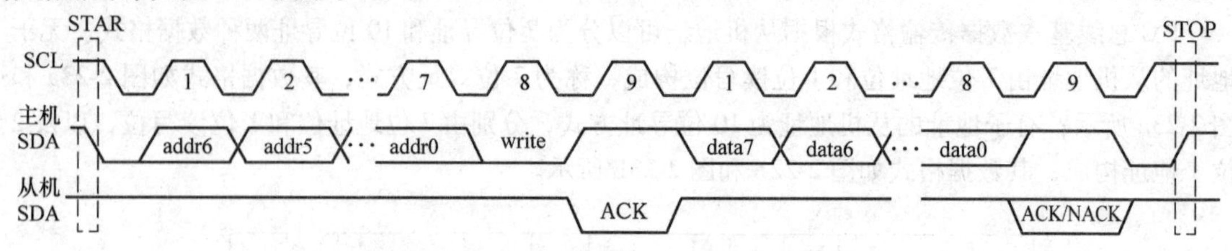

图 2-24　主机向从机发送 1 个字节数据的时序

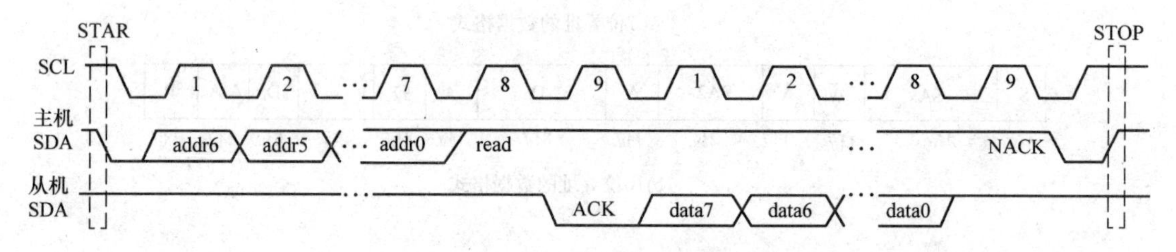

图 2-25　主机接收从机发送的 1 个字节数据的时序

图 2-24 和图 2-25 中，为了表示方便，SDA 信号线被画成了两条，一个是主机产生的，另一个是从机产生的。实际上主机和从机的 SDA 信号线总是连接在一起的，是同一根 SDA，画成两个 SDA 是为了表示在 I^{2}C 总线上主机和从机的不同行为。

2.6.2　SPI 总线

SPI（Serial Peripheral Interfacer，串行外围设备接口）是摩托罗拉公司推出的一种同步串行通信接口，用于微处理器和外围扩展芯片之间的串行连接，现已发展成为一种工业标准。目前，各半导体公司推出了大量的带有 SPI 接口的具有各种功能的芯片，如 RAM、EEPROM、FlashROM、A/D 转换器、D/A 转换器、LED/LCD 显示驱动器、I/O 接口芯片、实时时钟、UART 收发器等，为用户的外围扩展提供了极其灵活而价廉的选择。由于 SPI 总线接口只占用微处理器四个 I/O 接口地址，因此采用 SPI 总线接口可以简化电路设计，节省很多常规电路中的接口器件和 I/O 口，提高设计的可靠性。

SPI 总线结构由一个主设备和一个或多个从设备组成，主设备启动一个与从设备的同步通信，从而完成数据的交换。SPI 接口由 MISO（主机输入/从机输出数据线）、MOSI（主机输出/从机输入数据线）、SCK（串行移位时钟）、CS（从机使能信号）四种信号构成。CS 决定了唯一的与主设备通信的从设备，如没有 CS 信号，则只能存在一个从设备，主设备通过产生移位时钟来发起通信。通信时，数据由 MOSI 输出、MISO 输入，数据在时钟的上升或下降沿由 MOSI 输出，在紧接着的下降或上升沿由 MISO 读入，这样经过 8/16 次时钟的改变，完成 8/16 位数据的传输。其典型系统框图如图 2-26 所示。

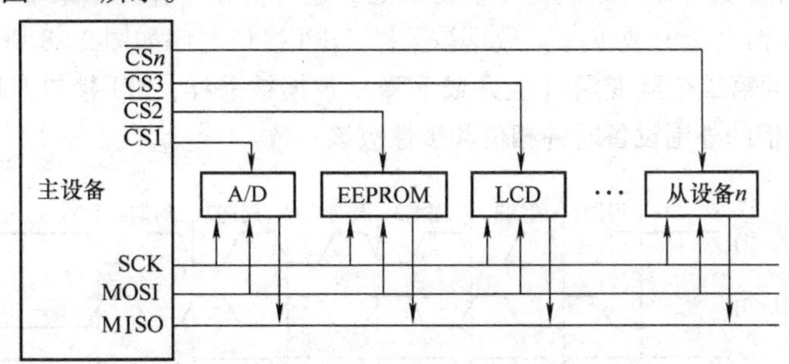

图 2-26　SPI 总线典型系统框图

在 SPI 传输中，数据是同步进行发送和接收的，由于数据传输的时钟来自主处理器的时钟脉冲，因此 SPI 传输速度的大小取决于 SPI 硬件，其传输速率最高可以达到 5Mbit/s。

SPI 总线主要特点如下：

1）SPI 是全双工通信方式，即主机在发送的同时也在接收数据。

2）SPI 设备既可以当做主机使用，也可以作为从机工作。

3）SPI 的通信频率可编程，即传输速率由主机编程决定。

4）发送结束中断标志。

5）数据具有写冲突保护功能。

6）总线竞争保护等。

1. SPI 总线的数据传输方式

SPI 是一种高速的、全双工、同步的通信总线。主机和从机都有一个串行移位寄存器，主机通过向它的 SPI 串行寄存器写入一个字节来发起一次传输。寄存器通过 MOSI 信号线将字节传送给从机，从机也将自己的移位寄存器中的内容通过 MISO 信号线返回给主机，如图 2-27 所示，两个移位寄存器形成一个内部芯片环形缓冲器。这样，两个移位寄存器中的内容就被交换。外围设备的写操作和读操作是同步完成的。

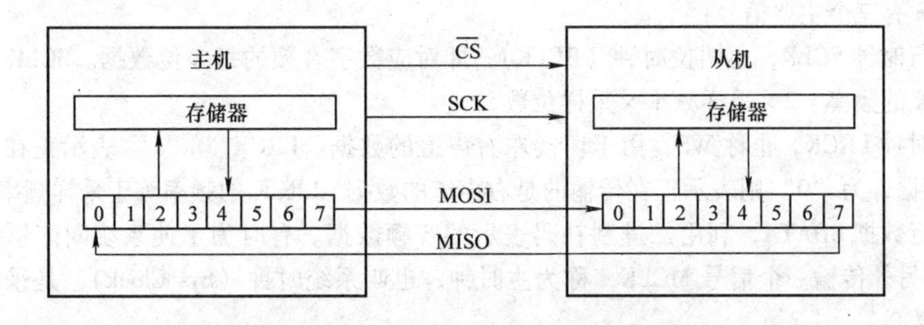

图 2-27　SPI 移位寄存器的工作过程

如果只进行写操作，主机只需忽略接收到的字节；反之，若主机要读取从机的一个字节，就必须发送一个空字节来引发从机的传输。

2. SPI 接口时序

SPI 模块为了和外围设备进行数据交换，根据外围设备工作要求，其输出串行同步时钟极性和相位可以进行配置，时钟极性（CPOL）对传输协议没有重大的影响。如果 CPOL = 0，串行同步时钟的空闲状态为低电平；如果 CPOL = 1，串行同步时钟的空闲状态为高电平。时钟相位（CPHA）能够配置用于选择两种不同的传输协议之一进行数据传输。如果 CPHA = 0，在串行同步时钟的第一个跳变沿（上升或下降）数据被采样，SPI 接口时序如图 2-28 所示；如果 CPHA = 1，在串行同步时钟的第二个跳变沿（上升或下降）数据被采样，SPI 接口时序如图 2-29 所示。SPI 主模块和与之通信的外围设备时钟相位和极性应该一致。

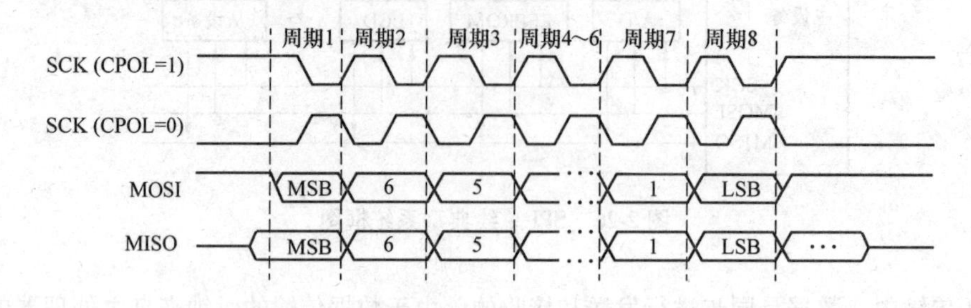

图 2-28　CPHA = 0 时的 SPI 总线数据传输时序

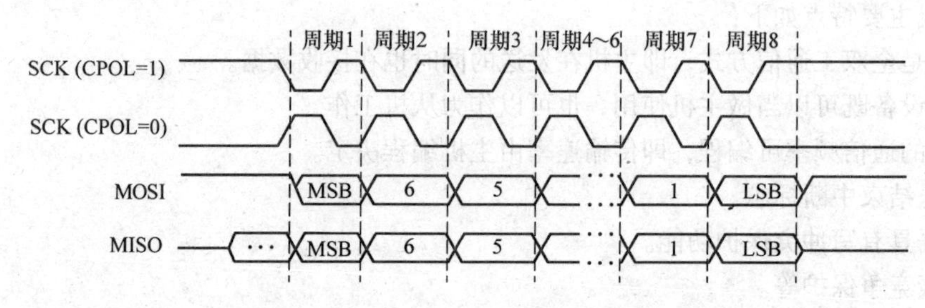

图 2-29　CPHA = 1 时的 SPI 总线数据传输时序

2.6.3　I²S 总线

1. I²S 总线规范及工作原理

I²S 是 Inter-IC Sound Bus 的缩写，是飞利浦公司为数字音频设备之间的音频数据传输而制定的一种总线标准。在飞利浦公司的 I²S 标准中，既规定了硬件接口规范，也规定了数字音频数据的格式。I²S 有三个主要信号：

1）串行时钟 SCLK，也叫位时钟（BCLK），即对应数字音频的每一位数据。SCLK 都有 1 个脉冲。SCLK 的频率 = 2 × 采样频率 × 采样位数。

2）帧时钟 LRCK，也称 WS，用于切换左右声道的数据。LRCK 为“1”表示正在传输的是左声道的数据，为“0”则表示正在传输的是右声道的数据。LRCK 的频率等于采样频率。

3）串行数据 SDATA，利用二进制补码表示的音频数据。有时为了使系统间能够更好地同步，还需要另外传输一个信号 MCLK，称为主时钟，也叫系统时钟（Sys Clock），是采样频率的 256 倍或 384 倍。

图 2-30 所示是一个典型的 I²S 信号。

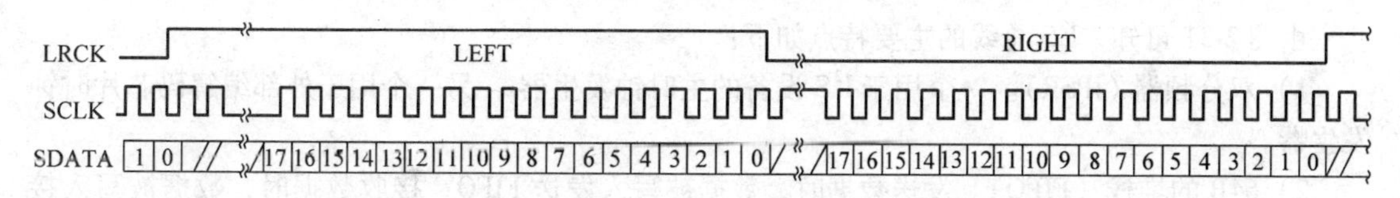

图 2-30　典型的 I^2S 信号

I^2S 格式的信号无论有多少位有效数据，数据的最高位总是出现在 LRCK 变化（也就是一帧开始）后的第二个 SCLK 脉冲处。这就使得接收端与发送端的有效位数可以不同。如果接收端能处理的有效位数少于发送端，可以放弃数据帧中多余的低位数据；如果接收端能处理的有效位数多于发送端，可以自行补足剩余的位。这种同步机制使得数字音频设备的互连更加方便，而且不会造成数据错位。

随着技术的发展，在统一的 I^2S 接口下，出现了多种不同的数据格式。根据 SDATA 数据相对于 LRCK 和 SCLK 的位置不同，分为左对齐（较少使用）、I^2S 格式（即飞利浦规定的格式）和右对齐（也叫日本格式、普通格式）。

为了保证数字音频信号的正确传输，发送端和接收端应该采用相同的数据格式和长度。当然，对 I^2S 格式来说，数据长度可以不同。

2. I^2S 总线格式

I^2S 有四条线：串行数据输入（I^2SDI）、串行数据输出（I^2SDO）、左右通道选择（I^2SLRCK）和串行位时钟（I^2SCLK）。产生 I^2SLRCK 和 I^2SCLK 信号的设备称为主设备。

串行数据以二进制的补码发送，首先发送高位。高位首先发送是因为发送方和接收方可以有不同的字长度。发送方不必要知道接收方能处理的位数，同样，接收方也不需要知道发送方正发送的数据。当系统字长度大于发送方的字长度时，字被切断来发送。若接收方收到比它的字长度更多的位时，则多的位被忽略；若接收方接收比它字长度少的位时，则不足的位被内部设置为 0。所以，高位有固定的位置，而低位的位置依赖于字长度。发送方总是在 I^2SLRCK 变化的下一个时钟周期发送下一个字的高位。

发送方的串行数据发送可以在时钟信号的上升沿或下降沿被同步，可是串行数据必须在串行时钟信号的上升沿锁存接收方，所以当发送数据用上升沿来同步时有一些限制。通道选择可以指示当前正发送的通道。I^2SLRCK 既可以在串行时钟的上升沿变化，也可以在下降沿变化，但不需要同步，在从模式下，这个信号在串行时钟的上升沿锁存。I^2SLRCK 信号变化一个时钟周期之后，开始发送高位数据，这允许从发送方以同步发送串行数据，更进一步，它允许接收方存储先前的字并准备接收下一个字。

I^2S 总线模块结构框图如图 2-31 所示。

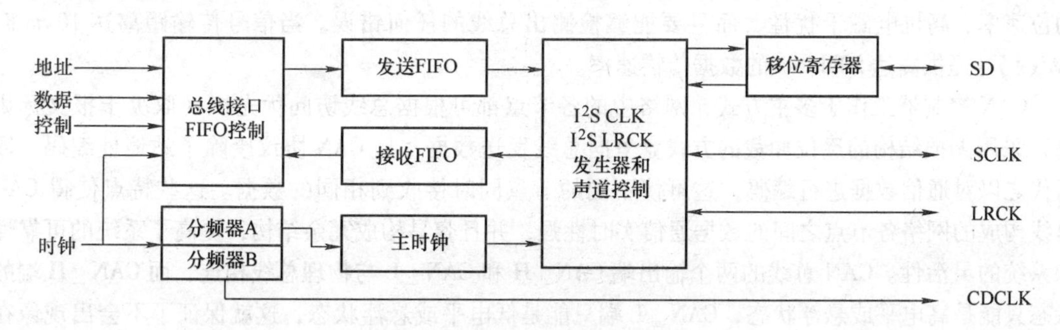

图 2-31　I^2S 总线模块结构框图

由图 2-31 可知，I^2S 总线的主要特点如下：

1）双分频器（IPSR）。一个用于 I^2S 设备的主时钟发生器，另一个用于外部编解码芯片时钟发生器。

2）64B 的堆栈（FIFO）。发送数据时，数据被写入发送 FIFO；接收数据时，数据被写入接收 FIFO。

3）I^2SCLK 主时钟。在主模式下，串行位时钟由该发生器产生。

4）移位寄存器。发送模式，并行数据通过该寄存器转化为并行数据；接收模式，串行数据被转化为并行数据接收。

3. Msb-Justified 格式

Msb-Justified 格式与 I^2S 格式有相同的信号线，唯一不同的是 I^2SLRCK 信号线改变后，MSB 立即发送，期间没有一个时钟周期的时间。两种格式如图 2-32 所示。

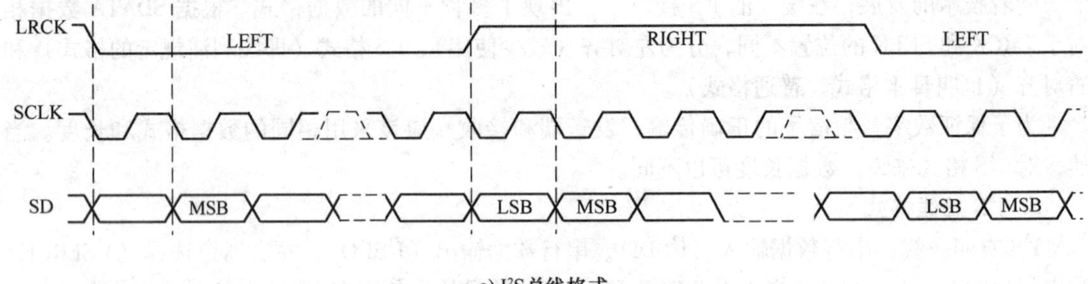

a) I^2S总线格式

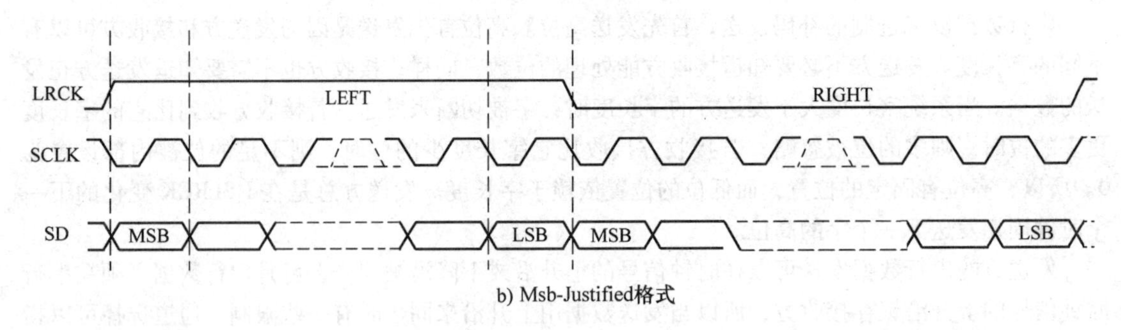

b) Msb-Justified格式

图 2-32 I^2S 总线格式和 Msb-Justified 格式

2.6.4 CAN 总线

CAN 全称为 Controller Area Network，即控制器局域网，由德国 Bosch 公司最先提出，是国际上应用最广泛的现场总线之一。CAN 是一种多主方式的串行通信总线，基本设计规范要求有高的位速率、高抗电磁干扰性，而且要能够检测出总线的任何错误。当信号传输距离达 10km 时 CAN 仍可提供高达 50kbit/s 的数据传输速率。

CAN 控制器工作于多主方式，网络中的各节点都可根据总线访问优先权（取决于报文标识符）采用无损结构的逐位仲裁的方式竞争向总线发送数据，且 CAN 协议废除了站地址编码，取而代之以对通信数据进行编码，这可使不同的节点同时接收到相同的数据。这些特点使得 CAN 总线构成的网络各节点之间的数据通信实时性强，并且容易构成冗余结构，提高了系统的可靠性和系统的灵活性。CAN 总线的两个输出端 CAN _ H 和 CAN _ L 与物理总线相连，而 CAN _ H 端的状态只能是高电平或悬浮状态，CAN _ L 端只能是低电平或悬浮状态，这就保证了不会出现像在 RS-485 网络中，当系统有错误，出现多节点同时向总线发送数据时，导致总线呈现短路，从而损坏某些节点的现象。CAN节点在错误严重的情况下具有自动关闭输出功能，这个特点可以使总线上其他节点的操作不受影响，从而保证不会发生在网络中由于个别节点出现问题而使得总线处于“死锁”状态的现象。而且，CAN总线具有的完善的通信协议，可由CAN控制器芯片及其接口芯片来实现，从而大大降低了系统开发难度，缩短了开发周期，这些都是仅仅只有电气协议的RS-485所无法比拟的。另外，与其他现场总线比较而言，CAN总线是具有通信速率高、容易实现、性价比高等诸多特点的一种已形成国际标准的现场总线，这也是目前CAN总线应用于众多领域，具有强劲的市场竞争力的重要原因。

CAN总线属于工业现场总线的范畴，与一般的通信总线相比，CAN总线的数据通信具有突出的可靠性、实时性和灵活性。由于其良好的性能及独特的设计，CAN总线越来越受到人们的重视。CAN总线在汽车领域上的应用是最广泛的，世界上一些著名的汽车制造厂商，如BENZ（奔驰）、BMW（宝马）、PORSCHE（保时捷）、ROLLS-ROYCE（劳斯莱斯）和JAGUAR（美洲豹）等，都采用了CAN总线来实现汽车内部控制系统与各检测和执行机构间的数据通信。目前，由于CAN总线本身的特点，其应用范围已不再局限于汽车行业，正向自动控制、航空航天、航海、过程工业、机械工业、纺织机械、农用机械、机器人、数控机床、医疗器械及传感器等领域发展。

CAN总线能够使用多种物理介质传输，如双绞线、光纤等。总线信号采用差分电压传输，两条信号称为CAN_H和CAN_L，静态电压为2.5V左右，此时的状态逻辑为“1”，称之为“隐性”，用CAN_H比CAN_L高表示逻辑“0”，称之为“显性”，此时电压值CAN_H=3.5V，CAN_L=1.5V。CAN总线连接示意如图2-33所示。

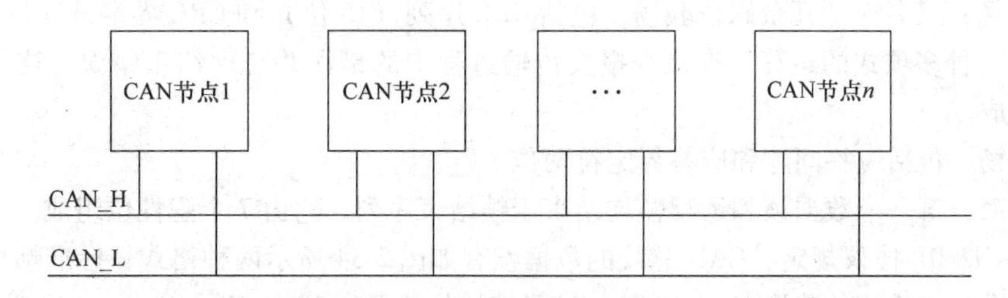

图2-33　CAN总线连接示意

CAN总线的主要特点如下：

1）CAN总线为多主站总线，各节点均可在任意时刻主动向网络上的其他节点发送信息，不分主从，通信灵活。

2）CAN总线采用独特的非破坏性总线仲裁技术，当多个站点同时向总线发送信息，出现冲突时，优先级低的节点会主动退出发送，而优先级高的节点可不受影响地继续传送数据，从而大大节省了总线冲突仲裁时间，能够满足实时性要求。即使是在网络负重很大的情况下，也不会出现网络瘫痪情况。

3）CAN节点只需通过对报文的标识符滤波即可实现点对点、一点对多点及全局广播等几种方式传送接收数据。

4）CAN总线上每帧有效字节数最多为8个，并有CRC及其他校验措施，数据出错率极低。万一某一节点出现严重错误，可自动脱离总线，总线上的其他操作不受影响。

5）CAN总线只有两根导线，系统扩充时，直接将新节点挂在总线上即可，因此连接线少，系统扩充容易。

6）CAN 总线传输速度快，在传输距离小于 40m 时，最大传输速率可达 1Mbit/s；直接通信距离最远可达 10km（传输速率≤5kbit/s）。

7）CAN 总线上的节点数主要取决于总线驱动电路，在 CAN2.0B 标准中，其报文标识符几乎不受限制。

8）CAN 总线的通信介质可为双绞线、同轴电缆或光纤，选择灵活。

9）CAN 是到目前为止唯一具有国际标准的现场总线。

1. CAN 帧结构

报文传送主要有四种不同类型的帧：数据帧、远程帧、出错帧以及过载帧。

1）数据帧。数据帧携带数据由发送器至接收器，它由七个不同的位场组成，分别是帧起始、仲裁场、控制场、数据场、CRC 场、应答场和帧结束。数据场的长度可以为 0。

①帧起始：标志一个数据帧或远程帧的开始，它是一个显性位。

②仲裁场：包括报文标识符 11 位（CAN2.0A 标准）和远程发送申请 RTR 位，这 12 位共同组成报文优先权信息。数据帧的优先权比同一标识符的远程帧的优先权要高。

③控制场：由 6 位组成，包括 2 位作为控制总线发送电平的备用位（留作 CAN 通信协议扩展功能用）与 4 位数据长度码。其中数据长度码（DLC0 ~ DLC3）指出了数据场中的字节数目 0 ~8（被发送/接收的数据的字节数目）。

④数据场：存储在发送缓冲器数据区或接收缓冲器数据区中以待发送或接收的数据。按字节存储的数据可由微控制器发送到网络中，也可由其他节点接收。其中，第一个字节的最高位首先被发送或接收。

⑤CRC 场：又名循环冗余码校验场，包括 CRC 序列（15 位）和 CRC 界定符（1 个隐性位）。CRC 场通过一种多项式的运算，来检查报文传输过程中的错误并自动纠正错误。这一步由控制器自身来完成。

⑥应答场：包括应答间隙和应答界定符两位。

⑦帧结束：每一个数据帧和远程帧均结束于帧结束序列，它由 7 个隐性位组成。

按照 CAN2.0B 协议规定，CAN 总线的数据帧有如图 2-34 所示两种格式：标准帧格式和扩展帧格式。标准帧格式的仲裁场有 11 位 ID，扩展帧的仲裁场有 29 位 ID。

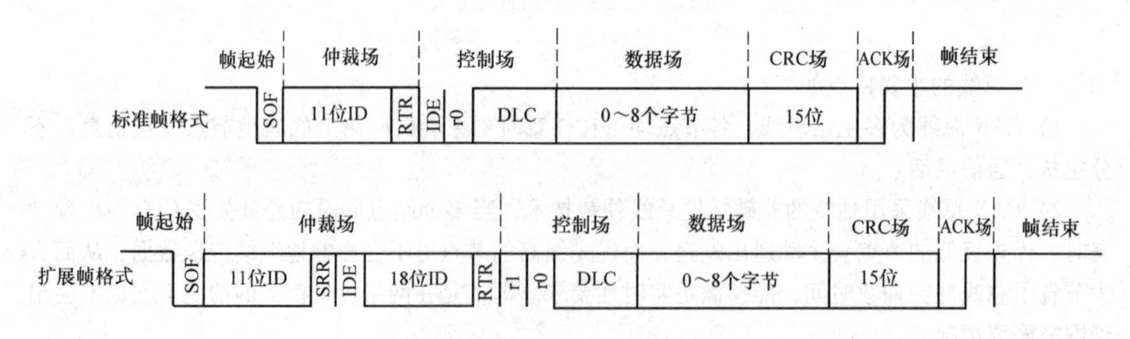

图 2-34　CAN 总线的数据帧格式

2）远程帧。远程帧用来申请数据。当一个节点需要接收数据时，可以发送一个远程帧，通过标识符与置 RTR 为高来寻址数据源，网络上具有与该远程帧相同标识符的节点则发送相应的数据帧。远程帧由帧起始、仲裁场、控制场、CRC 场、应答场和帧结束组成。这几个部分与数据帧中的相同，只是其 RTR 位为低而已。远程帧的数据长度码为其对应的将要接收的数据帧中

DLC 的数值。

3）出错帧。出错帧由两个不同场组成，一个是由来自各站的错误标志叠加得到，另一个是出错界定符。

4）过载帧。过载帧由过载标识和过载界定符组成。在 CAN 中，存在两个条件导致发送过载帧，一个是接收器未准备就绪，另一个是在间隙场检测到显性位。

2. CAN 总线的仲裁

CAN 总线采用 CSMA/CD（Carrier Sense Multiple Access with Collision Detect，载波监测多路访问/冲突检测）技术。“载波监测”的意思是指在总线上的每个节点在发送信息报文前都必须监测到总线上有一段时间的空闲状态。“多路访问”的意思是一旦此空闲状态被监测到，那么每个节点都有均等的机会来发送报文。“冲突检测”是指在两个节点同时发送信息时，节点本身首先会检测到出现冲突，然后采取相应的措施来解决这一冲突情况。此时优先级高的报文先发送，低优先级的报文发送会暂停。这就是 CAN 总线的仲裁。仲裁过程是不会对报文产生破坏的。

CAN 总线上每个设备都有一个 11 位的 ID 信息或 29 位 ID 信息，各设备的优先级是根据其 ID 来确定的，ID 的序号越小，其优先级越高。从图 2-34 上可知，传输开始标识符 SOF 后面紧跟的就是 11 位标识 ID 或 29 位标识 ID，CAN 总线就是据此进行仲裁工作的。

本 章 小 结

本章主要讲述了嵌入式系统的硬件结构。首先对 ARM 处理器进行了简单的介绍，其中包括 ARM 的存储结构，其次介绍了嵌入式系统中常用的输入/输出设备，包括 LCD、触摸屏和键盘，最后重点介绍了 ARM 的接口技术和总线技术。接口技术和总线技术在嵌入式系统运用中比较普遍。

思考与练习

2-1　ARM 的技术特点有哪些？什么是流水线技术？

2-2　ARM 的存储空间是怎么分配的？

2-3　键盘去抖的方法有哪些？

2-4　常用的并行通信有哪些？常用的串行通信有哪些？并行通信与串行通信有何区别？

2-5　总线扩展时主要考虑哪些方面？

2-6　I^2C 总线、SPI 总线、CAN 总线分别是怎样发送和接收数据的？

第 3 章　基于 ARM9 处理器的硬件开发平台

工欲善其事，必先利其器。

本章主要介绍基于 ARM9 处理器的硬件开发平台。为便于读者对比理解，本章首先将 ARM9 处理器与工业控制领域常见的 ARM7 处理器进行比较，接下来对基于 ARM920T 内核的 16/32 位 RISC 处理器三星 S3C2410X 进行概要介绍。然后，详细分析 S3C2410X 处理器的单元电路设计、存储器设计以及 JTAG 调试接口设计，概述博创 UP-NETARM2410-S 嵌入式开发平台的硬件组成和功能。最后，在“通过 JTAG 烧写 Flash”的项目实训中，使读者对 UP-NETARM2410-S 嵌入式开发平台有更加深入的认识。通过本章的学习，读者将掌握和解决以下重要问题：

✓ 了解 ARM9 与 ARM7 处理器的区别。
✓ 认识基于 ARM920T 内核的 S3C2410X 处理器。
✓ S3C2410X 处理器的单元电路设计。
✓ 熟悉博创 UP-NETARM2410-S 嵌入式开发平台。
✓ 掌握通过 JTAG 烧写 Flash。

3.1　ARM9 处理器

3.1.1　ARM9 与 ARM7 处理器的比较

第 2 章中简要介绍了 ARM 微处理器家族的 ARM7、ARM9、ARM9E、ARM10 和 ARM11 这五个通用处理器系列。由于本书使用的博创 UP-NETARM2410-S 嵌入式开发平台是基于 ARM9 处理器的，因此本章重点介绍 ARM9 处理器。为了更好地理解 ARM9 处理器，本节首先将市场上比较流行，性能上存在一定的差异的 ARM9 系列和 ARM7 系列中的两款处理器进行对比。

1. ARM7 系列

虽然 ARM7 系列属于 ARM 微处理器家族的低端处理器，但它为众多关注低成本和低功耗的消费类嵌入式设备应用提供了大量支持。ARM7TDMI 内核是 ARM 公司最成功的微处理器 IP 核（Intellectual Property，知识产权）之一，至今在蜂窝移动电话领域已销售了数亿个微处理器。自 1994 年推出以来，ARM7 系列已经广泛应用于工业控制、手持式计算、网络通信和消费类多媒体等嵌入式应用领域，如硬盘驱动器、网络和调制解调器等互联网设备以及移动电话、PDA 等无线设备等，是目前世界上在低端领域使用最为广泛的 32 位嵌入式 RISC 处理器。

ARM7 系列采用 ARM V4T 版本的结构，具有小型、快速和低能耗等特性。其体系结构一般具有 3 级流水线，时钟速度一般为 20～133MHz，平均功耗每 MHz 仅为 0.6mW，每条指令平均执行 1.9 个时钟周期，处理速度为 0.9MIPS/MHz。其中的 ARM710、ARM720 和 ARM740 为内带高速缓存（Cache）的 ARM 核。目前市场上主流的 ARM7 系列的内核包括 ARM7TDMI、ARM7TDMI-S、ARM7EJ-S、ARM720T 等。这些处理器内核提供兼容 16 位 Thumb 压缩指令集和 Embedded ICE 的软件调试方式。

在 ARM7 系列中，ARM7TDMI 是芯片授权使用用户最多的一款产品，其后缀参数的具体含义如图 3-1 所示。ARM7TDMI 处理器内核可工作于 32 位的 RISC 指令集和 16 位的 Thumb 指令集两种操作状态。将 ARM7 指令集同 Thumb 指令集扩展组合在一起，可以减少内存容量和系统成本。同时，ARM7TDMI 还利用嵌入式 ICE 调试技术来简化系统设计，并用一个 DSP 增强扩展来改进性能。ARM7TDMI 使用了冯·诺依曼（Von Neumann）结构，指令和数据共用一条 32 位总线，支持 32 位寻址范围。数据可以是字节（8 位）、半字（16 位）或者字（32 位）。

AEM7 T D M I
- I：支持Embeded ICE在线仿真
- M：支持64位长乘法
- D：支持片上调试
- T：支持高密度16位的Thumb指令集

图 3-1　ARM7TDMI 的后缀参数的具体含义

除了 ARM7TDMI 外，ARM7 系列的 ARM7EJ-S 扩充了 Jazelle 功能，允许直接执行 Java 代码的扩充。ARM720T 带有高速缓存处理器宏单元，其内部结构如图 3-2 所示。ARM7TDMI-S 是 ARM7TDMI 的可综合（Synthesizable）软核版本，对应用工程师来说，其编程模型与 ARM7TDMI 是一致的。图 3-3 所示为 Actel 公司基于 ARM7TDMI-S 软核的 CoreMP7 处理器内部结构。

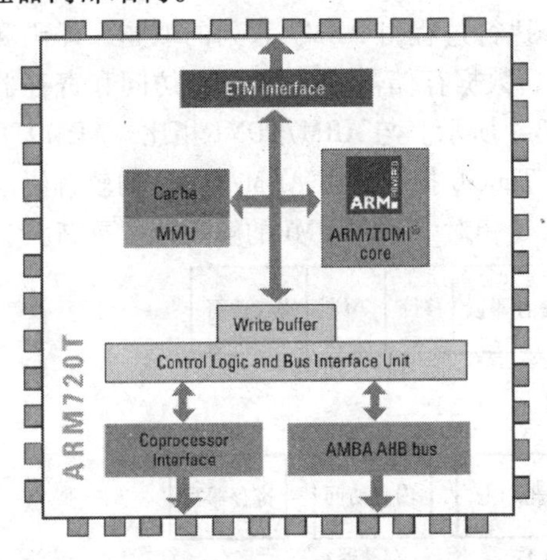

图 3-2　ARM720T 内核的处理器内部结构

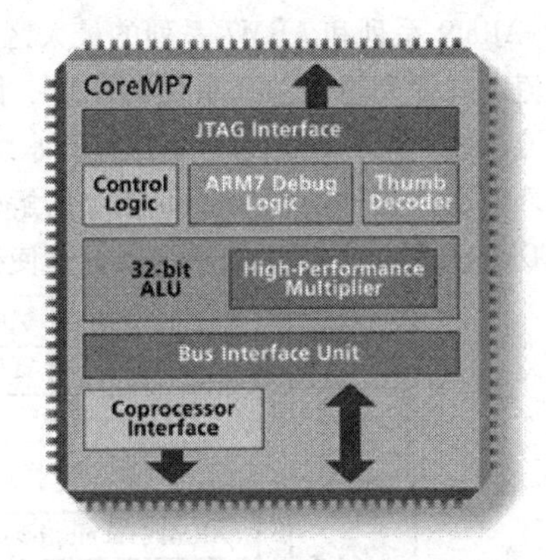

图 3-3　基于 ARM7TDMI-S 软核的 CoreMP7 处理器内部结构

目前市场上使用较多的 ARM7 处理器芯片主要有 SAMSUNG（三星）公司的 S3C44B0X 与 S3C4510 处理器、恩智浦半导体（NXP Semiconductors）公司的 LPC2000 系列微控制器、ATMEL 公司的 AT91FR40162 系列处理器、Cirrus 公司的 EP73xx 系列处理器等。

2. ARM9 系列

ARM9 系列是高性价比、低功耗、应用广泛的 32 位 RISC 结构嵌入式微处理器。ARM9 系列的时钟速度一般为 120～200MHz，每条指令平均执行 1.5 个时钟周期，处理速度为 1.1MIPS/MHz，指令执行效率更高，平均功耗仅为 0.7mW/MHz，具有典型的高性能和低功耗的特点。ARM9 处理器采用 ARM V4T 哈佛（Harvard）体系结构，程序指令和数据的物理存储空间完全分开，即程序指令和数据分别存储在程序存储器和数据存储器中，每个存储器独立编址、独立访问，取指和执行可以完全重叠；允许在一个机器周期内同时获取指令字和操作数，从而提高了执行速度和数据的吞吐量。ARM9 支持 32 位 ARM 指令集和 16 位 Thumb 指令集，支持 32 位的高速 AMBA 总线接口；支持数据 Cache 和指令 Cache，具有更高的指令和数据处理能力；支持包括 Linux、Windows CE、μC/OS Ⅱ、VxWorks 等多种主流嵌入式操作系统。

ARM9 系列主流的处理器包括 ARM920T、ARM922T 和 ARM940T 三种类型，迄今已售出超过 50 亿片。ARM9 系列微处理器的主要应用领域包括仪器仪表、存储设备、汽车电子、安全系统、无线局域网等互联网设备以及机顶盒、高端打印机、数码相机、数码摄像机等消费类电子产品。

市场上常见的 PDA 和部分智能手机一般都是采用 ARM9 系列，如诺基亚 N78 智能手机。使用较多的 ARM9 系列芯片包括：Samsung 公司的 S3C2410X 和 S3C2440 处理器、Atmel 公司的 AT91RM9200 处理器、Intel 公司的 PXA255 处理器、Motorola 公司的 MC9328 处理器、Cirrus Logic 公司的 EP93xx 系列处理器等。

除 ARM9 系列以外，市场上常见的还有 ARM9E 系列，其内核是在 ARM9 内核的基础上增加了紧密耦合存储器 TCM 及 DSP 扩展指令部分。主流的 ARM9E 内核包括 ARM926EJ-S、ARM946E-S、ARM966E-S、ARM968E-S 等类型，支持多种主流嵌入式操作系统。ARM9E 系列微处理器主要用于工业控制、成像设备、消费类电子产品、存储设备、网络设备以及下一代无线通信设备等领域。

3. ARM9 与 ARM7 处理器的区别

ARM9TDMI 与 ARM7TDMI 分别是 ARM9 与 ARM7 系列典型的处理器核，下面根据上述分析，介绍 ARM9 与 ARM7 系列的区别。

1）ARM9 系列和 ARM7 系列的最大区别就是指令执行过程由 ARM7 系列的取指、译码和执行 3 级流水线提高至 ARM9 系列的取址、译码、执行、数据存储器/数据 Cache 访问和寄存器回写 5 级流水线。两种内核的指令执行流水线对比如图 3-4 所示。与 ARM7TDMI 相比，ARM9TDMI 在译码环节通过硬件实现 Thumb 指令的解码，即执行 Thumb 指令时由 ARM7TDMI 的软解码改为 ARM9TDMI 的 Thumb 指令的硬解码，这使得 ARM9TDMI 相对 ARM7TDMI 的解码速度更高。

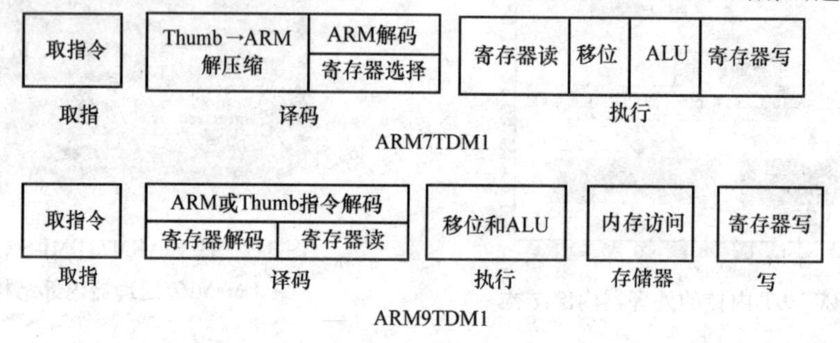

图 3-4　ARM7TDMI 和 ARM9TDMI 的指令执行流水线对比

ARM7TDMI 的 3 级流水线在执行单元完成了大量的工作，包括与操作数相关的寄存器和存储器读写操作、移位操作、ALU 算术和逻辑运算操作以及相关器件之间的数据传输。执行单元的工作往往占用了多个时钟周期，从而成为系统性能的瓶颈。ARM9TDMI 则采用了更为高效的 5 级流水线设计，增加了访存和回写两个功能部件，分别访问存储器并写回结果；且将读寄存器的操作转移到译码部件上，使流水线各部件在功能上更平衡；同时其哈佛体系结构避免了数据访问和取指的总线冲突。

与此同时，ARM9TDMI 增加到 5 级流水线提高了时钟频率和并行处理能力。通过增加流水线级数简化了流水线各级的逻辑，进一步提高了处理器的性能。5 级流水线能够将每一个指令处理分配到 5 个时钟周期内，在每 1 个时钟周期内同时有 5 个指令在执行。在同样的加工工艺下，ARM9TDMI 处理器的时钟频率是 ARM7TDMI 的 1.8～2.2 倍，可以显著地缩短程序执行时间。

2）ARM7TDMI 采用了冯·诺依曼体系结构，指令和数据共用信号总线以及存储器；ARM9TDMI 采用了哈佛体系结构，指令和数据各使用一条总线。

3）相对于 ARM7TDMI，ARM9TDMI 可以完全执行 V4 和 V4T 版架构的未定义异常指令扩展空间上的指令集，这些指令扩展空间包括：算术指令扩展空间、控制指令扩展空间、协处理器指令扩展空间和加载/存储扩展空间。

4）ARM7TDMI 一般没有内存管理单元（Memory Management Unit，MMU）和缓存（Cache），所以仅支持那些不需要 MMU 和 Cache 的嵌入式操作系统，如 μCLinux。ARM9TDMI 支持全性能的 MMU，采用哈佛体系结构，支持数据 Cache 和指令 Cache，可以更好的支持像 Linux、Windows CE 这样的多线程、多任务的操作系统。

3.1.2　ARM920T 简介

ARM920T 是高性能的 32 位 RISC 处理器核。其 ARM920T 核的处理器内部结构如图 3-5 所示。由图可见，ARM920T 核由 ARM9TDMI 内核、存储管理单元 MMU 和高速缓存（Cache）三部分组成。其中，高速缓存（Cache）包括 16KB 数据缓存和 16KB 指令缓存两部分。ARM920T 的功能块图如图 3-6 所示，其各模块单元之间通过 AMBA（Advanced Microcontroller Bus Architecture）总线同总线主控单元相连。

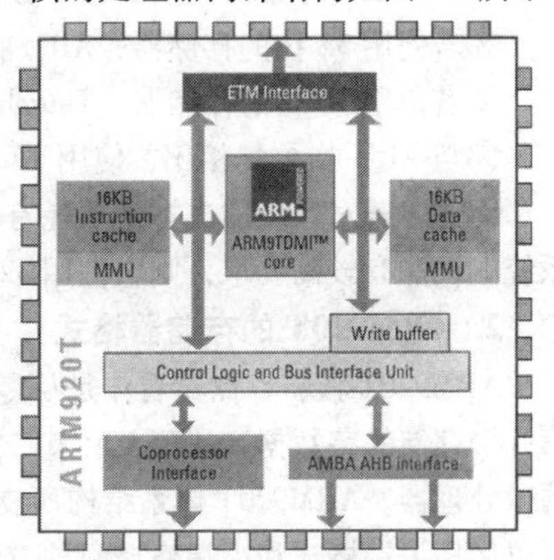

图 3-5　ARM920T 内核的处理器内部结构

1. ARM920T 的工作状态

ARM920T 支持字节、半字、字三种数据类型。其工作状态一般有两种：第一种为 ARM 状态，处理器使用 32 位高性能 ARM 指令集执行 32 位的、字对齐的 ARM 指令；第二种为 Thumb 状态，处理器使用 16 位高代码密度 Thumb 指令集执行 16 位的、半字对齐的 Thumb 指令。两种指令集有相应的状态切换命令：

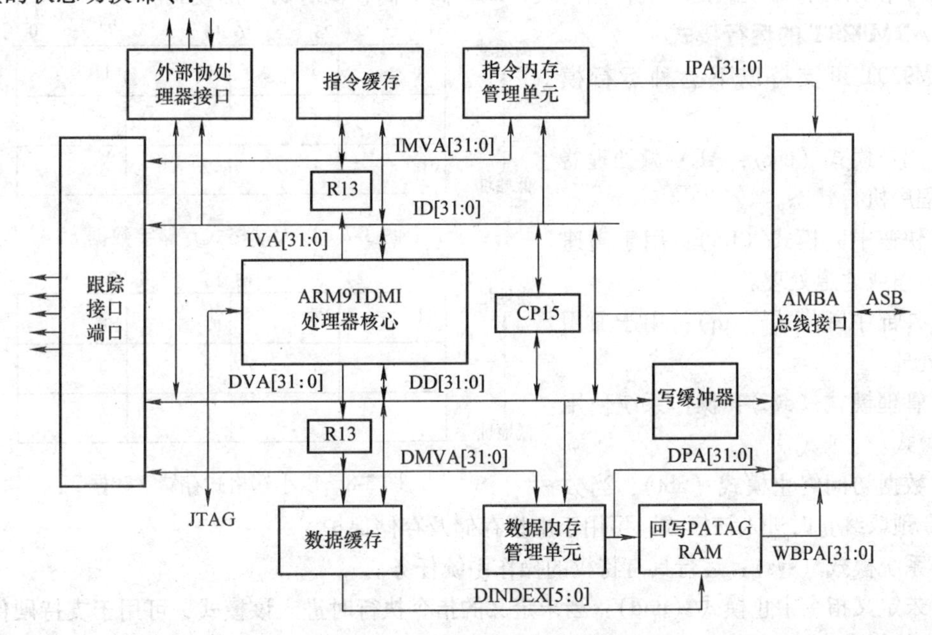

图 3-6　ARM920T 的功能块图

1）当操作数寄存器的状态位（0 位）清零时，执行 BX 指令即可进入 ARM 状态；当处理器进入异常（IRQ、FIQ、RESET、UNDEF、ABORT、SWI 等）时，从异常向量地址处开始执行处理程序也可进入 ARM 状态。

2）当操作数寄存器的状态位（0 位）置 1 时，执行 BX 指令即可进入 Thumb 状态；若进入异常处理前处理器处于 Thumb 状态，当从异常（IRQ、FIQ、UNDEF、ABORT、SWI 等）返回时也会自动切换到 Thumb 状态。

ARM 微处理器在开始执行代码的时候，只能处于 ARM 状态。在程序的执行过程中，ARM920T 可以随时在两种工作状态之间切换，并且处理器工作状态的转换并不影响处理器的工作模式和相应寄存器中的内容。Thumb 指令集与 ARM 指令集的时间效率和空间效率关系如下：

①Thumb 指令集所需的存储空间约为 ARM 指令集的 60% ~70%。

②Thumb 指令集所使用的指令数比 ARM 指令集多约 30% ~40%。

③若使用 32 位的存储器，ARM 指令集比 Thumb 指令集快约 40%。

④若使用 16 位的存储器，Thumb 指令集比 ARM 指令集快约 40% ~50%。

⑤与 ARM 指令集相比，使用 Thumb 指令集存储器的功耗降低约 30%。

因此，若对系统的成本及功耗有较高要求，应使用 16 位的存储系统和 Thumb 指令集；若对系统的性能有较高要求，则应使用 32 位的存储系统和 ARM 指令集。

2. ARM920T 的存储器格式

ARM920T 核将存储器看作是从零地址开始的字节的线性组合。从第 0 字节 ~ 第 3 字节放置第一个存储的字数据，从第 4 字节 ~ 第 7 字节放置第二个存储的字数据，依次排列。作为 32 位的微处理器，ARM920T 体系结构所支持的最大寻址空间为 4GB（即 2^{32}B）。ARM920T 体系结构可以使用大端格式和小端格式两种方法存储字数据。大端格式中的字数据的高字节存放在低地址中，而字数据的低字节则存放在高地址中，如图 3-7 所示。与大端存储格式相反，在小端存储格式中，低地址中存放的是字数据的低字节，高地址存放的是字数据的高字节，如图 3-8 所示。ARM9 默认使用的存储模式是小端存储格式，即“高对高，低对低”的模式。

3. ARM920T 的运行模式

ARM920T 可支持以下七种运行模式：

1）用户模式（usr）：ARM 微处理器正常的程序执行状态。

2）快速中断模式（fiq）：用于高速数据的传输或通道处理。

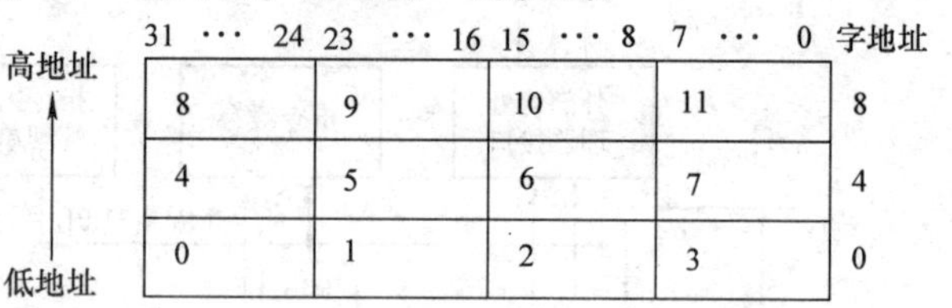

图 3-7　以大端格式存储字数据

3）外部中断模式（irq）：用于通用的中断处理。

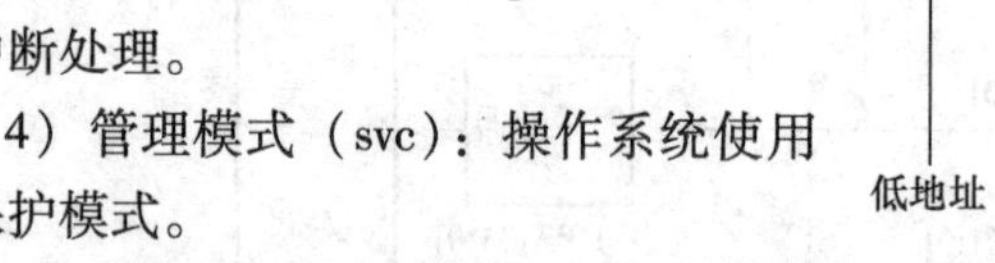

4）管理模式（svc）：操作系统使用的保护模式。

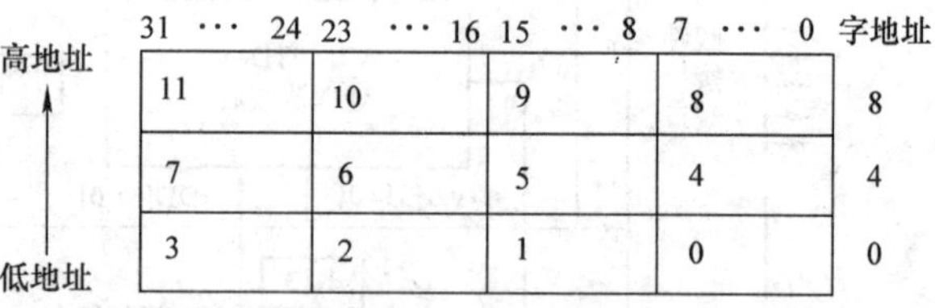

图 3-8　以小端格式存储字数据

5）数据访问终止模式（abt）：当数据或指令预取终止时进入该模式，可用于虚拟存储及存储保护。

6）系统模式（sys）：运行具有特权的操作系统任务。

7）未定义指令中止模式（und）：当未定义的指令执行时进入该模式，可用于支持硬件协处理器的软件仿真。

上述 ARM920T 的运行模式可以通过软件改变，如改变 CPSR［4:0］位，也可以通过外部中断响应或异常处理改变。大多数的应用程序运行在用户模式下，且此时某些被保护的系统资源是不能被访问的。除了用户模式以外，其余的六种模式称为非用户模式或特权模式。此外，除去用户模式和系统模式以外的其他五种又被称为异常模式，常用于处理中断或异常，以及访问受保护的系统资源等情况。

4. ARM920T 的寄存器组织

ARM920T 共有 37 个 32 位寄存器，其中包括 31 个通用寄存器和 6 个状态寄存器。需要注意的是，这些寄存器并不是同时可见的，具体哪些寄存器可编程访问要取决于处理器的工作状态和运行模式。图 3-9 中列出了 ARM920T 在 ARM 运行模式下可以访问的寄存器。在 ARM 工作状态下，ARM920T 共有 16 个直接访问寄存器 R0 ~ R15，除 R15（PC，程序计数器）外其他均为通用寄存器。

ARM状态下的通用寄存器和程序计数器

用户与系统模式	管理模式	终止模式	未定义模式	中断模式	快速中断模式
R0	R0	R0	R0	R0	R0
R1	R1	R1	R1	R1	R1
R2	R2	R2	R2	R2	R2
R3	R3	R3	R3	R3	R3
R4	R4	R4	R4	R4	R4
R5	R5	R5	R5	R5	R5
R6	R6	R6	R6	R6	R6.
R7	R7	R7	R7	R7	R7
R8	R8	R8	R8	R8	R8_FIQ
R9	R9	R9	R9	R9	R9_FIQ
R10	R10	R10	R10	R10	R10_FIQ
R11	R11	R11	R11	R11	R11_FIQ
R12	R12	R12	R12	R12	R12_FIQ
R13	R13_SVC	R13_ABORT	R13_UNDEF	R13_IRQ	R13_FIQ
R14	R14_SVC	R14_ABORT	R14_UNDEF	R14_IRQ	R14_FIQ
PC	PC	PC	PC	PC	PC

ARM状态下的程序状态寄存器

CPSR	CPSR	CPSR	CPSR	CPSR	CPSR
	SPSR_SVC	SPSR_ABORT	SPSR_UNDEF	SPSR_IRQ	SPSR_FIQ

图 3-9　在 ARM 运行模式下可以访问的寄存器（图中阴影部分为分组寄存器）

其中，R13（SP）在 ARM 指令中常用做堆栈指针，应用程序初始化 R13，使其指向异常模式专用的堆栈；R14 称为子程序连接寄存器（Subroutine Link Register）或连接寄存器（LR），放置当前子程序返回地址或异常模式的返回地址；寄存器 R15 用做程序计数器（PC）；R16 用做当前程序状态寄存器（Current Program Status Register，CPSR）。此外，每一种非用户模式下都有一个备份程序状态寄存器，用于在程序异常中断时保存被中断的程序状态。

Thumb 状态下的寄存器组织如图 3-10 所示。Thumb 状态下的寄存器集是 ARM 运行模式下寄存器集的一个子集，程序可以直接访问如下寄存器：

1）8 个通用寄存器（R7 ~ R0）。

2）程序计数器（PC）。

3）堆栈指针（SP）。

4）连接寄存器（LR）。

5）当前程序状态寄存器（CPSR）。

Thumb状态下的通用寄存器和程序计数器

用户与系统模式	管理模式	中止模式	未定义模式	中断模式	快速中断模式
R0	R0	R0	R0	R0	R0
R1	R1	R1	R1	R1	R1
R2	R2	R2	R2	R2	R2
R3	R3	R3	R3	R3	R3
R4	R4	R4	R4	R4	R4
R5	R5	R5	R5	R5	R5
R6	R6	R6	R6	R6	R6
R7	R7	R7	R7	R7	R7
SP	SP_SVC	SP_ABORT	SP_UNDEF	SP_IRQ	SP_FIQ
LR	LR_SVC	LR_ABORT	LR_UNDEF	LR_IRQ	LR_FIQ
PC	PC	PC	PC	PC	PC

Thumb状态下的程序状态寄存器

CPSR	CPSR	CPSR	CPSR	CPSR	CPSR
	SPSR_SVC	SPSR_ABORT	SPSR_UNDEF	SPSR_IRQ	SPSR_FIQ

图 3-10　Thumb 状态下的寄存器组织（图中阴影部分为分组寄存器）

Thumb 状态下的寄存器与 ARM 状态下的寄存器存在着图 3-11 所示的映射关系。具体包括：

1）Thumb 状态下和 ARM 状态下的寄存器 R0 ~ R7 是相同的。

2）Thumb 状态下和 ARM 状态下的 CPSR 和所有的 SPSR 是相同的。

3）Thumb 状态下的 SP 可映射至 ARM 状态下的 R13。

4）Thumb 状态下的 LR 可映射至 ARM 状态下的 R14。

5）Thumb 状态下的 PC 可映射至 ARM 状态下的 R15。

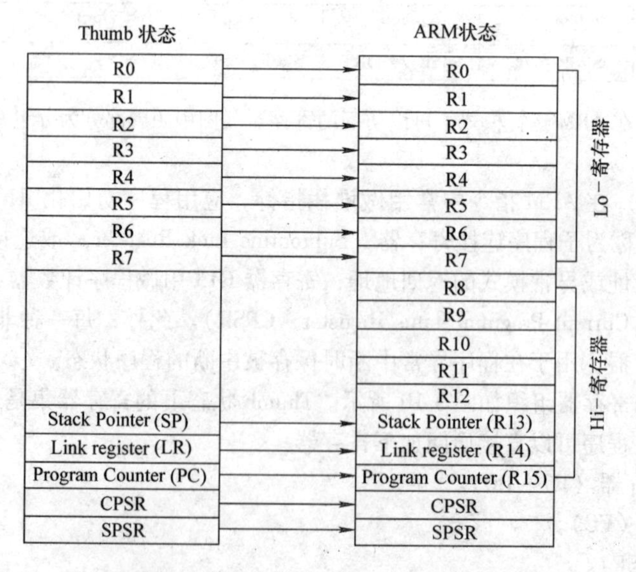

图 3-11　Thumb 状态下的寄存器到 ARM 状态下的寄存器的映射关系

在Thumb状态下，高位寄存器R8～R15不是标准寄存器集的一部分，但可使用汇编语言程序有限制地访问这些寄存器，并将其用作快速暂存器。使用带特殊变量的MOV指令，低位寄存器R0～R7的数值可以被传送至高位寄存器，也可以从高位寄存器传送至低位寄存器。高位寄存器的值可以使用CMP和ADD指令，比较或加上低位寄存器的值。

5. 程序状态寄存器

ARM920T包含一个当前程序状态寄存器（Current Program Status Register，CPSR），此外还有五个程序状态保存寄存器（Saved Program Status Register，SPSR）用于中断处理。程序状态寄存器的位定义如图3-12所示。这些寄存器的主要功能包括：

1）在处理器所有模式下都可以存取当前的程序状态寄存器（CPSR）。

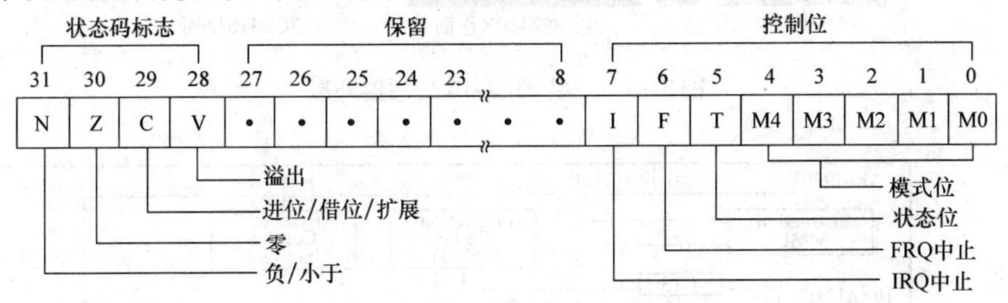

图3-12 程序状态寄存器的位定义

2）CPSR包含条件码标志（Condition Code Flags），控制中断的使能和禁止，以及当前处理器的模式以及其他状态和控制信息。

3）每种异常模式都有一个程序状态保存寄存器（SPSR）。

4）SPSR用于保留CPSR的状态。

3.2 三星S3C2410X处理器概述

在进行嵌入式系统设计之前，有必要对博创UP-NETARM2410-S嵌入式开发平台上的ARM芯片——三星S3C2410X处理器及其工作原理进行详细的介绍。读者只有对该处理器的工作原理有了比较详细的了解，才能进行特定系统的应用设计。

3.2.1 S3C2410X处理器

S3C2410X是韩国三星公司的一款基于ARM920T内核和0.18μm CMOS工艺的32位RISC嵌入式处理器，主要面向手持设备以及高性价比、低功耗的应用，为手持设备和通用嵌入式系统应用提供了片上集成系统解决方案。该处理器采用5级流水线和哈佛体系结构，其最大工作频率可达203MHz，运算功能强大。S3C2410X内部分别有独立的16KB指令缓存和16KB数据缓存，具有存储器管理单元（MMU），支持SDRAM、静态存储器以及NAND Flash。提供了一套较完整的通用外围设备接口，可支持Linux、μC/OS Ⅱ、Windows CE等多种操作系统的移植。图3-13a所示为工业上常用的三星S3C2410A处理器外形，与商业上常用的如图3-13b所示的S3C2410X相比，S3C2410A的A/D转换器由9位升到10位，MMC的接口频率从10MHz升到20MHz，其他区别不大。

S3C2410X内部结构较复杂，集成了大量的功能单元，提供的可扩展功能模块也较多，这样便显著降低了系统的成本。S3C2410X的内部结构如图3-14所示。除了32位ARM920T RISC处理器核以外，比较重要的片上功能模块还包括：

1）1.8V 内核供电，3.3V 存储器供电，带 16KB 指令缓存 I-Cache/16KB 数据缓存 D-Cache/MMU 的 3.3V 外部 I/O 微处理器。

a) S3C2410A正面　b) S3C2410X正面　c) S3C2410反面

图 3-13　三星 S3C2410 处理器外形

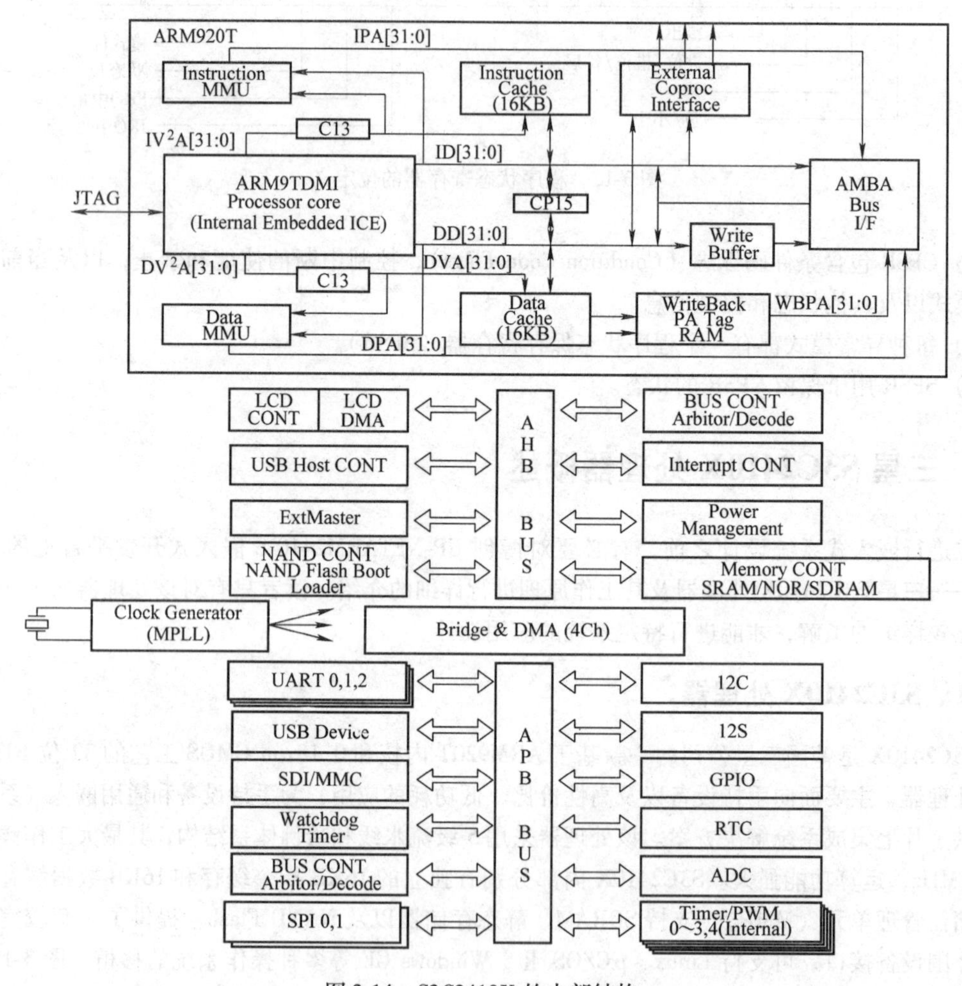

图 3-14　S3C2410X 的内部结构

2）内置外部存储器控制器（SDRAM 控制和芯片选择逻辑）。

3）集成 1 个 LCD 控制器（最大支持 4K 色的 STN 和 256K 色 TFT 的 LCD），并带有 1 个通道的 LCD 专用 DMA 控制器。

4）4 通道 DMA 并有外部请求引脚。

5）3 通道 UART（支持 IrDA1.0、16B 发送 FIFO 及 16B 接收 FIFO）/2 通道 SPI 接口。

6）1 通道多主 I^2C 总线控制器和 1 通道 I^2S 总线控制器。

7）兼容 SD 主机接口 1.0 版本及 MMC 卡协议 2.11 兼容版本。

8）2 个 USB 主机接口/1 个 USB 设备接口（1.1 版本）。

9）4 通道 PWM 定时器和 1 通道内部定时器。

10）看门狗定时器。

11）117 位通用 I/O 口/24 通道外部中断源。

12）电源控制模式：具有正常、慢速、空闲及电源关闭模式。

13）8 通道 10 位 A/D 转换接口和触摸屏接口。

14）带日历功能的实时时钟控制器（RTC）。

15）具有 PLL 的片上时钟发生器。

3.2.2　S3C2410X 处理器的工作原理

下面依次对 S3C2410X 的体系结构、系统管理器、NAND Flash 引导装载器、缓冲存储器、时钟和电源管理以及中断控制等进行讲述。其中，所有模式的选择都是通过相关寄存器的特定值的设定来实现的。当读者需要对此进行设置修改时，请详细查阅三星公司的 S3C2410X 用户手册。

1. S3C2410X 的体系结构

ARM920T CPU 内核，强大的 32 位 RISC 架构和强大的指令集。

内含效率高、功能强的 ARM9TDMI 处理器核。

增强的存储器管理单元（MMU），支持 Windows CE、EPOC32、Linux 等多种操作系统。

指令高速存储缓冲器（I-Cache）、数据高速存储缓冲器（D-Cache）、写缓冲器和物理地址 TAG RAM，减少了主存带宽和响应性带来的影响。

内部高级微控制总线体系结构（AMBA）（AMBA2.0，AHB/APB）。

基于 JTAG 边界扫描接口的调试方案。

2. 系统管理器

支持小/大端存储模式。

寻址空间每个 bank 有 128MB（总共 1GB）。

支持可编程的每 bank 8/16/32 位数据总线带宽。

bank0 ~ bank6 具有固定的 bank 起始地址，bank7 具有可调整的起始地址。

bank6 和 bank7 的大小是可编程的。

共有 8 个存储器 bank，bank0 ~ bank5 这六个存储器 bank 的开始地址是固定的，用于 ROM，SRAM 及其他；bank6 和 bank7 这两个存储器 bank 用于 ROM/SRAM/同步 DRAM，这两个 bank 可编程，且大小相同。bank7 的开始地址是 bank6 的结束地址。

S3C2410X 采用 nGCS［7:0］八个通用片选信号选择以上这八个 bank 区。

所有的存储器 bank 都具有可编程的操作周期。

支持外部等待信号延长总线周期。

支持掉电时的 SDRAM 自刷新模式。

支持多种类型的 ROM 引导（NOR/NAND Flash，EEPROM 及其他）。

3. NAND Flash 启动引导

闪存（Flash）存储器是近年来发展迅速的非易失性存储器，已在各种嵌入式设备中得到了广泛应用。Flash 存储器可在线对存储器单元块进行电写入、电擦除，并且掉电后信息不丢失，具有功耗低、容量大、擦写速度快、可整片或分扇区在线系统编程或擦除等特点。

Flash 存储器目前主要采用两种技术，即 NAND 结构和 NOR 结构。NAND Flash 的存储单元采用串行工作方式，存储单元的读写是以页和块为单位来进行的。这种结构最大的优点在于能够提高单元密度，存储容量可以做得很大，并且写入和擦除的速度快，成本也低，有利于大规模普及。NOR Flash 则采用并行方式工作，其特点是可以随机读取任意单元的内容，适合用于程序代码的并行读写或存储，但是写入和擦除速度较低，影响了它的性能。与 NOR Flash 相比，NAND Flash 具有容量更大、价格便宜等特点。

S3C2410X 具有三种启动方式，由芯片的 OM［1:0］“启动方式与测试模式选择信号”引脚值进行选择，分别是：

00：处理器从 NAND Flash 启动；

01：处理器从 16 位数据宽度的 ROM 启动；

10：处理器从 32 位数据宽度的 ROM 启动；

11：测试模式。

S3C2410X 支持从 NAND Flash 启动，即用户可以将 BootLoader 代码和嵌入式操作系统的镜像文件放在外部的 NAND Flash 存储器上，采用 NAND Flash 启动方式。同时，S3C2410X 构成的系统若采用 NAND Flash 与 SDRAM 的组合，可以获得较高的性价比。S3C2410X 上电复位时，通过内置的 NAND Flash 访问控制器将位于 NAND Flash 存储器前 4KB 位置上的 BootLoader 引导代码自动加载到片内 4KB boot SRAM 上（此时该 SRAM 定位于起始地址空间 0x00000000）并运行，在 boot SRAM 运行的 BootLoader 程序将嵌入式操作系统的镜像文件加载到 SDRAM 上，之后操作系统就能够在 SDRAM 中运行。启动完毕后，4KB boot SRAM 就可以用于其他用途。

S3C2410X 的 NAND Flash 存储器启动特性包括：

支持从 NAND Flash 存储器启动。

采用 4KB 内部缓冲存储器进行启动引导。

支持启动之后 NAND Flash 存储器仍然作为外部存储器使用。

4. Cache 缓冲存储器

S3C2410X 的 Cache 存储器特性包括：

64 项全相连模式，带有指令缓存（I-Cache，16KB）和数据缓存（D-Cache，16KB）。

每行 8 字长度，其中每行带有一个有效位和两个 dirty 位。

伪随机数或轮转循环替换算法。

采用写穿式（Write-throught）或写回式（Write-back）缓存操作来更新主存储器。

写缓冲存储器可以保存 16 个字的数据和 4 个地址。

5. 时钟和电源管理

S3C2410X 采用独特的时钟管理模式：采用片上 MPLL 和 UPLL，其中 UPLL 产生操作 USB 主机/设备接口的时钟，而 MPLL 产生用于 MCU 在最大 203MHz（在 1.8V 内核电压下）运行所需要的时钟。

通过软件可以有选择性地为每个功能模块提供时钟。

S3C2410X 的电源模式分为正常（Normal）、慢速（Slow）、空闲（Idle）和掉电（Power-off）四种模式，其电源管理转换关系如图 3-15 所示。通过这四种电源管理模式的转换有效地控制了系统功耗。

正常模式：正常运行模式。

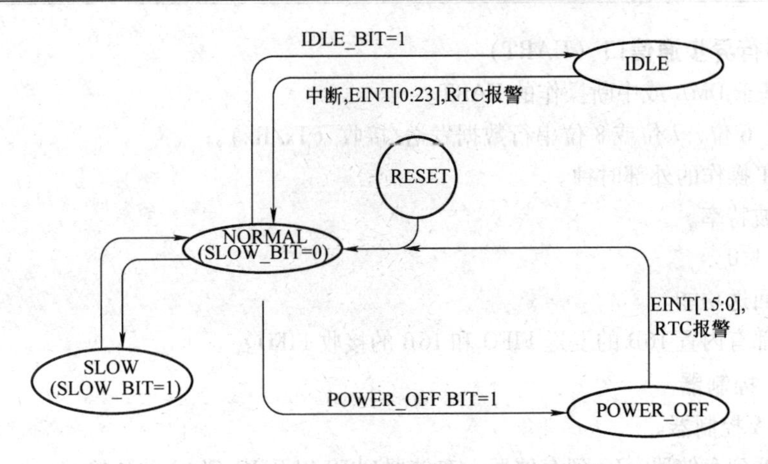

图 3-15　S3C2410X 的电源管理转换关系

慢速模式：不加 PLL 的低频率时钟模式。

空闲模式：只停止 CPU 的时钟。

掉电模式：内核及所有外围设备的电源都切断了。

可以借助于 EINT［15：0］或 RTC 报警中断从掉电模式唤醒过来。

另外，S3C2410X 对片内的各个部件采用以下独立的供电方式：

1.8V 的内核供电。

3.3V 的存储器独立供电（通常对 SDRAM 采用 3.3V 或 VDD 采用 1.8V/2.5V 供电，对移动 SDRAM 采用 3.0V/3.3V 的 VDDQ 供电）。

3.3V 的 I/O 独立供电。

嵌入式系统中的电源管理非常关键，它直接涉及系统功耗等各方面的性能。而 S3C2410X 电源管理中的多种电源模式和独立的供电方式可以有效地处理系统的不同状态，从而达到电源的最优配置。例如，对于功耗较敏感的手持设备，电源管理可大大降低整个嵌入式设备的功耗。

6. 中断控制

S3C2410X 的中断控制器特点包括：

55 个中断源（1 个看门狗定时器，5 个定时器，9 个通用异步串行口 UARTs，24 个外部中断，4 个 DMA，2 个 RTC，2 个 ADC，1 个 IIC，2 个 SPI，1 个 SDI，2 个 USB，1 个 LCD 和 1 个电池故障）。

外部中断源具有电平/边沿触发模式。

可编程极性的边沿/电平触发。

支持为紧急中断请求提供快速中断请求服务（FIQ）。

7. 具有脉冲宽度调制功能（PWM）的定时器

4 通道 16 位具有 PWM 功能的定时器/1 通道 16 位可基于 DMA 或中断操作的内部定时器。

可编程的占空比周期，频率和极性。

能产生死区。

支持外部时钟源。

8. 通用 I/O 端口

24 个外部中断端口。

多路 I/O 端口。

9. 通用串行异步通信口（UART）

3 通道可基于 DMA 或中断操作的 UART。

支持 5 位、6 位、7 位或 8 位串行数据发送/接收（Tx/Rx）。

支持 UART 操作的外部时钟。

可编程的波特率。

支持 IrDA 1.0。

具有测试回送功能。

每个通道都有内置 16B 的发送 FIFO 和 16B 的接收 FIFO。

10. DMA 控制器

4 通道 DMA 控制器。

支持存储器到存储器、IO 到存储器、存储器到 IO 以及 IO 到 IO 的传输。

采用突发传输模式增快传输速率。

11. A/D 转换器和触摸屏接口

8 通道多路复用 A/D 转换器。

最大 500KSPS 转换速率和 10 位分辨率。

12. LCD 控制器 STN LCD 显示特性

支持 3 种类型的 STN LCD 显示屏：4 位双扫描，4 位单扫描，8 位单扫描显示类型。

支持单色模式、4 级灰度、16 级灰度、256 色和 4096 色 STN LCD。

支持多种不同尺寸的液晶屏。

典型实际屏幕的尺寸（单位为像素）：640×480、320×240、160×160 等。

最大虚拟屏幕大小是 4MB。

256 色模式下支持的最大虚拟屏尺寸（单位为像素）：4096×1024、2048×2048、1024×4096 等。

13. TFT 彩色显示屏特性

支持彩色 TFT 的 1、2、4 或 8bpp（像素每位）调色显示。

支持彩色 TFT 的 16bpp 无调色真彩色显示。

在 24bpp 模式下支持最大 16M 彩色 TFT。

支持多种不同尺寸的液晶屏。

典型实际屏幕的尺寸（单位为像素）：640×480、320×240、160×160 等。

最大虚拟屏大小 4MB。

64K 色彩模式下的最大虚拟屏尺寸（单位为像素）为 2048×1024 等。

14. 看门狗定时器

16 位看门狗定时器。

在定时器溢出时发出中断请求或系统复位。

15. I^2C 总线接口

1 通道多主 I^2C 总线。

串行，8 位单向和双向数据传输，在标准模式下能够达到 100kbit/s 或快速模式下达到 400kbit/s。

16. I^2S 总线接口

1 通道可基于 DMA 方式工作的音频 I^2S 总线接口。

串行，每通道8/16位数据传输。

128B（64B加64B）FIFO用于发送/接收。

支持I^2S格式和MSB验证数据格式。

17. SD主机接口

兼容SD存储卡1.0版本协议。

兼容SDIO卡1.0版本协议。

具有字节FIFO用于发送和接收。

可基于DMA或基于中断模式工作。

兼容MMC卡2.11版本协议。

18. SPI接口

兼容2通道串行外部接口SPI 2.11版本协议。

发送和接收具有2×8位的移位寄存器。

可基于DMA或基于中断模式工作。

3.3 S3C2410X处理器单元电路的设计

3.3.1 S3C2410X处理器主要引脚的定义

在进行嵌入式系统的电路设计时，可以先由S3C2410X与必需的基本外围芯片构成ARM9的最小系统。基本外围电路包括电源和复位、晶体振荡器、存储器以及JTAG调试接口等。同时，S3C2410X在连接外围电路之前，首先要清楚S3C2410X芯片引脚的具体定义。博创UP-NETARM2410-S嵌入式开发平台上的S3C2410X采用了272-FBGA的封装形式，底部引脚排列如图3-16所示。这272个引脚可以分为17个功能部分进行定义。分别是：数据/地址总线及其控制信号、A/D模数转换控制信号、CLOCK时钟信号、Timmer定时器、电源及复位信号、DMA通道、NAND Flash控制信号、SDRAM/SRAM控制信号、USB控制信号、JTAG调试信号、中断控制信

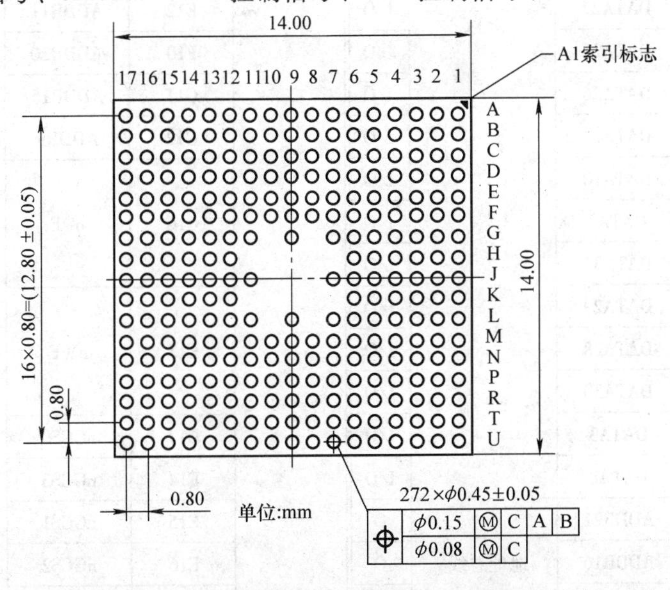

图3-16 S3C2410X底部引脚排列（272-FBGA封装）

号、异步串行口 UART 信号、高速同步串行口 SPI 信号、I^2C、I^2S 总线控制信号、SD 卡控制信号、LCD 信号、触摸屏信号。按功能分区的各引脚信号描述见表 3-1。

表 3-1　S3C2410X 处理器引脚分配

功能分类	引脚号	引脚名	功能描述	I/O	功能分类	引脚号	引脚名	功能描述	I/O
数据总线/地址总线及其控制信号	A1	DATA19	数据总线	I/O	数据总线/地址总线及其控制信号	A13	ADDR6	地址总线	O
	A2	DATA18		I/O		A14	ADDR2		O
	A3	DATA16		I/O		B9	ADDR24		O
	A4	DATA15		I/O		B10	ADDR17		O
	A5	DATA11		I/O		B11	ADDR12		O
	A7	DATA6		I/O		B12	ADDR8		O
	A8	DATA1		I/O		B13	ADDR4		O
	B1	DATA22		I/O		B14	ADDR0		O
	B2	DATA20		I/O		C9	ADDR25		O
	B3	DATA17		I/O		C11	ADDR14		O
	B5	DATA13		I/O		C12	ADDR7		O
	B6	DATA9		I/O		C13	ADDR3		O
	B7	DATA5		I/O		D9	ADDR22		O
	B8	DATA0		I/O		D10	ADDR19		O
	C1	DATA24		I/O		D12	ADDR10		O
	C2	DATA23		I/O		D13	ADDR5		O
	C3	DATA21		I/O		D14	ADDR1		O
	C5	DATA12		I/O		E8	ADDR26		O
	C6	DATA7		I/O		E9	ADDR23		O
	C7	DATA4		I/O		E10	ADDR18		O
	D1	DATA27		I/O		E12	ADDR11		O
	D2	DATA25		I/O		F10	ADDR20		O
	D4	DATA26		I/O		G11	ADDR15		O
	D5	DATA14		I/O		G12	ADDR9		O
	D6	DATA10		I/O		C16	nOE	输出使能，当前总线周期为一个读周期	O
	D7	DATA2		I/O		E13	nWE	写使能，当前总线周期为一个写周期	O
	E1	DATA31		I/O		D17	nGCS0	通用片选信号，控制存储空间的访问	O
	E2	DATA29		I/O		E14	nGCS3		O
	E3	DATA28		I/O		E15	nGCS1		O
	E4	DATA30		I/O		E16	nGCS2		O
	E7	DATA3		I/O		E17	nGCS4		O
	F7	DATA8		I/O					
	A9	ADDR21	地址总线	O					
	A10	ADDR16		O					
	A11	ADDR13		O					

（续）

功能分类	引脚号	引脚名	功能描述	I/O
数据总线/地址总线及其控制信号	F15	nGCS5	通用片选信号，控制存储空间的访问	O
	F16	nGCS6		O
	F17	nGCS7		O
	G13	nWAIT	延长总线周期，若nWAIT为低电平则总线周期没有结束。若不使用该信号，应加接上拉电阻	I
	G1	nXBACK	总线占用应答，同意将本地总线交给请求设备	O
	G5	nXBREQ	允许其他设备请求本地总线的控制权	I
	R14	OM0	启动方式与测试模式选择信号	I
	U15	OM1		
A-D模数转换控制信号	N13	AIN7	模拟信号输入，若不使用该信号则此引脚应接地	AI
	T15	AIN1		AI
	T16	AIN3		AI
	T17	AIN5		AI
	R15	AIN4		AI
	R16	AIN6		AI
	U16	AIN0		AI
	U17	AIN2		AI
	N12	Vref	参考电压	AI
CLOCK时钟信号	H16	XTOpll	内部振荡电路的晶体振荡器输出，若不使用，应悬空	AO
	H17	XTIpll	内部振荡电路的晶体振荡器输入，若不使用，应接3.3V高电平	AI
CLOCK时钟信号	L13	UPLLCAP	USB时钟的环路滤波电容	AI
	J11	EXTCLK	外部时钟源，若不使用，应接3.3V高电平	I
	P17	MPLLCAP	主时钟的环路滤波电容	AI
	T13	OM3	时钟信号模式	I
	U14	OM2		I
	P16	XTIrtc	RTC晶体振荡器输入，若不使用，应接1.8V高电平	AI
	R17	XTOrtc	RTC晶体振荡器输出，若不使用，应悬空	AO
	R12	CLKOUT0	时钟信号输出	O
	U12	CLKOUT1	时钟信号输出	O
Timmer定时器	G4	TCLK0	外部时钟输入	I
	R11	TCLK1		I
	F2	TOUT0	定时器输出	O
	F1	TOUT1		O
	F4	TOUT2		O
	G3	TOUT3		O
电源及复位信号	J12	nRESET	复位信号	ST
	G6/J14	VDDalive	CPU复位电路与寄存器电源	I
	J15	PWREN	2V内核电压开关控制信号	O
	J16	nRSTOUT	外部设备复位控制信号	O
	J17	nBATT_FLT	电池状态探测	I

（续）

功能分类	引脚号	引脚名	功能描述	I/O
电源及复位信号	C4/C8/C17/D11/J17	VDDi	1.8V CPU 内核逻辑电源	P
	G7/L5/M7/N5/N10/K3/R1	VDDiarm	2V CPU 内核逻辑电源	P
	B17/H15/F9	VSSi	CPU 内核逻辑地	P
	H1/J7/M1/M5/M9/N8/U4	VSSiarm	CPU 内核逻辑地	P
	P14	VDDi _ MPLL	MPLL 模拟和数字电源	P
	M13	VSSi _ MPLL	MPLL 模拟和数字地	P
	K1/M6/N9/N16	VDDOP	3.3V I/O 接口电源	P
	F5	VSSOP	I/O 接口地	P
	A6/A15/B4/D8/E5/E11/H14	VDDMOP	3.3V 存储器接口电源	P
	A12/C10/D3/E6/F3/F8/G9	VSSMOP	存储器接口地	P
	M12	RTCVDD	1.8V RTC 电源	P
	L11	VDDi _ UPLL	UPLL 模拟和数字电源	P
	N15	VSSi _ UPLL	UPLL 模拟和数字地	P
	P15	VDDA _ ADC	3.3V ADC 电源	P
	T14	VSSA _ ADC	ADC 地	P
DMA 通道	H3	nXDREQ0	外部 DMA 请求	I
	H4	nXDREQ1		I
	H2	nXDACK0	外部 DMA 应答	O
	G2	nXDACK1		O
NAND Flash 控制信号	G14	ALE	地址锁存使能	O
NAND Flash 控制信号	G15	nFWE	NAND Flash 写使能	O
	G16	nFRE	NAND Flash 读使能	O
	G17	nFCE	NAND Flash 片选使能	O
	H12	CLE	命令锁存使能	O
	U13	NCON	NAND Flash 配置	I
	R13	R/nB	NAND Flash 闲/忙信号	I
SDRAM/SRAM 控制信号	B15	nSRAS	行地址使能信号	O
	C14	nSCAS	列地址使能信号	O
	F16	nSCS0	片选信号	O
	F17	nSCS1	片选信号	O
	A17	DQM0	数据屏蔽信号	O
	B16	DQM1	数据屏蔽信号	O
	C15	DQM2	数据屏蔽信号	O
	A16	DQM3	数据屏蔽信号	O
	F13	SCLK0	时钟信号	O
	F14	SCLK1	时钟信号	O
	D16	SCKE	时钟信号使能	O
	A17	nBE0	高/低字节使能	O
	B16	nBE1	高/低字节使能	O
	C15	nBE2	高/低字节使能	O

（续）

功能分类	引脚号	引脚名	功能描述	I/O
SDRAM/SRAM控制信号	A16	nBE3	高/低字节使能	O
	A17	nWBE0	写字节使能	O
	B16	nWBE1	写字节使能	O
	C15	nWBE2	写字节使能	O
	A16	nWBE3	写字节使能	O
USB控制信号	T12	DN0	USB主设备的DATA信号（-）	I/O
	N11	DN1	USB主设备的DATA信号（-）	I/O
	P13	DP0	USB主设备的DATA信号（+）	I/O
	M10	DP1	USB主设备的DATA信号（+）	I/O
	N11	PDN0	USB从设备的DATA信号（-）	I/O
	M10	PDP0	USB从设备的DATA信号（+）	I/O
JTAG调试信号	H5	nTRST	TAP控制器复位信号，需连接一个10kΩ的上拉电阻	I
	H6	TCK	TAP控制器时钟信号，需连接一个10kΩ的上拉电阻	I
	J3	TMS	TAP控制器模式选择信号，需连接一个10kΩ的上拉电阻	I
JTAG调试信号	J1	TDI	测试指令与数据串行输入信号，需连接一个10kΩ的上拉电阻	I
	J5	TDO	测试指令与数据串行输出信号	O
中断控制信号	N14	EINT0	外部中断请求	I
	N17	EINT1	外部中断请求	I
	M16	EINT2	外部中断请求	I
	M17	EINT3	外部中断请求	I
	M15	EINT4	外部中断请求	I
	M14	EINT5	外部中断请求	I
	L15	EINT6	外部中断请求	I
	L17	EINT7	外部中断请求	I
	R8	EINT8	外部中断请求	I
	U8	EINT9	外部中断请求	I
	T8	EINT10	外部中断请求	I
	L9	EINT11	外部中断请求	I
	P9	EINT12	外部中断请求	I
	U9	EINT13	外部中断请求	I

（续）

功能分类	引脚号	引脚名	功能描述	I/O
中断控制信号	R9	EINT14	外部中断请求	I
	R10	EINT15	外部中断请求	I
	U10	EINT16	外部中断请求	I
	T10	EINT17	外部中断请求	I
	P10	EINT18	外部中断请求	I
	R10	EINT19	外部中断请求	I
	P11	EINT20	外部中断请求	I
	U11	EINT21	外部中断请求	I
	T11	EINT22	外部中断请求	I
	M11	EINT23	外部中断请求	I
异步串行口UART信号	K17	RXD0	数据输入	I
	K14	RXD1	数据输入	I
	K12	RXD2	数据输入	I
	K15	TXD0	数据输出	O
	K16	TXD1	数据输出	O
	K13	TXD2	数据输出	O
	L14	nCTS0	输入：清除发送输入信号	I
	K12	nCTS1	输入：清除发送输入信号	I
	L12	nRTS0	输出：请求发送输出信号	O
	K13	nRTS1	输出：请求发送输出信号	O
	L16	UCLK	时钟信号	O

功能分类	引脚号	引脚名	功能描述	I/O
高速同步串行口SPI信号	T7	SPIMISO0	主出从入	I/O
	U9	SPIMISO1	主出从入	I/O
	U7	PIMOSI0	主入从出	I/O
	R9	PIMOSI1	主入从出	I/O
	P4	nSS0	SPI 片选信号	I
	T4	nSS1	SPI 片选信号	I
	P8	SPICLK0	SPI 时钟信号	I/O
	R10	SPICLK1	SPI 时钟信号	I/O
I^2C、I^2S总线控制信号	L7	IICSCL	I^2C 总线时钟	I/O
	M8	IICSDA	I^2C 总线数据	I/O
	P5	I2SSCLK	I^2S 总线串行时钟	I/O
	T5	I2SLRCK	I^2S 总线通道选择时钟	I/O
	U5	I2SSDI	I^2S 总线串行数据输入	I
	U6	I2SSDO	I^2S 总线串行数据输出	O
	N6	CDCLK	为芯片提供系统的同步时钟	O
SD 卡控制信号	P6	SDCMD	SD 接收回应/发送命令	I/O
	R6	SDDAT0	SD 接收/发送数据	I/O
	N7	SDDAT1	SD 接收/发送数据	I/O
	P7	SDDAT2	SD 接收/发送数据	I/O
	R7	SDDAT3	SD 接收/发送数据	I/O

（续）

功能分类	引脚号	引脚名	功能描述	I/O
SD卡控制信号	T6	SDCLK	SD时钟信号	O
LCD信号	J2	VCLK	LCD时钟信号	O
	J6	VLINE	LCD线信号	O
	K4	VFRAME	LCD帧信号	O
	P9	LCD_PWREN	LCD电源使能控制信号	O
	L1	VD0	LCD数据总线	O
	L2	VD1	LCD数据总线	O
	L4	VD2	LCD数据总线	O
	M3	VD3	LCD数据总线	O
	M4	VD4	LCD数据总线	O
	M2	VD5	LCD数据总线	O
	N1	VD6	LCD数据总线	O
	N3	VD7	LCD数据总线	O
	N2	VD8	LCD数据总线	O
	N4	VD9	LCD数据总线	O
	P1	VD10	LCD数据总线	O
	P3	VD11	LCD数据总线	O
	P2	VD12	LCD数据总线	O
	T1	VD13	LCD数据总线	O
LCD信号	R2	VD14	LCD数据总线	O
	U1	VD15	LCD数据总线	O
	T2	VD16	LCD数据总线	O
	R3	VD17	LCD数据总线	O
	R4	VD18	LCD数据总线	O
	U2	VD19	LCD数据总线	O
	T3	VD20	LCD数据总线	O
	U3	VD21	LCD数据总线	O
	T4	VD22	LCD数据总线	O
	P4	VD23	LCD数据总线	O
	J6	HSYNC	水平同步信号	O
	K4	VSYNC	垂直同步信号	O
	K2	VM	改变行/列的电压极性	O
	K2	VDEN	数据使能信号	O
	J4	LEND	线结束信号	O
	K6	LCDVF0	特殊LCD的时序控制信号	O
	L6	LCDVF1	特殊LCD的时序控制信号	O
	L3	LCDVF2	特殊LCD的时序控制信号	O
	K4	STV	三星LCD信号	O

（续）

功能分类	引脚号	引脚名	功能描述	I/O	功能分类	引脚号	引脚名	功能描述	I/O
LCD 信号	J6	CPV	三星 LCD 信号	O	触摸屏信号	U11	nXPON	*X* 轴正端开关控制信号	O
	K2	TP	三星 LCD 信号	O		M11	nYPON	*Y* 轴正端开关控制信号	O
	J4	STH	三星 LCD 信号	O		P11	XMON	*X* 轴负端开关控制信号	O
	J2	LCD _ HCLK	三星 LCD 信号	O		T11	YMON	*Y* 轴负端开关控制信号	O

在介绍完 S3C2410X 主要引脚的定义之后，接下来将详细介绍嵌入式系统的硬件选型与 ARM9 最小系统基本外围单元电路设计，以使读者具有初步设计简单嵌入式系统的能力。在这里主要介绍电源和复位电路、晶体振荡器电路、串口和 USB 接口电路以及存储器等基本外围电路的设计。

3.3.2　电源和复位电路

电源电路的设计与稳定工作对 ARM 核心板的正常运行起着重要作用。S3C2410X 具备多种电源工作模式及先进的电源管理功能，芯片上与电源及复位信号相关的引脚信号已经在表 3.1 中进行过详细介绍：VDDalive 引脚为 CPU 复位电路与寄存器提供 1.8V 电压，VDDi 引脚为 CPU 处理器内核提供 1.8V 电压，VDDi _ MPLL 引脚为 MPLL 提供 1.8V 模拟和数字电源，VDDMOP 引脚为存储器接口提供 3.3V 电压，VDDi _ UPLL 引脚为 UPLL 提供 1.8V 模拟和数字电源，VDDA _ ADC 引脚为处理器的 ADC 提供 3.3V 电压。

经过以上分析可以看出，S3C2410X 共需要两种电源：第一种是内核工作所需的 1.8V 直流稳压电源，也是维持系统时钟及状态寄存器保持数据所需的电源；第二种是大部分外围元件工作时所需的 3.3V 直流稳压电源。为了简化系统的电源电路的设计，可以使用高质量的 5V 直流稳压电源，经过 DC-DC 变换器得到 1.8V 与 3.3V 的电压。系统的外接电源电路如图 3-17 所示。

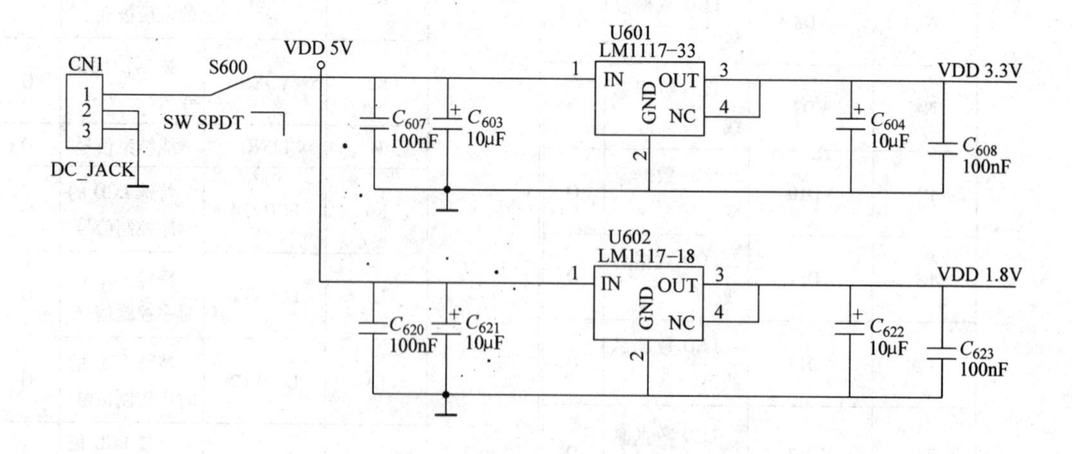

图 3-17　系统的外接电源电路

此外，由于系统时钟要保持供电，需要给S3C2410X芯片配置电池供电电路，如图3-18所示。RTC所需的电压由1.8V系统电源和电池电源共同提供，在系统正常工作时1.8V系统电源有效，系统掉电后后备电池开始工作，以保证RTC电路所需要的持续供电。

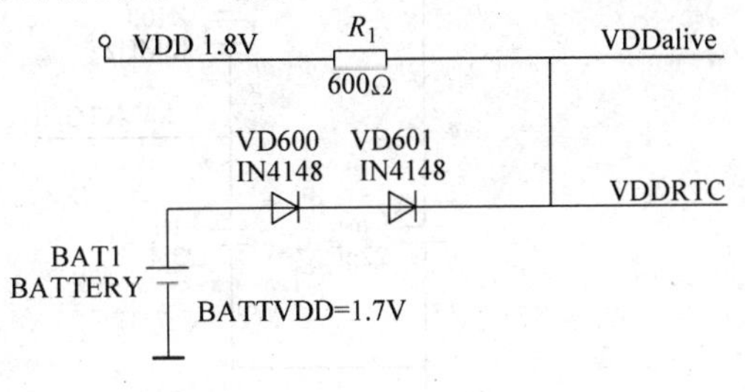

图3-18　系统的电池供电电路

与电源电路一样，复位电路在系统设计中也起着重要作用，主要完成系统的上电复位和系统正常运行时用户的按键复位。系统的复位电路如图3-19所示，使用了MAX811T复位芯片，nRESET连接到S3C2410X芯片的复位引脚nRESET。通过调整 R_1 和 C_1 的参数，可以调整复位状态的时间。

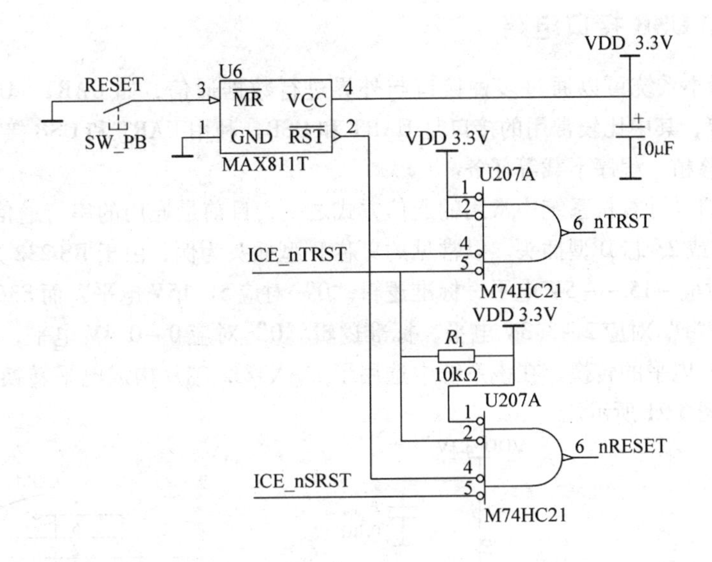

图3-19　系统的复位电路

3.3.3　晶体振荡器电路的设计

S3C2410X上有专门外接时钟信号的引脚，包括OM［3:2］、XTIpll、XTOpll、XTIrtc、XTOrtc、EXTCLK和CLKOUT［1:0］等，其中EXTCLK是外部时钟源引脚，CLKOUT［1:0］是时钟输出。S3C2410X的主时钟可以由外部时钟源提供，也可以由外部振荡器（外部晶体振荡器电路）提供，具体采用哪种方式可由引脚OM［3:2］的值决定：

OM［3:2］=00，MPLL与UPLL的时钟均由外部晶体振荡器提供；

OM［3:2］=01，MPLL的时钟由外部晶体振荡器提供，UPLL的时钟由外部时钟源提供；

OM［3:2］=10，MPLL的时钟由外部时钟源提供，UPLL的时钟由外部晶体振荡器提供；

OM［3:2］=11，MPLL与UPLL的时钟均由外部时钟源提供。

在本系统中使用外部晶体振荡器电路提供外接时钟信号。S3C2410X的XTIpll和XTOpll是内部振荡电路晶体振荡器的输入和输出，需要接12MHz的晶体振荡器；XTIrtc和XTOrtc引脚是RTC定时器晶体振荡器的输入和输出，需要接32.768kHz的晶体振荡器。系统的晶体振荡器电路如图3-20所示。其中12MHz的晶体振荡器频率经过S3C2410X片内的PLL电路进行频率放大后，可以以较低的外部时钟信号获得较高的工作频率，系统最高可运行到203MHz。

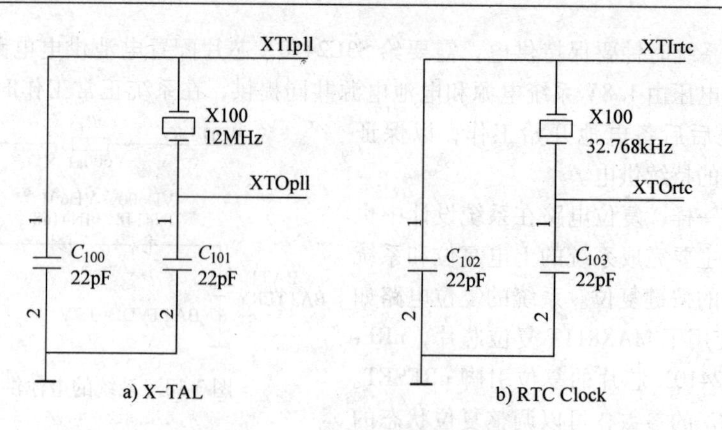

图 3-20　系统的晶体振荡器电路

3.3.4　串口和 USB 接口电路

S3C2410X 最小系统可以通过多种接口与外界进行数据通信，如 UART、USB、JTAG、SPI、I^2C、I^2S、LCD 等，其中比较常用的接口是 UART 和 USB。利用 UART 和 USB 接口可以完成 Flash 烧写、操作系统移植、程序下载等任务。

串行通信接口是计算机系统中常用的通信方式之一，目前最通用的串行通信接口标准是 RS-232，它采用 9 芯或 25 芯 D 型插头。以常见的 9 芯 D 型插头为例，由于 RS-232 采用负逻辑方式，标准逻辑“1”对应 -15 ~ -5V 电平，标准逻辑“0”对应 5 ~ 15V 电平，而 S3C2410X 的 LVTTL 电路的标准逻辑“1”对应 2 ~ 3.3V 电平，标准逻辑“0”对应 0 ~ 0.4V 电平，因此两者之间连接时必须经过信号电平的转换。在该系统中选用了 MAX3232 芯片构成电平转换电路，具体串行通信接口电路如图 3-21 所示。

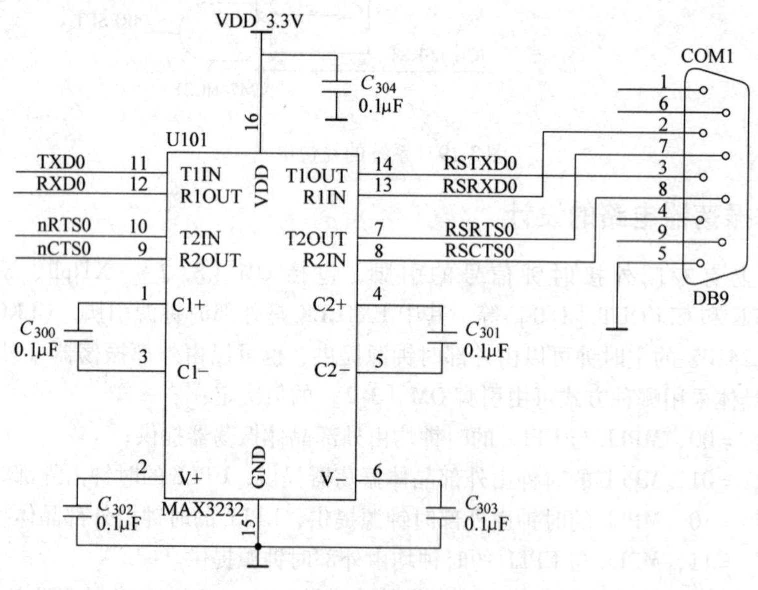

图 3-21　系统的串行通信接口电路

S3C2410X 内建了两个 USB 主设备接口，一个 USB 从设备接口。USB 接口电路如图 3-22 所示。

USB 主设备：

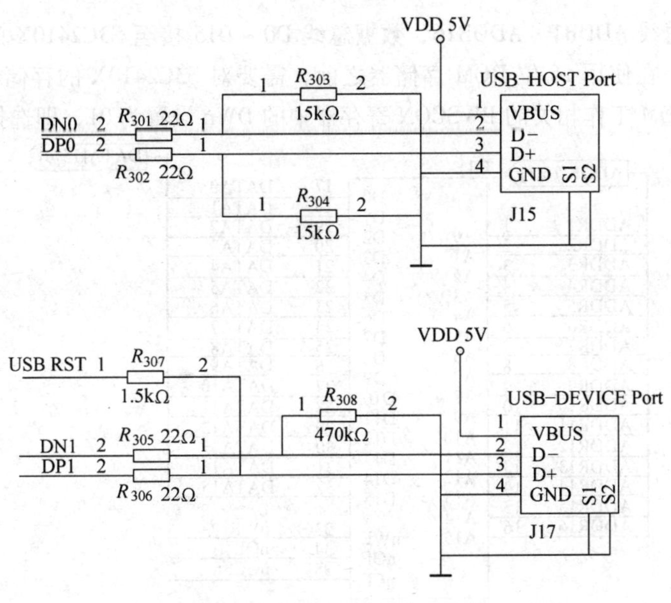

图 3-22　系统的 USB 接口电路

两个 USB 主设备接口；

遵守 OHCI Rev. 1.0 标准；

兼容 USB ver1.1 规范。

USB 从设备：

一个 USB 从设备接口；

具备 5 端点 USB 设备；

兼容 USB ver1.1 规范。

3.4　存储器的设计

存储器用来存放系统的数据和指令，是嵌入式系统必不可少的组成部分之一。常见的存储器类型包括 RAM、SRAM、DRAM、SDRAM、ROM、EPROM、EEPROM、Flash 等。在该系统中，具体设计了 ROM、SDRAM 和 NAND Flash 三种存储器接口电路，其中系统的 BootLoader 存放在 NAND Flash 中。下面具体讲解 S3C2410X 与这几种存储器的接口电路连接方法。

3.4.1　ROM 接口电路的设计

ROM 即只读存储器（Read-Only Memory），一般用来放置不需经常变更的信息，如系统的启动和配置信息等。ROM 芯片的读写控制引脚包括 nWE（写使能）、nOE（读使能）、nCE（片选）。根据系统设计需要，S3C2410X 可与 ROM 连接构建成 8 位、16 位或 32 位的存储器系统。32 位的存储器系统具有良好的性能，而 16 位的存储器系统具有较好的成本和功耗优势。由于目前 8 位的存储器系统应用较少，因此下面重点介绍 16 位和 32 位存储器系统与 S3C2410X 的接口电路设计。

16 位 ROM 存储器系统的接口电路如图 3-23 所示。一片 16 位数据宽度的 ROM 存储器芯片连接至 S3C2410X 上，其中存储器的 nWE 引脚接至 S3C2410X 的 nWE 引脚，nOE 引脚接至 S3C2410X 的 nOE 引脚，nCE 引脚接至 S3C2410X 的 nGCSn 引脚，地址总线 A0 ~ A15 接至

S3C2410X 的地址总线 ADDR1～ADDR16，数据总线 D0～D15 接至 S3C2410X 的数据总线 DATA0～DATA15。同时，在使用 16 位 ROM 存储器之前，需要对 S3C2410X 的存储器控制器进行初始化，其中应将与 ROM 工作相关的 BWSCON 寄存器中的 DWn 设置为 01，即选择 16 位总线方式。

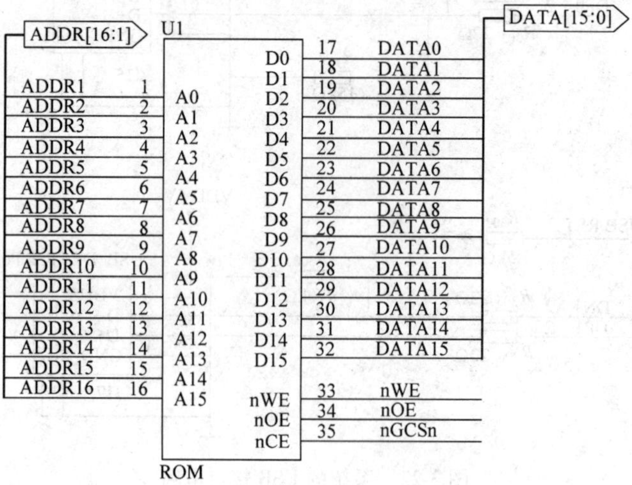

图 3-23　S3C2410X 与 16 位 ROM 存储器系统的接口电路

32 位 ROM 存储器系统的接口电路如图 3-24 所示。两片 16 位数据宽度的 ROM 存储器芯片以并联方式连接至 S3C2410X，其中低 16 位存储器的 nWE 引脚接至 S3C2410X 的 nWBE0 引脚，高 16 位存储器的 nWE 引脚接至 S3C2410X 的 nWBE1 引脚，地址总线 A0～A15 接至 S3C2410X 的地址总线 ADDR2～ADDR17，数据总线 D0～D15 接至 S3C2410X 的数据总线 DATA0～DATA15，其他信号的连接方式与 16 位 ROM 存储器系统的连接方式类似。此外，应将与 ROM 工作相关的 BWSCON 寄存器中的 DWn 设置为 10，即选择 32 位总线方式。

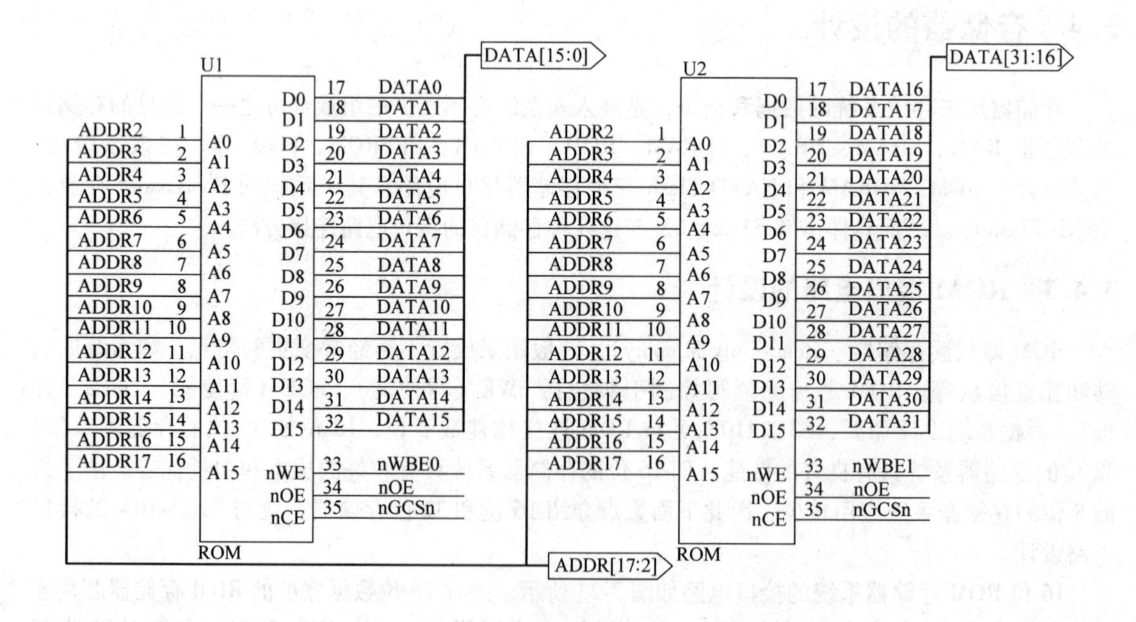

图 3-24　S3C2410X 与 32 位 ROM 存储器系统的接口电路

3.4.2　Flash接口电路的设计

本章3.2.2小节已经对Flash存储器的优点以及市场上目前采用的NAND Flash和NOR Flash两种技术进行了详细介绍。作为一种电可擦写的非易失性存储器，Flash通常用来存放在系统掉电后需要保存的程序和数据等，在嵌入式系统中得到了广泛的应用。常用的Flash存储器一般为8位或16位数据宽度，采用3.3V的编程电压。Flash存储器主要的生产厂商包括Intel、AMD、ATMEL、SAMSUNG和Toshiba等。本系统中的NAND Flash存储器选用SAMSUNG公司的K9F1208，存储容量为64MB。S3C2410X与K9F1208的连接电路如图3-25所示，K9F1208的ALE和CLE引脚分别接至S3C2410X的ALE和CLE引脚，$\overline{WE}$、$\overline{CE}$、$\overline{RE}$引脚分别接至S3C2410X的nFWE、nFCE和nFRE引脚，8位I/O0～I/O7引脚分别接至S3C2410X的低8位数据总线DATA0～DATA7。

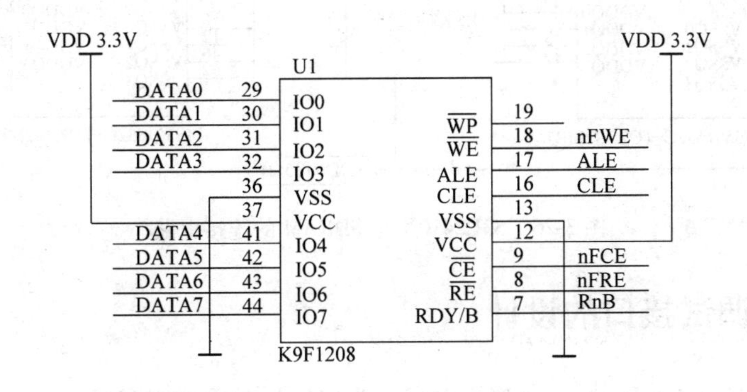

图3-25　S3C2410X与K9F1208的连接电路

3.4.3　SDRAM接口电路的设计

SDRAM（Synchronous Dynamic Random Access Memory）即同步动态随机存取存储器，由于其单位存储空间大，价格便宜，已经广泛应用于嵌入式系统中。同步是指存储器工作时需要同步时钟，内部命令的发送与数据的传输都以它为同步基准；动态是指存储器阵列需要不断地刷新来保证数据不丢失；随机存取是指数据非线性存储，是自由指定地址进行数据的读写。SDRAM掉电后不能保持数据，但其存取速度明显高于Flash存储器，因此SDRAM在嵌入式系统中主要用做程序的运行空间及数据堆栈区。当嵌入式系统上电复位后，CPU首先从地址0x0处读取BootLoader启动引导代码，在完成系统初始化后将程序代码调入SDRAM中运行。系统的运行数据和数据堆栈也都放在SDRAM中。使用SDRAM可以提高系统的运行速度和存储器的性能，并能简化系统设计，提供高速的数据传输。SDRAM的工作电压一般为3.3V，常用型号包括HYUNDAI公司的HY57V561620和SAMSUNG公司的K4S641632等。

SDRAM工作时所需要的信号包括时钟信号使能（SCKE）、时钟信号（SCLK）、地址使能（SRAS）、列地址使能（SCAS）、BANK地址激活信号、片选（SCS）和读写（WE）信号等。本系统中选用两片单片数据宽度为16位、单片容量为32MB的K4S641632并联构成32位64MB的SDRAM存储器系统。K4S641632与S3C2410X连接时，SDRAM只能在BANK6与BANK7中接入，因此S3C2410X需要使用nGCS6或nGCS7片选信号进行控制。具体连接电路如图3-26所示。

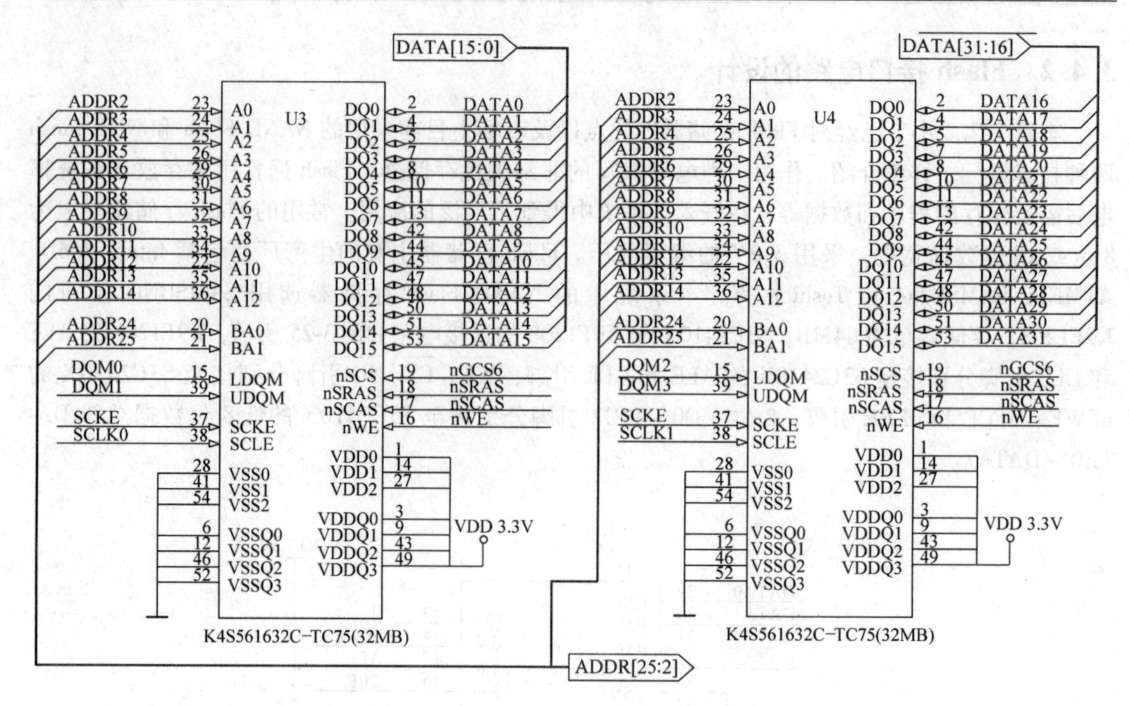

图 3-26　S3C2410X 与 SDRAM 的连接电路

3.5 JTAG 调试接口的设计

JTAG 是 Joint Test Action Group（联合测试行为组织）的首字母简写，是一种国际标准测试协议。JTAG 于 1990 年被 IEEE 批准为 IEEE1149.1—1990 测试访问端口和边界扫描结构标准，主要用于芯片内部的边界扫描测试及对可编程芯片的系统在线编程、仿真与调试，还可以实现对嵌入式外围设备的读写等。S3C2410X 内部已经提供了对 JTAG 的支持。通过 JTAG 接口，可实现对芯片内部进行测试，因而是开发调试嵌入式系统的一种简洁高效的手段。

JTAG 采用的边界扫描技术来源于传统的印制电路板（PCB）测试行业，最初是用来对芯片进行测试的。其基本原理是在芯片内部封装专门的测试电路 TAP（Test Access Port，测试访问口），通过专用的 JTAG 测试工具对内部节点进行测试，如 ARM、DSP、FPGA 等。JTAG 测试还允许多个器件通过 JTAG 接口串联在一起形成一个 JTAG 链，实现对各个器件的分别测试。在嵌入式系统设计中，JTAG 仿真器通过 JTAG 的边界扫描口与 ARM 处理器核进行通信，能够仿真所有基于处理器核的硬件设备，不占用目标板上的任何系统资源，因此目前大部分的设计人员对 ARM 系统进行调试时都使用 JTAG 接口，是目前采用最多的一种调试方式。

JTAG 通过串行方式依次传递数据。如图 3-27 所示，在硬件结构上，JTAG 接口包括 JTAG 端口和控制器两部分。实际使用时，JTAG 一端与宿主机并口相连，另一端接目标机开发板的 JTAG 接口。目前 JTAG 有两种标准，即 14 针接口和 20 针接口，其接口电路及外形如图 3-28 所示。

14 针与 20 针 JTAG 接口的引脚定义分别见表 3-2 和表 3-3。JTAG 主要相关引脚的定义如下：TCK 为测试时钟输入；TMS 为测试模式选择，用来设置 JTAG 接口处于某种特定的测试模式；TDI 为数据串行输入，测试数据通过 TDI 引脚按位输入 JTAG 接口；TDO 为数据串行输出，测试数据通过 TDO 引脚从 JTAG 接口按位输出；nTRST 为 JTAG 测试系统复位信号，可以用来对 TAP Controller 进行复位。

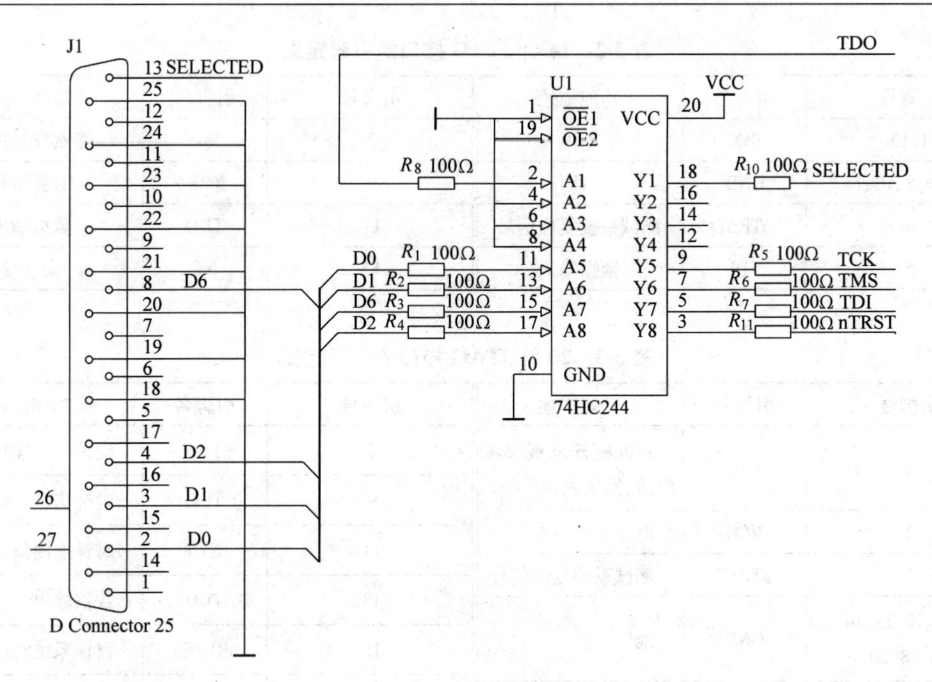

图3-27　JTAG接口电路

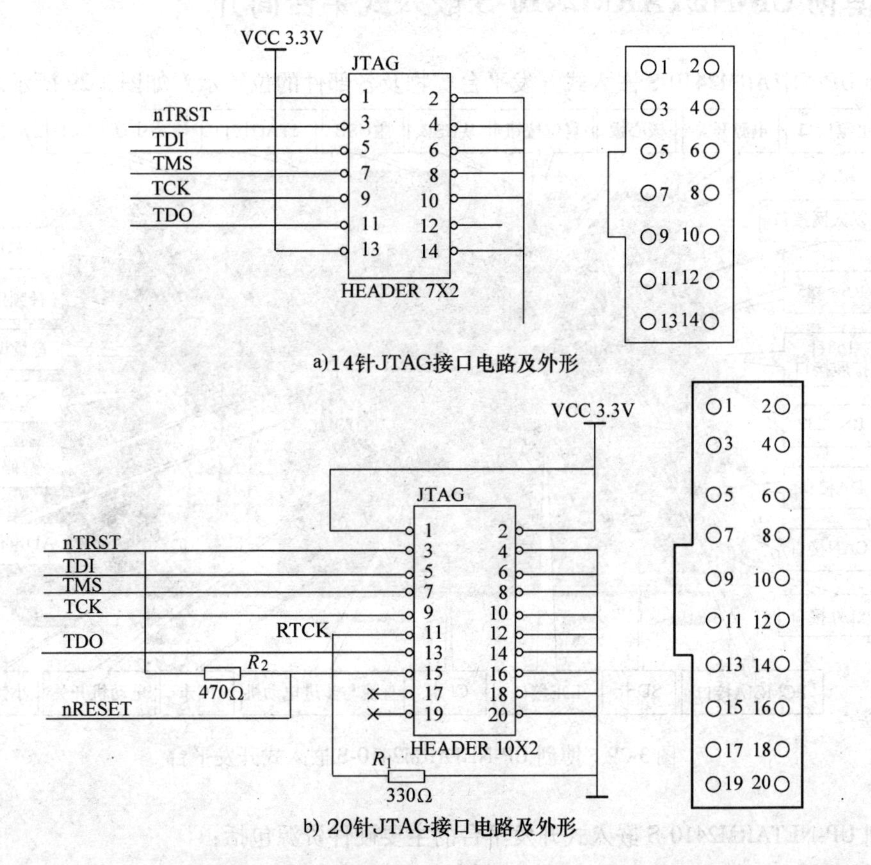

a) 14针JTAG接口电路及外形

b) 20针JTAG接口电路及外形

图3-28　14针和20针JTAG接口电路及外形

表 3-2　14 针 JTAG 接口的引脚定义

引脚号	引脚名	功能描述	引脚号	引脚名	功能描述
1、13	VCC	电源	7	TMS	测试模式选择
2、4、6、8、10、14	GND	地	9	TCK	时钟信号
3	nTRST	测试系统复位信号	11	TDO	数据输出
5	TDI	数据输入	12	NC	未连接

表 3-3　20 针 JTAG 接口的引脚定义

引脚号	引脚名	功能描述	引脚号	引脚名	功能描述
1	Vtref	目标机开发板参考电压，接电源	7	TMS	测试模式选择
			9	TCK	时钟信号
2	VCC	电源	11	RTCK	时钟返回信号
3	nTRST	测试系统复位信号	13	TDO	数据输出
4、6、8、10、12、14、16、18、20	GND	地	15	nRESET	目标系统复位信号
5	TDI	数据输入	17、19	NC	未连接

3.6　博创 UP-NETARM2410-S 嵌入式平台简介

博创 UP-NETARM2410-S 嵌入式开发平台实物及各部件的位置示意如图 3-29 所示。

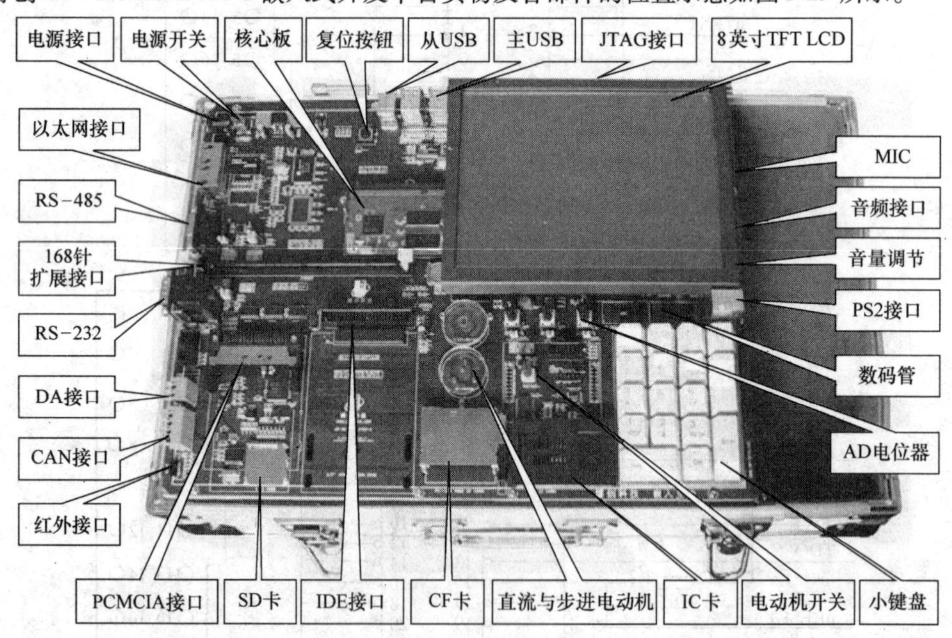

图 3-29　博创 UP-NETARM2410-S 嵌入式开发平台

博创 UP-NETARM2410-S 嵌入式开发平台的主要硬件资源包括：

1）处理器。三星 S3C2410X，工作频率为 203MHz。

2）外部存储器。64M SDRAM（HY57V561620AT-H）、64M NAND Flash（SAMSUNG K9F1208）。

3）以太网接口。包括两个相同的10/100M自适应以太网接口电路，芯片型号为AX88796。

4）UART接口。包括两个RS-232接口，一个RS-485接口。

5）扩展卡插槽。总线直接扩展168针扩展卡插槽，引出所有总线信号和未占用资源。

6）DAC接口。由两片MAX504组成，提供两路10位数/模转换输出。

7）直流与步进电动机。直流电动机由PWM控制，步进电动机由74HC573扩展IO接出。

8）USB接口。四个USB HOST接口，一个USB DEVICE接口。

9）LED。共阴极LED，由通过I^2C总线扩展连接的ZLG7290驱动三个8段数码管。

10）CAN总线接口。由MCP2510和TJA1050构成一个CAN接口。

11）IDE/CF卡插座。可接笔记本硬盘、CF卡。

12）PCMCIA和SD卡插座。PCMCIA接口挂在扩展总线上，通过EPM3128A100 CPLD和HC245芯片等实现总线隔离和控制，并需要配置专用的电源控制芯片TPS2211。SD卡接口信号直接来自S3C2410X的SD控制器。

13）IC卡接口。使用ATMEGA8单片机控制。

14）PS2接口。使用ATMEGA8单片机控制。

15）ADC。板载三个电位器控制输入。

16）AUDIO。采用I^2S总线，UDA1341芯片，板载MIC和音频IO插座。

17）调试接口。包括14针、20针JTAG接口。

18）LCD。8寸16位TFT LCD，型号为SHARP LQ080V3DG01，采用640×480像素的分辨率。

19）触摸屏。采用ADS7843完成A/D转换，通过SPI总线与处理器连接。

博创UP-NETARM2410-S嵌入式开发平台以三星S3C2410X为核心，由于该处理器采用FBGA封装，实际布线时需要6层以上的PCB，而其他外围芯片一般只需要两层PCB即可实现。在实际设计时，一般可将整个系统的硬件部分设计为核心板与底板两部分。

3.7　综合实训：通过JTAG烧写Flash

通过JTAG接口不仅可以调试S3C2410X，还可以实现对Flash等外围设备的读写。最典型的就是利用JTAG接口烧写Flash，这样可以在Flash完全为空或者系统的软件部分需要全部重新烧写的情况下，将启动引导程序BootLoader烧入Flash存储器以实现自启动。下面以博创UP-NETARM2410-S嵌入式开发平台为例，介绍利用JTAG将二进制映像文件vivi烧写进Flash存储器。

1. 连接线路

将并口线连接到PC的并口端，并口线另一端与JTAG仿真器相连，JTAG仿真器接开发板上的14针JTAG口，启动实验箱。

2. 软件准备

把整个\img\flashvivi目录下的GIVEIO目录复制到PC的C:\WINDOWS下，并把该目录下的giveio.sys文件复制到C:\WINDOWS\system32\drivers下。

3. 添加JTAG仿真器驱动程序

双击Windows控制面板的“添加硬件”，打开“添加硬件向导”对话框，单击“下一步”按钮，选择“是，我已经连接了此硬件”单选按钮，单击“下一步”，选择“添加新的硬件设备”，如图3-30所示。单击“下一步”按钮，选择“安装我手动从列表选择的硬件”，单击“下一步”，选择“显示所有设备”。在厂商一项中默认为“%”，型号为“giveio”，如图3-31所示。直接单击“从磁盘安装”按钮，单击“浏览”，指定驱动为C:\WINDOWS\GIVEIO\giveio.inf，单击“确定”按钮，完成添加JTAG仿真器硬件驱动程序。

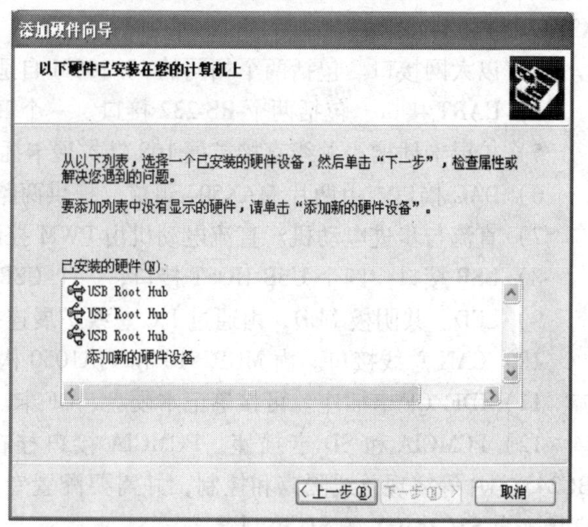

图3-30 添加新的硬件设备

4. 烧写vivi

烧写vivi之前，先把要烧写的vivi二进制映像文件复制到sjf2410-s所在的flashvivi目录下。在Windows界面选择“开始”→“运行”，输入“cmd”，进入命令行格式，进入flashvivi目录，运行sjf2410-s命令，格式如下：sjf2410-s /f: vivi，如图3-32所示。

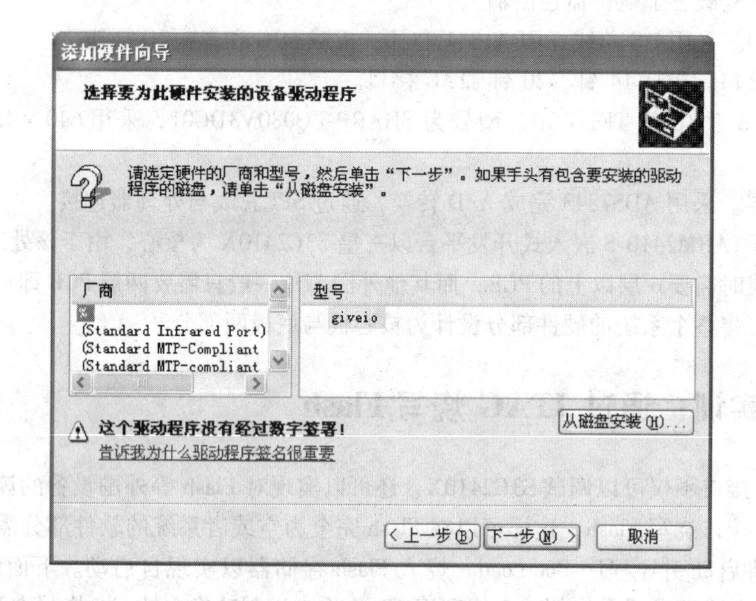

图3-31 选择JTAG设备的驱动程序

如果一切正常，sjf2410-s会自动找到CPU的ID号。在此后出现的三次要求输入参数，第一次是选择Flash类型，输入0；第二次是选择JTAG对Flash的两种功能，输入0；第三次是让选择起始地址，输入0。此后等待大约3~5min进行烧写，待vivi烧写完毕后选择参数2，退出烧写，如图3-33所示。

vivi烧写关闭后即可拔掉JTAG仿真器，连接好串口线，准备烧写Linux系统内核kernel和根文件系统。

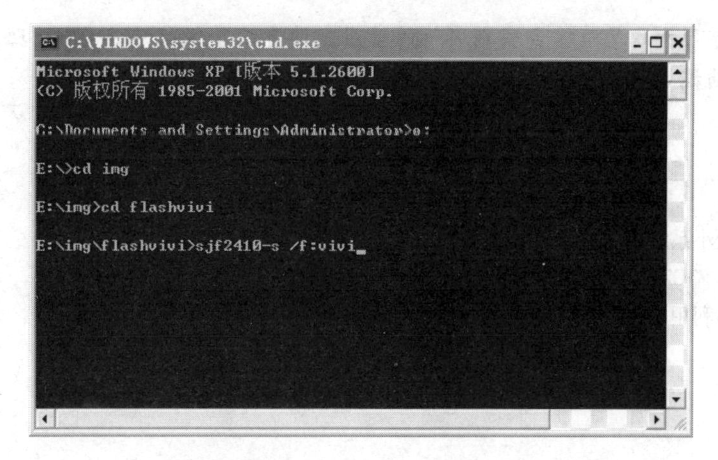

图 3-32　烧写 vivi 的操作

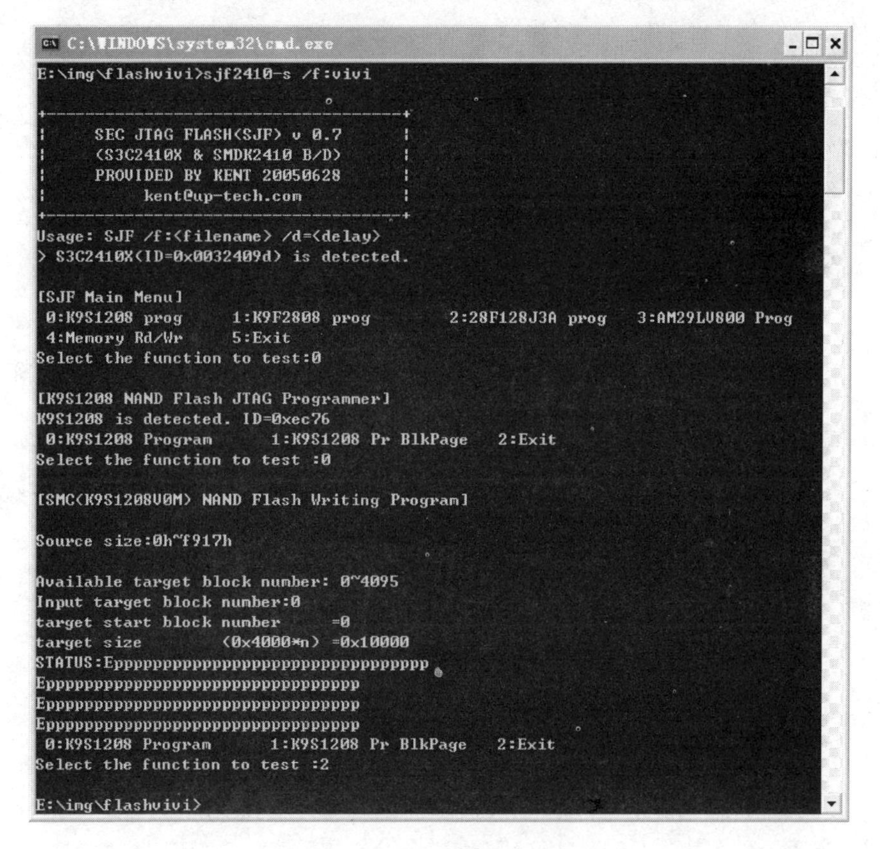

图 3-33　vivi 的烧写过程

本 章 小 结

本章主要对比分析了 ARM9 系列与 ARM7 系列处理器特点，重点讲解了三星公司基于 ARM920T 内核的 S3C2410X 处理器及其体系结构、处理器的片上资源、芯片外围单元电路设计、存储器设计以及 JTAG 调试接口设计。同时为了应用方便，概要介绍了博创 UP-NETARM2410-S 嵌入式开发平台的硬件组成和功能。

通过本章的学习和3.7节综合实训环节的练习，读者应掌握S3C2410X处理器及其外围单元电路设计，熟悉通过JTAG烧写Flash的基本步骤。

思考与练习

3-1　嵌入式最小系统由哪些元件组成？

3-2　简述三星S3C2410X处理器的特点。

3-3　熟练掌握利用JTAG烧写flash的过程和烧写方法。

第4章　嵌入式操作系统

操作系统是连接硬件与应用软件的桥梁，是系统灵魂之所在。

本章从嵌入式操作系统的一般特性讲起，介绍嵌入式操作系统的基本功能和特点，然后重点介绍广泛应用的桌面型 Linux 的组成结构、目录路径表示方法和常用操作命令，并对嵌入式 Linux 操作系统进行详细介绍。最后通过实训讲述常用虚拟机软件的安装和使用方法。通过本章的学习，读者将掌握和解决以下一些重要问题：

✓ 了解嵌入式操作系统的基本功能、分类和特点。

✓ 熟悉常见的嵌入式操作系统分类。

✓ 熟悉 Linux 操作系统的基本命令。

✓ 掌握常用虚拟机软件的安装和使用。

4.1　嵌入式操作系统概述

4.1.1　操作系统简介

操作系统（Operating System，OS）是用来管理与控制计算机硬件和软件资源的一组计算机程序的集合。操作系统属于最基本的系统软件，是系统软硬件资源的控制中心。操作系统在计算机系统的作用已经在第 1 章中进行了阐述（参见图 1-9）。如图 4-1 所示，操作系统是用户和计算机之间的接口，也是计算机底层硬件和其他应用程序的接口，它为上层用户提供了方便、安全、有效的软件环境接口，可以方便地对硬件资源进行调度。操作系统的基本思想是隐藏底层硬件的不同差异，为在操作系统上运行的应用程序提供一个统一的资源调用接口。应用程序通过这一接口即可实现对硬件资源的使用和控制，而无需考虑不同底层硬件操作方式上的差异。操作系统的应用简化了应用程序的设计过程，为应用软件提供了运行支持环境。在操作系统支持下，软件开发人员可以更加方便地设计和扩展用户应用程序，也使得开发人员可以将更多精力集中在软件开发方面，而不必过于关心底层硬件的操作细节。

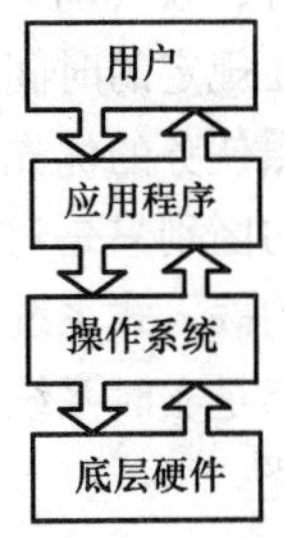

图 4-1　操作系统在计算机系统中的位置

操作系统还可管理计算机系统的软件和硬件资源，使计算机系统的所有资源最大限度地发挥作用，如控制应用程序的运行、为其他应用软件提供支持、改善人机交互界面等。操作系统的管理功能主要包括以下四个方面：进程与作业管理、存储管理、设备管理和文件管理。

1）进程与作业管理实现对处理器资源的分配、控制和管理。在多任务环境下，具体包括进程控制、作业调度、进程通信、进程同步、进程调度等。

2）存储管理的主要任务是对存储器资源的分配、调用管理。包括内存分配、地址映射、内存保护和内存扩充等。

3）设备管理主要完成对设备资源的统一管理和调度。包括用户的设备请求，如设备分配、设备处理、缓冲管理、虚拟逻辑设备的管理等。

4）文件管理的主要目的是方便用户对系统文件和用户文件的管理和使用，保证文件的安全性。主要包括文件的读写管理、文件的目录管理、文件存储空间的管理、文件的共享和保护等。

现代操作系统的种类繁多，按照应用领域主要分为三种，即服务器操作系统、桌面操作系统及嵌入式操作系统。服务器操作系统一般安装在用做各种类型服务器的大型计算机上，常见的服务器操作系统有 UNIX 系列、Linux 系列和 Windows 系列等。桌面操作系统主要用于 PC。在桌面型计算机的操作系统中，全世界超过九成的 PC 使用的是微软公司的 Windows 操作系统，其他主要为 UNIX 和类 UNIX 操作系统。嵌入式操作系统指的是应用在嵌入式系统中的操作系统，是嵌入式系统应用程序开发的基础和平台，最早出现在工业控制和国防领域，如 VxWorks 嵌入式操作系统等。嵌入式操作系统除了具备一般通用操作系统的基本特点和管理功能之外，还包括与嵌入式硬件密切相关的底层驱动软件、操作系统内核、设备驱动程序、图形人机交互界面、通信协议等。与一般的桌面通用操作系统相比，嵌入式操作系统结构紧凑，系统可裁剪，配置较灵活，支持多任务，实时性和专用性强，对硬件的依赖性较强，软件固态化。

4.1.2 嵌入式操作系统的分类

由于嵌入式系统设计开发过程与嵌入式操作系统类型具有很大的相关性，因此实际上的嵌入式操作系统有多种类型。按照不同的分类标准和方法，可以将嵌入式操作系统分为下面几种常见类型。

1. 依据嵌入式操作系统时间调度方法分类

按照对处理器时间的调度方法分，嵌入式操作系统主要有实时操作系统和分时操作系统（非实时系统）两大类：

1）实时操作系统（Real-Time Operating System，RTOS）。实时操作系统必须在规定的时间范围内正确地响应外部物理过程的变化。实时操作系统内有多个程序同时运行，每个程序有不同的优先级。按照优先级的高低，只有最高优先级的任务才能占有处理器的控制权。目前较为知名的实时操作系统有 VxWorks、RTLinux、μC/OS 等嵌入式操作系统。

2）分时操作系统。系统内可以有多个程序同时运行，将处理器的运行时间按顺序分成若干小的时间片，每个时间片内执行不同的程序。这类操作系统支持多用户，如 UNIX 就属于分时操作系统。

2. 按嵌入式操作系统的实时性分类

实时嵌入式操作系统是为执行特定功能而设计的，可以严格地按时序执行特定功能，其最大的特征就是程序的执行具有确定性。嵌入式操作系统按响应时间的敏感程度可划分为硬（强）实时、软（弱）实时和非实时操作系统三种形式，具体如图 4-2 所示。硬实时嵌入式操作系统要求在规定的时间内必须完成操作，这是在操作系统设计时保证的；软实时嵌入式操作系统则只要按照任务的优先级，尽可能快地完成操作即可。需要注意的是，实时是一个相对的概念，它们之间的区别只是对时间的敏感程度不同，并没有严格的界限，因此差别并不明显。图 4-2 对比了常见的嵌入式系统各应用领域对嵌入式操作系统实时性强弱的要求幅度。可以认为所有的嵌入式系统都是实时系统，且至少是软实时系统；但是需要注意的是，并不是所有的实时系统都是嵌入式系统。

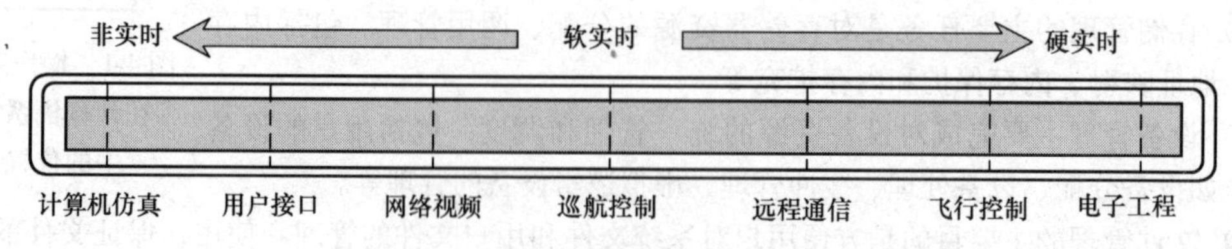

图 4-2 常见的嵌入式系统应用的实时性幅度

1）具有硬（强）实时特点的嵌入式操作系统。在实时系统中，如果系统在指定的时间内未能实现某个确定的任务，会导致系统的全面崩溃或致命的错误，则该系统被称为硬（强）实时系统。硬实时系统对时间有刚性的、不可超越的限制，其系统响应时间一般在毫秒或微秒级，如数控机床。一个硬实时系统通常在硬件上需要添加专门用于时间和优先级管理的控制芯片。例如，μC/OS 和 VxWorks 就是典型的硬实时操作系统。

2）具有软（弱）实时特点的嵌入式操作系统。在软实时系统中，虽然响应时间也比较重要，但是如果响应超时并不会发生致命的错误，或者虽然导致错误也不会影响系统的继续运行，仅仅是降低了系统的处理能力。软实时系统的时限是柔性灵活的，主要在软件方面通过编程实现实际的管理。例如，Windows CE、μCLinux 就是多任务分时系统。一般软实时系统，其系统响应时间在毫秒或几秒的数量级上，其实时性的要求比强实时系统要差一些（如电子菜谱的查询）。

3）没有实时特点的嵌入式操作系统。该类系统对响应时间没有严格的要求。

3. 按照嵌入的应用对象分类

由于应用对象种类繁多，这里主要分为如下四大类来理解嵌入式操作系统：

1）基于 Windows 兼容类，如 Windows CE、嵌入式 Linux 等。

2）工业和通信类，如 Android、VxWorks、Psos、QNX 等。

3）单片机类，如 μC / OS、CMX、iRMX 等。

4）面向 Internet 类，如 Plam OS、Visor、Hopen、PPSM 等。

4. 按商业模式分类

按商业模式分类，嵌入式操作系统大体上可分为商用型和免费型两种类型：

1）商用型的嵌入式操作系统的功能一般较为稳定、可靠，有完善的技术支持和售后服务，但价格往往比较昂贵。例如，Windows CE、VxWorks、Palm OS、Symbian、Nucleus、pSOS、OS-9、Lynx OS、Hopen OS 和 QNX 等，都是商用型的嵌入式操作系统。

2）免费型的嵌入式操作系统在系统成本方面具有较大优势，但系统稳定性和可靠性不佳，且没有官方的技术咨询和售后支持服务。免费型嵌入式操作系统目前主要有 Android、Embedded Linux 和 μC/OS。但自 μC/OS Ⅱ开始，该操作系统已经开始收费。

4.2 Linux 操作系统

4.2.1 Linux 简介

Linux 是一个类似于 UNIX 的操作系统，是 UNIX 操作系统的继承和发展，其最早起源于芬兰赫尔辛基大学一位名为 Linus Torvalds 的学生，如图 4-3 所示。Linux 的内核较小、功能强大、运行稳定、系统健壮、效率高，易于定制剪裁，在价格上极具竞争力，是目前最为流行的一款开放源代码的操作系统。目前正在开发的嵌入式系统中，有近一半的项目选择 Linux 作为嵌入式操作系统。Linux 不仅支持 x86 架构的 CPU，还可以支持其他数十种处理器芯片。Linux 现已成为嵌入式操作系统的理想选择。

Linux 是一套免费使用和自由传播的流行的操作系统，它主要用于基于 Intel x86 系列 CPU 的计算机上。Linux 是由世界各地成千上万的程序员设计和实现的，遍布全球的众多 Linux 爱好者又是这个系统开发的强大技术后盾。Linux 源码开放，不存在黑箱技术，其目的是建立不受任何商品化软件版权制约的、全世界都能自由使用的 UNIX 兼容产品。

a) Linux 之父 Linus Torvalds　　b) Linux 标志

图 4-3　Linux 之父 Linus Torvalds 和 Linux 标志

Linux 继承了 UNIX 的所有优点，并且有很大的发展，功能非常强大，支持很多种硬件平台，安全性高，对病毒的威胁几乎可以忽略不计。目前，Linux 的主要发行版本如图 4-4 所示。

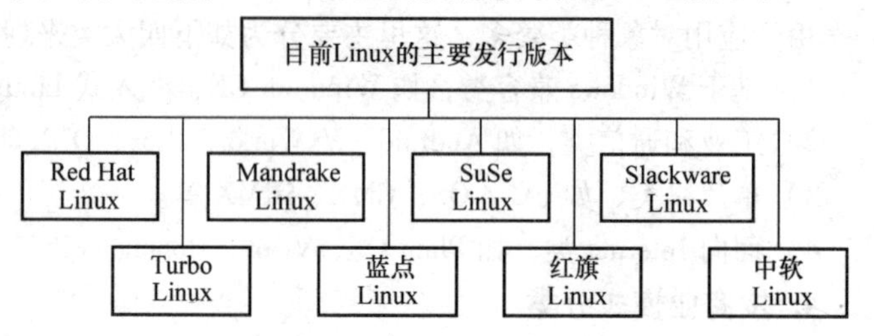

图 4-4　Linux 的主要发行版本

人们都知道 Linux 操作系统的一个与众不同的特点，就是把系统中任何资源，包括设备，都当做文件来处理。Linux 操作系统中有三种基本的文件类型：

1）普通文件。普通文件是用于存放数据的文件，包括文本数据、二进制程序以及以 8 位字节存储的信息。

2）目录文件。就是包含连接其他文件、目录的指针文件。

3）设备文件。Linux 系统把每一个 I/O 设备（包括键盘和终端）都看成一个文件，与普通文件的处理方式一样，用户对 I/O 设备的使用和一般文件的使用一样，不必了解 I/O 设备的细节。

Linux 系统的桌面环境就是包括窗口管理器、面板、桌面以及一整套应用程序和系统工具在内的套件。Linux 环境下广泛使用的桌面环境是 GNOME 和 KDE。常见的 Red Hat Linux 系统使用的默认桌面环境是 GNOME。GNOME 同样也包括一个面板、桌面、一系列的桌面工具和应用程序以及一系列的协议。

4.2.2　Linux 的特点

Linux 操作系统的主要特点包括：

1）开放性。开放性是指 Linux 操作系统遵循世界标准规范，特别是遵循开放系统互连（OSI）国际标准。Linux 是免费的操作系统，因此可以方便地从网上下载到从内核、X Window 图形用户界面到外围程序等几乎所有软件的升级程序。

2）多用户。多用户是指系统资源可以被不同用户各自拥有使用，即每个用户对自己的资源如文件、设备等有特定的权限，互不影响，且允许远程登录。

3）多任务管理。多任务是现代计算机的最主要的一个特点，是指计算机同时执行多个程序，而且各个程序的运行互相独立。Linux 操作系统可调度每一个进程平等地访问处理器。

4）良好的用户界面。Linux 操作系统向用户提供了用户界面和系统调用界面两种界面。用户界面作为人机交互界面分为基于文本字符的命令行界面和图形用户界面，如 X Window；系统调用界面给用户提供编程时使用的界面，用户可以在编程时直接使用系统提供的系统调用命令。

基于 C/S（Client-Server）模式结构开发的 X Window 图形用户界面简化了繁琐的字符操作方式，大大提高了使用 Linux 操作系统时的工作效率。Server 和 Client 可位于同一台主机上，也可独立地位于同网络上的不同主机上。值得注意的是，X Window 的工作方式跟微软 Windows 有着本质的不同，微软 Windows 的图形支持是内核级的，而 Linux 系统的 X Window 则是应用程序级的。

5）设备独立性。Linux 操作系统把所有外围设备统一当成文件来看待。只要安装它们的驱动程序，任何用户都可以像使用文件一样，操纵和使用这些设备，而不必知道它们的具体存在形式。

6）多重开机管理。可以在一台计算机上安装包括 Linux 在内的多个操作系统，Linux 开机时可以通过第三方开机管理工具 GRUB 或者 LILO 来进行多个操作系统的开机管理。

7）丰富的网络功能。完善的内置网络是 Linux 的一大特点。它使用 TCP/IP 作为主要协议，内建 WEB、FTP 和 MAIL 等功能。

8）可靠的系统安全性。Linux 采取了许多安全技术措施，包括对读/写进行权限控制、带保护的子系统、审计跟踪、核心授权等。

9）良好的可移植性。可移植性是指将 Linux 操作系统从一个平台转移到另一个平台时，它仍然能按其自身的方式运行的能力。

10）丰富的程序开发工具。Linux 操作系统提供 GCC、C++、G++、CC、Perl、Python 等多种语言开发工具，也可以使用 X Window System 的函数库开发 Linux 系统下的多种窗口应用程序。

4.2.3　Linux 的组成

Linux 操作系统一般被分成四个主要部分：内核（Kernel）、外壳（Shell）、文件系统和外部命令（应用程序）。Linux 系统的内核、外壳和文件系统是其中的主要组成部分，形成了该操作系统的基本结构。Linux 的组成及层次结构如图 4-5 所示，各部分的系统功能主要包括：

1）内核（Kernel）。内核是 Linux 系统的心脏。内核是组成 Linux 操作系统的核心的一组程序，负责管理和协调计算机的内部资源和基本功能。用户在使用 Linux 系统时并不会意识到内核的存在。Linux 内核的主要功能有任务调度、管理存储器、维护文件系统、分配计算机资源等。关于 Linux 内核体系结构的介绍请参考本书 6.2 节。

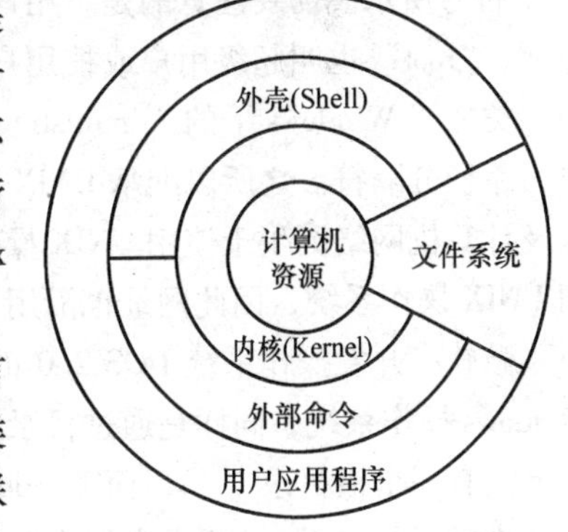

图 4-5　Linux 系统的组成及层次结构

2）外壳（Shell）。外壳是一个 Linux 系统中的命令语言解释程序，是用户使用 Linux 操作系统的接口。它的作用类似于 DOS 中的 command.com，是用户与 Linux 内核之间的联络者。外壳采用交互式工作方式，它负责解释用户输入的各种外部命令并将这些命令提交给内核执行，而执行结果最终通过外壳返回给用户。同时，外壳还是一种程序设计语言，具有普通编程语言的很多特点。目前 Linux 系统提供了多种不同类型的外壳可供选择，其中最常用的有 Bourne-again Shell（bash）、Bourne shell（sh）、C shell（csh）和 Korn shell（ksh）。

3）文件系统。文件系统是指存放在磁盘等存储设备上的 Linux 全部文件的集合及其组织方法。为使文件信息的存储和检索更为容易，Linux 对文件按照目录层次的方式进行组织。系统以“/”为根目录，每个子目录下又可以包括多个子目录以及文件。系统中的所有数据都存储在文件系统上以便用户读取、写入和查询。目前 Linux 能支持的文件系统包括 ext2、ext3、fat、vfat、ISO9660 和 nfs 等。

4）外部命令（应用程序）。外部命令是用户要求计算机执行的应用程序名称，这些应用程序组成的程序包的集合称为实用工具。标准的 Linux 系统提供的实用工具通常包括编程语言、文本编辑器、X Window、办公套件、数据库、Internet 工具等。用户也可以自己编写具有特定功能的应用程序。

4.2.4 Linux 的目录和路径

Linux 操作系统以文件目录的方式来组织和管理系统中的所有文件。所谓文件目录就是将所有文件的说明信息采用树形结构组织起来——即“目录”。如图 4-6 所示，Linux 操作系统的树形目录结构有一个“根”（root），也就是整个文件系统有一个根；然后在根上产生分“枝”（directory），任何一个分枝上都可以继续再分枝，也可以长出“叶子”。在 Linux 中“根”和“枝”分别称为“根目录”和“文件夹”，而“叶子”则是一个个具体的文件。

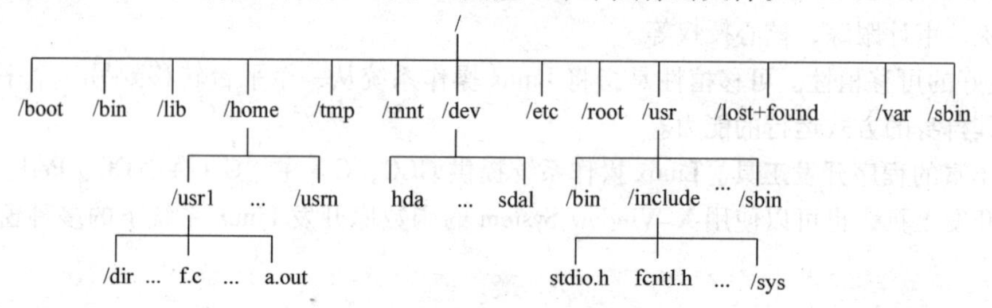

图 4-6 Linux 操作系统的目录结构

Linux 是一个多用户操作系统，操作系统本身的程序或数据都存放在以“根目录”开始的某些专门目录中，有时被指定为系统目录。且“根目录”用斜杠“/”来表示，如图 4-6 中顶端的“/”符号所示。需要注意的是，用户刚登录到 Linux 操作系统后，即默认位于图 4-6 中的/root 用户下，“root”也叫超级用户或根用户，是系统的维护者和管理者，它具有系统中至高无上的权力，类似于 Windows 下的 Administrator。与 UNIX 操作系统一样，Linux 操作系统也使用斜杠“/”作为路径分隔符。之所以继承 UNIX 操作习惯或者模式，其原因主要是 UNIX 操作系统应用广泛以及计算机网络诞生于使用 UNIX 操作系统的计算机之间，且目前一半以上的网络服务器仍然使用 UNIX 操作系统，因此网址也沿用了斜杠“/”作为路径分隔符。

微软在开发操作系统 DOS 2.0 的时候，也从 UNIX 中借鉴了这种目录结构，延续到微软的 Windows 操作系统，同样是通过目录来组织文件的。与 Windows 操作系统不同的是，在 Linux 系统下只有一个根目录“/”，而 Windows 系统的每个分区都是一个根目录。需要注意的是，由于 DOS 中的斜杠“/”已经用来作为命令行的参数标志（UNIX 中使用的是“-”符），所以 DOS 和 Windows 系统只得使用反斜杠“\”作为路径分隔符。

接下来介绍 Linux 操作系统的主要目录。

/boot：主要存放启动 Linux 系统时要用到的一些程序和系统内核以及引导配置文件和启动文件等。Linux 就是从/boot 文件夹开始启动的。

/bin：Linux 下常用的命令、工具以及系统启动时需要的二进制执行文件，这些文件可以被普通用户使用。

/lib：包含许多被/bin/和/sbin/中的程序使用的库文件。

/home：用户的主目录，新建用户后，作为用户独立的空间，该用户的源文件默认建立在此目录下。

/tmp：用来存放系统临时文件的文件夹。

/mnt：该目录一般情况下是空的，作为外围设备的挂接点，系统提供这个目录是让用户临时挂载别的文件系统。挂载后通常使用 cdrom 与 floppy 两个子目录。

/dev：dev 是单词 device（设备）的缩写。该文件夹用于存放所有的设备文件。在 Linux 操作系统中，把任何资源都当做文件来对待，包括硬件也被当做为硬件设备文件来对待。/dev 目录下存放有所有的 Linux 系统的外围设备，但不是具体的驱动程序，而是一个访问这些外部设备的端口。在 Linux 下，设备和文件是用同种方法访问的。例如，/dev/hda 代表第一个物理 IDE 硬盘。

/etc：存放 Linux 系统管理时要用到的各种配置文件和子目录。

/root：超级用户（管理员）的专用目录。

/usr：通常用来安装各种应用程序软件，如/usr/src、/usr/bin。该目录包含所有的命令、程序库、文档和其他文件，这些文件在正常操作中一般不会被改变。

/lost + found：大多数情况下是空的，用来保存异常时候的丢失文件。

/var：包含系统一般运行时要改变的数据。

/sbin：用来存放系统管理员的系统管理程序。

/initrd：非标准目录，内部为空，但决不能删除。

/proc：一个虚拟的文件系统，可用来访问到内存里的内容。

4.2.5　Linux 的常用命令

Linux 操作系统中的命令繁多，其基本命令格式如下：

command [option] [source files] [target file]

下面对在嵌入式 Linux 开发中使用较多的基本命令加以分类介绍。

1. 进入及退出 Linux 系统

在安装 Linux 操作系统时，可以建立拥有系统最高权限的 root 超级用户和拥有一般权限的普通用户两种账户。在进入 Linux 操作系统时，输入相应的用户名和密码后即可合法地登录系统。如果使用 root 超级用户登录系统，打开终端命令行后将提示：

[root@ localhost root] #

可见，超级用户的命令提示符是“#”；其他一般登录用户的命令提示符是“$”。接下来即可在系统命令提示符后输入相关命令，对 Linux 系统进行相关操作。

startx 命令：运行 Linux 系统的 X Window 图形用户环境。

halt 命令：关机。

reboot 命令：重启 Linux 系统。

shutdown 命令：关闭 Linux 系统。

exit 命令：退出服务器或当前用户。

sleep 命令：系统挂起命令。例如，sleep 7：系统挂起 7s 的时间。

password：为用户创建密码，或为普通用户修改账户密码。为提高安全性，Linux 下输入密码时没有屏幕回显，用户在屏幕上是看不见密码输入痕迹的，输入完，按“回车”即可。输入密码前小键盘默认处于关闭状态，当使用小键盘输入密码时，应先打开小键盘。以上几点用户输入时需要加以注意，以避免误认为密码没有输入。Linux 下对字母的大小写是敏感的；用户在设置密码时，最好包括字母、数字和特殊符号，且最好设置 6 位以上的密码。

例如：

[root@ localhost root] #passwd tom

Changing password for user tom.

New password：

Retype new password：

passwd：all authentication tokens updated successfully.

2. 简单命令

who 命令：列出所有正在使用系统的用户。

whoami 命令：列出使用该命令的当前用户的相关信息。

w 命令：显示谁登录系统并且在做什么。

date 命令：在屏幕上显示或设置系统日期和时间。命令格式如下：

date [选项] [格式控制字符串]

cal 命令：显示日历命令。命令格式如下：

cal [月] [年]

cal 命令的参数说明如下：-m：以星期一为每周的第一天方式显示；-j ：以凯撒历显示，即以一月一日起的天数显示；-y：显示今年年历。

3. 目录操作命令

pwd 命令：显示当前工作目录的绝对路径。

cd 命令：改变工作目录。命令格式如下：

cd [目录名]

cd 命令的参数说明如下：

在 Linux 中，“.”表示用户所在目录，“..”表示用户所在当前目录的上一层目录。

例如，cd _.. 命令表示返回至当前目录的上一层目录（此处“_”表示空格而非下划线）；cd 命令表示改变目录位置至用户登录时的工作目录；cd _ /命令表示切换到根目录；cd _ /mnt：表示切换到根目录下的 mnt 目录。

ls 命令：以默认方式显示当前目录文件列表。命令格式如下：

ls [选项] [目录或文件]

ls 命令的参数选项如下：-a：显示指定目录下所有子目录和文件，包括隐藏文件；-l：显示文件属性，包括大小，日期，符号连接，是否可读写及是否可执行；-c：按文件的修改时间排序。

使用 ls 命令查看文件时，可以看到不同用途的文件其颜色也不同：蓝色为文件夹；绿色是可执行文件；浅蓝色是链接文件；红框文件是加了 SUID 位，任意限权；红色为压缩文件；褐色为设备文件；“.”开头的是隐含文件。

mkdir 命令：创建由“目录名”命名的目录。命令格式如下：

mkdir [选项] 目录名

mkdir 命令的功能和用法与 DOS 下的 md（也可以用 mkdir）命令基本相同。

例如，

mkdir dir1　//建立一个新目录 dir1。

rmdir 命令：利用 rmdir 命令可以从一个目录中删除一个或多个空的子目录。命令格式如下：

rmdir [选项] 目录名

rmdir 命令的功能和用法与 DOS 下的 rd（也可以用 rmdir）命令基本相同。

例如，

rmdir dir1　//删除目录 dir1，但 dir1 下必须没有文件存在，否则无法删除。

rm -r dir1　//删除目录 dir1 及其子目录下所有文件。

4. 文件操作命令

tar 命令：文件压缩、解压缩。Linux 系统的软件包一般以 . gz、. tar. bz2、. tar 或者 . tar. gz 作为结尾。

解压实例：对于 tar 文件：tar xf xxx. tar；对于 gz 文件：tar xzvf xxx. tar. gz；对于 bz2 文件：tar xjvf xxx. tar. bz2。

压缩实例：对于 tar 文件：tar cf xxx. tar /path；对于 gz 文件：tar czvf xxx. tar. gz /path；对于 bz2 文件：tar cjvf xxx. tar. bz2 /path。

gcc 命令：对文件进行编译。

例如，gcc hello. c，将 hello. c 编译成名为 a. out 二进制执行文件；gcc hello. c -o hello，将 hello. c 编译成名为 hello 的二进制执行文件；gcc -static -o hello hello. c，将 hello. c 编译成名为 hello 的二进制静态执行文件。

echo 命令：显示一串字符。

例如，echo message。

vi 命令：文件编辑命令。

例如，vi file，编辑文件 file。

cat 命令：用来显示文件的内容，类似于 DOS 下的 type 命令。命令格式如下：

cat [选项] 文件名

cat 命令有两项功能，其一是用来显示文件的内容，其二是连接两个或多个文件。

例如，cat hello. c。

more 命令：分页显示文件内容，每次显示一屏。命令格式如下：

more [选项] 文件

more 命令是 Linux 操作系统命令中被称之为“页命令”的家族中的一员。

例如，ls | more、cat file | more 等。

less 命令：less 命令有点类似于 more 命令，但是其功能比 more 命令更为强大，屏幕底部的信息提示更容易控制使用，而且提供了更多的信息。less 命令的功能包括：可以使用光标键在文本文件中前后滚屏；可以用行号或百分比作为书签来浏览文件；可以实现在多个文件中进行复杂的检索、格式匹配、高亮度显示等操作。用户阅读到文件结束或者标准输入结束的时候，less 命令不会自动退出。

head 命令：在屏幕上显示指定文件的前几行。行数由选项参数值来确定，默认值是 10。命令格式如下：

head [选项] 文件名

tail 命令：显示文件的末尾几行。命令格式如下：

tail [选项] 文件名

tail 命令的参数选项如下：-n num：显示文件的末尾 num 行；-c num：显示文件的末尾 num 个字符。

cut 命令：显示每行从开头算起 num1 到 num2 的文字。命令格式如下：

cut -c num1-num2 filename

cut 命令的参数设置如下：-c：显示 num1 到 num2 个字符；-b：显示 num1 到 num2 个字节。

stat 命令：显示文件或目录的各种信息。

touch 命令：修改文件的存取和修改时间。命令格式如下：

touch [选项] 文件或目录名

touch 命令的参数选项如下：-d yyyymmdd：把文件的存取/修改时间改为 yyyymmdd；-a：只把文件的存取时间改为当前时间；-m：只把文件的修改时间改为当前时间。

find 命令：在数据库文件中搜索满足查询条件的文件。命令格式如下：

find [匹配表达式]

例如，find /path -name file，在/path 目录下查找是否有名为 file 的文件。

slocate 命令：在目录中搜索满足查询条件的文件。命令格式如下：

slocate [路径] [匹配表达式]

grep 命令：是一种强大的文本搜索工具，使用条件对 Linux 下的行进行过滤，它能使用正则表达式搜索文本，并把匹配的行打印出来。命令格式如下：

grep [选项] 要查找的字符串文件名

例如，

grep -ir "chars"　　//在当前目录的所有文件查找字串 chars，并忽略大小写，-i 为大小写，-r 为下一级目录。

grep abc file1　//寻找文件 file1 中包含字符串 abc 所在行的文本内容。

sort 命令：将文件中的内容排序输出。命令格式如下：

sort [选项] 文件列表

cmp 命令：比较两个文件内容的不同。当相互比较的两个文件完全一样时，则该指令不会显示任何信息；若发现有所差异，预设会标示出第一个不同之处的字符和列数编号。命令格式如下：

cmp [选项] 文件 1 文件 2

cmp 命令的参数选项如下：-l：列出两个文件的所有差异，默认时，发现第一处差异后就停止。

diff 命令：用于两个文档之间的比较，并指出两者的不同。命令格式如下：

diff [选项] 源文件 目标文件

diff 命令的参数选项如下：-q：仅报告是否相同，不报告详细的差异；-i：忽略大小写的差异。

通常使用 cmp 命令比较非文本文件，使用 diff 命令比较文本文件。

wc 命令：统计文件的字节数、字数、行数、并将统计结果显示出来。命令格式如下：

wc [选项] 文件

wc 命令的参数选项如下：-l 表示行数，-w 代表字数，-c 代表字节数。

cp 命令：复制文件或目录命令，将源文件或目录复制为目标文件或目录。命令格式如下：

cp [选项] 源文件 目标文件

cp 命令的参数选项如下：-f：复制时删除已经存在的目录或文件而不提示；-i：覆盖目标文件前，提示用户进行确认，输入"y"时目标文件将被覆盖。

例如，

cp file1 file2　//将文件 file1 复制成 file2。

cp file1 dir1　//将文件 file1 复制到目录 dir1 下，文件名仍为 file1。

cp /tmp/file1　//将目录/tmp 下的文件 file1 复制到当前目录下，文件名仍为 file1。

cp /tmp/file1 file2　//将目录/tmp 下的文件 file1 复制到当前目录下，文件名为 file2。

cp -r dir1 dir2　//复制整个目录。

rm 命令：删除文件或目录，包括目录下的文件和各级子目录。相当于 DOS 下的 del 命令。对于链接文件，只是删除整个链接文件，而原有文件保持不变。命令格式如下：

rm [选项] 文件名或目录名

rm 命令的参数选项如下：-f：忽略不存在的文件，并且不给出提示；-i：进行交互式删除，以避免误操作；-r：将参数列出的全部目录和子目录递归删除。

例如，

rm test. c　　//删除 test. c 文件。

rm -rf dir　　//删除当前目录下名为 dir 的整个目录，包括其中的文件和子目录。

rm *　　//删除当前目录下的所有文件（请谨慎使用该命令）。

mv 命令：将文件从一个目录移动到另一个目录中，或对文件、目录重命名。如果将文件移动到一个已存在的目标文件时，目标文件的内容将会被覆盖。命令格式如下：

mv [选项] 源文件或目录 目标文件或目录

例如，

mv file1 file2　//将文件 file1 更名为 file2。

mv file1 dir1　//将文件 file1 移到目录 dir1 下，文件名仍为 file1。

mv dir1 dir2　//将目录 dir1 更改为目录 dir2。

ln 命令：为某个文件在另外一个位置建立一个符号链接，而不必重复占用磁盘空间。命令格式如下：

ln [选项] 源文件或目录链接名

ln 命令的参数选项如下：-s：建立软链接，不加该项时建立的是硬链接。硬链接是指在用户选定的位置上生成一个与源文件大小相同的文件。无论是软链接还是硬链接，文件都保持同步变化。

chmod 命令：chmod 命令用于改变或设置文件或目录的存取权限。只有文件主或 root 超级用户才有权使用 chmod 改变文件或目录的存取权限。命令格式如下：

chmod [选项] 模式文件或目录名

chown 命令：改变某个文件或目录的所有者和所属的组。命令格式如下：

chown [选项] 用户或组文件名

chown 命令参数选项如下：-R：递归式地改变指定目录及其所有子目录、文件的文件主。

chgrp 命令：改变文件或目录的所属组。命令格式如下：

chgrp [选项] 所属组名　文件名

chgrp 命令参数选项如下：-R：递归式地改变指定目录及其下面的所有子目录和文件的用户组。

5. 进程管理作业控制命令

ps 命令：用来查看当前系统中运行的进程信息。命令格式如下：

ps [选项]

ps 命令的参数选项：-a：显示系统中与 tty 相关的所有进程信息（包括其他用户的）；-e：显

示所有进程信息；-u：显示面向用户的格式信息（包括用户名和启动时间等）。

kill 命令：命令用来终止一个进程的运行。命令格式如下：

kill [-s 信号] 进程号

通常情况下，终止一个前台进程可以使用 <Ctrl + c> 键；而对于一个后台进程就要用 kill 命令来终止。

例如，kill -9600 将进程号为 9600 的程序杀死。kill 命令是通过向进程发送指定的信号来结束相应进程。默认情况下，采用编号为 15 的 TERM 信号。TERM 信号将终止所有不能捕获该信号的进程，对于那些可以捕获该信号的进程就要用编号为 9 的 kill 信号，强行杀掉该进程。

top 命令：显示系统进程的活动情况，按占 CPU 资源百分比来分。

free 命令：显示系统内存及 swap 使用情况。

time program 命令：在 program 程序结束后，将计算出 program 运行所使用的时间。

6. 网络类命令

hostname 命令：显示或设置系统的主机名。

host 命令：IP 地址查找工具。

telnet 命令：远程登录。

例如，telnet 192. 168. 1. 1，登录 IP 为 192. 168. 1. 1 的 telnet 服务器；telnet iserver. com，登录域名为 iserver. com 的 telnet 服务器。

ftp 命令：用命令的方式来控制在本地机和远程机之间传送文件。命令格式如下：

ftp [主机名/IP]

ftp 命令的参数如下："主机名/IP" 是所要连接的远程机的主机名或 IP 地址。

例如，ftp 192. 168. 1. 1 或 ftp iserver. com，登录 ftp 服务。如果指定主机名，ftp 将试图与远程机的 ftp 服务程序进行连接；如果没有指定主机名，ftp 将给出提示符，等待用户输入命令。此时用户在 ftp > 提示符后面输入 open 命令加主机名或 IP 地址，将试图连接指定的主机。不管使用哪一种方法，如果连接成功，需要在远程机上登录。

ping 命令：测试本机和目标主机连通性。命令格式如下：

ping 对方主机 IP 地址 -t

例如，ping 163. com，测试与 163. com 网站的连接；ping 202. 196. 128. 67，测试与 IP 地址为 202. 196. 128. 67 的主机连接是否正常。

ifconfig 命令：该命令需要超级用户权限，用于配置网卡和显示网卡的信息。命令格式如下：

ifconfig [网卡号] [选项] [IP 地址]

ifconfig 命令的参数选项：up：激活网卡；down：关闭网卡；-a：列出所有接口的信息，包括非活跃的接口。如果 ifconfig 命令不带参数，则只显示当前激活的网卡的信息，不激活的网卡的信息不显示。

例如，ifconfig eth0 192. 168. 1. 1 netmask 255. 255. 255. 0，设置网卡 1 的地址 192. 168. 1. 1，掩码为 255. 255. 255. 0，不写 netmask 参数则默认为 255. 255. 255. 0；ifconfig eth0：1 192. 168. 1. 2，捆绑网卡 1 的第二个地址为 192. 168. 1. 2。

ifconfig 命令配置完网络后不需要重启系统即可生效，但在计算机重启后将失效。需要注意的是，该命令功能和用法类似于 DOS/Windows 系统命令行的 ipconfig 命令。Windows 系统中与该功能类似的命令格式是 ipconfig/all。

7. 其他常用命令

clear 命令：清除屏幕上的信息。

uptime 命令：显示系统已经运行的时间。

man 命令：查看某项 Linux 命令的帮助。Linux 的命令不仅多，而且每个命令的功能都十分强大，其参数也可能较为繁杂，幸运的是，可以使用 man 命令获得某项命令的在线帮助。命令格式如下：

man [命令名]

例如，如果使用 ls 命令时遇到困难，可以输入：man ls，查看 ls 命令的详细使用帮助。

help 命令：一个简单的帮助提示，用于查看某个命令的用法。命令格式如下：

命令 --help

例如，rmdir --help，查看 rmdir 命令的用法。如需更详细的帮助提示，一般使用 man 命令。

du、df 命令：du 命令用来统计目录使用磁盘空间的情况；df 命令用来统计未使用磁盘空间。命令格式如下：

du [选项] 目录名

du 命令的参数选项：-a：显示所有文件的统计数，而不仅仅是目录的统计数；-s：只显示磁盘的总体使用情况；-b：以字节为单位显示信息，默认时以块（1024 字节）为单位。

su 命令：该命令可以让用户在一个登录的 shell 中不退出就切换成为另一用户，主要用于普通用户转变为超级用户。命令格式如下：

su [用户名]

如果 su 命令后不跟用户名，则执行 su 命令后将自动地成为超级用户。执行 su 命令后系统会要求输入密码。su 之后，当前所有的用户变量都会传递过去。su 命令在远程管理时相当有用，一般情况下超级用户（即 root 用户）不被允许远程登录。这时候，可以用普通用户 Telnet 到主机，再用 su 成为超级用户后进行远程管理，如果是超级用户变更为普通用户则不需要输入密码。

mount 和 umount 命令：加载或者卸载指定的文件系统。命令格式如下：

mount [-L 标签] [-o 选项] [-t 文件系统类型] [设备名] [加载点]

mount 和 umount 命令用法说明如下：mount 可将指定设备中指定的文件系统加载到 Linux 目录下（也就是装载点）。可将经常使用的设备写入文件/etc/fastab，以使系统在每次启动时自动加载。mount 加载设备的信息记录在/etc/mtab 文件中。使用 umount 命令卸载设备时，记录将被清除。

例如，

mount -t ext2 /dev/hda1 /mnt，把/dev/hda1 装载到/mnt 目录。

mount -t iso9660 /dev/cdrom /mnt/cdrom，将光驱加载到/mnt/cdrom 目录。

mount -t nfs 192.168.1.1：/sharedir /mnt，将 nfs 服务的共享目录 sharedir 加载到/mnt/nfs 目录。

umount /dev/hda1，将/dev/hda1 设备卸载掉，卸载前设备必须处于空闲状态。

Linux 系统下加载光驱的步骤：首先在/mnt 下新建 cdrom 文件夹：mkdir /mnt/cdrom，接下来执行 mount 挂载命令：mount /dev/cdrom /mnt/cdrom，然后就可以到/mnt/cdrom 下查看光盘内容了。卸载光驱的命令是 umount /mnt/cdrom。

insmod 命令：把需要加载的驱动模块以目标代码的形式插入到 Linux 内核中。命令格式如下：

insmod [path] 模块名称.o

例如，insmod rtl8139. o，装载名为 rtl8139. o 的驱动程序。在插入模块的时候，insmod 命令自动调用 init _ module（）函数运行。注意，只有超级用户才能使用这个命令。

rmmod 命令：将已经插入到 Linux 内核的模块从内核中移出、卸载。命令格式如下：

rmmod［path］modulename. o

例如，rmmod rtl8139 命令，删除名为 rtl8139 的驱动模块。在使用 rmmod 命令时，rmmod 将自动调用 cleanup _ module（）函数运行。

lsmod 命令：显示当前系统中已装载的正在使用的模块信息。该命令的功能实际上就是读取/proc/modules 文件中的数据。

ksyms 命令：用来显示内核符号和模块符号表的信息。与 lsmod 相似，该命令的功能是读取/proc 文件系统中另一个文件/proc/ksyms 的内容。

在某个目录下输入命令或子目录时，若该命令或子目录较长，当输入该命令的前几个字母且在该目录下已经可以唯一确定该命令时，可以使用键盘的 <Tab> 键补全命令行，节约输入时间。此外，在 shell 下按↑键可以插入刚刚输入的上一条命令，输入“. /文件名”可以运行某个可执行文件。

4. 2. 6　Linux 单操作系统的安装

启动 Linux 安装系统，进入图 4-7 所示的 Red Hat Linux 9 图形安装界面，单击“下一步”按钮，分别选择图 4-8 所示的系统安装时的提示语言、适当的键盘和恰当的鼠标。在图 4-9 所示的对话框中选择 Red Hat Linux 9 的安装类型。Red Hat Linux 9 提供了四种安装类型，分别是：个人桌面、工作站、服务器以及定制。由于在实验中涉及 Linux 的各个方面，因此在图 4-9 所示的对话框中选择“定制”单选按钮，单击“下一步”按钮，进入图 4-10 所示的“磁盘分区设置”对话框，选择“用 Disk Druid 手工分区（D）”单选按钮。之后可以看到计算机硬盘驱动器的剩余

图 4-7　Red Hat Linux 9 的图形安装界面

图 4-8　选择 Red Hat Linux 9 安装时的提示语言

空间，单击“新建”命令按钮，在“磁盘设置”对话框中，将“挂载点”设置为/boot，作为Linux的引导分区，“文件系统类型”设置为ext3，boot分区的“指定空间大小”设置为100MB，如图4-11所示，单击“确定”按钮。选中“空闲”硬盘空间并继续单击“新建”命令按钮，在下一个“添加分区”对话框中，将Linux交换分区的“文件系统类型”设置为swap，交换分区的“指定空间大小”设置为512MB，单击“确定”按钮。选中“空闲”硬盘空间并再次单击“新建”命令按钮，“挂载点”设置为/作为Linux的根分区，“文件系统类型”仍然使用ext3，根分区的“指定空间大小”设置为6000MB，单击“确定”按钮后，单击“下一步”按钮。

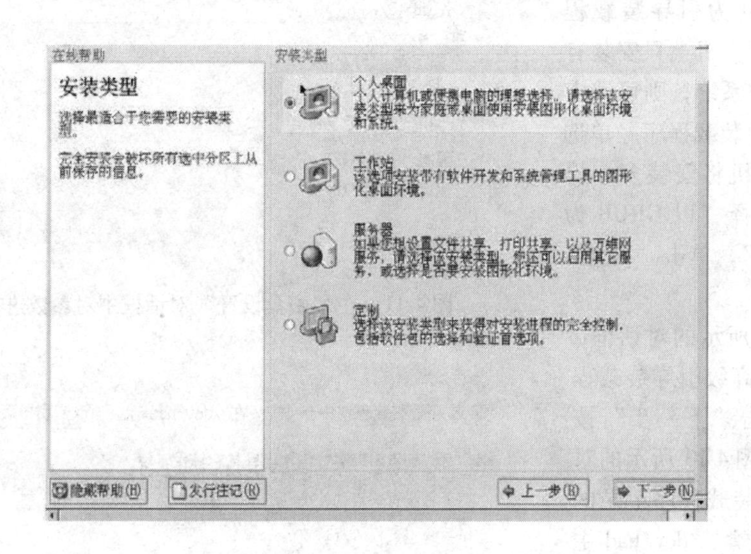

图4-9　选择Red Hat Linux 9的安装类型

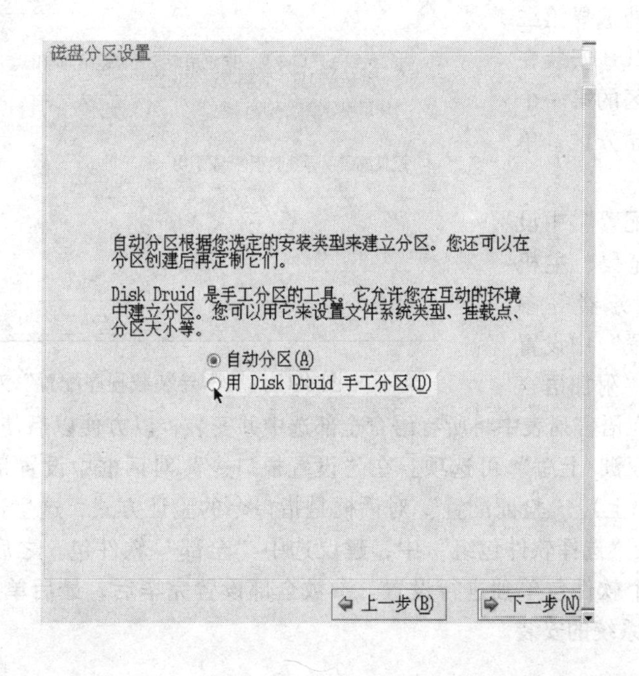

图4-10　Red Hat Linux 9的“磁盘分区设置”对话框

在图 4-12 所示的“引导装载程序配置”对话框中，单击“改变引导装载程序”命令按钮。在弹出的配置对话框中，包含“以 GRUB 为引导装载程序”、“以 LILO 为引导装载程序”以及“不要安装引导装载程序”三个可选项。GRUB 和 LILO 是 Linux 下两个非常优秀的引导程序。随着计算机技术的快速发展，大多数的操作系统已经舍弃了“以 LILO 为引导装载程序”。若在本计算机上只安装有 Linux 一个操作系统，则可选中“不要安装引导装载程序”单选按钮；若计算机将安装多个操作系统，则选择“以 GRUB 为引导装载程序”，单击“确定”按钮。

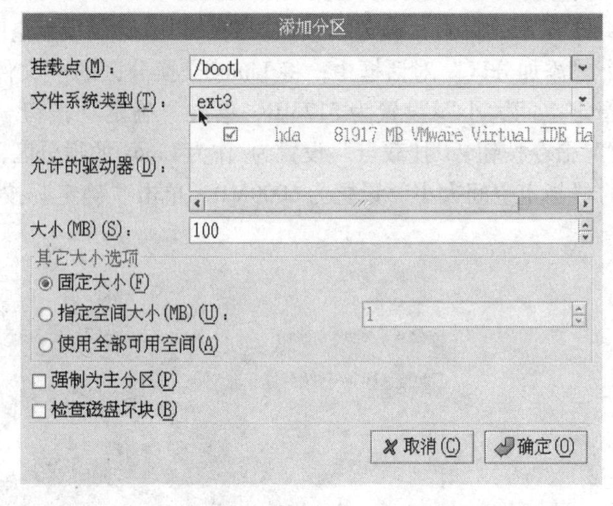

图 4-11　在“磁盘设置”对话框中对参数进行设置

在图 4-12 所示的对话框下方选中“配置高级引导装载程序选项”，单击“下一步”按钮，在弹出的图 4-13 所示的对话框中，引导装载程序记录的安装位置可选择“/dev/had 主引导记录（MBR）”或“/dev/had1 引导分区的第一个扇区”两个单选按钮。此处选择第二个单选按钮，将 GRUB 安装在“/dev/had1 引导分区的第一个扇区”，即 boot 引导分区，单击“下一步”按钮。

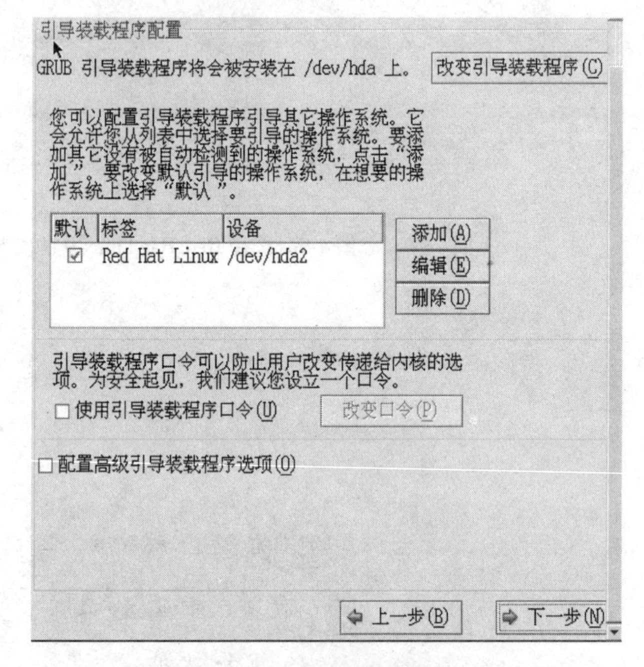

图 4-12　“引导装载程序配置”对话框

之后在“网络配置”中设置 IP 地址、子网掩码、主机名、网关、DNS 服务器等参数。在“防火墙配置”中设置网络安全规则。在“附加语言支持”对话框中，在语言列表中将所有语言全部选中并安装，以方便以后使用。在“时区选择”对话框中，选择“亚洲/上海”可选项。在“设置根口令”对话框中设置系统根用户（即管理员）的口令（6 位以上）。“验证配置”对话框是指口令的验证方式，这里选择默认即可。单击“下一步”按钮，在“选择软件包组”中，建议选中“全部”软件包。之后在“选择单个软件包”对话框中对单个软件包单独进行设置。参数全部设置完毕后，最后单击“下一步”按钮，开始 Red Hat Linux 系统的安装。

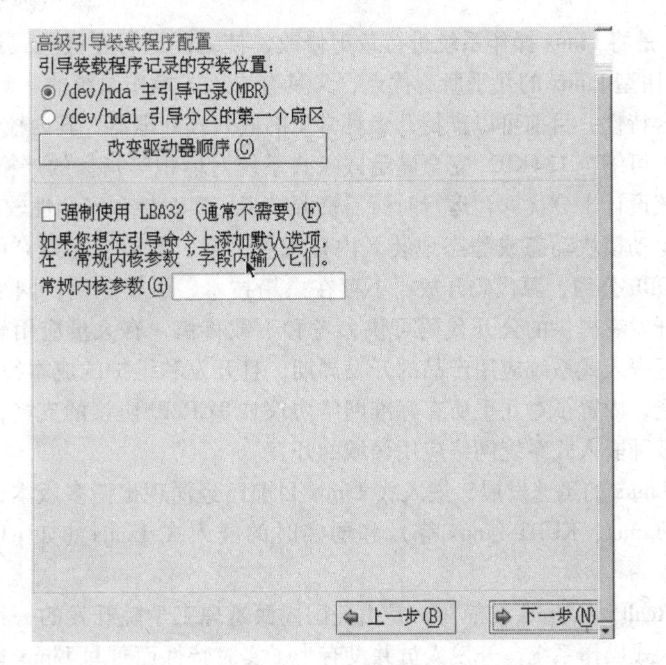

图 4-13　“高级引导装载程序配置”对话框

4.3　嵌入式 Linux 操作系统

嵌入式系统的高速发展使得嵌入式操作系统的功能和复杂程度与日俱增。嵌入式操作系统大大简化了嵌入式应用程序的设计难度，有效保障了应用软件的功能和质量，缩短了工程软件的开发周期。在多款嵌入式操作系统产品中，嵌入式 Linux 操作系统以其源代码开放、体积小、可裁剪、可移植性好等众多优点，在越来越多的嵌入式系统中得到了广泛的应用。

嵌入式 Linux 是以通用型 Linux 为基础的嵌入式操作系统，如今已被广泛应用在移动电话、工业制造、个人数字助理（PDA）、媒体播放器、消费类电子产品、信息家电、计算机外围设备、仪器仪表、医疗电子、过程控制、汽车、船舶、航空航天以及军事装备等众多领域中。例如，波音 777—200 型飞机机载娱乐设施，如图 4-14 所示。

图 4-14　波音 777—200 型飞机机载娱乐设施

嵌入式 Linux 是将 Linux 操作系统进行裁剪修改，使之能运行在嵌入式系统产品中。嵌入式 Linux 既继承了通用型 Linux 的几乎所有优点，又具有嵌入式操作系统的一般特性。嵌入式 Linux 具有优良的跨平台特性，目前可以支持几十种常见的嵌入式处理器。其内核代码可裁剪且容易移植，系统内核最小可缩至 134KB，完全满足嵌入式系统对体积等指标的严格要求。嵌入式 Linux 的性能稳定，内核设计十分优秀，运行时所需资源较少，实时性和安全性较好，采用独特的模块机制，可将用户驱动模块动态或静态地装入内核或者卸载，能够应对复杂的任务需求。嵌入式 Linux 遵循 GNU/GPL 公约，源代码开放，不存在黑箱技术，版权免费，网络上有很多来自于全世界的自由软件开发者提供的公开代码可供参考和下载移植，有大量应用软件和开发工具的支持，可以大大缩短嵌入式系统应用产品的开发周期，且开发和维护的成本很低。嵌入式 Linux 具备优秀的网络功能，内置了对几乎所有标准网络协议如 TCP/IP 协议的支持，因此可以用于包括信息家电在内的多种嵌入式系统网络应用领域的开发。

随着嵌入式 Linux 的迅速发展，嵌入式 Linux 目前已经涌现出诸多版本，包括强实时的嵌入式 Linux（如 RT-Linux、KURT-Linux 等）和弱实时的嵌入式 Linux（如 μCLinux、Pocket Linux 等)。

RT-Linux 即 Realtime Linux 的简写，是由美国墨西哥理工学院开发的一种典型的具有硬实时特性的多任务嵌入式操作系统。开发人员并没有为了实时特性而重写 Linux 内核，而是提出了精巧的内核。RT-Linux 把标准的 Linux 核心作为实时核心的一个进程，与用户的实时进程一起调度。通常情况下，RT-Linux 把标准 Linux 内核的任务优先级设置为最低，可以被实时进程抢断；而所有实时任务的优先级较高。这样做对 Linux 内核的改动较小，不但在保证系统兼容性的同时又确保了系统的硬实时性特性，而且充分利用了 Linux 下丰富的软件资源。到目前为止，RT-Linux 已经被成功地应用于空间数据采集、机器人、科学测控仪器等多种应用领域。

μCLinux 是另外一种常见的嵌入式 Linux，目前由 Line 公司支持维护。μCLinux 是专门针对没有 MMU（Memory Management Unit，内存管理单元）的微处理器而设计的，它无法使用处理器虚拟内存管理技术，对内存的访问是直接的，程序中所有访问的地址都是实际的物理地址。μCLinux 是一种优秀的嵌入式 Linux 版本，它秉承了标准 Linux 的优良特性，经过小型化改造后，形成了一种代码紧凑且经过高度优化的嵌入式 Linux。其内核代码经过编译后的目标文件最小可控制在几百 KB，目前已经被成功移植到了很多硬件平台上。虽然 μCLinux 的体积较小，但仍然保留了 Linux 大多数的优点：性能稳定可靠，可移植性好，有丰富的 API 和优秀的网络功能。

4.4 虚拟机简介

一般情况下，要在一台计算机上运行多个操作系统，需要安装多个硬盘，每个硬盘上装一个操作系统，这样做价格较昂贵；或者是在一个硬盘上装多个操作系统，建立“多启动”系统，但这样做存在系统及数据的安全隐患。虚拟机可以在一台计算机上模拟出若干台运行其他虚拟操作系统的计算机，可以实现一台计算机“同时”运行几个操作系统，还可以将这几个虚拟操作系统连成一个网络。

虚拟机对计算机硬件的要求较高，主要是 CPU、硬盘和内存。目前的主流计算机一般都满足要求。将一台计算机上的硬盘和内存的一部分拿出来虚拟出若干台机器，这些“新”机器各自拥有独立的 CMOS、硬盘和操作系统，每台“机器”可以运行单独的操作系统而互不干扰。不需要重启机器就能在同一台计算机上使用好几种操作系统。

目前流行的虚拟机软件主要有VMware和Virtual PC两款。经过比较，VMware虚拟机软件的综合实力优于Virtual PC，因此这里推荐使用VMware软件。

VMware（威睿）是一个“虚拟PC”软件，它可以在一台计算机上同时运行两个或多个操作系统，如Windows、DOS、Linux等。VMware虚拟机软件支持的Guest OS如图4-15所示。与“多启动”系统相比，VMwarc软件采用了完全不同的概念。“多启动”系统在某一个时刻只能运行一个操作系统，在系统切换时需要重新启动机器，且系统存在安全隐患。VMware可真正地将多个操作系统“同时”运行在主操作系统的平台上，且切换操作系统时就像标准Windows应用程序那样方便。VMware虚拟的每个操作系统都可以进行虚拟的分区、配置而不影响真实硬盘的数据，甚至可以通过网卡将几台虚拟机连接为一个局域网，极其方便。

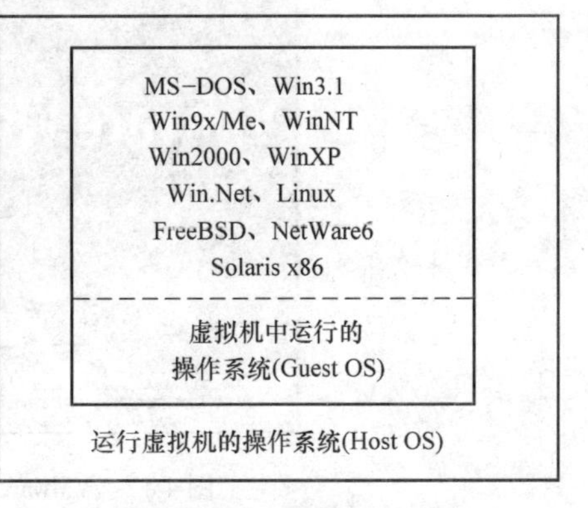

图4-15　VMware虚拟机软件支持的Guest OS

VMware虚拟机软件的主要功能包括：

1）不需要分区或重启计算机就能在同一台计算机上使用两种以上的操作系统。

2）完全隔离并且保护不同操作系统的操作环境以及所有安装在操作系统上面的应用软件和资料。

3）不同的操作系统之间还能互动操作，包括网络、周边硬件、文件分享以及复制粘贴功能。

4）有复原（Undo）功能。

5）能够设定并且随时修改操作系统的操作环境，如内存、硬盘空间、周边硬件设备等。

6）高可用性，热迁移。

4.5　综合实训：虚拟机的安装和使用

VMware公司是全球著名的虚拟机软件公司，也是目前是世界第四大系统软件公司。其开发的VMware workstation包括多种版本，2012年8月27日发布了图4-16所示的VMware workstation 9版本，已经支持微软的最新操作系统Windows 8。用户在选择VMware workstation软件时，应根据自己的计算机操作系统选择合适的VM版本。下面以常用的VM6为例，介绍VMware workstation虚拟机软件安装、使用的步骤及方法。

图4-16　VMware workstation 9版本的虚拟机软件

1. 安装VMware虚拟机

进入VM6文件夹，双击setup可执行文件，如图4-17所示，启动VMware workstation 6的安装向导。之后根据安装程序的引导步骤，逐步选择该软件的“安装类型”、“安装文件的位置”、“程序启动捷径”等信息，如图4-18所示，最终成功完成该软件的安装过程，如图4-19所示。

图 4-17　VMware workstation 6 安装过程的启动界面

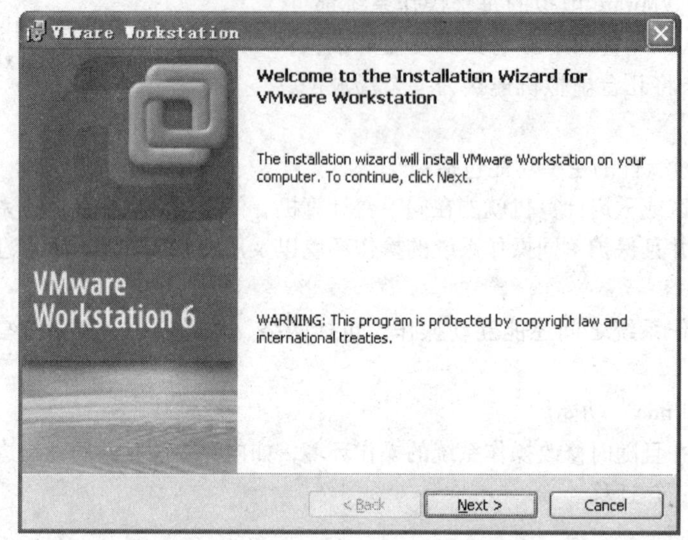

图 4-18　VMware workstation 6 安装过程的引导步骤

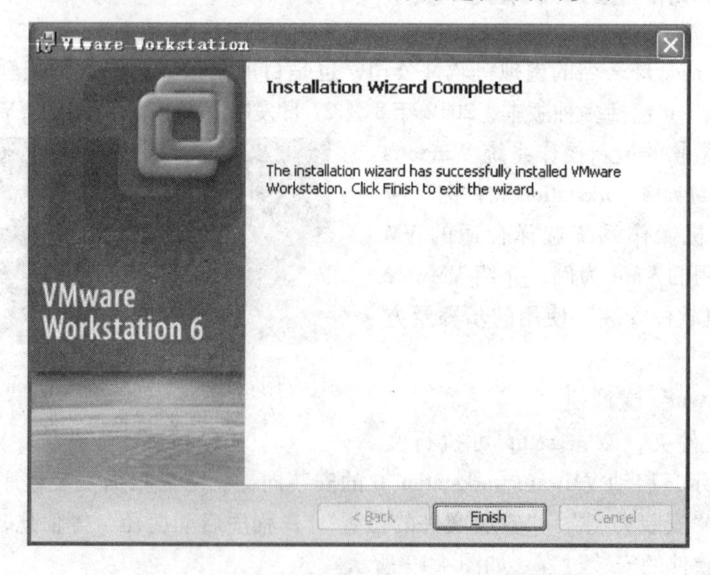

图 4-19　VMware workstation 6 已经安装成功

2. 创建 VMware 虚拟机

VMware workstation 6 安装完毕后，即可双击其位于桌面或其他位置的快捷方式图标，启动该软件，如图 4-20 所示。单击该界面上的“New Virtual Machine”图标，或者单击“File”菜单栏下的“New”→“Virtual Machine”命令，进入创建虚拟机向导，如图 4-21 所示。在弹出的欢迎页面中单击“下一步”按钮，在“Select the Appropriate Configuration”选项卡下的“Virtual machine configuration”选项区域内选择“Custom”单选按钮。单击“下一步”按钮，之后在“Choose the Virtual Machine Hardware Compatibility”选项卡中，选择虚拟机的硬件格式。在该页面下的“Hardware compatibility:”下拉列表框中，可以在 Workstation 6、Workstation 5 或 Workstation 4 三者之间进行选择，如图 4-22 所示。通常情况下选择“Workstation 6”格式，因为更新的虚拟机硬件格式支持更多的功能，选择好后，单击“下一步”按钮。在 Select a Guest Operating System 对话框中，选择要创建的虚拟机类型及要运行的操作系统，这里选择 Linux 操作系统，单击“下一步”按钮。在“Name the Virtual Machine”对话框中，为新建的虚拟机命名并且选择它的保存路径。接下来分别在“Processors”选项区域内选择虚拟机 CPU 的个数；在“Memory for the Virtual Machine”选项卡中设置虚拟机的内存；在“Network Type”选项卡中选择虚拟机网卡的网络类型；在“Select I/O Adapter Type”选项卡中选择虚拟机的 SCSI 卡的型号；在“Select a Disk”选项卡中选择“Create a new virtual disk”，创建一个新的虚拟硬盘；在“Select a Disk Type”选项卡中选择要创建的虚拟硬盘的接口方式；在“Specify Disk Capacity”选项卡中设置虚拟磁盘大小；在“Specify Disk File”选项卡的“Disk file”选项区域内设置虚拟磁盘文件名称。以上这几项通常选择默认值即可，全部设置完毕后，最后单击“完成”按钮，结束 VMware workstation 6 软件的安装过程。

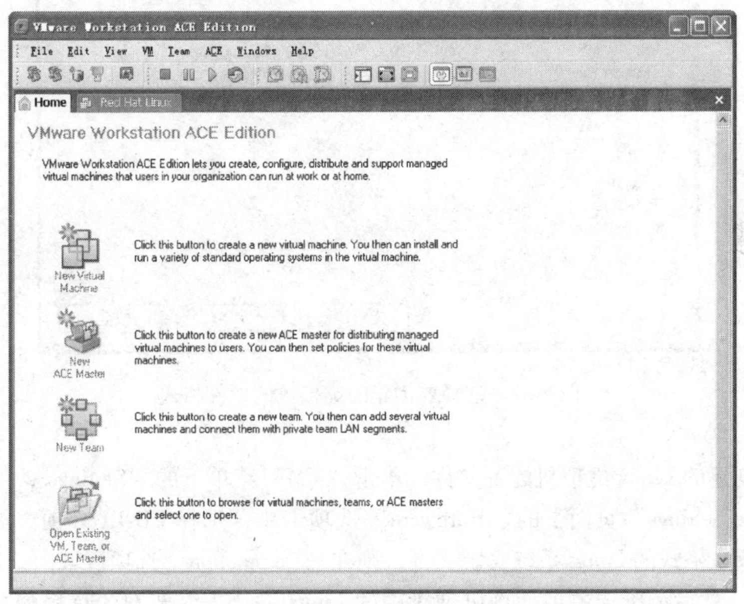

图 4-20　VMware workstation 6 的启动界面

3. 安装虚拟操作系统

在上述 VM 虚拟机软件安装完成后，即可安装虚拟操作系统。在虚拟机中安装操作系统和在真实的计算机中安装操作系统基本没有什么区别，不同的是，在虚拟机中安装操作系统，可以直接使用保存在主机上的系统安装光盘镜像作为虚拟机的光驱。

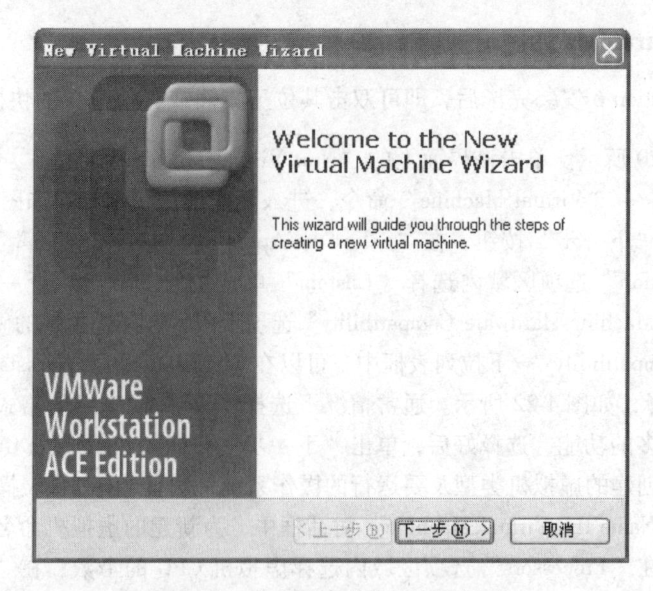

图 4-21　进入创建虚拟机向导界面

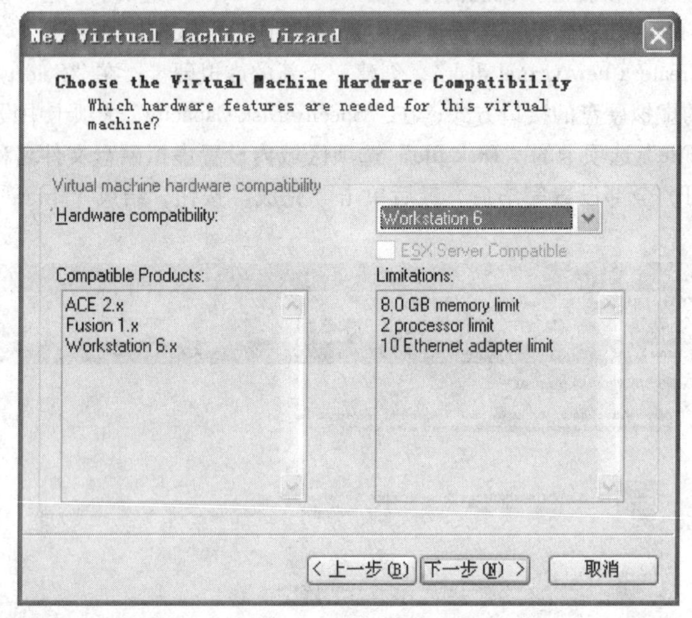

图 4-22　选择要创建的虚拟机的硬件格式

打开上文创建的 Linux 虚拟机配置文件，单击“VM”菜单下的“Settings...”命令按钮，在“Virtual Machine Settings”页面下的“Hardware”选项卡中，选择 CD-ROM 项。如果主计算机硬盘上已经存有 ISO 格式的 Linux 系统安装文件，则在“Connection”选项区域内选中“Use ISO image”单选按钮，然后浏览选中主计算机硬盘中的 Linux 系统安装光盘 ISO 镜像文件。如果使用 Linux 系统安装光盘，则选中“Use physical drive”单选按钮，并选中安装光盘所在的实际的物理光驱盘符。

选择光驱完成后，单击工具栏上的播放按钮，打开虚拟机的电源，用鼠标在虚拟机工作窗口中单击一下，进入虚拟机。以后在虚拟机中安装 Linux 操作系统的步骤和在主机中安装过程完全相同，在此不再详述。

4. 在虚拟机上启动 Linux

在本文中，由于实验所需的 Redhat 9 虚拟机文件已经存至主计算机硬盘上，因此可以单击图 4-20 所示界面上的“Open Existing VM, Team, or ACE Master”图标，之后选中硬盘上已有的 Redhat 9 虚拟机文件，打开即可正常使用。

进入图 4-23 所示的 Red Hat Linux 虚拟机启动界面，单击左侧的“Start this virtual machine”命令按钮，即可打开 VMware 软件，如图 4-24 所示，启动 Linux 虚拟机。

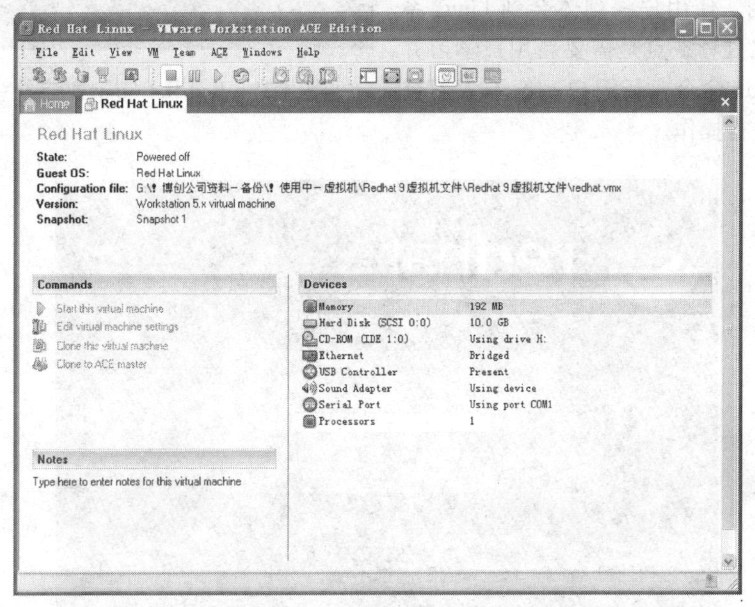

图 4-23 Red Hat Linux 虚拟机启动界面

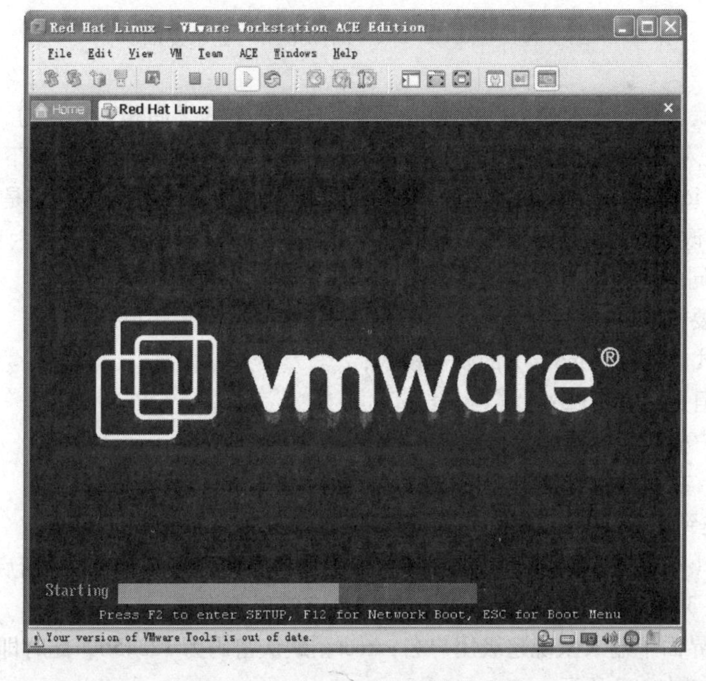

图 4-24 VMware 软件的启动界面

根据主计算机硬件性能的不同，等待一段时间后，即可进入 Red Hat Linux 的登录界面。Linux 向用户提供了两种登录方式，即图 4-25 所示的虚拟控制台方式（文本字符界面登录方式）和图 4-26 所示图形用户界面登录方式。正常的图形用户界面方式操作界面美观、易于 Windows 用户接受；缺点是图形界面会占用系统的部分资源。字符界面操作方式会使得系统资源得到充分的利用，使用户深刻体会到 Linux 系统编程的方便之处；缺点是需要新用户学习并记忆大量的 Linux 命令，新用户一般不太习惯于在命令行下进行操作。

图 4-25　Red Hat Linux 的字符登录界面

图 4-26　Red Hat Linux 的图形用户登录界面

Linux 系统的默认登录方式是可以在上述两种用户操作方式之间相互切换的。如果想让 Linux 系统开机时自动进入图 4-26 所示的图形用户界面模式，可以修改 Linux 根目录下的/etc/inittab 文件，找到其中的“id：3：initdefault：”这一行，可见指示启动时的默认运行级是 3，也就是文本模式。将其中的 3 改成 5，就是图形用户模式了。这是因为 Linux 操作系统有六种不同的运行级（run level），在不同的运行级下，系统有着不同的状态。这六种运行级分别是：

0：停机（不要把 initdefault 设置为 0，因为这样会使 Linux 无法启动）；

1：单用户模式，就像 Win9X 下的安全模式；

2：多用户，但是没有 NFS；

3：完全多用户模式，标准的运行级；

4：一般不用，在一些特殊情况下可以用它来做一些事情；

5：X11，即进到 X Window 系统；

6：重新启动（不要把 initdefault 设置为 6，因为这样会使 Linux 不停地重新启动）。

其中的运行级 3 就是标准的 Console 虚拟控制台字符界面模式。

在 Linux 登录界面中输入系统超级用户名：root，默认密码为 123456，此时即可登录 Red Hat Linux 操作系统，如图 4-27 所示。

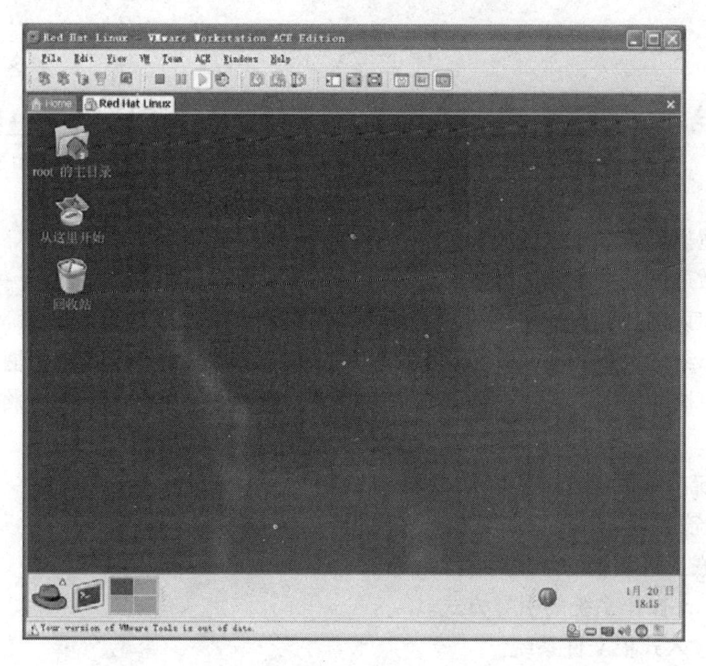

图 4-27　Red Hat Linux 9 虚拟机

本章小结

本章介绍了操作系统的一些基础知识，并在此基础上引入嵌入式操作系统的基本概念，介绍了嵌入式操作系统的分类及选型等知识点。针对在嵌入式系统开发中常用的 Linux 操作系统，详细介绍了 Linux 的特点、组成、目录和路径、常用命令以及单操作系统的安装等内容。最后对常用虚拟机软件的安装和使用步骤进行了阐述。

通过本章嵌入式操作系统理论知识的学习和 4.4 节综合实训的练习，读者应了解嵌入式操作系统的基础概念，熟悉 Linux 操作系统的常用命令，熟练掌握常用虚拟机软件的安装和使用。为下一章嵌入式开发环境的建立及嵌入式 Linux 系统的移植做好准备。

思考与练习

4-1　桌面操作系统与嵌入式操作系统有什么区别?

4-2　简述嵌入式操作系统的分类。

4-3　影响嵌入式实时操作系统的实时性可以有哪些因素?

4-4　上机练习 Linux 的常用命令。

4-5　什么是虚拟机?

4-6　简述在 Windows 操作系统下利用 VMware 软件建立 Linux 虚拟机的步骤。

第5章　嵌入式开发环境的建立

在熟知的环境里奔跑，可以随心所欲。

无论你是否做过嵌入式系统的开发，开发环境的建立都是开发者要做的第一件事情。本章讲述如何利用已有知识构建嵌入式系统的开发环境。首先介绍嵌入式系统的设计、开发流程和具体操作步骤，然后介绍嵌入式 Linux 开发环境的建立和配置方法，重点讲述确保嵌入式系统正常运行的引导程序、内核和根文件系统的设置与加载方法。通过本章的学习，读者将掌握和解决以下一些重要问题：

✓ 嵌入式系统的开发模式。
✓ 嵌入式系统的设计流程。
✓ 如何建立嵌入式系统的开发环境。
✓ 嵌入式 Linux 操作系统的引导方式。
✓ 如何建立嵌入式根文件系统。

5.1　嵌入式系统的开发模式与设计流程

根据以往的学习经验，PC 上的编程以及绝大多数的 Linux 软件开发过程都是以 native 本地方式进行的，即本机（Host）开发、调试，本机运行的方式。对于这一点，做过开发的人都很熟悉。但这种方式通常不适合于嵌入式系统的软件开发。

5.1.1　嵌入式系统的开发模式

在第1章的介绍中已经提到，嵌入式系统是以应用为中心，软硬件资源受限的专用计算机系统，因此直接在嵌入式系统的硬件开发平台上编写软件是非常困难的。目前一般采用的解决办法是，首先在软硬件资源比较丰富的通用计算机上编写嵌入式软件，然后通过交叉编译生成目标平台上可以运行的二进制代码格式，最后再下载到目标平台的特定位置上运行。也就是人们通常所说的构建“宿主机/目标机”的交叉开发环境，“在谁的上面编写运行在谁上的程序的问题”。

交叉开发环境是指编译、链接和调试嵌入式应用软件的环境，它与运行嵌入式应用软件的环境有所不同，通常采用“宿主机＋目标机＋调试通道”的模式，如图5-1所示。

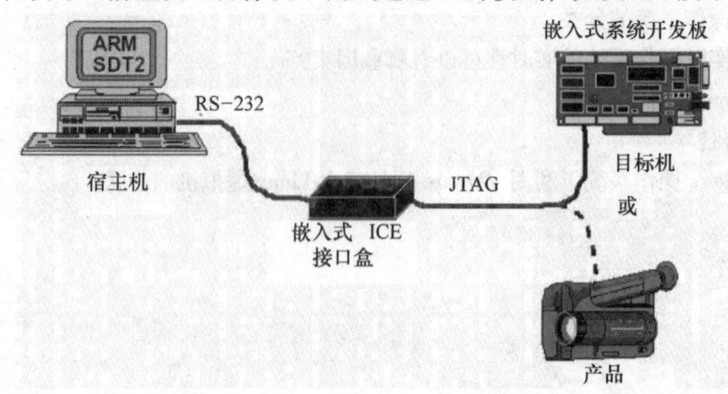

图5-1　嵌入式交叉开发环境

宿主机（Host）是一台通用计算机，如PC或者工作站，它通过串口、USB口或者以太网口与目标机通信。宿主机的软硬件资源比较丰富，不但包括功能强大的操作系统，如Linux或者Windows操作系统，而且还有各种各样优秀的开发工具，能够大大提高嵌入式应用软件的开发速度和效率。目标机指的是对应的ARM嵌入式系统开发板。

由上知，采用宿主机/目标机模式开发嵌入式应用软件时，首先利用宿主机上丰富的软硬件资源及良好的开发环境和调试工具来开发并仿真调试目标机上的软件，然后通过串口、USB接口或者以太网口将交叉编译生成的目标代码和可执行文件传输并下载到目标机上，并在监控程序或者操作系统的支持下利用交叉调试器进行实时分析和调试，最后将程序下载固化到目标机上。在特定环境下，目标机脱离宿主机单独运行。该开发过程示意如图5-2所示。其中，调试时使用的调试方法有很多，可以使用串口、以太网口、JTAG口等，可以根据目标机处理器提供的支持做出选择。

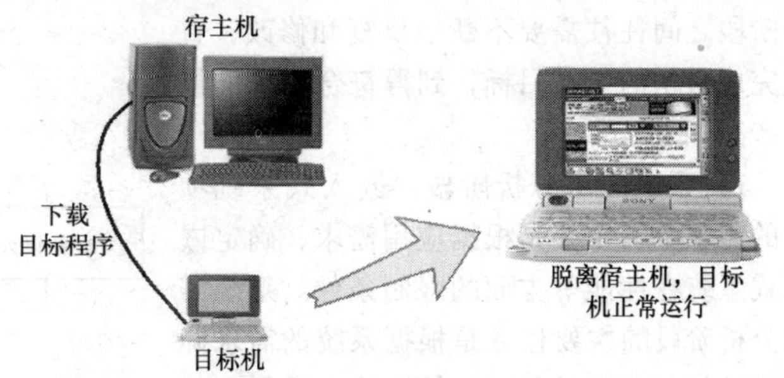

图5-2　采用宿主机/目标机模式开发嵌入式应用软件过程示意

在运行Linux的宿主机上完成嵌入式软件源代码的编写之后，需要进行编译和链接以生成可执行代码。由于宿主机开发过程大多是在采用Intel公司x86系列CPU的通用计算机上进行的，而目标环境的处理器芯片却大多为ARM、MIPS、PowerPC等系列的微处理器，因此，就要求在建立好的交叉开发环境中使用宿主机上的交叉编译、汇编及连接工具进行交叉编译和链接，形成可执行的二进制代码（这种可执行代码并不能在宿主机上执行，而只能在目标机上执行），然后把可执行文件下载到目标机上运行。整个开发流程可用图5-3所示的框图表示。

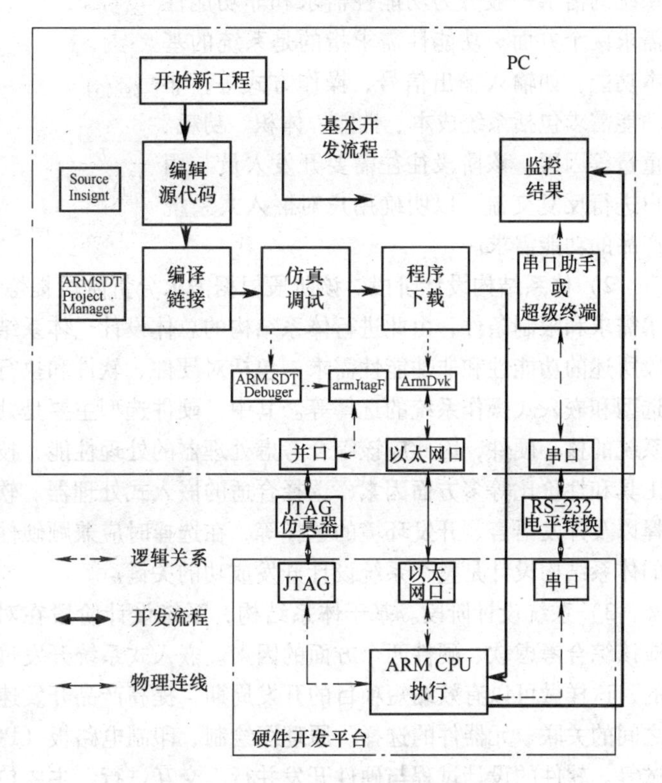

图5-3　嵌入式系统开发流程框图

交叉编译器和交叉链接器是指能够在宿主机上运行，并且能够生成在目标机上直接运行的二进制代码的编译器和链接器。例如，在基于ARM体系结构的gcc交叉开发环境中，arm-linux-gcc是交叉编译器，arm-linux-ld是交叉链接器。

5.1.2　嵌入式系统的设计流程

嵌入式系统的开发设计流程主要解决的问题是，用设计过程来保证最终的设计结果能够最大限度地满足用户对嵌入式产品的需求。嵌入式系统的开发设计流程类似于大多数其他计算机系统的设计流程，但在遵循一般工程开发流程的基础上，嵌入式系统的开发设计流程又有其自身的特点，且已经逐步规范化。其简化的设计流程如图5-4所示。

嵌入式系统设计过程一般可以分为五个阶段：系统需求分析、体系结构设计、硬件/软件和执行系统设计、系统集成以及系统测试。各个阶段之间往往需要不断地反复和修改，直至完成最初的设计目标，到得符合要求的最终产品。

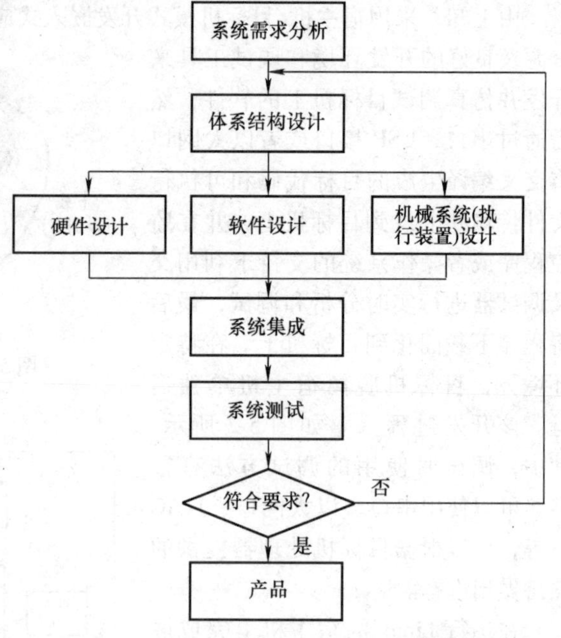

图5-4 简化的嵌入式系统设计流程

1）系统需求分析阶段。嵌入式系统项目的需求分析主要是根据应用需求，确定嵌入式系统在性能等方面的限制条件。系统需求分析阶段的主要任务是根据系统的需求确定设计任务和设计目标，并提炼出设计参数说明文档，作为指导设计和最终验收的标准。系统的需求一般分为功能性需求和非功能性需求两个方面。功能性需求指的是系统的基本功能，如输入输出信号、操作方式等；非功能需求包括系统成本、性能、体积、功耗、重量等因素。该阶段往往需要开发人员与用户进行反复交流，以明确用户对嵌入式系统产品的功能需求。

2）体系结构设计阶段。该阶段根据需求分析阶段提炼出的设计参数说明文档，分析得出技术需求和限制条件，由此进行体系结构的总体设计。体系结构描述系统如何实现系统需求分析阶段所述的功能性和非功能性需求，包括对硬件、软件和执行系统的功能划分以及系统的软、硬件选型和嵌入式操作系统的选择等。其中，硬件选型主要是处理器的选型。嵌入式处理器是嵌入式系统的核心硬件，因此应该综合考虑处理器的处理性能、技术指标、功耗、封装形式、软件支持工具和性价比等多方面因素，选择合适的嵌入式处理器。软件选型主要包括嵌入式操作系统的选择以及开发语言、开发环境的选择等，在选择时应兼顾硬件平台和系统的整体性能要求。一个好的体系结构设计是整个系统设计开发成功的关键。

3）系统设计阶段。基于体系结构，系统设计阶段在对系统的软件、硬件进行详细设计时，应该综合考虑软、硬件两个方面的因素。嵌入式系统开发过程中的软、硬件设计往往是并行进行的，这样做可以有效缩短项目的开发周期，提高产品开发速度。硬件的设计包括确定各功能模块之间的关联、元器件的选择、原理图绘制、印制电路板（PCB）设计、样机研制/加工/装配及测试等。软件的设计过程与硬件开发并行、交互进行，主要包括嵌入式系统的引导程序编写、嵌入式操作系统的裁剪与移植、驱动程序的开发、应用软件的编写等内容，具体设计方法将在本书的其他章节详细介绍。

4）系统集成阶段。系统集成阶段是将系统的软件、硬件和执行系统集成在一起，将软件下载到制作好的硬件中，进行系统综合调试，验证系统功能是否能正确无误地实现，及时发现并改进单元设计过程中的错误。

5）系统测试阶段。对设计好的系统进行性能及可靠性测试，看其是否满足参数说明文档中设定的各项性能指标和功能需求。若满足并测试无误，最后将软件固化在目标硬件中。本阶段一般需要相应的辅助工具支持，在整个开发过程中最复杂、最费时。

嵌入式系统开发分为软件开发和硬件开发两部分。需要注意的是，在传统的嵌入式系统的设计开发过程中，硬件和软件一般分为两个独立的设计部分，由硬件工程师和软件工程师按照拟定的设计流程分别完成。这种设计方法只能改善硬件、软件各自的性能，不可能对系统做出较好的整体性能综合优化。从理论上来说，每一个应用系统都存在一个适合于该体系的硬件与软件功能的最佳组合。在传统的嵌入式系统的设计流程中，虽然在设计的初始阶段也考虑了软硬件的接口问题，但由于软、硬件分别独立进行开发，各部分的修改和缺陷很容易导致后续的系统集成出现错误。由于设计方法的限制，这些错误不但难于定位，而且更重要的是，对它们的修改往往会涉及整个系统硬件配置或软件结构的改动。显然，这种后果是灾难性的，将导致成本和开发周期的大幅提升。因此，如何从应用系统需求出发，依据一定的指导原则和分配算法对硬件/软件功能进行分析及合理地划分，从而使系统的整体性能达到最佳状态、获得满足综合性能指标的最佳解决方案，已成为硬件/软件协同设计的重要研究内容之一。

图 5-5 所示的软硬件协同设计方法可以很好地解决这个问题。首先，应用独立于硬件和软件的功能性规格方法对系统进行描述，在此基础上，基于系统功能要求和限制条件依据算法对硬件/软件进行划分和任务分配，即对硬件/软件的功能模块进行划分。然后对划分结果做出评估，如果评估结果不能满足要求，说明划分方案选择不合理，需要重新划分。以上过程进行反复，直到系统获得一个满意的软硬件实现为止。软硬件协同设计过程可归纳为：需求分析、软硬件协同设计、软硬件实现、软硬件协同仿真和验证。经过完善的详细的嵌入式系统应用开发流程如图 5-6 所示。

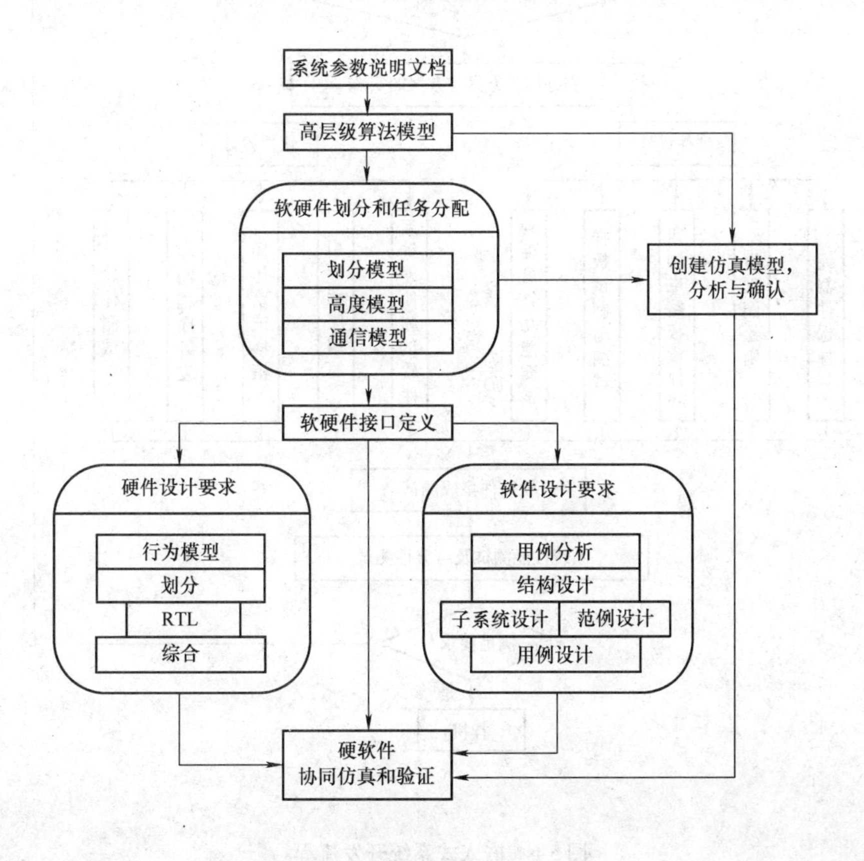

图 5-5　软硬件协同设计方法

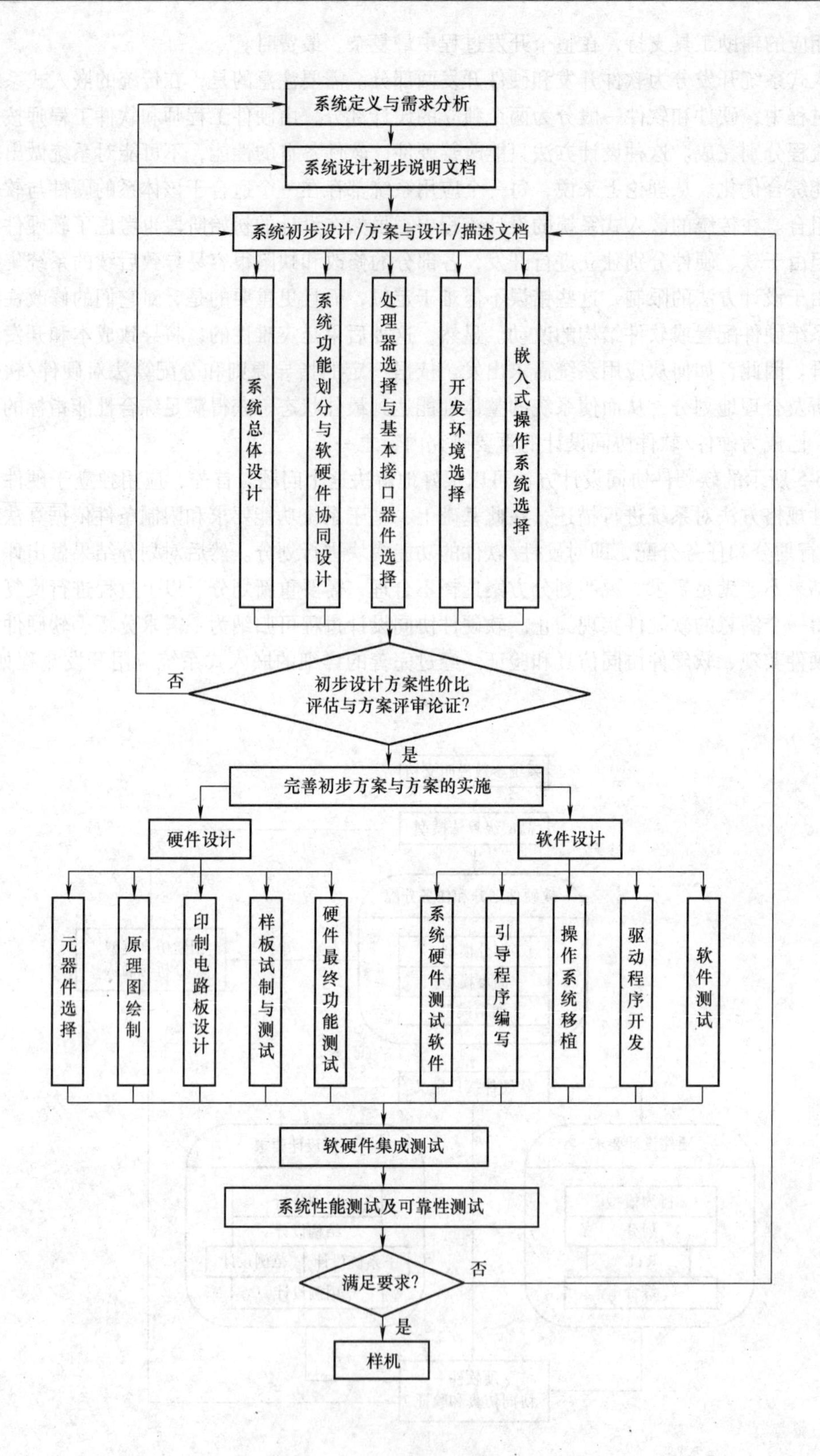

图5-6 嵌入式系统开发流程

此外，嵌入式系统开发模式的最大特点是软、硬件综合开发。对应于一款常见嵌入式处理器的硬件开发平台通常都是比较成熟和通用的，所以嵌入式系统强调基于平台的软硬件协同设计、同步设计，设计的大部分工作都集中在软件设计上。这点与单片机开发过程有着显著的区别，单片机开发大多采用软硬件流水设计，软硬件设计所占的比例基本相同。

下面介绍常见的单片机系统的开发流程，如图5-7所示。首先需要详细了解控制对象的特点，进行用户需求分析，明确硬件总体需求情况，如MCU处理能力、存储容量及速度、I/O端口的分配、接口要求、电平要求、特殊电路要求等，制定出控制器的模拟输入/输出数量以及数字输入/输出数量，制定出输入与输出的逻辑控制关系，并根据需求分析制定出整体设计方案。如果有类似产品，可以参考相仿产品的设计资料。广泛查阅相关芯片的数据手册以及市场供应情况，完成芯片的选型，采购芯片，并应充分考虑技术可行性、可靠性和成本控制。硬件方案确定后，绘制电路原理图，接下来参照芯片制作封装图，绘制PCB，找制板厂或自己手工制作PCB，之后焊接元器件。板子做好后开始写程序代码，一般用汇编语言，使用仿真调试器进行调试；软硬件系统联调之后对原理图、PCB图和源代码作相应调整、修改，进行第二次制板，再次调试。最后进行可靠性测试、稳定性测试，通过验收，项目完成。

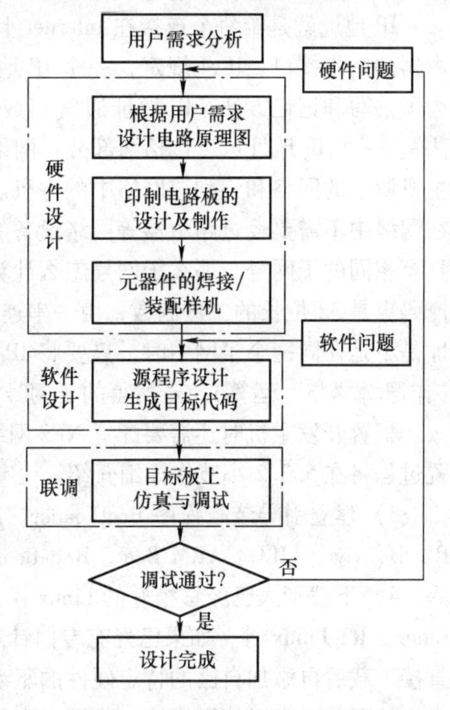

图5-7 单片机系统的开发流程

由以上介绍可以看出，单片机系统的开发过程中，硬件开发与软件开发是分开进行，并按照先硬件后软件开发流程进行的。而嵌入式系统的开发设计流程则把开发者从反复进行硬件平台的设计调试过程中解放出来，可以把主要精力放在编写应用程序上，减少了在开发过程中引入硬件错误的机会。同时，嵌入式操作系统以及驱动程序通常屏蔽掉了底层硬件的细节和一些底层的操作，使得开发设计人员可以通过嵌入式操作系统提供的API（Application Programming Interface，应用程序编程接口）函数完成大部分工作，因此可以大大简化开发过程，提高系统的整体稳定性。

5.2 嵌入式Linux的开发流程

在上一节中介绍了嵌入式系统的工程开发模式与设计流程，了解了嵌入式系统开发要根据客户不同的具体应用需求，进行设定或配置开发方法。如果在一个嵌入式系统开发过程中使用Linux操作系统和相关技术，一般需要经过如下的流程：

1）建立开发环境。操作系统一般选用主流的Linux发行版，如红帽Red Hat Linux、Fedora Core、Debian GNU/Linux、Ubuntu Linux等。这些操作系统都是开源的，可以在网上找到。通过网络下载安装相应的GCC交叉编译器比如（arm-linux-gcc、arm-uclibc-gcc），或者安装操作系统产品厂商提供的交叉编译器。

2）配置开发主机，包括Minicom、IP地址、NFS网络文件系统等的配置。Minicom是一种基于文本的适用于类UNIX操作系统的Modem控制和终端通信程序，可以通过串口控制外部的硬件设备。Linux下Minicom的功能与Windows下的超级终端功能类似，可用于对嵌入式设备进行管理或对外置 Modem 进行控制。

①在嵌入式 Linux 开发过程中，Minicom 的作用主要是开发人员在调试目标机开发板时作为信息交互的界面，即用做键盘输入和信息输出的监视工具。在 Linux 操作系统下配置 Minicom 时，一般参数为波特率 11 5200Baud/s，数据位为 8 位，停止位选 1，无奇偶校验，软、硬件数据流控制设为无。这种配置应该和 Windows 下的超级终端的设置相一致。

②接下来需要配置网络 IP 地址，宿主机和目标机开发板要在同一网段。注意关闭防火墙。

IP 地址就是给每个连接在 Internet 上的主机分配的一个二进制逻辑地址，用来标识主机或路由器的网络接口。IPv4 规定，一个 IP 地址长 32 位，即 4 个字节，每个字节之间用“.”隔开。为了书写和记忆方便，IP 地址通常写成十进制形式，如 192.168.0.1，称为“点分十进制表示法”。一个 IP 地址可以包括两部分：网络地址（网络号）和主机地址（主机号），分别用于识别主机所在的网络和识别该网络中的主机。在嵌入式系统开发过程中，要使宿主机和目标机开发板在网络中不需要经过路由器等网络设备的连接而能直接进行通信，它们必须都在同一网段中，即具有相同的子网号。那么子网号怎么计算呢？计算子网号需要 IP 地址与子网掩码相配合。子网掩码也是 32 位长的二进制数，由一串连续二进制的 1 后跟一串连续的二进制 0 组成。判断 IP 地址是不是在同一个子网中时，只要将 IP 地址和子网掩码都写成二进制形式，然后按位相“与”（作逻辑“与”运算），若所得的子网号相同，则说明在同一个网段中。

配置开发主机时还需要配置 NFS 网络文件系统，为交叉开发时 mount 所用。该部分的具体配置过程将在 5.3.2 小节作详细介绍。

3）建立引导装载程序 BootLoader。从网络上下载一些公开源代码的 BootLoader，如 U-Boot、BLOB、vivi、LILO、ARM-Boot、Red-Boot 等，根据所采用芯片的具体类型进行移植修改。

4）下载别人已经移植好的 Linux 操作系统。常见的嵌入式 Linux 操作系统如 μCLinux、ARM-Linux、RT-Linux 等，如果已经有专门针对所使用的嵌入式处理器移植好的 Linux 操作系统，可以直接下载后再添加自己的特定硬件的驱动程序，进行调试修改。对于带 MMU 内存管理单元的嵌入式处理器，可以使用模块方式调试驱动，对于像 μCLinux 这种针对目标处理器没有 MMU 的嵌入式操作系统，则只能将驱动编译进 Linux 内核进行调试。

5）建立根文件系统。制作嵌入式根文件系统一般使用 BusyBox 工具，具体步骤可概括为：从 http://www.busybox.net 网站下载使用 BusyBox 工具软件进行功能裁剪，产生一个最基本的根文件系统；再根据自己的应用需要添加其他的程序。由于默认的启动脚本一般都不会符合具体应用的需要，所以就要修改根文件系统中/etc 目录下的启动脚本，包括/etc/init.d/rc.S、/etc/profile、/etc/.profile 以及自动挂载文件系统的配置文件/etc/fstab 等，具体情况会随系统不同而有差异。根文件系统在嵌入式系统中一般设为只读，需要使用 mkcramfs、genromfs 等工具产生映像烧写文件。制作嵌入式根文件系统的具体过程请参考 5.5.2 小节。

6）建立应用程序的 Flash 分区。建立 Flash 分区一般使用 JFFS2 或 YAFFS 文件系统，这需要在内核中提供这些文件系统的驱动，有的系统使用一个线性 Flash（NOR 型）512KB～32MB，有的系统使用非线性 Flash（NAND 型）8MB～512MB，有的两个同时使用，需要根据应用规划 Flash 的分区方案。

7）开发应用程序。应用程序可以放入根文件系统中，也可以放入 Yaffs、JFFS2 文件系统中，有的应用不使用根文件系统，可以直接将应用程序和内核设计在一起，这有点类似于 μC/OS-II 系统的工作方式。

8）烧写内核、根文件系统、应用程序。

9）发布产品。

5.3　嵌入式系统开发环境的建立

5.3.1　建立开发环境

建立嵌入式 Linux 开发环境一般有三种方案。

1. 基于 PC 的 Windows 操作系统下的 Cygwin

Cygwin 是许多自由软件的集合，1995 年由 Cygnus Solutions 公司的工程师 Steve Chamberlain 开发，用于在各种版本的 Microsoft Windows 平台上运行类 UNIX（如 Free BSD，Linux 等）模拟环境。Cygwin 主要包括两部分：运行于 Windows 平台的动态链接库 DLL 文件（cygwin1. dll），该文件作为一个 Linux API 模拟层提供了大量的 Linux API 功能；一组 Linux 工具，如 Vi、BASH、TAR、SED 等开发工具和用户工具，可以进行简单的软件开发。

Cygwin 适用于不熟悉 Linux 开发环境，习惯于使用 Windows 操作环境进行嵌入式系统开发的用户。Cygwin 对于将 GNU 工具集移植到 Win32 系统并在 Windows 上进行嵌入式系统开发，以及从 UNIX 到 Windows 的应用程序移植都非常有用。Cygwin 提供了一套 GNU 工具集（如 GCC、GDB）和 UNIX 系统下的常见程序，对于嵌入式开发者来说，可以将 Windows 系统变成一部 UNIX 主机，在模拟 UNIX 下进行嵌入式系统开发。可以说，Cygwin 与 VM 虚拟机有异曲同工之处，可以同时使用 Windows 和 UNIX。

需要注意的是，在 Cygwin 环境下开发的本地 Linux 应用程序不能在 Windows 平台上运行。如果在 Windows 上运行，必须从源代码重新生成应用程序。Cygwin 也不能使本地 Windows 应用程序明白 UNIX 的信号、ptys 等功能。同样的，如果要利用 Cygwin 的这些功能，需要从源代码生成应用程序。

Cygwin 的程序和源代码可从 http://www.cygwin.com/或 http://www.cygwin.cn/网站免费获得。Cygwin 的安装包括“网络安装”和“本地安装”两种方式，下面简要介绍 Cygwin 的网络安装过程。

首先去上面介绍的网站下载安装程序 setup. exe，双击文件安装文件的图标，将弹出图 5-8 所示的 GNU 版权说明界面。

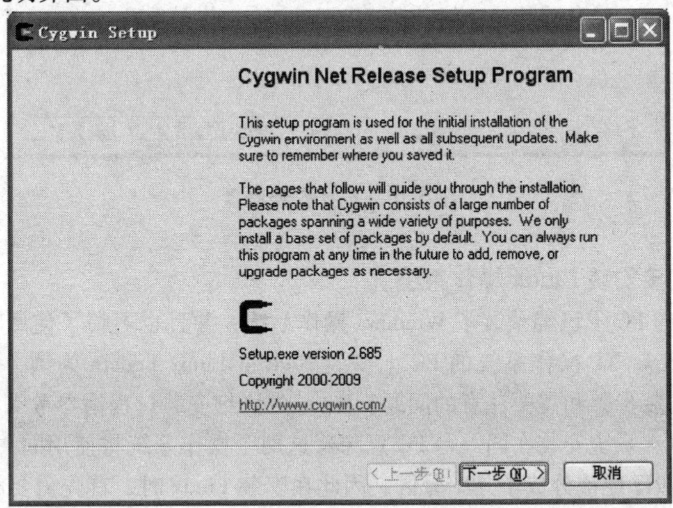

图 5-8　Cygwin 的版权说明

单击“下一步”按钮，在图5-9所示的对话框中选择Cygwin的安装类型（网络安装、本地安装或先下载到本地），单击“下一步”按钮，进入图5-10所示的选择安装目的路径对话框和图5-11所示的选择软件安装包所在的路径对话框。根据安装提示设置完成后开始安装，直至出现安装完毕的对话框，结束Cygwin软件安装。需要注意的是，安装过程中务必将可能用到的软件包和工具安装齐全。

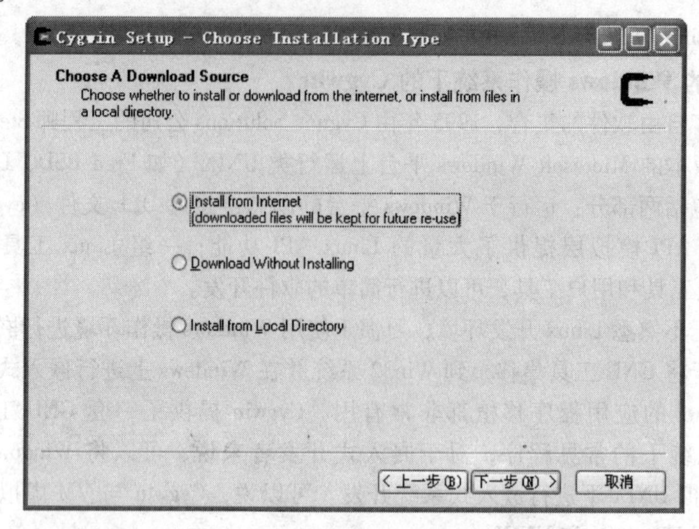

图5-9　Cygwin的安装类型选择

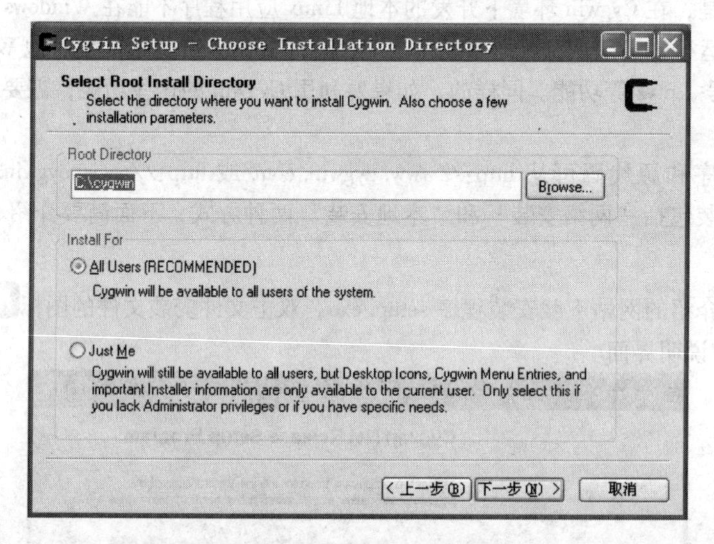

图5-10　选择安装路径

2. 在PC上直接安装Linux操作系统

大多数开发者的PC上已经预装了Windows操作系统，并且也习惯了使用Windows系统。下面就以预装了Windows XP操作系统的PC上安装RedHat Linux Fedora为例，简要介绍在PC上Linux操作系统的安装步骤和需要注意的问题。Linux的详细安装过程请参考4.2.6小节。

Linux与Windows系统安装在同一台PC意味着这两个操作系统将使用同一块硬盘。Windows操作系统下硬盘一般已经被分成了几个分区，因此在安装Linux时，首先需要解决的是硬盘分区问题，但要注意避免安装Linux时把Windows所在盘覆盖掉。

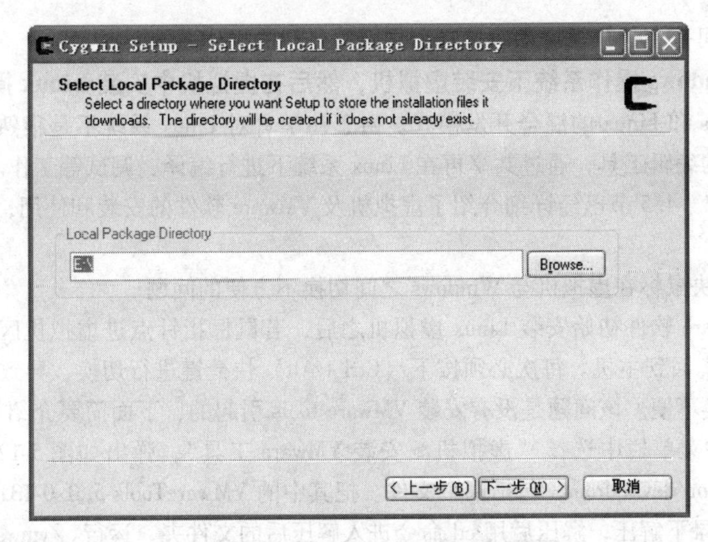

图5-11 选择软件安装包所在的路径

在安装之前，必须给Linux提供足够的“未分配”硬盘空间（10GB以上）。一般将硬盘最后一个分区提供给Linux，这样可以避免分区时的一些麻烦或影响到Windows系统。为了保证不丢失之前存储在硬盘里的数据，应该先把Windows下最后一个分区里的所有内容转移到其他盘上去，保证最后一个分区是空的。接下来可以利用Windows“计算机管理”工具下的“磁盘管理”或PowerQuest Partition Magic硬盘分区管理工具软件进行磁盘分区和空间分配。一般情况下，给Linux安装准备“/”根分区和“swap”交换分区两个区就可以了。

接下来就可以开始RedHat Linux Fedora的安装过程了。Windows XP操作系统下Linux的安装方法包括“从光盘安装”和“从硬盘安装”两种方式。

RedHat Linux Fedora的安装程序在很多网站都提供下载链接，一般是三个ISO文件。安装程序刻录时需要注意选择刻录“光盘映像”文件，而不是将ISO文件直接作为数据刻录到光盘上，否则会丢失光盘引导信息而无法自启动。

从光盘安装：在BIOS中将计算机的启动方式修改为从光驱引导，将第一张光盘放入光驱后重启计算机，用Fedora的第一张光盘引导入安装界面，然后按照提示操作即可。

从硬盘安装：首先将下载的三个ISO文件放在硬盘的同一个分区的根目录下，用WinISO或者WinRAR软件解压出Fedora第一张安装盘ISO文件里的dosutils文件，用引导光盘进入DOS，切换到dosutils目录下，运行autoboot命令就开始安装了。在安装方式中选择硬盘安装，接下来选择ISO文件的存放路径，选择分区后再填入目录名，如选择/dev/hda8。之后的安装过程类似于光盘安装。

在第4章已经介绍过，Linux把所有的设备都当做文件，因此连接在计算机主板IDE通道Primary Master上的设备（通常是硬盘）在Linux下对应的设备名为hda，接在Primary Slave上的设备就为hdb，接在Secondary Master就为hdc，接在Secondary Slave就为hdd。/dev目录用来存放Linux的设备文件。设备名后面的数字表示Linux下的分区编号，由于Linux保留了1~4为主分区，因此扩展分区的第一个逻辑分区就用5来表示，D盘一般就是hda5，E盘就是hda6，依次类推，/dev/hda8就代表第一个物理IDE硬盘的G盘。对于服务器上使用的SCSI硬盘的设备名则分别是sda、sdb等。

在预装Windows操作系统的PC上再安装Linux后，Linux会自动安装GRUB多重操作系统启动管理器，由此可以在计算机启动时选择引导希望运行的操作系统。

3. 先在 Windows 操作系统下安装虚拟机，然后在虚拟机中安装 Linux 操作系统

采用 Windows 和 Linux 的混合开发模式。由于初学者对 Linux 系统不是很熟悉，通常需借用 Windows 下强大的编辑工具，通过共享再在 Linux 系统下进行编译、调试等工作。

第 4 章的 4.4、4.5 节已经详细介绍了虚拟机及 VMware 软件的安装和使用，本小节再重点讲述两个问题。

（1）如何解决鼠标在虚拟机与 Windows 之间切换不方便的问题

当利用 VMware 软件初始安装 Linux 虚拟机之后，若鼠标指针点进虚拟机区域，鼠标将无法正常从虚拟机脱离回到主机。每次必须按下〈Ctrl + Alt〉快捷键进行切换，导致鼠标在虚拟机与 Windows 之间切换不便。该问题是没有安装 VMware tools 引起的，下面简要介绍其安装步骤。

在 VMware 的菜单栏中选择“虚拟机 > 安装 VMware 工具”，弹出如图 5-12 所示的文件夹，该文件夹即# mount/dev/cdrom，包括两个文件。把其中的 VMwareTools-5. 0. 0-13124. tar. gz 压缩文件复制到/tmp 目录下解压，解压后用 cd 命令进入解压后的文件夹，运行 . /vmware-install. pl 进行安装，安装过程根据提示操作。最后一项是分辨率设置，可根据自己显示器的大小进行设置，一般设成 800 × 600。VMware tools 安装完毕后重启 Linux 虚拟机，这时鼠标就可以在虚拟机与 Windows 系统之间方便切换了。

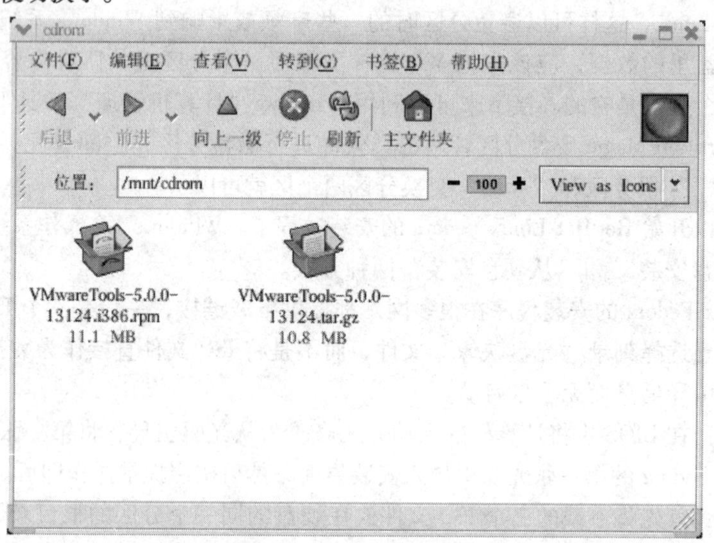

图 5-12　VMware 软件安装 VMware tools 过程

（2）VMware 虚拟机设置文件夹与 Windows 实现共享

首先安装 VMware tools 工具，在 Windows 中新建一个共享文件夹，如 F:\share。然后在 VMware 的菜单栏中选择“虚拟机”→“设置”，打开“虚拟机设置”对话框。在“选项”选项卡中单击“共享文件夹”，然后单击“添加”按钮，根据对话框提示输入共享文件夹的名称，如 share 和路径，将刚才共享的文件夹添加进去，如图 5-13 所示。这样，在 Linux 下的/mnt/hgfs 下的 share 就是在 Windows 下共享的文件夹了。

实际上，安装有 WindowsXP 的宿主机中使用虚拟 Linux 系统，可以避免切换不同操作系统所需的频繁重启，也不会对原 Windows 操作系统产生任何影响。使用虚拟 Linux 操作系统可以任意进行嵌入式开发而无须担心操作不当导致宿主机系统崩溃，因此建议使用虚拟 Linux 系统的方式。

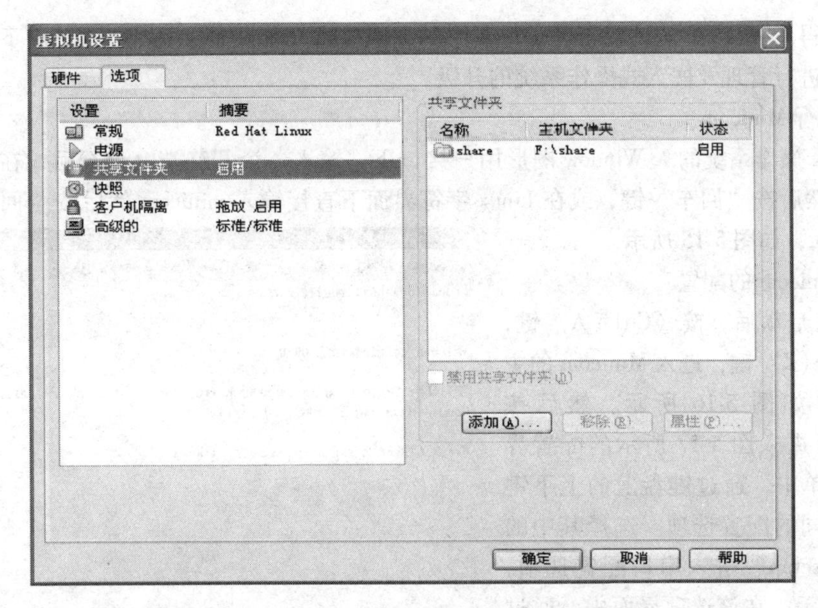

图 5-13　VMware 软件设置与 Windows 实现共享

5.3.2　开发环境的配置

嵌入式应用程序的开发一般先在宿主机上调试完成，然后下载到目标机。为保证正常下载，必须建立宿主机与目标机之间的可靠连接。宿主机上的 VMware 软件及 Linux 系统安装好之后，需要配置好宿主机的开发环境才能与开发机正常进行通信。在 5.1.1 小节嵌入式系统的开发模式中已经提到，宿主机与目标机之间一般通过串口、以太网口、USB 口或者 JTAG 口进行通信，如图 5-14 所示。JTAG 调试接口已在第 3 章中具体介绍，这里主要介绍建立开发环境时常用的串口和以太网口的连接配置方法。

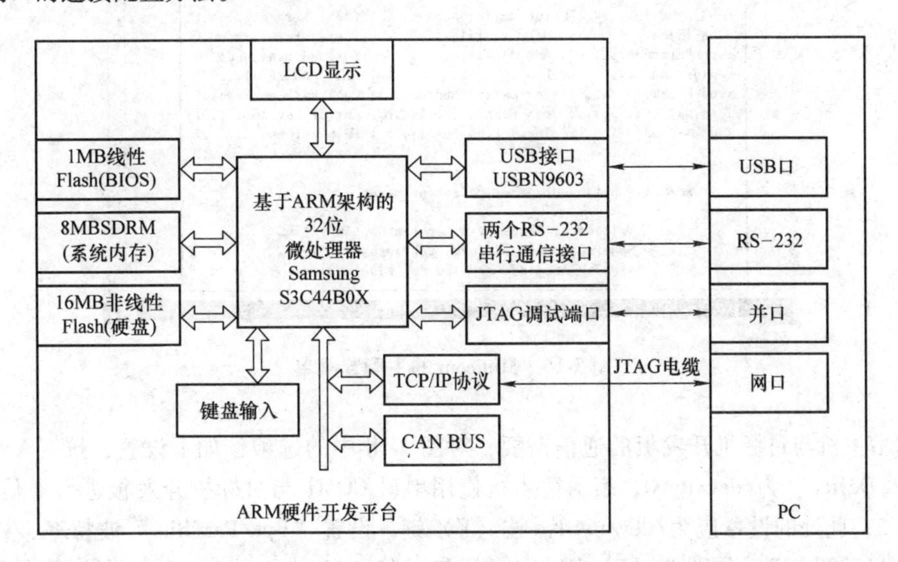

图 5-14　PC 与 ARM 硬件开发平台的连接端口

1. 配置串口

Linux 下使用 Minicom 作为串口通信程序。Minicom 能够运行于多数 UNIX 系统，且其源代码可以自由获得。Minicom 的功能与 Windows 中的超级终端功能相似，适用于 Linux 下通过串口对嵌入式设备进行管理及嵌入式操作系统的升级。

（1）运行 Minicom

在 Linux 操作系统的 X Window 图形用户接口下，输入一个开终端命令行后，在提示符下输入 minicom 然后按“回车”键，或在 Linux 字符界面下直接输入 minicom 然后按“回车”键即可启动 Minicom，如图 5-15 所示。

（2）Minicom 的配置

Minicom 启动后，按〈Ctrl + A〉键，松开后再按〈Z〉键，进入 Minicom 的主配置菜单，如图 5-16 所示。然后按〈O〉键即可进入图 5-17 所示的配置界面。在该菜单中，通过键盘上的上下键即可选择不同的配置选项。选择其中的“Serial port setup”进入串口配置选项，如图 5-18 所示。在该选项界面中，通过按键盘上每个选项前对应的字母键即可激活该选项，输入所需的配置。

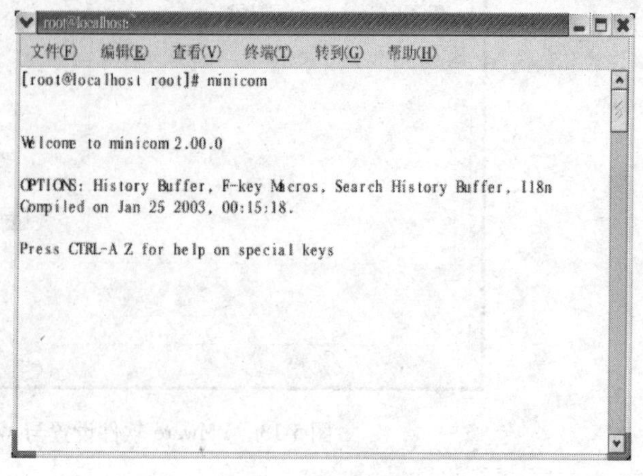

图 5-15　启动 Minicom

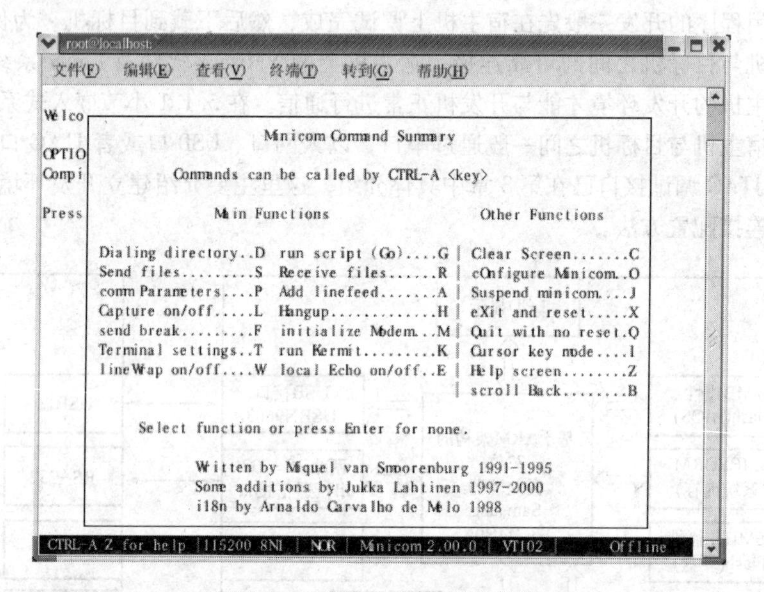

图 5-16　Minicom 的主配置菜单

根据宿主机与目标机开发板的通信需要，对图 5-18 中的选项作如下设置：按〈A〉键，设置“Serial Device”为/dev/ttyS0，表示宿主机使用串口 COM1 与目标机开发板进行通信。若 PC 使用串口 2，此处的设置应为/dev/ttyS1。按〈E〉键，设置“Bps/Par/Bits”波特率、数据位和停止位为 115200 8NI。分别按〈F〉键、〈G〉键，将“Hardware Flow Control”硬件流控制和“Software Flow Control”软件流控制都改为 No。

最后按〈Esc〉键退回到图 5-17 所示的配置界面，选择“Save setup as df1”保存设置。配置完成后，宿主机即可在 Linux 中利用串口与目标机进行通信。

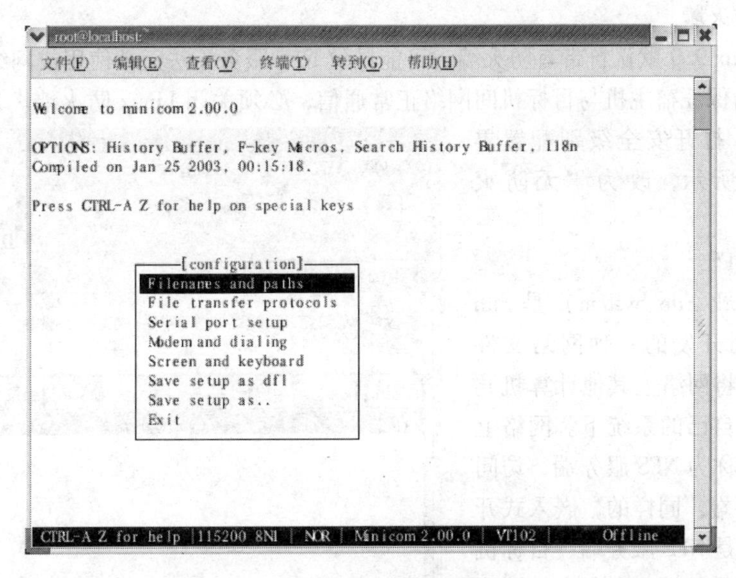

图 5-17　Minicom 的配置界面

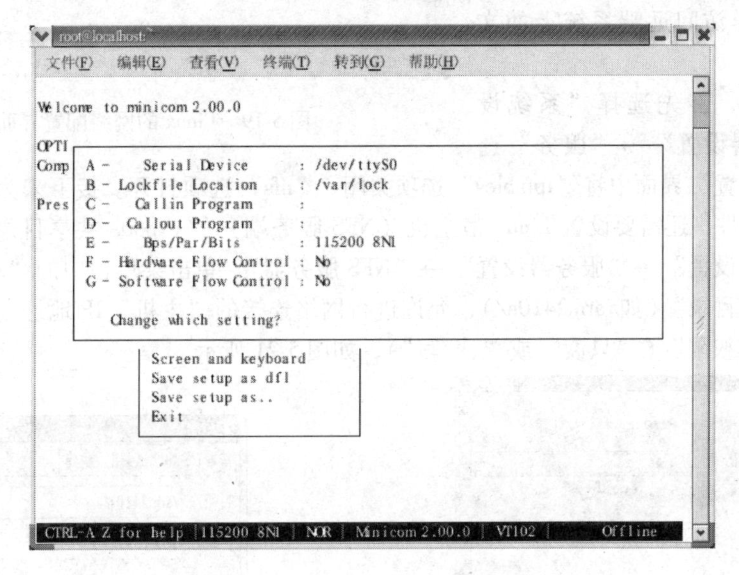

图 5-18　Minicom 的串口配置选项

2. 配置网络

当宿主机与目标机通过网络接口进行通信时，对以太网口的配置主要包括对 IP 地址、防火墙、网络传输协议，如 NFS 和 TFTP 等的配置。

(1) 设置 IP 地址

在 5.2 节中已经介绍过配置开发主机的方法，宿主机和目标机要通过网络直接进行通信，它们的 IP 地址必须在同一网段。在 Windows 的“超级终端”或 Linux 下的 Minicom 串口通信程序中，利用 ifconfig 命令（Windows 下为 ipconfig）可以发现目标机对象的 IP 地址为 192.168.0.*，子网掩码为 255.255.255.0。因此，在 Linux 系统下选择“系统设置 > 网络”选项，打开图 5-19 所示的 Linux 开发主机的网络配置界面，将以太网卡 eth0 的 IP 地址和子网掩码作相应设置，保证它们的 IP 地址在同一网段内即可。

（2）配置防火墙

Red Hat Linux 9.0 默认自带有防火墙，可能导致 NFS 服务无法正常使用或网络设备无法访问 Linux。因此，为保证宿主机与目标机间网络正常通信，必须关闭 Linux 防火墙。“系统设置 > 安全级别”选项，打开安全级别配置界面，如图 5-20 所示，改为“无防火墙”。

（3）配置 NFS

NFS（Network File System）是 Sun microsystems 公司开发的一种网络文件系统，允许用户将网络上其他计算机共享的文件映射到自己的系统下。网络上共享文件的一端称为 NFS 服务端，访问端称为 NFS 客户端。同样的，嵌入式开发过程中宿主机是 NFS 服务端，目标机对象为 NFS 客户端。用户和程序如同访问本地文件一样访问远端系统上的文件。

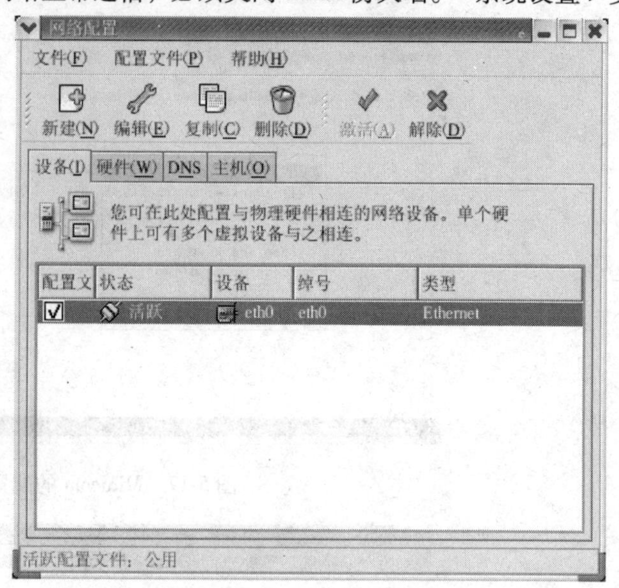

图 5-19　Linux 的网络配置界面

在 Linux 下，首先选择“系统设置”→“服务器设置”→“服务”选项，在“服务配置”界面中将“iptables”选项关闭、“nfs”选项打开。接下来为了实现目标机与宿主机共享文件，还需要设置 Linux 宿主机（NFS 服务端）的 exports 共享目录。操作步骤如下：打开“系统设置”→“服务器设置”→“NFS 服务器”，单击菜单栏中的“增加”，然后指定需要共享的“目录”（如/arm2410s/），允许进行网络连接的“主机”IP 地址（如 192.168.0.*）以及“基本权限”（“只读”或“读/写”），如图 5-21 所示。

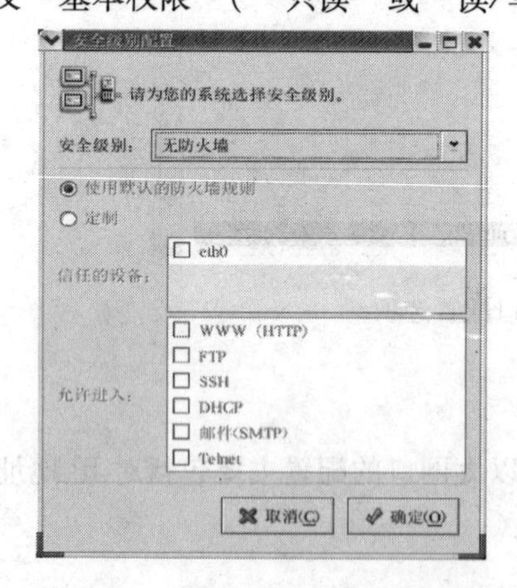

图 5-20　Linux 的安全级别配置界面

图 5-21　NFS 的配置界面

配置完成后，可以验证一下 NFS 服务配置是否成功。方法是：在宿主机上 mount 本机。例如，在终端命令行中输入：mount 192.168.0.11:/arm2410s/mnt，其中 192.168.0.11 为宿主机的 IP 地址。运行上述命令后，若在/mnt 外围设备的挂载目录下看到本机/arm2410s 下的所有文件，则说明 NFS 服务已经配置成功。当目标机（NFS 客户端）以 NFS 方式利用 mount 命令挂载上该共享目录时，就能像访问宿主机目录一样方便地访问目标机上的共享目录，操作非常方便。

需要注意的是，此时目标机对象上运行的程序实际上还是宿主机的，只不过是以网络文件系统（NFS）的方式用 mount 命令挂载上去而已。

5.4 BootLoader

5.4.1 BootLoader 详解

一个嵌入式 Linux 系统从软件角度通常可以分为引导加载程序、Linux 操作系统内核、文件系统和用户应用程序四个层次。其中的引导加载程序是计算机系统加电后运行的第一段软件代码。引导加载程序包括固化在固件（firmware）中的 Boot 代码（可选）和 BootLoader 两大部分。

概括地说，引导程序 BootLoader 的总目标就是在嵌入式系统上电后正确地调用内核并执行。对于某些不使用操作系统的嵌入式系统而言，应用程序的运行同样也需要依赖于引导程序，因此 BootLoader 对于嵌入式系统来说是非常必要的。

那么，具体什么是 BootLoader？它有哪些特点和功能呢？为了更加清楚地对比说明和理解嵌入式系统中 BootLoader 的概念及其重要作用，这里先简单介绍一下 PC 中的 BIOS 及其在 PC 开机启动过程中是如何发挥作用的。

在 PC 系统中，引导加载程序通常是由 BIOS 和位于硬盘的主引导记录（MBR）中的系统引导程序 OS BootLoader（如 LILO 和 GRUB 等）一起组成的。BIOS 是固化到计算机主板 ROM 芯片上的一组程序，称为基本输入输出系统（Basic Input Output System）。BIOS 保存着计算机最重要的基本输入输出的程序、系统设置信息、开机自检程序和系统自启动程序。其主要功能是为计算机提供最底层的、最直接的硬件设置和控制。

系统上电后，BIOS 完成硬件检测和资源分配，将硬盘主引导记录 MBR 中的引导程序 BootLoader 读到系统的 RAM 内存中，然后将控制权交给引导程序 OS BootLoader。而引导程序的主要任务就是将内核映像从硬盘读到内存中，然后跳转到内核的入口点去运行，即开始启动操作系统。

1. BootLoader 的功能与特点

在嵌入式系统中，主要使用 Flash 而非 PC 中的硬盘作为数据的存储媒介，通常并没有像 BIOS 那样的固件程序，因此整个系统的加载启动任务就完全由引导程序 BootLoader 来完成。BootLoader 是嵌入式系统加电启动运行的第一段软件代码，其作用相当于 PC 的 BIOS。BootLoader 是在嵌入式操作系统内核或用户应用程序运行之前运行的一段小程序，通常只有几十 KB 的大小。通过这段小程序，可以初始化硬件设备、建立内存空间的映射图，从而将系统的软硬件环境带到一个合适的状态，为最终调用操作系统内核或用户应用程序准备好正确的环境。

BootLoader 的主要功能包括：

1）硬件设备初始化（嵌入式处理器的主频、SDRAM、中断、串口等）。

2）内核启动参数。

3）启动内核。

4）与主机进行交互，从串口、USB 端口或者网络端口下载映像文件，并可以对 Flash 等存储设备进行管理。

BootLoader 的实现严重依赖于嵌入式系统的硬件设备，与具体的嵌入式板级设备元器件的配置也息息相关。各种不同的嵌入式处理器体系结构都有不同的 BootLoader，有些 BootLoader 也支持多种体系结构的处理器，即使是基于相同嵌入式处理器不同的嵌入式目标机，其构建 Boot-

Loader 时也要对源程序进行修改。也就是说，对于两块基于相同处理器构建的嵌入式目标机开发板而言，如果板级元器件不同，要想让运行在一块目标机开发板上的 BootLoader 程序也能运行在另一块目标机开发板上，通常也都需要修改 BootLoader 的源程序。

因此，在嵌入式应用领域中，为嵌入式系统建立一个通用的、标准的 BootLoader 是很困难的。尽管如此，随着嵌入式硬件设计的规范化，仍然可以对 BootLoader 的编写归纳出一些通用的概念来，以指导特定 BootLoader 的设计与实现。

2. BootLoader 的工作原理

嵌入式系统在上电或复位后，处理器通常都从某个预先设定的地址上取指令，例如基于 ARM9TDMI core 的处理器在复位时就是从地址 0x00000000 处开始取第一条指令执行的，而嵌入式系统通常都有某种类型的固态存储设备，如 ROM、EEPROM 或 Flash 等，被映射到这个预先安排好的地址上。因此，在系统加电后，嵌入式处理器将首先执行 BootLoader 引导程序。

图 5-22 所示为一个同时装有 BootLoader、内核启动参数、内核映像和根文件系统映像的固态存储设备的典型空间分配结构。整个系统的加载启动任务由 BootLoader 来完成。首先完成系统硬件的初始化，包括时钟的设置、存储器的映射等，并设置好堆栈指针；然后跳转到操作系统内核入口，例如系统在加电或复位时通常从地址 0x00000000 处开始执行，而在这个地址处安排的通常就是系统的 BootLoader 程序。这样，就将系统的软硬件环境带到了一个合适的状态，以便为最终调用操作系统内核准备好正确的环境。自此，系统的运行就在操作系统的控制之下了。

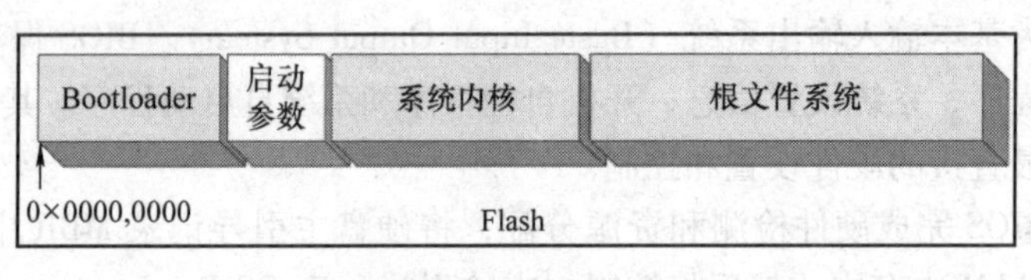

图 5-22　固态存储设备的典型空间分配结构

3. BootLoader 的程序结构

BootLoader 的实现依赖于处理器的体系结构，因此大多数 BootLoader 的结构分为阶段 1（stage 1）和阶段 2（stage 2）两部分。依赖于处理器体系结构的设备初始化等的代码，通常都放在阶段 1 中，采用汇编语言编码实现，以达到短小精悍的目的。而阶段 2 通常用 C 语言来实现，这样可以实现一些复杂的功能，而且代码会具有更好的可读性和可移植性。

BootLoader 阶段 1 的启动步骤如图 5-23 所示，具体任务包括：

1）基本的硬件初始化，包括屏蔽所有的中断、设置处理器的速度和时钟频率、RAM 初始化、关闭处理器内部指令/数据 Cache。

2）为加载 BootLoader 的 stage 2 准备 RAM 空间。

3）复制 BootLoader 的 stage 2 到 RAM 中。

4）设置堆栈指针。

5）跳转到 stage 2 的入口点。

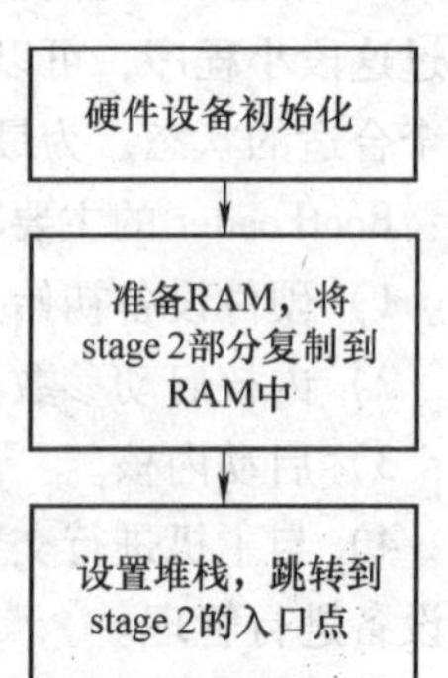

图 5-23　BootLoader 的阶段 1 的启动步骤

BootLoader 阶段 2 的启动步骤如图 5-24 所示，具体任务包括：

1）初始化本阶段要使用到的硬件设备。

2）检测系统内存映射。

3）加载 Kernel 内核映像和根文件系统映像。将 Kernel 映像和根文件系统映像从 Flash 上读到 RAM 空间中。

4）设置内核的启动参数。

5）跳转到内核映像入口并调用内核程序。

6）系统的软件设置，更新系统（system. bin）。

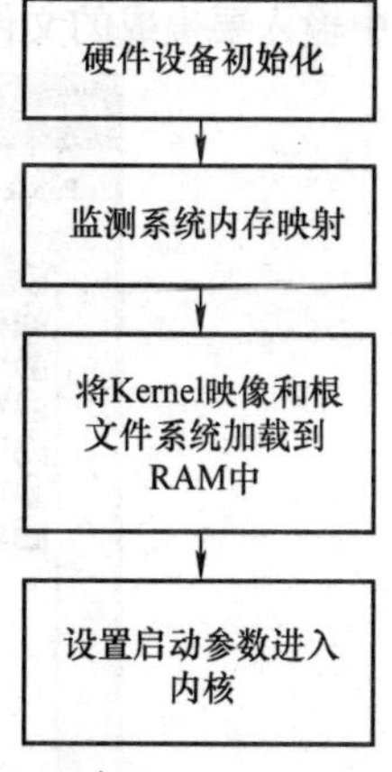

图 5-24 BootLoader 的阶段 2 的启动步骤

4. BootLoader 的操作模式（Operation Mode）

大多数 BootLoader 都包含启动加载模式和下载模式两种不同的操作模式。从最终用户的角度看，BootLoader 的作用就是用来加载操作系统，并不存在所谓的启动加载模式与下载模式的区别。

1）启动加载（Bootloading）模式。这种模式也称为“自引导”（Autonomous）模式。在这种模式下，BootLoader 从目标机上的某个固态存储设备上将操作系统加载到 RAM 中运行，整个过程并没有用户的介入。这种模式是 BootLoader 的正常工作模式，因此在嵌入式产品发布的时候，BootLoader 显然必须工作在这种模式下才能引导整个系统正常工作。

2）下载（Downloading）模式。在这种模式下，目标机上的 BootLoader 将通过串口或网络连接等通信手段从宿主机下载文件，如下载内核映像和根文件系统映像等。从宿主机下载的文件通常首先被 BootLoader 保存到目标机的 RAM 中，然后再被 BootLoader 写到目标机上的 Flash 等固态存储设备中。BootLoader 的这种模式通常在第一次安装操作系统内核与根文件系统时被使用；此外，后期的系统更新也会用到 BootLoader 的这种工作模式。工作于这种模式下的 BootLoader 通常都会向它的终端用户提供一个简单的命令行接口，如 U-Boot、vivi 等。

像 U-Boot、vivi 或 Blob 等功能强大的 BootLoader 通常同时支持以上这两种工作模式，而且允许用户在这两种工作模式之间进行自由切换，详情请参考 5. 4. 2 小节。

目标机上的 BootLoader 一般通过串口与宿主机之间进行文件传输，传输协议通常是 xmodem/ymodem/zmodem 协议中的一种。但是，由于串口传输的速度是有限的，因此通过以太网连接并借助 TFTP 来下载文件是个更好的选择。需要注意的是，在通过以太网连接和 TFTP 从宿主机下载文件时，宿主机上必须安装有用来提供 TFTP 服务的软件。

5. BootLoader 的程序编写、调试和烧写

BootLoader 程序与硬件系统密切相关。在完成存储器空间地址分配后，接下来就可以在 ADS 软件开发环境中开发 BootLoader。首先启动 ARM Developer Suite v1. 2 套件中的 CodeWarrior for ARM Developer Suite 集成开发环境，选择菜单“File”→“New”选项，弹出图 5-25 所示的“New”对话框。在列表框中选中要新建的 Project 类型“ARM Executable Image”，然后在右侧 Project name 文本框中输入工程名“BootLoader”。在 Location 中可以更改该工程的路径，最后单击“确定”按钮。

在弹出 BootLoader. mcp 工程窗口后，单击菜单“file”→“new”选项，在弹出的对话框中，打开“File”选项卡，在 File name 中输入要创建的文件名 new. s，最后单击“确定”按钮即可进入编辑源程序的输入状态。用同样的方法创建一个 main. c 文件，然后在 BootLoader. mcp 工程窗口上的空白处单击鼠标右键，选中“Add Files”选项，将 new. s 和 main. c 文件加入工程中。

在程序编辑环境新建完毕后，还需要设置程序的编译环境。选择菜单“Edit”→“DebugRel Settings”选项，在弹出的图 5-26 所示的对话框中，分别作如下设置：选中“Target Settings”选项，将 Post-linker 下拉列表框设置为“ARM fromELF”；选中“ARM Assembler”选项，将 Architecture or Processor 下拉列表框设置为“ARM 920T”，将 Byte Order 设置为“Little Endian”，将 Initial State 设置为“ARM”；选中“ARM Linker”选项，在 Layout 选项卡的“Object/Symbol”文本框中输入要生成的文件的名字“BootLoader. o”。最后单击“OK”按钮，完成编译环境的设置。

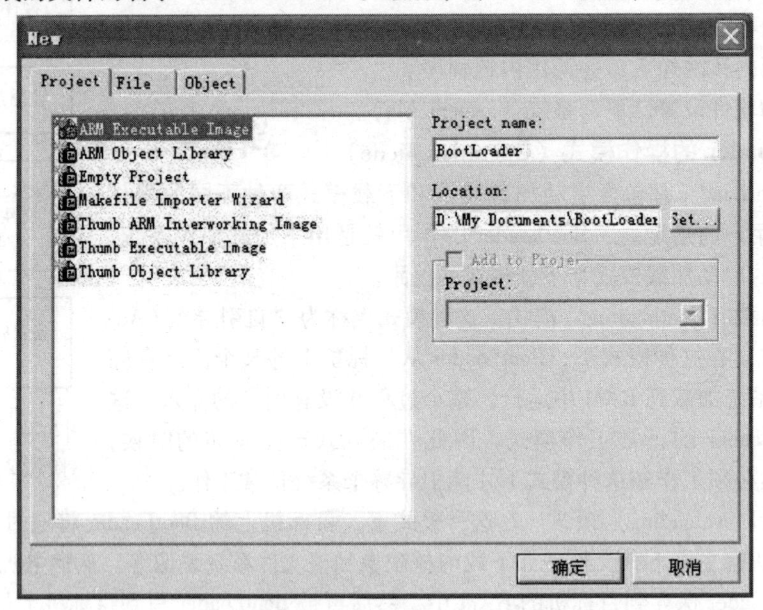

图 5-25　新建 BootLoader 工程

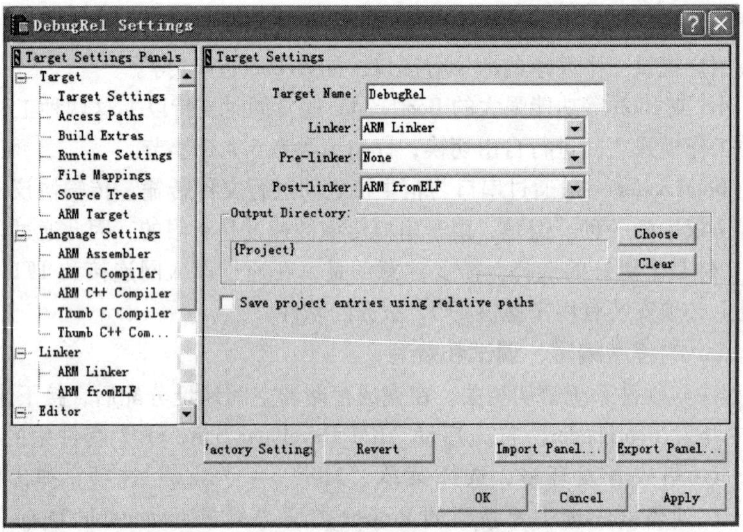

图 5-26　“DebugRel Settings”对话框的设置

至此，BootLoader 的软件开发环境已经建立完成。

在宿主机上的 BootLoader 程序编写好后，使用 JTAG 处理器调试接口进行程序的调试。调试成功后，编译 BootLoader 工程，生成目标代码 BootLoader. bin，通过 JTAG 电缆，在目标机开发板上电或者复位时，由烧写程序探测到处理器并且开始通信，然后把 BootLoader 下载并烧写到 Flash 中。

对于每种不同的嵌入式系统体系结构，Linux 下都有一系列开放源码的 BootLoader 可供选择，见表 5-1。在接下来的小节里，将概要介绍嵌入式系统中的几种典型的 BootLoader。

表5-1　Linux下常见的BootLoader

BootLoader的名称	功　能	可支持的体系结构
LILO	Linux的磁盘引导加载程序	x86
GRUB	GNU的LILO替代程序	x86
U-Boot	以PPCBoot和ARMBoot为基础的通用引导加载程序	x86,ARM,PowerPC,MIPS等
RedBoot	基于eCos的引导程序	x86,ARM,PowerPC,MIPS,M68K
vivi	为S3C24XX处理器引导Linux	ARM
ROLO	可从ROM引导Linux而不需要BIOS	x86
Etherboot	从以太网卡启动Linux系统的固件	x86
LinuxBIOS	以Linux为基础的BIOS替代品	x86
BLOB	LART等硬件平台的引导程序	ARM

5.4.2　vivi

1. vivi简介

vivi是韩国Mizi公司开发的一种BootLoader，可用于ARM9处理器的引导。目前vivi只能利用串行通信为用户提供接口。为连接vivi，首先利用串口电缆连接宿主机和目标机，然后在宿主机上运行串口通信程序（超级终端），并在目标机上正确设置vivi以支持串口。正确连接后，就可以由串口通信程序显示提示信息。vivi支持基于S3C2410芯片的UP-NETARM2410平台上Linux内核的引导，结构简单，可以传递内核参数。

vivi也支持上述提到启动加载和下载两种工作模式。vivi在启动时处于正常的启动加载模式，如图5-27所示。

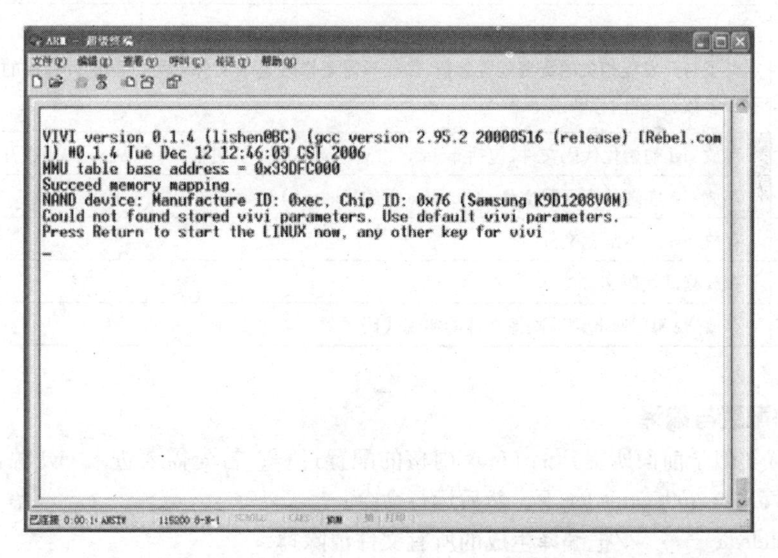

图5-27　vivi启动过程中两种工作模式的选择

提示信息的最后一行如下所示：

Press Return to start the LINUX now, any other key for vivi.

出现上述信息后，它会延时一段时间（该时间可修改），等待终端用户选择。如果在该段时间内用户直接按“回车”键或没有按键，则 vivi 将正常启动 Linux 内核。这也是 vivi 的默认工作方式。除“回车”键外，按任意键即可进入下载模式，出现“vivi >”提示符。在下载模式下，vivi 为用户提供了一个命令行接口，通过该接口可以使用 vivi 提供的一系列命令。常见命令包括：

load：将二进制文件载入到 Flash 或者 RAM。例如，博创实验箱烧写内核映像 zImage 命令：

vivi > load flash kernel x

part：操作 MTD 分区信息，显示、增加、删除、复位、保存 MTD 分区。

param：设置参数。

boot：启动系统。

flash：管理 Flash，如删除 Flash 的数据。

2. vivi 的目录结构与功能

```
⊟ vivi
  ⊞ arch
    CVS
  ⊞ Documentation
  ⊞ drivers
  ⊞ include
  ⊞ init
  ⊞ lib
  ⊞ scripts
  ⊞ test
  ⊞ util
```

图 5-28　vivi 源代码的目录树结构

vivi 的源代码可从 http://download. csdn. net/网站下载，源代码的目录树结构如图 5-28 所示。代码包括 arch、CVS、Documentation、drivers、include、init、lib、scripts、test 和 util 等几个目录，共 200 多个文件。vivi 源代码包括的主要目录说明见表 5-2。

表 5-2　vivi 源代码包括的主要目录说明

目录名称	目录说明
arch	该目录包括了所有 vivi 支持的处理器体系架构的子目录，如 s3c2410 子目录
CVS	存放 CVS 工具相关文件
Documentation	存放 vivi 相关帮助文档
drivers	包括引导内核需要的设备驱动程序
include	存放头文件的公共目录，如其中的 s3c2410. h 定义了这块处理器的一些寄存器。Platform/smdk2410. h 定义了与开发板相关的资源配置参数，往往只需要修改这个文件就可以配置目标板的参数，如波特率、引导参数、物理内存映射等
init	存放 vivi 初始化代码文件，包括 main. c 和 version. c 两个文件。vivi 将从 main 函数开始执行
lib	存放 vivi 实现的库函数文件，如 time. c 里的 udelay( ) 和 mdelay( )
scripts	存放 vivi 脚本配置文件
test	存放测试代码文件
util	存放 NAND Flash 烧写映像文件的实现代码

3. vivi 的配置与编译

vivi 的配置类似于前面所提到的 Linux 内核的配置过程，首先需要进入 vivi 源代码所在的目录/root/linux-V5. 1/exp/bootloader 下，然后运行命令：

```
$ make distclean        //把编译生成的所有文件清除掉
$ make menuconfig       //打开基于文本菜单的配置界面
```

打开如图 5-29 所示的 vivi 配置界面，根据目标机开发板的具体需要进行适当配置。配置完成后保存退出。修改/root/linux-V5. 1/exp/bootloader/vivi 目录下 Makefile 文件中的相关的变量设置，包括：存放 Linux 的 Kernel 源代码的地址 kernel/include 的对应目录 LINUX _ INCLUDE _ DIR 和存放交叉编译工具 arm-linux 安装的相应路径 CROSS _ COMPILE。然后在终端命令行运行 make

命令开始编译，生成位于/root/linux-V5.1/exp/bootloader/vivi/arch/def-configs/目录下新的 vivi 配置文件 smkd2410。

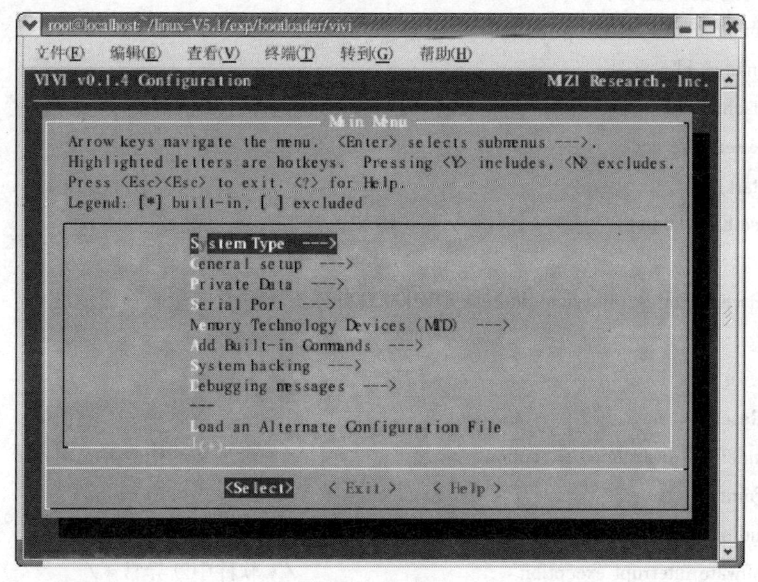

图 5-29　vivi 配置界面

4. vivi 的操作模式

作为典型的 BootLoader 之一，vivi 的运行也可以分为两个阶段。

（1）vivi 的第一阶段（stage 1）

vivi 在第一阶段完成含有依赖于处理器体系结构的硬件初始化的代码，如禁止中断、初始化串口、复制自身到 RAM 等。其利用汇编语言编写的源代码主要集中在位于 vivi/arch/s3c2410/目录下的 head. S 文件中，代码执行流程如图 5-30 所示。该代码是目标机开发板上电后的起始运行代码。完成的主要任务包括：

1）关 WATCH DOG（上电后，WATCH DOG 默认是开着的）。

2）禁止所有中断。

3）初始化系统时钟。

4）初始化内存控制寄存器（一共 13 个）。

5）检查是否从掉电模式唤醒，若是，则调用 WakeupStart 函数进行处理。

6）点亮所有 LED。

7）初始化 UART0。

8）将 vivi 所有代码（包括 stage 1、stage 2）从 NAND Flash 复制到 SDRAM。

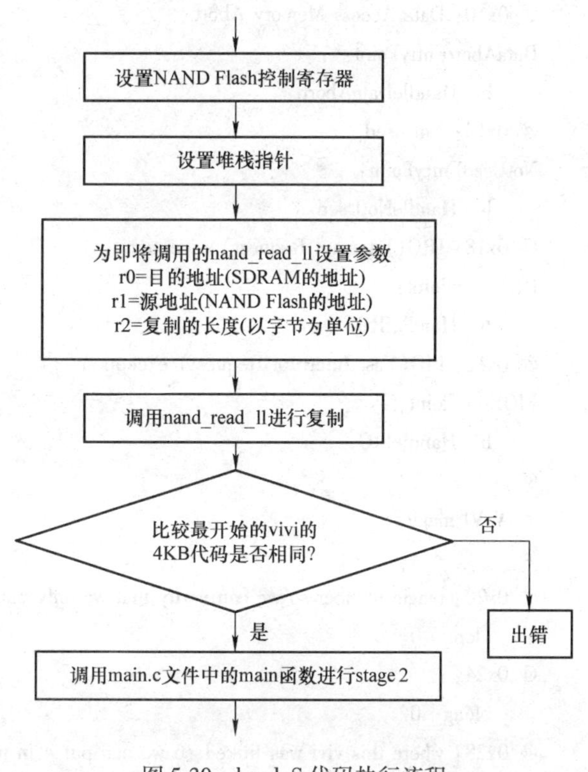

图 5-30　head. S 代码执行流程

9）跳到 bootloader 的 stage 2 运行。

head. S 源代码及其注释如下：

```
#include "config. h"
#include "linkage. h"
#include "machine. h"
@ Start of executable code
ENTRY(_start)
ENTRY(ResetEntryPoint)
@
@ Exception vector table (physical address = 0x00000000)  /* 异常向量表物理地址 */
@
@ 0x00: Reset                                             /* 复位 */
    b      Reset
@ 0x04: Undefined instruction exception                   /* 未定义的指令异常 */
UndefEntryPoint:
    b  HandleUndef
@ 0x08: Software interrupt exception                      /* 软件中断异常 */
SWIEntryPoint:
    b  HandleSWI
@ 0x0c: Prefetch Abort (Instruction Fetch Memory Abort)  /* 内存操作异常 */
PrefetchAbortEnteryPoint:
    b  HandlePrefetchAbort
@ 0x10: Data Access Memory Abort                          /* 数据异常 */
DataAbortEntryPoint:
    b  HandleDataAbort
@ 0x14: Not used                                          /* 未使用 */
NotUsedEntryPoint:
    b  HandleNotUsed
@ 0x18: IRQ(Interrupt Request) exception                  /* 慢速中断异常处理 */
IRQEntryPoint:
    b  HandleIRQ
@ 0x1c: FIQ(Fast Interrupt Request) exception             /* 快速中断异常处理 */
FIQEntryPoint:
    b  HandleFIQ
@
@ VIVI magics
@
@ 0x20: magic number so we can verify that we only put
    .long  0
@ 0x24:
    .long  0
@ 0x28: where this vivi was linked, so we can put it in memory in the right place
    .long  _start
```

```
@ 0x2C: this contains the platform,cpu and machine id
    .long   ARCHITECTURE_MAGIC
@ 0x30: vivi capabilities
    .long   0
#ifdef CONFIG_PM                                /*vivi不使用电源管理*/
@ 0x34:
    b   SleepRamProc
#endif
#ifdef CONFIG_TEST
@ 0x38:
    b   hmi
#endif
@
@ Start VIVI head
@
Reset:
    @ disable watch dog timer                   /*禁止看门狗计时器*/
    mov r1,#0x53000000                          /*WTCON寄存器的地址是0x53000000*/
    mov r2,#0x0
    str r2,[r1]
#ifdef CONFIG_S3C2410_MPORT3                    /*不符合条件,跳到关中断:/vivi/include/au-
toconf.h中的#undef CONFIG_S3C2410_MPORT3*/
    mov r1,#0x56000000                          /*GPACON寄存器地址是0x56000000*/
    mov r2,#0x00000005
    str r2,[r1,#0x70]                           /*配置GPHCON寄存器*/
    mov r2,#0x00000001                          /*配置GPHUP寄存器*/
    str r2,[r1,#0x78]
    mov r2,#0x00000001                          /*配置GPHDAT寄存器*/
    str r2,[r1,#0x74]
#endif
    @ disable all interrupts                    /*禁止全部中断*/
    mov r1,#INT_CTL_BASE
    mov r2,#0xffffffff
    str r2,[r1,#oINTMSK]                        /*掩码关闭所有中断*/
    ldr r2,=0x7ff
    str r2,[r1,#oINTSUBMSK]
    @ initialise system clocks                  /*初始化系统时钟*/
    mov r1,#CLK_CTL_BASE
    mvn r2,#0xff000000
    str r2,[r1,#oLOCKTIME]
    @ldr r2,mpll_50mhz                          /*CPU频率为50MHz*/
    @str r2,[r1,#oMPLLCON]
#ifndef CONFIG_S3C2410_MPORT1
    @ 1:2:4
```

```
    mov r1,#CLK_CTL_BASE
    mov r2,#0x3
    str r2,[r1,#oCLKDIVN]
    mrc p15,0,r1,c1,c0,0        @ read ctrl register
    orr r1,r1,#0xc0000000       @ Asynchronous
    mcr p15,0,r1,c1,c0,0        @ write ctrl register
    @ now,CPU clock is 200 Mhz                          /* CPU 频率为 200MHz */
    mov r1,#CLK_CTL_BASE
    ldr r2,mpll_200mhz
    str r2,[r1,#oMPLLCON]
#else
    @ 1:2:2
    mov r1,#CLK_CTL_BASE
    ldr r2,clock_clkdivn
    str r2,[r1,#oCLKDIVN]
    mrc p15,0,r1,c1,c0,0        @ read ctrl register
    orr r1,r1,#0xc0000000       @ Asynchronous
    mcr p15,0,r1,c1,c0,0        @ write ctrl register
    @ now,CPU clock is 100 Mhz                          /* CPU 频率为 100MHz */
    mov r1,#CLK_CTL_BASE
    ldr r2,mpll_100mhz
    str r2,[r1,#oMPLLCON]
#endif
    bl memsetup                                         /* 跳转到 memsetup 函数 */
#ifdef CONFIG_PM
    @ Check if this is a wake-up from sleep             /* 查看状态 */
    ldr r1,PMST_ADDR
    ldr r0,[r1]
    tst r0,#(PMST_SMR)
    bne WakeupStart                                     /* 判断是否需要跳转到 WakeupStart */
#endif
#ifdef CONFIG_S3C2410_SMDK                              /* SMDK 目标机开发板使用 */
    @ All LED on                                        /* 点亮目标机开发板上所有的 LED */
    mov r1,#GPIO_CTL_BASE
    add r1,r1,#oGPIO_F                                  /* LED 使用目标机开发板上的 GPIO_F 引脚 */
    ldr r2,=0x55aa
    str r2,[r1,#oGPIO_CON]
    mov r2,#0xff
    str r2,[r1,#oGPIO_UP]
    mov r2,#0x00
    str r2,[r1,#oGPIO_DAT]
#endif
#if 0
    @ SVC
```

```
        mrs r0,cpsr
        bic r0,r0,#0xdf
        orr r1,r0,#0xd3
        msr cpsr_all,r1
#endif
        @ set GPIO for UART                          /*设置串口*/
        mov r1,#GPIO_CTL_BASE
        add r1,r1,#oGPIO_H                           /*设置GPIO_H组引脚为串口*/
        ldr r2,gpio_con_uart
        str r2,[r1,#oGPIO_CON]
        ldr r2,gpio_up_uart
        str r2,[r1,#oGPIO_UP]
        bl InitUART
#ifdef CONFIG_DEBUG_LL                               /*打印调试信息*/
        @ Print current Program Counter
        ldr r1,SerBase
        mov r0,#'\r'
        bl PrintChar
        mov r0,#'\n'
        bl PrintChar
        mov r0,#'@'
        bl PrintChar
        mov r0,pc
        bl PrintHexWord
#endif
#ifdef CONFIG_BOOTUP_MEMTEST
        @ simple memory test to find some DRAM flaults.
        bl memtest
#endif
#ifdef CONFIG_S3C2410_NAND_BOOT                      /*从NAND Flash启动*/
        bl copy_myself                               /*跳转到copy_myself函数*/
        @ jump to ram
        ldr r1,=on_the_ram
        add pc,r1,#0
        nop
        nop
1:  b   1b      @ infinite loop
on_the_ram:
#endif
#ifdef CONFIG_DEBUG_LL
        ldr r1,SerBase
        ldr r0,STR_STACK
        bl PrintWord
        ldr r0,DW_STACK_START
```

```
        bl PrintHexWord
    #endif
        @ get read to call C functions
        ldr sp,DW_STACK_START    @ setup stack pointer
        mov fp,#0                @ no previous frame,so fp = 0
        mov a2,#0                @ set argv to NULL
        bl main                  @ call main
        mov pc,#FLASH_BASE       @ otherwise,reboot
    @
    @ End VIVI head
    @
```

(2) vivi 的第二阶段（stage 2）

vivi 的第二阶段是用 C 语言完成的，源代码主要集中在位于 vivi/init 目录下的 main.c 文件中。stage 2 完成的主要任务包括：

1）打印 vivi 的信息，包括版本号等。

2）调用若干个初始化函数。

3）boot_or_vivi()：判断是否有“r”、“回车”或“空格”键按下，若有，则进入 vivi shell；若没有，则执行 boot 命令，启动内核。

4）boot 命令执行后，找到 kernel 分区，找它的偏移量和大小，执行 boot_kernel()函数，复制内核映像。

5）设置 Linux 启动参数，打印“Now Booting Linux…”。

6）调用 call_linux()函数，启动内核。

vivi 的 stage 2 从 main()函数开始运行，总共可分为八个步骤。下面结合 main.c 源代码详细分析其运行过程：

```
int main(int argc,char *argv[])
{
    int ret;
    /* Step 1:通过 putstr(vivi_banner)函数打印 vivi 的版本 */
    putstr("\r\n");
    putstr(vivi_banner);
    reset_handler();
    /* Step 2:利用 board_init()函数对目标机开发板进行初始化 */
    ret = board_init();
    if (ret) {
        putstr("Failed a board_init() procedure\r\n");
        error();
    }
    /* Step 3:分别利用 mem_map_init()函数和 mmu_init()函数进行内存映射初始化和内存管理
单元 MMU 的初始化工作 */
    mem_map_init();
    mmu_init();
    putstr("Succeed memory mapping. \r\n");
    /* Step 4:引导加载程序使用动态内存分配 */
```

```
    /* 使用 heap_init()函数初始化堆栈 */
    ret = heap_init();
    if (ret) {
        putstr("Failed initailizing heap region\r\n");
        error();
    }
    /* Step 5:初始化 mtd 设备,内存映射 */
    ret = mtd_dev_init();
    /* Step 6:初始化启动程序的参数值 */
    init_priv_data();
    /* Step 7:初始化内置命令 */
    misc();
    init_builtin_cmds();
    /* Step 8:启动 boot_or_vivi() */
    boot_or_vivi();
    return 0;
}
```

以上步骤成功后，vivi 的启动任务完成。

vivi 整个运行过程的流程如图 5-31 所示。

5.4.3 U-Boot

U-Boot，全称 Universal Boot Loader，是遵循 GPL 协议的一个开放源码项目。最初由 DENX 软件工程中心的 Wolfgang Denk 基于 8xxROM 的源码创建了 PPCBoot 工程，后来，由 Sysgo Gmbh 将 PPCBoot 移植到 ARM 平台，创建了 ARMBoot 工程，之后，又以 PPCBoot 和 ARMBoot 为基础，创建了 U-Boot 工程。U-Boot 目前可支持 PowerPC、ARM、X86、MIPS 等体系结构的上百种开发板，已经成为功能最多、灵活性最强并且开发最积极的开放源码 BootLoader。

U-Boot 作为通用的 BootLoader，除了支持常见的 Linux 操作系统外，还支持 NetBSD、VxWorks、QNX、RTEMS、ARTOS、LynxOS 等嵌入式操作系统。支持的处理器有 ARM、PowerPC、MIPS、x86、NIOS、XScale 等。U-Boot 支持尽可能多的嵌入式处理器和嵌入式操作系统，因此，它是在 GPL 下资源代码最完整的一个通用 BootLoader。

U-Boot 具有大型 BootLoader 的全部功能，也提供启动加载模式和下载模式两种操作模式。其支持的主要功能包括：

1）系统引导功能。支持 NFS 挂载、RAMDISK（压缩或非压缩）形式的根文件系统。

2）支持 NFS 挂载、从 Flash 中引导压缩或非压缩系统内核。

3）基本辅助功能，强大的操作系统接口功能，可

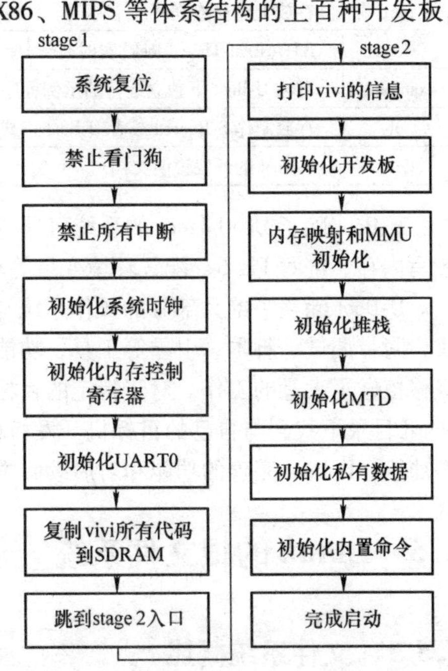

图 5-31　vivi 整个运行过程的流程

灵活设置、传递多个关键参数给操作系统，适合系统在不同开发阶段的调试要求与产品发布，尤其对 Linux 支持最为强劲。

4）支持目标机环境参数多种存储方式，如 Flash、NVRAM、EEPROM。

5）CRC32 校验，可校验 Flash 中内核、RAMDISK 镜像文件是否完好。

6）设备驱动功能。对串口、SDRAM、Flash、以太网、LCD、NVRAM、EEPROM、键盘、USB、PCMCIA、PCI、RTC 等驱动支持。

7）上电自检功能，包括：SDRAM、Flash 大小自动检测；SDRAM 故障检测；CPU 型号识别等。

8）特殊功能，如 XIP 内核引导。

读者若在使用 U-Boot 的具体过程中遇到难以解决的问题，可在线参考 http://www.denx.de/wiki/U-Boot 网站。同时，读者可以从 http://sourceforge.net/网站或 ftp://ftp.denx.de/pub/u-boot/网站获取 U-Boot 的源代码包。U-Boot 源代码的主要目录说明见表 5-3。

表 5-3 U-Boot 源代码的主要目录说明

目录名称	目录说明	特性
board	存放目标板相关的目录文件，如 RPXlite（mpc8xx）、smdk2410（arm920t）、sc520_cdp（x86）等目录	平台依赖
cpu	存放与 CPU 相关的目录文件，如 mpc8xx、ppc4xx、arm720t、arm920t、xscale、i386 等目录。mpc8xx 子目录下含串口、网口、LCD 驱动及中断初始化等文件	平台依赖
lib_xxx	存放与处理器体系相关的文件，如 lib_ppc、lib_arm、lib_i386 目录分别包含与 PowerPC、ARM、x86 体系结构相关的文件	平台依赖
common	通用的多功能函数实现。独立于处理器体系结构的通用代码，如内存大小探测与故障检测	通用
include	U-Boot 头文件，尤其是 configs 子目录下与目标板相关的配置头文件，是移植过程中经常需要修改的文件	通用
drivers	通用的设备驱动程序，如 CFI Flash 驱动、以太网接口的驱动	通用
net	与网络功能相关的文件目录，如 bootp、nfs、tftp	通用
post	存放上电自检程序	通用
rtc	RTC（Real-Time Clock，实时时钟）驱动程序	通用
examples	可在 U-Boot 下独立运行的示例程序，如 hello_world.c，timer.c	应用例程
tools	存放制作 S-Record 或者 U-Boot 格式的映像等工具，如 mkimage	工具
doc	U-Boot 的开发说明文档	文档

U-Boot 除了 BootLoader 的系统引导功能，它还拥有用户命令接口，提供了一些复杂的调试、读写内存、烧写 Flash、配置环境变量等功能。这里不再详述。

U-Boot 涵盖了绝大部分的操作系统与处理器构架，提供大量外围设备驱动，支持多个文件系统，附带调试、脚本、引导等工具，功能非常强大。其中，U-Boot 对 Linux 的支持最完善，为板级移植做了大量的工作。对于特定的目标机开发板，配置编译过程只需要修改其中部分程序。在 board 目录下找到与自己的目标机开发板相近的配置，然后在这基础上做些修改就可以实现相应的功能。U-Boot 完善的功能和对后续版本的持续更新与支持，使系统的升级维护变得十分方便。

5.5 Linux 的根文件系统

5.5.1 文件系统概述

文件系统是用于组织在一个磁盘，包括光盘、Flash 闪存及其他存储设备或分区上的文件的目录结构。在Linux操作系统中，硬件设备是以文件的形式存在，将这些文件进行分类管理且提供与内核交互的接口，就形成了一定的逻辑目录结构，也就是文件系统。Linux内核在启动过程中会安装文件系统，文件系统是Linux操作系统不可缺少的重要组成部分。用户通常就是通过文件系统同操作系统与硬件设备进行交互的。

一个可应用的磁盘设备可以包含一个或多个文件系统。Linux可支持多种不同的文件系统，可用于不同存储介质的文件类型，包括ext2、ext3、vfat、ntfs、iso9660、Romfs、JFFS、JFFS2和NFS等。Linux是通过把系统支持的各种文件系统链接到一个单独的树形层次结构中，来实现对多文件系统的支持的。为了对各类文件系统进行统一管理，Linux引入了虚拟文件系统（Virtual File System，VFS）。VFS是用于网络环境的分布式文件系统，允许操作系统使用不同的文件系统，为各类文件系统提供一个统一的操作界面和应用编程接口。

图5-32所示为Linux文件系统的体系架构。由图可见，Linux的文件系统主要包括四个层次：最上层用户层实现用户空间的应用程序对文件系统的调用。接下来是内核层，其中包括VFS和挂载到VFS上的各种实际的文件系统，如Yaffs、JFFS2等。然后是底层驱动，其中的MTD（Memory Technology Device，存储技术设备）为硬件层（Flash闪存）和上层（文件系统）之间提供一个统一的存储设备通用抽象接口，即运行于Flash上的文件系统都是基于MTD驱动层的。MTD设备驱动程序的是专门针对各种非易失性存储器（以Flash闪存为主）而设计的，有基于扇区的擦除、读/写操作接口，因而它对Flash有更好的支持、管理。Linux文件系统体系架构的最下层是硬件层，包括文件系统运行的各种类型的存储设备，如NAND Flash、NOR Flash和RAM（DRAM，SDRAM）。

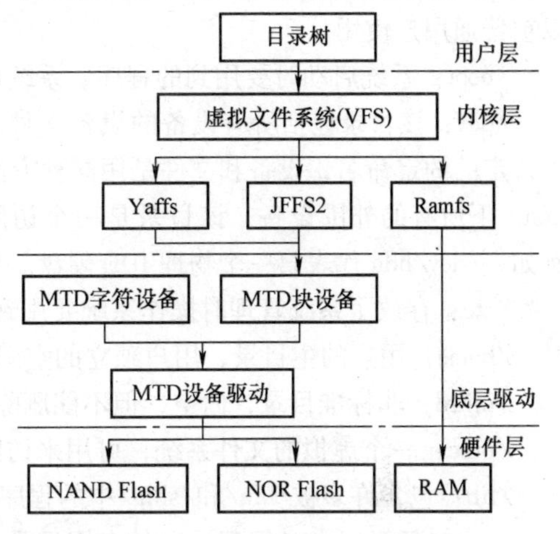

图5-32　Linux文件系统的体系架构

嵌入式系统的主要存储介质是Flash芯片。嵌入式Linux的文件系统是在PC的Linux文件系统的基础上发展而来的，两者的原理基本一样，只不过嵌入式文件系统针对的底层存储介质是Flash闪存，并针对嵌入式应用加入了一些特殊处理。常用的基于Flash的文件系统类型包括Cramfs、Romfs、Yaffs、JFFS2等。

此外，基于RAM的文件系统包括Ramdisk和ramfs/tmpfs等。不同的文件系统类型有不同的特点。在具体的嵌入式系统设计开发过程中，可根据存储设备的硬件特性、系统需求、文件内容和存放文件的属性，确定选择何种文件系统。

5.5.2　Linux根文件系统

1. 嵌入式根文件系统简介

一个嵌入式Linux操作系统要能正常运行，除了需要移植BootLoader和Linux系统内核以外，还需要构建根文件系统。

根文件系统是一种特殊的文件系统。那么根文件系统和普通的文件系统有什么区别呢？由于根文件系统是Linux内核启动时挂载的第一个文件系统，其他的文件系统需要在根文件系统目录中建立节点后再挂载，因此，根文件系统就要包括Linux启动时所必需的目录和关键性文件，像/bin、/dev、/etc、/lib、/proc、/sbin和/usr等目录，都不可或缺（参见4.2节）。例如，在

Linux 启动时需要有 init 目录下的相关文件，在 Linux 挂载分区时 Linux 一定会找存放系统中文件系统信息的/etc/fstab 挂载文件等，以及许多的应用程序 bin 目录等，任何包括这些 Linux 系统启动所必须的文件都可以成为根文件系统。

Linux 根文件系统包括的子目录有/bin、/dev、/etc、/usr、/var 等。图 5-33 所示为 Linux 根文件系统的树形目录结构，这些顶层目录有其习惯的用法和目的。

下面对主要目录进行介绍：

/bin：系统引导启动时需要的执行文件（二进制），这些文件可以被普通用户使用。

/boot：系统启动时要用到的程序、系统内核、引导配置文件等。

/dev：该目录包括所有设备的设备文件。在 Linux 中，设备文件用特定的约定命名，设备和文件是用同种方法访问的。该目录下包括 Linux 下所有的外围设备，该目录是一个访问这些外围设备的端口。例如，/dev/hda 代表第一个物理 IDE 硬盘。

```
/
├ bin
├ boot
├ dev
├ etc
├ home
├ initrd
├ sbin
├ proc
├ lib
├ lost+found
├ root
├ mnt
├ usr
└ var
```

图 5-33　Linux 根文件系统的树形目录结构

/etc：存放了系统管理时操作系统要用到的各种配置文件和子目录。

/home：用户的主目录，用户独立的空间。用户新建的源文件默认建立在此目录下。

/initrd：非标准目录，内空，但不能删除。

/proc：一个虚拟的文件系统，可用来访问到内存里的内容。

/lib：包含许多被/bin/和/sbin/中的程序使用的库文件。

/root：超级用户（管理员）的专用目录。

/mnt：外围设备的挂接点，通常包含 cdrom 与 floppy 两个子目录。用户可以临时挂载别的文件系统。

/usr：所有应用程序的安装目录。该目录包含所有的命令、程序库、文档和其他文件。

/var：包含系统一般运行时要改变的数据。

/tmp：系统运行时的各种临时文件。

2. 根文件系统的构建

这里目标机选用博创 UP-NETARM2410-S 实验箱（硬件参数具体请参考 3.6 节）。在介绍构建根文件系统之前，首先简要介绍实验箱文件系统的构建方案。

实验箱的文件存储介质选用 64MB 的 NAND Flash。该 Flash 存储空间的低地址部分用来存放引导程序 BootLoader 和 Linux 操作系统内核 Kernel。Flash 上的根文件系统选用了 Cramfs 文件系统格式。由于 Cramfs 为只读文件系统，为了得到可读写的文件系统，用户文件系统采用 Yaffs 格式。用户文件系统挂载于根文件系统下的/mnt/yaffs 目录。此外，为了避免频繁的读写操作对 Flash 造成的损害，系统对频繁的读写操作的文件夹采用了 Ramfs 临时文件系统。根目录下的/var，/tmp 目录为 Ramfs 临时文件系统的挂载点。

在嵌入式 Linux 操作系统中混合使用 Cramfs、Yaffs 和 Ramfs 三种文件系统。实现思路如下：

首先是配置 Linux 内核，将内核对 MTD、Cramfs、Yaffs 以及 Ramfs 文件系统的支持功能编译进内核。接下来，由于实验箱 Linux 文件系统的根文件系统、用户文件系统和临时文件系统采用不同的文件系统格式，因此，需对 Flash 物理存储空间划分 Flash 分区，以便在不同的分区上存放不同的数据，必要时编写 MAPS 文件。然后修改系统脚本文件，使 Linux 在系统启动后利用脚本挂载自动文件系统。最后利用工具生成文件系统镜像文件，并通过烧写工具将镜像文件烧写到 Flash 存储空间。下面详细介绍其中的几个重要环节。

（1）Linux 内核的配置

1）配置存储技术设备（MTD）。要使用 Cramfs 根文件系统和 Yaffs 用户文件系统，首先需要配置存储技术设备（MTD）。

打开 Linux 终端命令行，进入内核所在的目录/arm2410s/kernel-2410s，运行 make menuconfig 命令，打开基于文本菜单的内核配置界面，如图 5-34 所示。

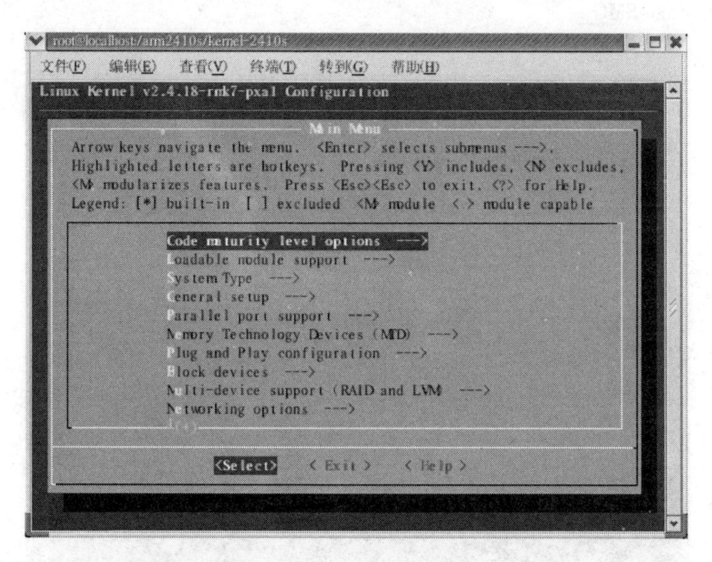

图 5-34　基于文本菜单的 Linux 内核配置界面

在“Memory Technology Devices（MTD）”配置界面中分别选中图 5-35 所示的如下选项：

< * > Memory Technology Device(MTD) support　　/ * 存储技术设备 MTD 支持

< * > MTD partitioning support　　/ * MTD 分区支持

< * > Direct char device access to MTD devices　　/ * 字符设备访问 MTD 的支持

< * > Caching block device access to MTD devices　　/ * 块设备访问 MTD 的支持

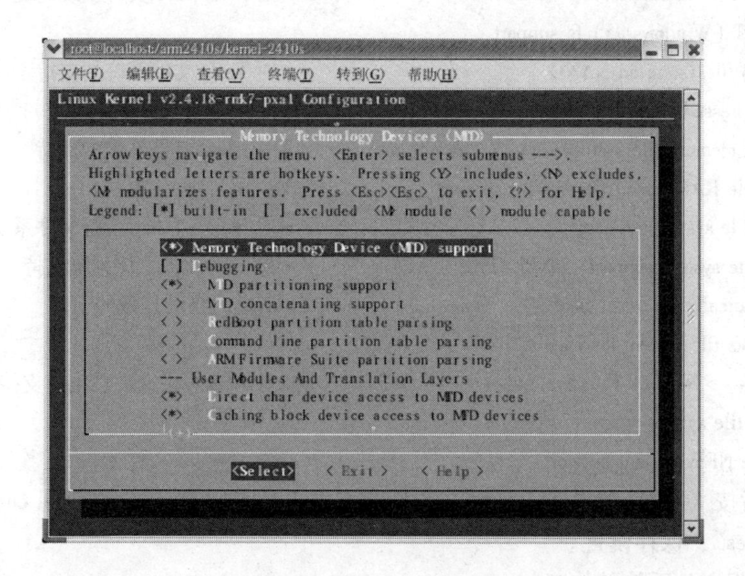

图 5-35　“MTD”配置界面

在“Memory Technology Devices (MTD)”下的“NAND Flash Device Drivers”配置界面中分别选中图5-36所示的如下选项：

< * > SMC Device Support

< * > Simple Block Device for Nand Flash(BON FS)

< * > SMC device on S3C2410 SMDK

[*] Use MTD From SMC

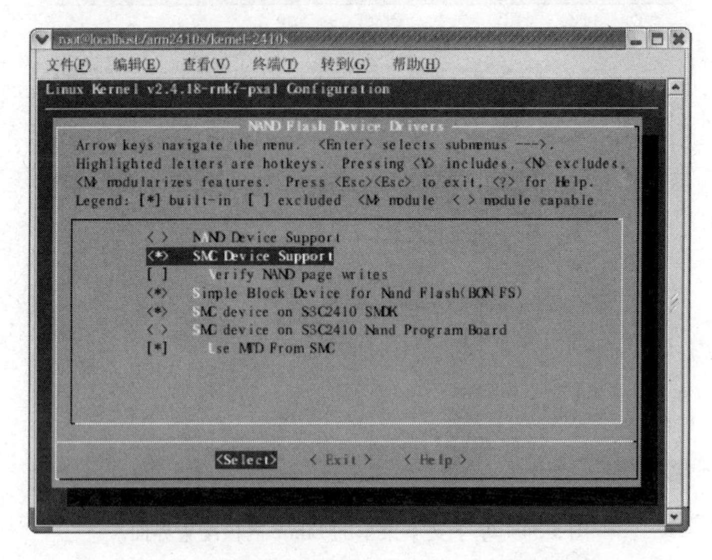

图5-36 “NAND Flash Device Drivers”配置界面

2）配置文件系统。在内核配置界面中分别选中如下选项：

Files systems--- >

< * > Kernel automounter version 4 support (also supports v3)　/ * 文件系统自动挂载支持

< * > DOS FAT fs support　/ * 对DOS/FAT文件系统的支持

< * > VFAT (Windows-95) fs support

< * > Yaffs filesystem on NAND　/ * 对Yaffs文件系统的支持

< * > Compressed ROM file system support　/ * 对Cramfs文件系统的支持

[*] Virtual memory file system support (former shm fs)　/ * 对temfs文件系统的支持

< * > Simple RAM-based file system support

[*] /proc file system support　/ * 对/proc和/dev设备文件系统的支持

[*] /dev file system support (EXPERIMENTAL)　/ * 对/dev设备文件系统支持

[*] Automatically mount at boot　/ * 启动时自动挂载的支持

[*] /dev/pts file system for Unix98 PTYs

Files systems--- > Network File Systems--- >　/ * 对NFS网络文件系统的支持

< * > NFS file system support

[*] Provide NFSv3 client support

配置完毕后按〈Esc〉键退出，最后在“Do you wish to save your new kernel configuration?”对话框中选择“Yes”，保存设置。

(2) Linux根文件系统的构建

刚才已经介绍到Flash上的根文件系统选用了Cramfs文件系统格式。制作根文件系统一般利用 BusyBox 工具。

BusyBox 是一个遵循 GNU General Public License，以自由软件形式发行的应用程序。BusyBox 将许多常用的 UNIX 命令和工具如 cat 等结合到了一个单独的可执行程序中。其执行代码尺寸小、并使用 Linux 内核，这使得它非常适合用于嵌入式设备。由于 BusyBox 功能强大，集多种功能于一身，因此 BusyBox 被形象地称为嵌入式 Linux 工具里的瑞士军刀。虽然与相应的 GNU 工具比较起来 BusyBox 所提供的功能和参数略少，但在比较小的系统（例如启动盘）或者嵌入式系统中已经足够。

BusyBox 在设计时充分考虑了嵌入式系统硬件资源受限的特殊工作环境，采用巧妙的办法减少自己的体积。所有的命令都通过“插件”的方式集中到一个可执行文件中，在实际应用过程中通过不同的符号链接来确定到底要执行哪个操作，如 BusyBox 最终编译生成的可执行文件为 busybox，当为它建立一个符号链接 ls 的时候，就可以通过执行这个新命令实现罗列目录的功能。采用单一执行文件的方式最大限度地共享了程序代码，甚至包括共享文件头、内存中的程序控制块等其他操作系统资源。在 BusyBox 的编译过程中，可以非常方便地加减它的“插件”，最后的符号链接也可以由编译系统自动生成。所有这些对于资源比较紧张的嵌入式系统来说非常合适。

BusyBox 最初是由 Bruce Perens 在 1996 年为 Debian GNU/Linux 安装盘编写的，其原始构想是希望在一张软盘上能放入一个可引导的 GNU/Linux 开机系统，以作为急救盘和安装盘。由于体积小、可以节省大量空间，BusyBox 后来变成了嵌入式 Linux 系统和 Linux 发行版安装程序的实质标准。曾有多位优秀的自由软件开发者为 BusyBox 贡献力量，目前的维护者是 Denis Vlasenko。

利用 BusyBox 工具制作 Cramfs 格式的根文件系统的步骤如下：

1）下载并配置 BusyBox。登录 BusyBox 网站 http://www.busybox.net/downloads/下载 BusyBox 压缩包 busybox-1.00.tar.bz2，其大小约 1.1MB。将下载的压缩包利用下面的命令解压：

```
tar jxvf busybox-1.00.tar.bz2
```

然后进入到 BusyBox1.00 所在的目录，运行 make menuconfig 命令，可打开图 5-37 所示的 BusyBox 的配置界面，作如下配置：

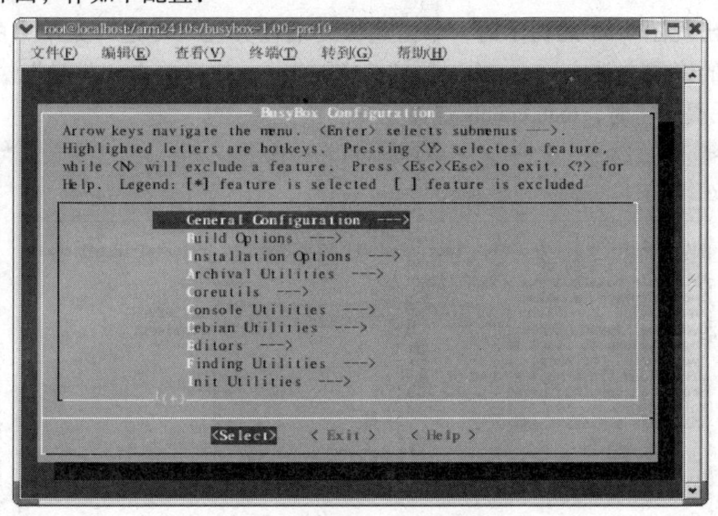

图 5-37 BusyBox 的配置界面

General Configuration --->

[*] Support for devfs /*提供对文件系统的支持

Build Options --->

[*] Build BusyBox as a static binary (no shared libs)　/ * 将 BusyBox 编译成静态链接的可执行文件，运行时可独立于其他函数库，减少了启动时找动态库的麻烦

[*] Do you want to build BusyBox with a Cross Compiler?　/ * 选择自己定义的交叉编译器

选择“(/opt/host/armv4l/bin/armv4l-unknown-linux-gcc) Cross Compiler prefix”后，按“回车”键，将交叉编译路径改为/opt/host/armv4l/bin/armv4l-unknown-linux-

Installation Options --- >

[*] Don’t use/usr/ * make install 后不要将 BusyBox 安装在/usr 下

Init Utilities --- >

[*] init

[*] Support reading an inittab file?　/ * 支持 init 读取/etc/inittab 配置文件

Login/Password Management Utilities --- > 全都不选

其他选项根据需要设置即可，功能裁剪配置完毕后保存并退出配置界面。然后执行下面的命令编译 BusyBox：

make

make install

2）用文件系统打包工具生成 Cramfs 文件系统。首先登录网站 http://prdownloads.sourceforge.net/cramfs/下载 cramfs 工具 cramfs-1.1.tar.gz，使用命令：tar zxvf cramfs-1.1.tar.gz 解压。然后进入 cramfs 工具的根目录执行 make 编译命令。make 后在 cramfs 工具的根目录中就会生成一个 mkcramfs 文件，这个就是所需要的工具。接下来在建立好的最基本的根文件系统上创建各种必要的系统文件目录、创建设备文件，再根据自己的需要添加其他的应用程序等。最后利用 mkcramfs root root.cramfs 命令打包生成 Cramfs 文件系统。

3）烧写根文件系统。启动实验箱，进入 vivi 的下载模式（详情见 5.4.2 小节），在提示符后输入：

vivi > load flash root x

在超级终端出现图 5-38 的提示时，单击超级终端任务栏“传送”菜单中的“发送文件”，选择根文件系统的镜像文件 root.cramfs，协议为 Xmodem，然后单击“发送”，等待 4min 左右，当出现“vivi >”提示符时，root.cramfs 烧写完毕。

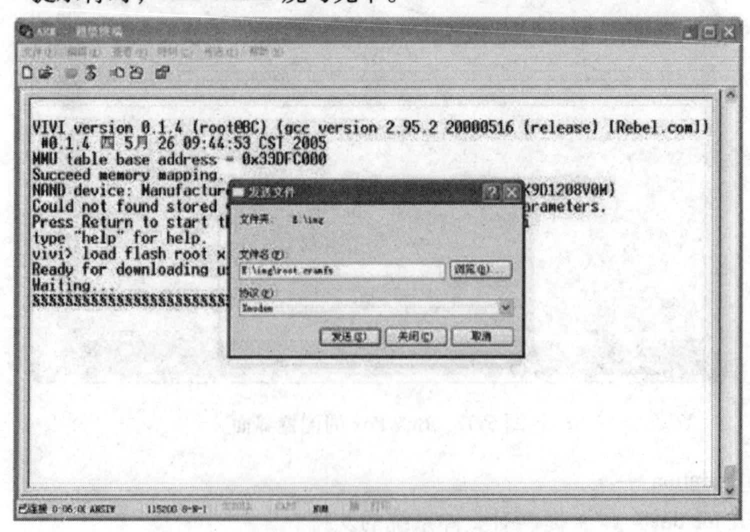

图 5-38　烧写根文件系统

5.5.3　网络文件系统

网络文件系统（Network File System，NFS）是由 Sun 公司于 1984 年推出并逐渐发展起来的一项在不同机器、不同操作系统之间通过网络共享文件的技术。利用 NFS 可以将远程文件系统载入在本地文件系统下，使远程的硬盘、目录和光驱都变成本地主机目录树中的一个子目录，而且将远程文件系统载入后，可以在本地与处理自己的文件系统一样使用这些远程文件，不仅方便，还节省了重复保存文件的空间、传输文件的时间及网络带宽。

NFS 使用客户机和服务器（Client/Server，C/S）体系结构。使用 NFS，需要在服务器端设置输出，在客户端设置载入。服务器端提供共享的文件系统，即把文件系统输出（export）出去；客户端则要把文件系统载入到自己的系统下。

NFS 服务可以使网络上的同为 Linux 或 UNIX 系统的计算机共享文件系统。在嵌入式 Linux 系统的开发调试过程中，宿主机与目标机的编译环境和运行环境都不一样，需要交叉编译工具进行“交叉编译”。即在宿主机上编写程序并运行交叉工具编译好程序，然后再烧写到目标机的 Flash 上。在开发调试阶段，对于需要频繁调试的应用程序，如果每次都需要从宿主机将交叉编译好的程序下载烧写到目标机，将是一件非常麻烦的事情。在实际的调试过程中，一般使用网络文件系统调试程序的方法来解决这个问题。即在宿主机上建立好网络文件系统，然后通过 mount 挂载到目标机开发板上，使宿主机上的程序不需要烧写就可以在目标机开发板上调试运行。

NFS 服务器端的配置：

1）设置主机 IP，如设置为 192.168.0.11。

2）关闭防火墙。

3）配置共享目录，设置可挂载的客户端主机的 IP 范围。

4）启动 NFS 服务。

NFS 客户端的需要做的配置：

1）设置客户端 IP 地址。

2）使用 mount 命令挂载共享目录：

```
mount  -t  nfs  -o  nolock  192.168.0.11:/arm2410s  /host
```

为保证网络连接成功，特别需要注意的是关闭宿主机防火墙，宿主机与目标机的 IP 必须设置在同一网段。具体设置过程请参考 5.3.2 小节。为了避免每次开机都要手动启动 NFS 服务，把 /etc/rc.d/init.d/nfs 的 restart 添加到/etc/rc.d/rc.local 中，以后宿主机启动时就会执行此文件自动开启 NFS 服务。

5.6　综合实训：建立嵌入式软件环境

本节通过介绍在博创 UP-NETARM2410-S 实验箱上安装嵌入式 Linux 操作系统，使读者对嵌入式系统的建立有更深刻的认识。整个配置过程中的移植环境和所用到的文件包括：

移植环境：

1）目标机开发板：博创 UP-NETARM2410-S 实验箱。

2）CPU：三星公司 ARM920T 内核的 16/32 位 RISC 处理器 S3C2410-S。

3）PC：Red Hat Linux，内核版本是 2.4.20。

4）PC 的 IP 地址：192.168.0.11。

5）实验箱上的 ARM-Linux：内核版本是 2.4.18。

6）实验箱的 IP 地址：192.168.0.115。

整个过程中所用到的文件：

1）Linux 操作系统启动的 BootLoader：vivi。

2）Linux 操作系统内核：zImage。

3）根文件系统：root.cramfs。

4）应用程序：yaffs.tar。

1. 通过串口使用超级终端烧写 BootLoader

vivi 的配置与编译过程请参考 5.4.2 小节，根据开发的需要进行配置和编译 vivi，生成自己的二进制映像文件。接下来就可以将二进制映像文件烧写进 Flash。利用 JTAG 接口将 vivi 烧写进 Flash 存储器的步骤已经在 3.7 节作过详细介绍，该方法适合用于 Flash 完全为空白或者 vivi 损坏无法引导、系统的软件需要全部重新烧写的情况。当 Linux 操作系统可以正常启动时，可以使用 load flash 命令通过串口对启动引导程序 vivi 或根文件系统的映像文件进行单独烧写。使用串口通过超级终端烧写 vivi 是一种常用的烧写方式，当然是在核心板 Flash 存储器上已烧录有 vivi 的前提下，启动博创 UP-NETARM2410-S 嵌入式开发平台进入 vivi，通过在 SDRAM 里运行的 vivi 格式化 Flash 并重新分区，之后利用超级终端烧写 vivi。通过串口使用超级终端烧写 vivi 的步骤如下：

打开超级终端，先按住 PC 键盘的〈Back Space〉（退格）键，然后启动 UP-NETARM 2410-S 嵌入式开发平台进入 vivi，输入如图 5-39 所示的命令格式化 Flash 存储器并重新分区。

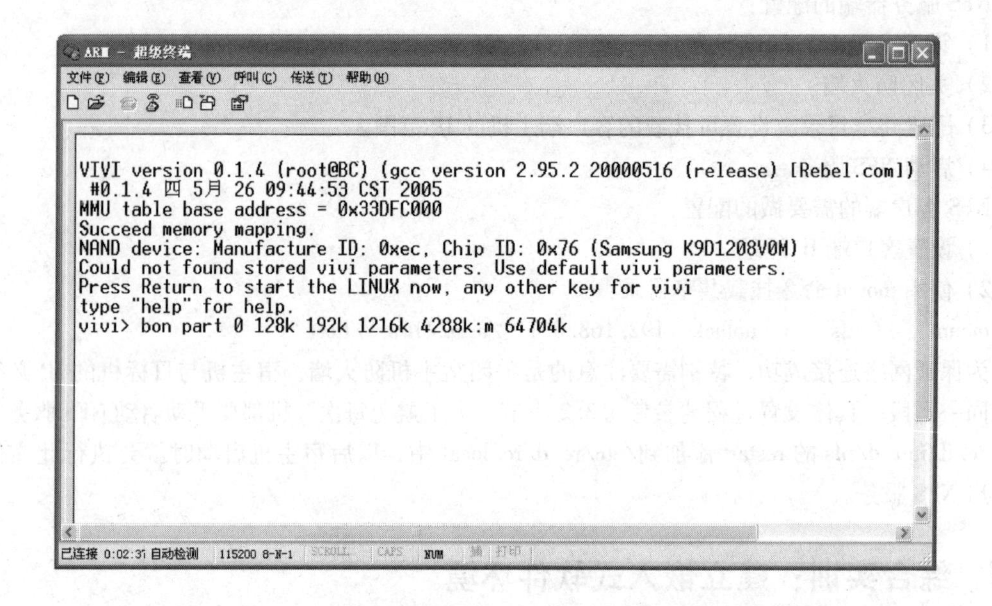

图 5-39 格式化 Flash 存储器

等待直至出现“vivi >”提示符后，说明 Flash 存储器已格式化完毕。需要注意的是，此时 Flash 已被格式化，系统运行的是 SDRAM 中的 vivi，如果这时平台重启或断电将会丢失 Flash 存储器中的所有数据，则必须用 JTAG 重新烧写 vivi。接下来可运行 load 命令利用 xmodem 协议通过串口下载 vivi 二进制映像文件至嵌入式开发平台。输入以下命令：

vivi > load flash vivi x

按“回车”键，超级终端出现图 5-40 所示的等待下载的提示界面。

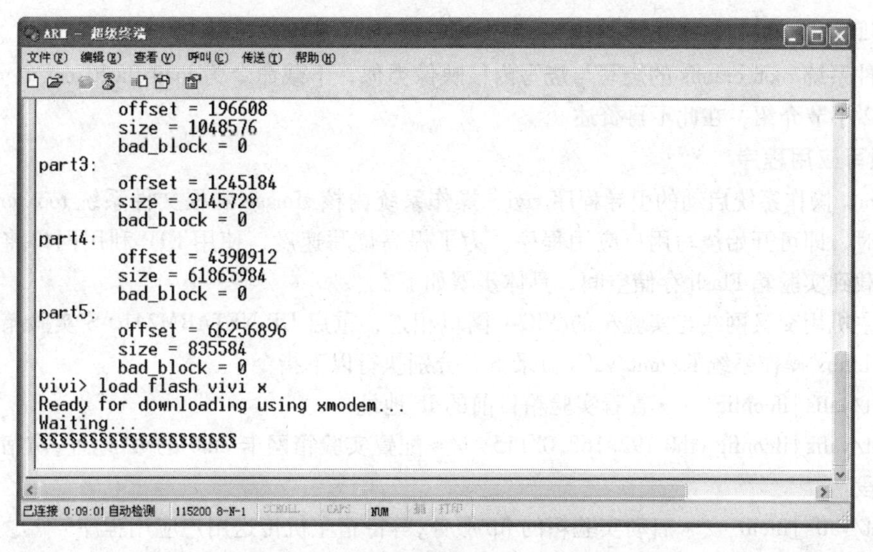

图 5-40　超级终端等待下载的提示界面

单击超级终端“传送”下拉菜单中的“发送文件”选项，在对话框中选择好要烧写的镜像文件 vivi 以及所使用的传送协议 Xmodem，如图 5-41 所示，单击“发送”命令按钮，等待直至出现“vivi >”提示符后 vivi 就烧写到 Flash 里了。然后复位 UP-NETARM 2410-S 嵌入式开发平台重新进入 vivi 的下载模式，继续烧写操作系统的内核 Kernel 和根文件系统 root。

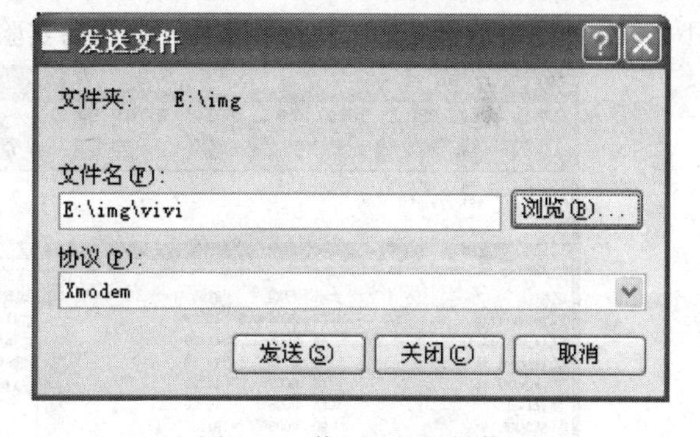

图 5-41　烧写 vivi 的操作

2. 通过串口烧写 Linux 系统内核映像

启动实验箱，进入 vivi 的下载模式，在提示符后输入：

vivi > load flash kernel x

在超级终端出现图 5-42 所示的提示时，单击超级终端任务栏“传送”菜单中的“发送文件”，选择内核镜像文件 zImage，协议为 Xmodem，然后单击“发送”，等待 2 分钟左右，当出现“vivi >”提示符时，zImage 烧写完毕。接下来可开始再烧写根文件系统 root。

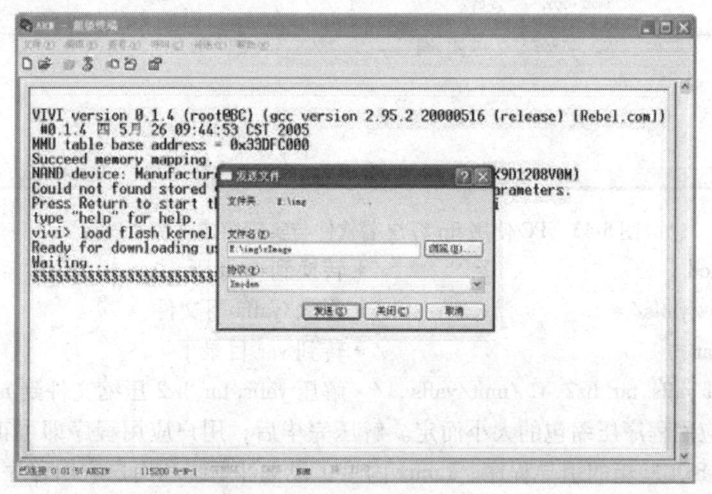

图 5-42　烧写 zImage 的操作

3. 烧写根文件系统

根文件系统 root. cramfs 的烧写与烧写内核映像类似，下载命令为 load flash root x，具体过程详见 5. 5. 2 小节介绍，在此不再赘述。

4. 烧写应用程序

当 Linux 操作系统启动的引导程序 vivi、操作系统内核 zImage 和根文件系统 root. cramfs 全部烧写完毕时，即可开始烧写用户应用程序。为了提高烧写速度，使用 FTP 利用网口将应用程序压缩包下载到实验箱 Flash 存储空间，具体步骤如下：

将宿主机用交叉网线与实验箱的 NIC-1 网口相连，重启 UP-NETARM2410-S 实验箱进入刚刚烧写好的 Linux 操作系统的/mnt/yaffs 目录下，分别执行以下指令：

[/mnt/yaffs]ifconfig　/＊查看实验箱目前的 IP 地址

[/mnt/yaffs]ifconfig eth0 192. 168. 0. 115　/＊配置实验箱网卡 eth0 的 IP 地址,与宿主机配置在同一网段

[/mnt/yaffs]inetd　/＊启动实验箱的 ftp 服务,等待宿主机传送用户应用程序

接下来利用 PC 上的 Cuteftp、FlashFXP 等 ftp 客户端软件与实验箱建立快速连接。

输入要连接的地址为 192. 168. 0. 115，用户名为 root，密码为 root，连接进入实验箱的文件系统，如图 5-43 所示。然后上传应用程序压缩包“yaffs. tar. bz2”到 2410-S 实验箱的/var 文件夹下，3 分钟左右传输完毕。注意传完后不要重启实验箱，接下来在超级终端中输入以下命令：

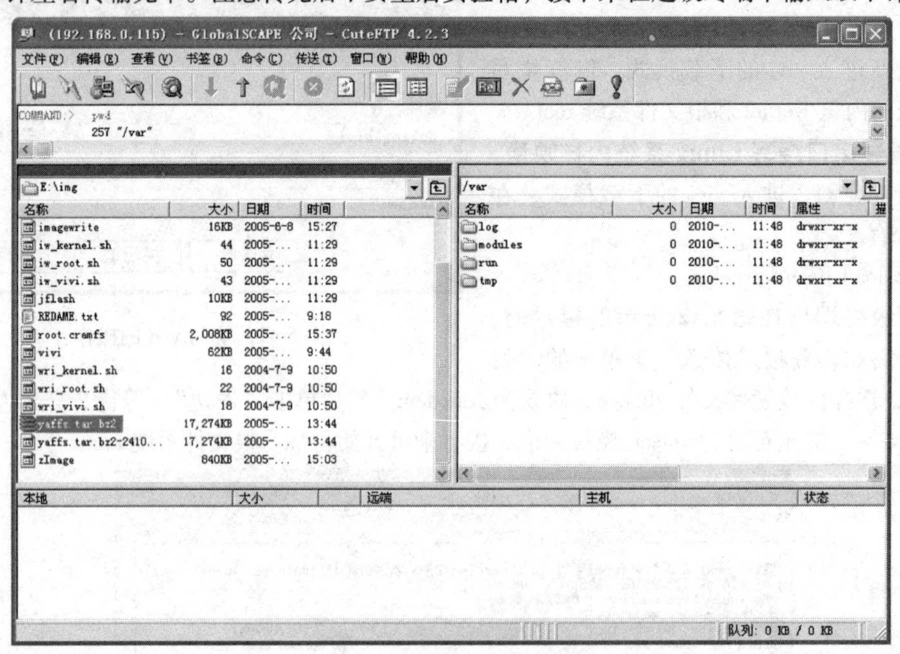

图 5-43　PC 使用 ftp 客户端软件与实验箱建立快速连接

[/mnt/yaffs]cd. .　　　　　　　　　　/＊转换到/mnt 下

[/mnt]rm -rf /yaffs/＊　　　　　　　　/＊删除/yaffs 下文件

[/mnt]cd /var　　　　　　　　　　　　/＊转到 var 目录下

[/var]tar xjvf yaffs. tar. bz2 -C /mnt/yaffs　/＊解压 yaffs. tar. bz2 压缩文件到 mnt/yaffs 目录下

解压时间视应用程序压缩包的大小而定。解压完毕后，用户应用程序即可正常使用。至此，UP-NETARM2410-S 实验箱的引导程序、Linux 内核、根文件系统和用户应用程序已经全部烧写完毕。

上面的烧写流程适用于实验箱 Flash 存储设备完全为空或者需要全部重新擦写的情况。当 Linux 系统可以正常启动时，可以使用 load flash 命令对 kernel、root、用户应用程序等任意一个映像文件进行单独烧写，不需要从头全部烧写一遍。

本章小结

本章主要从工程设计角度讲述了嵌入式系统的开发设计方法，并对嵌入式 Linux 的开发流程、如何建立和配置开发环境、引导程序 BootLoader、文件系统以及嵌入式根文件系统配置等进行了详细的介绍。最后通过在博创实验箱上安装嵌入式 Linux 操作系统，详细讲述了开发环境的配置细节。通过本章学习，读者应能根据开发需要建立自己的嵌入式开发环境。

思考与练习

5-1　简述建立嵌入式系统开发环境的步骤。

5-2　什么是 BootLoader？简述 BootLoader 的作用。

5-3　Linux 常见的文件系统有哪些？

5-4　简述 BootLoader 的两种操作模式及其区别。

5-5　简述 vivi 运行的两个阶段所实现的不同功能。

5-6　如何建立和使用 NFS 文件系统？

第6章 嵌入式 Linux 系统的移植

找到适合的舞台，才能发挥更大作用。

本章主要介绍嵌入式 Linux 操作系统的移植，并结合实例详细讲解 Linux 内核的裁剪、编译与移植过程。通过本章的学习，读者将掌握和解决以下一些重要问题：

✓ 什么是移植。

✓ Linux 操作系统的内核源代码结构。

✓ Linux 内核的裁剪与编译。

✓ 如何进行 Linux 操作系统内核的移植。

✓ 内核配置和编译实训。

6.1 移植的概念

"移植"的概念最初来源于生物学，是指将树木或秧苗移动到其他地方种植。在嵌入式领域，可移植性是指将嵌入式操作系统从一个硬件平台转移到另一个硬件平台，并使其仍然能按自身方式运行的能力。嵌入式操作系统与硬件平台的体系结构，特别是与其中的处理器架构及外围设备密切相关，运行在基于某款处理器开发板上的嵌入式操作系统往往不能直接运行于基于另一款处理器的开发板上，即使两个开发板上的处理器相同，如果开发板上的外围设备不同，两个开发板上也完全有可能不同时支持同一种操作系统。这时，就需要对嵌入式操作系统进行跨平台移植。

不同 CPU 生产厂商定义的 CPU 指令集一般是不同的，通常使用的 PC 大多采用 Intel 公司生产的 CPU，其相应的 CPU 架构是 Intel x86。Linux 操作系统一开始主要用于基于 Intel x86 系列 CPU 的计算机。由于 Linux 内核小、效率高，源代码开放，其内核代码主要采用移植性很强的具有跨平台特性的 C 语言编写，适应于多种处理器架构和硬件平台，因此是嵌入式操作系统的首选。嵌入式 Linux 操作系统是将流行的 Linux 操作系统进行裁剪修改，使之能在多种架构的嵌入式系统平台上运行的一种操作系统。

移植通常是跨平台的且与硬件相关，即与嵌入式系统硬件结构甚至与处理器的体系结构相关。Linux 是一款遵循 GPL（GNU General Public License，GPL）的操作系统，具有良好的跨平台移植性，可以安装并正常运行在处理器构架不同的硬件平台上。由于 Linux 操作系统通过移植，已经可以在 x86、ARM/StrongARM、MIPS、PowerPC、Motorola 68K、Hitachi SH3/SH4、Transmeta 等多种硬件平台上运行，而这些硬件平台几乎已覆盖了嵌入式处理器的常见类型，因此，使用 Linux 开发嵌入式产品，在作硬件平台选型、设计时，可以考虑多种架构的处理器，同时，将来更换处理器也不会遇到操作系统不兼容、难以跨平台移植的困扰。

根据第 5.2 节介绍的嵌入式 Linux 开发的一般流程可知，在建立好嵌入式开发环境并完成引导程序 BootLoader 的移植之后，接下来的操作就是对嵌入式操作系统的移植。Linux 操作系统的移植实际上由两个相对独立的部分组成，即内核部分的移植和文件系统部分的制作。

由于通常一个 Linux 操作系统启动时，先由引导程序 BootLoader 将 Linux 内核读入内存，然后将控制权交给内核的第一行代码，Linux 将内核部分初始化并控制大部分硬件设备并为内存管理、进程调度、设备读写等工作做好准备，此后文件系统部分为操作系统加载必需的设备以配置各种环境使用户可以正常使用，因此，内核的移植是 Linux 操作系统移植的关键。本章将主要介绍 Linux 内核向 ARM 体系结构的移植。

6.2　Linux 的体系结构

在第4章已经详细介绍了 Linux 操作系统的组成和结构等，在具体介绍 Linux 操作系统的移植之前，先来复习一下 Linux 内核的体系结构。

6.2.1　Linux 内核的结构

Linux 系统的内核是整个操作系统的核心程序，内核决定着系统的性能和稳定性。在逻辑上内核主要由五个子系统构成，主要负责系统的进程调度、内存管理、进程间通信、虚拟文件系统和网络接口系统。Linux 内核系统模块结构及相互依赖关系如图 6-1 所示，其中的连线及箭头代表它们之间的相互依赖（调用）关系，虚线和虚框部分表示 Linux 0.12 中还未实现的功能部分。图 6-1 中，所有的模块都与中间的进程调度模块存在依赖关系，因为它们都需要依靠进程调度程序来挂起或重新运行它们的进程。

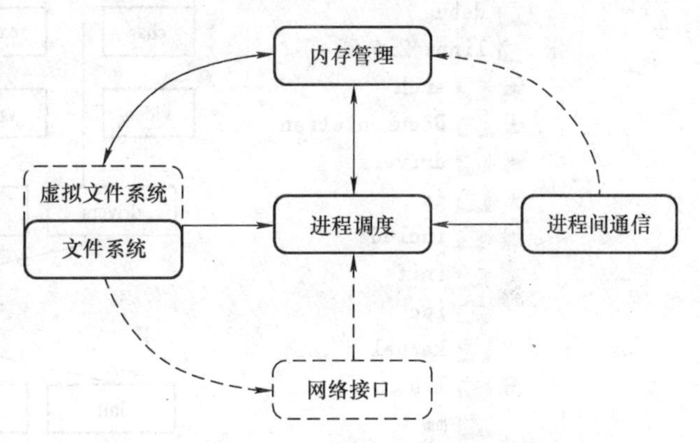

图 6-1　Linux 内核系统模块结构及相互依赖关系

若从单内核模式结构的模型角度出发，还可以根据 Linux 内核源代码的结构将内核主要模块绘制成结构框图，如图 6-2 所示。

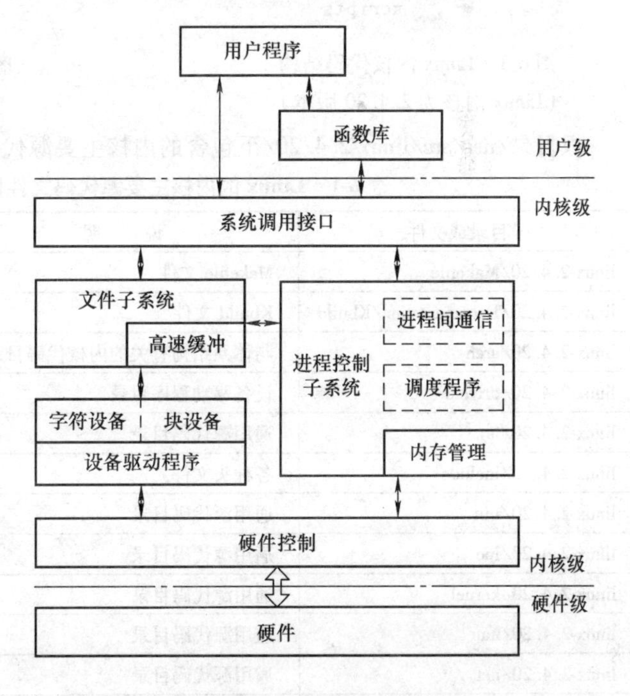

图 6-2　Linux 内核的结构框图

Linux 的一个重要特点就是遵循 GNU 通用公共许可证 GPL，大部分应用软件都是遵循 GPL 设计的，用户可以获取相应的源代码。Linux 内核的源代码也是公开的，其所有的内核源代码一般可以在/usr/src/Linux-*.*.*下找到。*.*.*代表内核版本。其中第一个数字为主版本号，第二个数字为次版本号，第三个数字为修订版本号。次版本号若为偶数，则表明该版本是发行的稳定版本；若为奇数，则说明该内核版本还处在开发测试中。例如，第3章介绍的博创 UP-NETARM2410 平台用的 Linux 内核是 2.4.18 版本，VMware 虚拟机中 Linux 的内核是 2.4.20 版本。开发时一般应选择使用稳定的内核版本。

Linux 内核一般是体积较大的 . bz2 或者 tar. gz 格式的压缩文件，可从官方网站 http://www. kernel. org 下载。下载后一般放到/usr/src/目录下，然后进行解压缩等操作。先从 http://www. kernel. org/pub/linux/kernel/v2. 4/linux-2. 4. 20. tar. bz2 下载 linux-2. 4. 20 版本内核压缩文件，在“终端命令行”中输入如下命令将内核文件复制到/usr/src 目录下：

```
#cp   linux-2.4.20.tar.bz2   /usr/src
```

然后将内核压缩文件解压缩：

```
#tar   -xzvf   linux-2.4.20.tar.bz2
```

解压缩完成后，在/usr/src 目录下添加了一个 linux-2. 4. 20 的文件夹，其中的 Linux 内核代码结构如图 6-3 所示。

Linux 源代码采用 C 语言及汇编语言实现，其内核代码分布如图 6-4 所示。

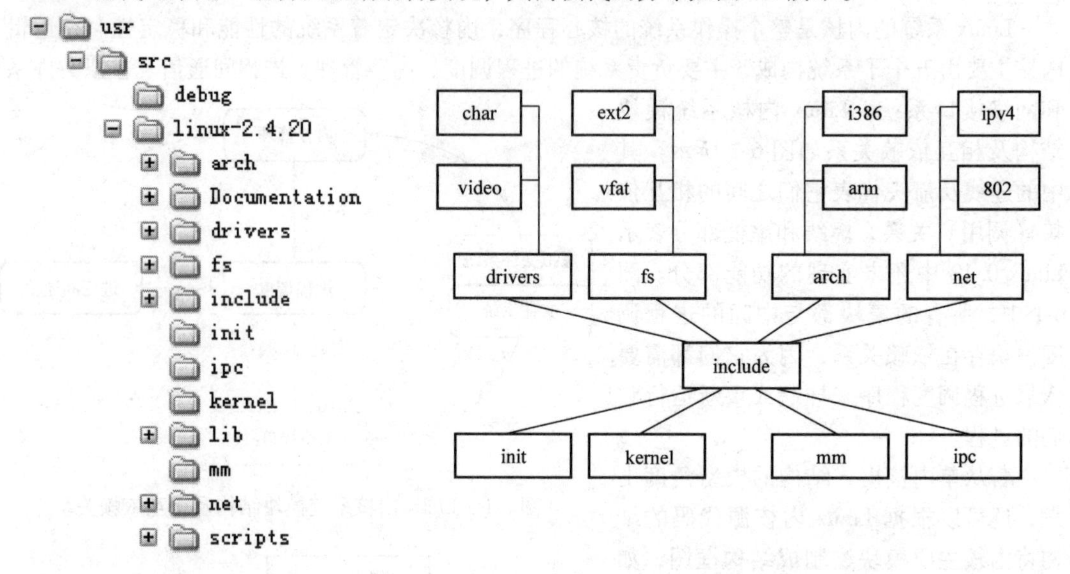

图 6-3 Linux 内核代码结构（Linux 内核为 2. 4. 20 版本）

图 6-4 Linux 内核代码分布

根目录/usr/src/linux-2. 4. 20/下包含的内核主要源代码文件目录见表 6-1。

表 6-1 Linux 的内核主要源代码文件目录（2. 4. 20 版本）

子目录或文件	说　明	功　能
linux-2. 4. 20/Makefile	Makefile 文件	内核模块编译时所需的 Makefile 文件
linux-2. 4. 20/Documentation/Kbuild	Kbuild 文件	编译内核的软件环境
linux-2. 4. 20/arch	与体系结构有关的内核代码目录	与体系结构有关的 C 语言和汇编代码
linux-2. 4. 20/drivers	设备驱动程序目录	存放驱动程序代码
linux-2. 4. 20/fs	通用源代码目录	包含文件系统代码
linux-2. 4. 20/include	各种头文件	包括编译内核所需要的大部分头文件
linux-2. 4. 20/init	通用源代码目录	该目录包含内核的初始化代码
linux-2. 4. 20/ipc	通用源代码目录	进程间通信代码
linux-2. 4. 20/kernel	通用源代码目录	内核的核心代码
linux-2. 4. 20/mm	通用源代码目录	内存管理代码
linux-2. 4. 20/net	通用源代码目录	网络相关代码
linux-2. 4. 20/scripts	脚本目录	脚本及工具

Linux 内核主要的代码分布及其详细功能如下：

/arch：arch 目录包含所有与特定硬件体系结构相关的内核代码，且这些内核代码与硬件体系结构密切相关。arch 目录下每一个子目录代表一种 Linux 所支持的休系结构，如 arm、i386、mips 等子目录，分别支持相应的处理器架构。与 arm 平台相关的核心代码在 arch/arm/kernel 目录下。

/Documentation：关于内核各模块的通用解释和注释文档。

/drivers：包含内核中所有的设备驱动程序代码，如 block、char、usb、ieee1394 接口等子目录，分别存放相应的设备驱动程序。

/fs：包含 Linux 下所有的文件系统代码和各种类型的文件操作代码，如 jffs2、cramfs、ext2、ntfs 等子目录分别支持不同的文件系统，文件系统一般与硬件平台无关。

/include：包含编译内核代码时所需的大部分库文件，不同平台编译内核时需要不同的头文件。例如，include/scsi 是有关 scsi 设备的头文件目录；与平台无关的头文件放在 include/linux 子目录下；与硬件平台相关的库文件放在 include 目录下以 asm 为前缀的子目录中，如 asm-i386 是 PC 平台所需的库文件、asm-arm 是 ARM 平台所需的库文件等。

/init：包含内核的初始化代码（不是系统的引导代码），如 main. c、version. c 等，Linux 内核从此处开始工作。

/ipc：包含了内核的进程间的通信代码，如 msg. c、sem. c、shm. c、util. c 等文件。

/kernel：该目录为内核主要的核心代码，是内核的最核心的部分，包括进程调度、定时器等，并实现了大多数 Linux 系统的内核函数，如 sched. c 进程调度函数。

/lib：放置核心库代码。

/mm：包含了所有独立于 CPU 体系结构的内存管理代码（与体系结构相关的内存管理代码则位于 arch/*/mm/目录下，如与 arm 平台相关的内核管理代码放在 arch/arm/mm 目录下）。

/net：包含了内核中与网络相关的部分代码，实现了各种常见的网络协议，如 ethernet、ipv4、ipv6、bluetooth 等，这些子目录分别对应于网络的一个方面。

/scripts：该目录包含了用于配置内核的脚本及工具。

Linux 内核非常复杂，如果读者想对内核进行更加深入的学习，可以自行查阅相关资料，如 http://www. kerneltravel. net/、http://linuxfocus. org/等网站。

6.2.2　Linux 内核的配置

Linux 内核的配置系统主要由以下三个部分组成：

1）配置文件（config. in/Kconfig）：给开发者提供配置选择的功能。

2）Makefile 文件：分布在 Linux 内核源代码目录中的 Makefile 文件用来定义 Linux 内核的编译规则。以/usr/src/linux-2. 4. 20-8/目录下的 Linux 内核为例，顶层的 Makefile 文件用来读取 . config 配置文件中的配置选项，各子目录如/usr/src/linux-2. 4. 20-8/drivers 下的 Makefile 文件负责所在子目录下源代码的编译、链接管理。顶层 Rules. make 规则文件被所有的 Makefile 使用。

3）配置工具：包括用来对配置脚本中使用的配置命令进行解释的配置命令解释器和用户配置界面。其中的用户配置界面又包括基于字符的配置界面 make config、基于文本模式的图形用户配置界面 make menuconfig、基于 X Window 图形界面的用户配置界面 make xconfig 等，这些配置工具将在后面作详细介绍。

对于 Linux 内核的配置，首先应该进入内核源码所在的目录，例如：

```
[root@ localhost root] # cd  /usr/src/linux-2. 4. 20-8/
```

然后选择相应命令配置内核并将选择结果保存到内核配置文件 . config 中。Linux 编译时将依赖

. config 文件，它是 Makefile 对内核进行处理的重要依据。内核配置文件 . config 中包含由用户选择的配置选项，用来保存内核配置以后的结果。在配置内核时所做的任何修改，最终都会在 . config 文件中体现出来。

Linux 内核的具体配置方式主要包括以下几种：

1）make config：进入传统的基于文本的命令行的内核配置界面，如图 6-5 所示。该方法不需要调用 X Window，但对于每一个内核选项需依次按行询问用户进行配置，用户界面不够友好，不推荐使用。

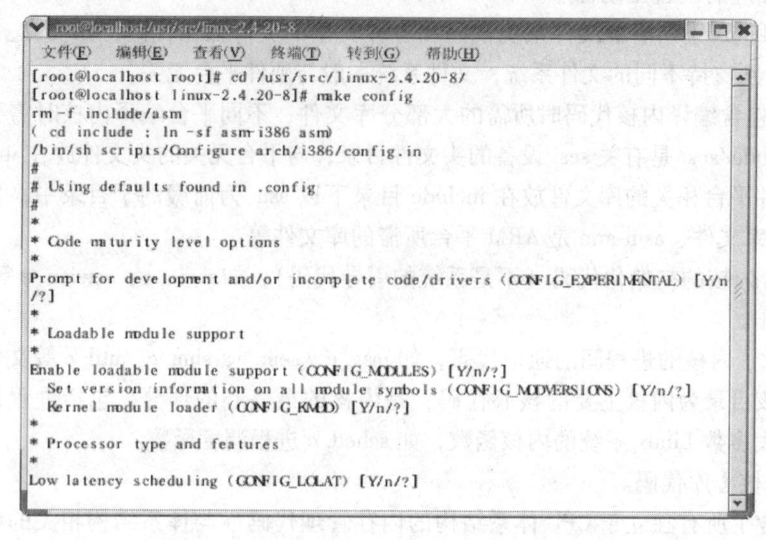

图 6-5 采用 make config 方式的内核配置界面

2）make menuconfig：进入基于文本菜单的内核配置界面，该方法不需要调用 X Window，以窗口作为人机交互界面，操作简单且用户界面友好，可随时获取系统的帮助。推荐在字符终端下使用该内核配置方式，后文的综合实训实验中也采用该方法进行 Linux 内核的相关配置。在图 6-6 所示的内核配置界面下，每一个选项的子选项前都有一个括号，可能是中括号［］、尖括号〈〉或者圆括号（ ）。括号里要么为空，要么是“＊”，而尖括号除以上两种选项外还可以选择“M”。这三个选项的含义分别对应不选中该选项、将该选项编译进内核里以及将该选项编译成可以在需要时动态插入到内核中的模块。在配置过程中，可以使用“空格”键循环切换以上三种选择。

实际上在具体配置时，可以将与 Linux 内核所需部分关系较远且不常使用的那些功能选项（如对网卡的支持）编译成可动态加载的模块，这样做可以减小所生成的内核的体积大小，减少内核运行时所消耗的系统内存，简化该功能相应环境改变时对内核的影响。

在图 6-6 所示的内核配置界面下，可用键盘的上下方向键〈↑〉和〈↓〉来在各菜单之间移动；在标有“--->”符号的选项上按“回车”键，可进入下级菜单；按键盘的〈Esc〉键或按键盘的左右方向键〈←〉和〈→〉选择 Exit 选项可返回到上级菜单；在某一选项上按〈h〉键或选择下面的 Help 选项，则可看到该配置的帮助信息。

3）make xconfig：进入基于 X Window 图形窗口模式的友好的内核配置界面，在 X Window 图形界面环境下推荐使用。如图 6-7 所示，该命令基于图形界面，配置内核时比较直观，可以直接使用鼠标进行选取。在选择相应的配置时，有如图 6-8 所示的三种选项：

y：将该功能编译进内核；

n：不将该功能编译进内核；

m：将该功能编译成可以在需要时动态插入到内核中的模块。

文件(F) 编辑(E) 查看(V) 终端(T) 转到(G) 帮助(H)
Linux Kernel v2.4.20-8custom Configuration
Main Menu
Arrow keys navigate the menu. <Enter> selects submenus --->. Highlighted letters are hotkeys. Pressing <Y> includes, <N> excludes, <M> modularizes features. Press <Esc><Esc> to exit, <?> for Help. Legend: [*] built-in [ ] excluded <M> module < > module capable
Code maturity level options --->
Loadable module support --->
Processor type and features --->
General setup --->
Memory Technology Devices (MTD) --->
Parallel port support --->
Plug and Play configuration --->
Block devices --->
Multi-device support (RAID and LVM) --->
Cryptography support (CryptoAPI) --->
<Select> < Exit > < Help >

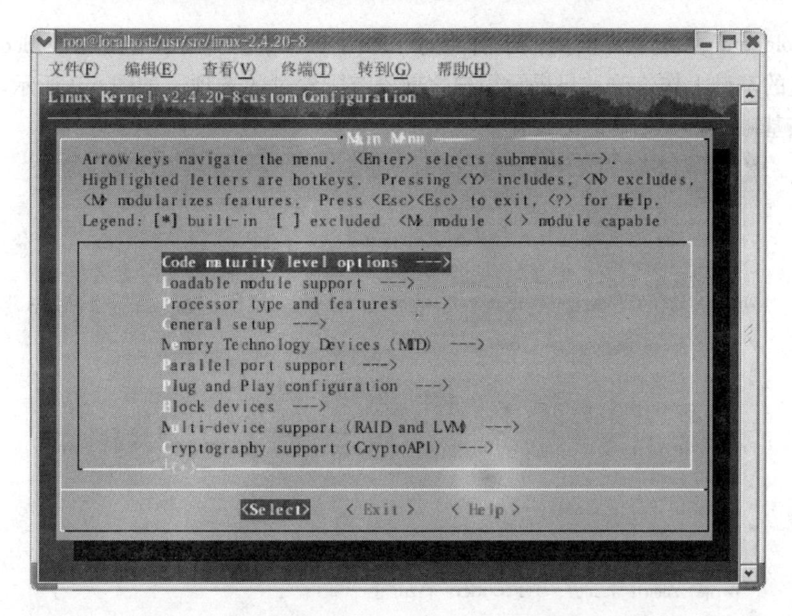

图 6-6　采用 make menuconfig 方式的内核配置界面

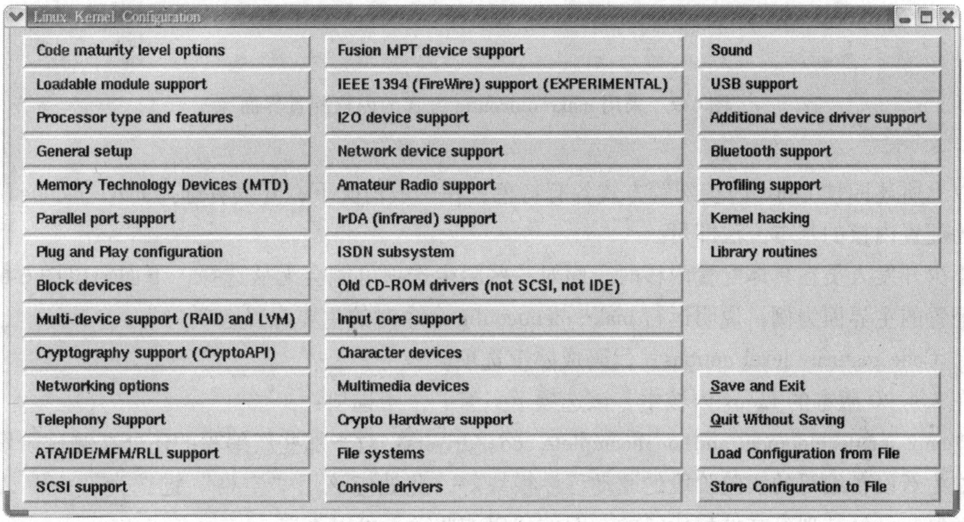

Linux Kernel Configuration
Code maturity level options
Loadable module support
Processor type and features
General setup
Memory Technology Devices (MTD)
Parallel port support
Plug and Play configuration
Block devices
Multi-device support (RAID and LVM)
Cryptography support (CryptoAPI)
Networking options
Telephony Support
ATA/IDE/MFM/RLL support
SCSI support
Fusion MPT device support
IEEE 1394 (FireWire) support (EXPERIMENTAL)
I2O device support
Network device support
Amateur Radio support
IrDA (infrared) support
ISDN subsystem
Old CD-ROM drivers (not SCSI, not IDE)
Input core support
Character devices
Multimedia devices
Crypto Hardware support
File systems
Console drivers
Sound
USB support
Additional device driver support
Bluetooth support
Profiling support
Kernel hacking
Library routines
Save and Exit
Quit Without Saving
Load Configuration from File
Store Configuration to File

图 6-7　采用 make xconfig 方式的内核配置界面

USB support
USB support
Support for USB
USB verbose debug messages
Miscellaneous USB options
Preliminary USB device filesystem
Enforce USB bandwidth allocation (EXPERIMENTAL)
USB Host Controller Drivers
EHCI HCD (USB 2.0) support (EXPERIMENTAL)
Help
Main Menu
Next
Prev

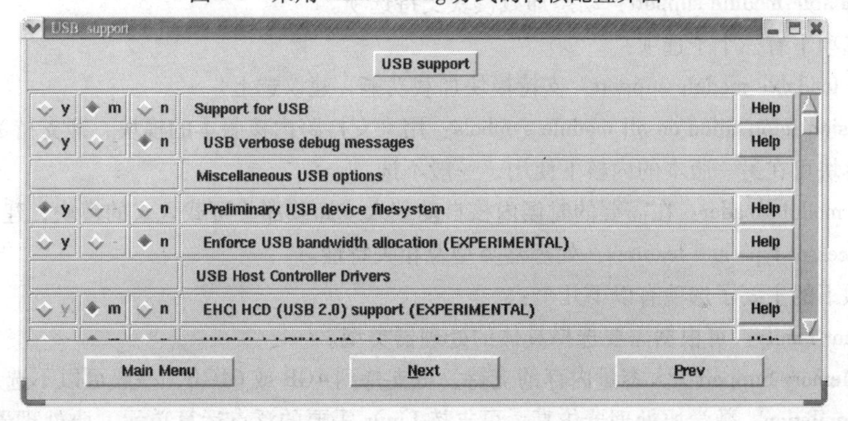

图 6-8　make xconfig 方式的内核配置界面（USB support）

4）make oldconfig：配置界面类似于前面的“make config”。命令，但 make oldconfig 命令是在原来内核配置的基础上作修改，只提示用户之前没有配置过的选项，如图 6-9 所示。该内核配置方式在原内核基础上作少量修改时使用。

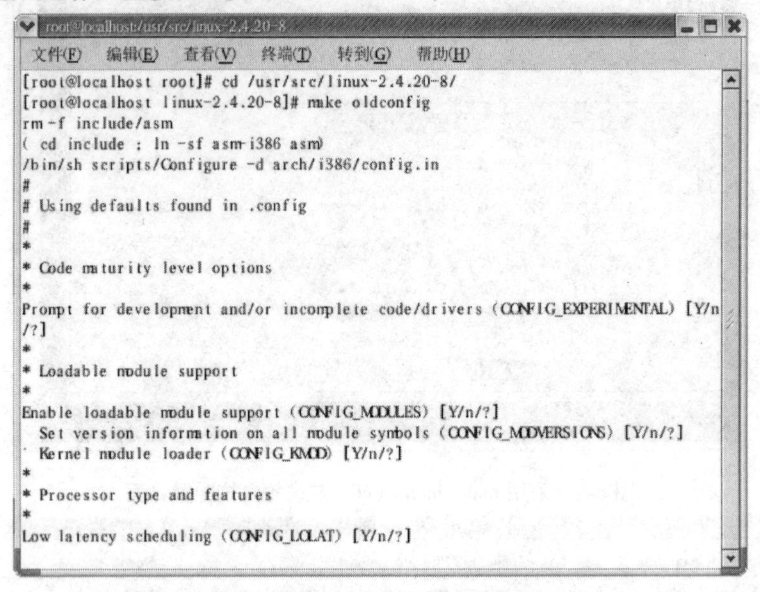

图 6-9　采用 make oldconfig 方式的内核配置界面

以上所述四种 Linux 内核配置方式各有特色，在一般情况下，开发者选择 make menuconfig 方式作为配置内核的基本方法即可。

不少开发人员在具体配置内核时，面对一些陌生选项可能会无从选择，下面，以图 6-6 所示内核配置的主界面为例，说明运行 make menuconfig 命令时的主要配置选项：

1）Code maturity level options：代码成熟度选项。

在 2.4.20 版本的 Linux 内核中，该选项下只有一个子选项：

Prompt for development and/or incomplete code/drivers：对于那些新编写的还处在测试阶段的代码，如为新设备编写的实验阶段的驱动程序模块等，此处应该用“空格”键选为“ * ”表示选中；对那些已经被现有文件替代了的老旧的代码或驱动，可以不选。

2）Loadable module support：动态加载模块支持选项。

在该选项下有三个子选项：

Enable loadable module support：支持模块加载功能，建议选上。

Set version information on all module symbols：用来支持跨内核版本的模块，即支持为某版本内核编译的模块可在另一版本的内核下使用，一般不选。

Kernel module loader：在需要的时候内核自动载入或卸载那些可载入式的模块，建议选上。

3）Processor type and features：处理器类型及相关特性。

该选项下的主要子选项有以下几个：

Processor family：可根据需要选择具体的处理器类型。

High Memory Support：大容量内存的支持，可支持到 4GB 或 64GB，一般可以不选。

Math emulation：数学协处理器仿真，可支持 Linux 需要的浮点运算单元。协处理器现在已经不用。

MTRR support：对存储区域类型寄存器的支持，一般不选。

Symmetric multi-processing support：对称多处理支持。一般情况下不会有多个处理器，因此就不用选了。

4）Ccneral setup：常用设备属性设置。

该选项下的子选项很多，一般使用默认设置即可。下面介绍部分常用选项：

Networking support：网络支持选项，建议必选。

PCI support：PCI支持，如果要支持PCI总线则需选上。

PCI access mode：PCI存取模式。可供选择的有BIOS、Direct和Any，一般选择Any。

Support for hot-pluggable devices：对可热插拔设备的支持，如U盘等，根据具体情况按需选择。

PCMCIA/CardBus support：对PCMCIA/CardBus的支持，有PCMCIA设备则必选。

System V IPC、BSD Process Accounting、Sysctl support：这三项是有关进程处理/IPC调用的，一般按照默认设置。

Power Management support：电源管理支持，可不选。

Advanced Power Management BIOS support：高级电源管理BIOS支持。

5）Memory Technology Devices（MTD）：对MTD（包括Flash，RAM等）存储设备的支持，可不选。

6）Parallel port support：对并口设备的支持。若不使用并口则可不选。

7）Plug and Play configuration：对鼠标等PNP（即插即用）设备的支持，可选上。

8）Block devices：对硬盘、CD-ROM等以block（块）为单位进行操作的存储装置的相关选项。

该选项下也有几个子选项，主要是关于各种块设备的支持：

Normal floppy disk support：对普通PC软盘支持，可不选。

Loopback device support：使一个文件能够被认为一个文件系统，可不选。

Network block device support：对网络块设备支持，如访问网上邻居。

RAM disk support：对RAM盘的支持。

9）Networking options：网络选项，主要是关于一些网络协议的配置。

该选项下的子选项较多，常用的有以下几项：

Packet Socket：在没有媒介协议直接与网络设备通信的应用中使用。

UNIX domain Sockets：对UNIX Sockets的支持。

TCP/IP networking：对TCP/IP的支持，建议选中。

The IPX protocol：对IPX协议的支持。

Appletalk devices：Appletalk设备的支持。

DECnet support：对DECnet的支持。

10）Telephony Support：电话支持，Linux下支持电话卡，可使用IP实现电话语音服务。

11）ATA/ATAPI/MFM/RLL support：该选项主要是对ATA/ATAPI/MFM/RLL等协议的支持。

12）SCSI support：对使用小型计算机系统接口（Small Computer System Interface，SCSI）设备的支持。如果使用SCSI设备（如SCSI接口的硬盘、光驱或软驱等）则应选中该项。

13）IEEE1394（FireWire）support：IEEE1394火线接口支持。

14）Networking device support：网络设备支持。根据上面Networking options选项中选好的网络协议选择相应的网络设备，如具体的以太网网卡芯片类型。

下面是该选项的几个典型子选项：

ARCnet support：该类型设备用的较少。

Ethernet（10 or 100Mbit）：十兆或百兆以太网设备，该类型设备现在用得比较多。开发人员可根据硬件平台的具体配置进入该子选项，选择具体的网络设备。大家常用的网卡芯片一般是RealTeck RTL-8139 PCI Fast Ethernet Adapter support。

Ethernet（1000Mbit）：千兆以太网设备，类似于前者。

FDDI driver support：光纤分布数据接口（FDDI）驱动支持。

PPP（point-to-point protocol）support：点对点协议的支持。

Token Ring driver support：对令牌环网的支持。

Fibre Channel driver support：对光纤的支持。

PCMCIA network device support：对 PCMCIA 网络设备的支持。

ATM drivers：异步传输模式（ATM）的支持。

15）Amateur Radio support：该选项用来启动无线网络，用得不多。

16）IrDA（infrared）support：该选项用来启动对红外通信的支持。

17）ISDN subsystem：ISDN（Integrated Services Digital Networks）是一种高速的数字电话服务。若要使用 ISDN 上网，则应选中该项。此外，为支持 ISDN 服务，还应选中前面 Networking device support 选项中的 SLIP 或 PPP 子选项。

18）Input core support：对输入设备的支持，如键盘、鼠标、游戏手柄等设备。

19）Character devices：字符设备的设置。

该选项主要有以下子选项：

Virtual terminal：虚拟终端，一个物理终端上可执行多个虚拟终端，建议选中。

Support for console on virtual terminal：虚拟终端控制台，建议选中。

Non-standard serial port support：对非标准串口设备的支持。如果开发的硬件平台上有非标准串口设备，则应选中。

I^2C support：对 I^2C 设备的支持。I^2C 是 PHILIPS 公司开发的两线式串行总线，常用于连接微控制器及其外围设备。如果要使用在视频开发中常用的 Video For Linux，则必选。

Mice：对鼠标的支持，鼠标类型包括总线、常见的 PS/2、C&T 82C710 mouse port、PC110 digitizer pad 等类型，开发时根据需要选择。

Joysticks：对游戏手柄的支持。

Watchdog Cards：对看门狗定时设备的支持。

20）Console drivers：控制台驱动支持，一般使用 VGA text console 就可。

21）Sound：关于声卡的支持，根据硬件平台声卡情况来具体选择。

22）USB support：对 USB 设备的支持，如使用对 USB 接口的鼠标、调制解调器、打印机、扫描仪等。

23）Bluetooth support：对蓝牙设备的支持。

24）Kernel hacking：有关内核调试及内核运行信息的选项。

以上就是 Linux 内核配置过程中的一些重要选项功能的介绍，读者在开发时可以结合实际需要来具体配置自己的内核。

6.3 Linux 内核的编译与移植

Linux 下应用程序的源代码编辑完成后，必须经过编译过程才能生成可直接运行在目标机开发板上的程序。与开发 Linux 应用程序的过程类似，对 Linux 内核源代码在完成内核配置之后，也必须经过编译过程才能正常运行于目标机开发板上。同时需要注意的是，在编译内核时用户需要以 root 用户权限登录。下面讲解具体的编译过程。

6.3.1　安装交叉编译工具

1）从网上下载一个 cross-2.95.3.tar.bz2 的编译器，下载地址如下：

http://ftp.arm.linux.org.uk/pub/armlinux/toolchain/cross-2.95.3.tar.bz2

2）在终端命令行中输入如下命令建立/usr/local/arm 文件夹：

```
#mkdir /usr/local/arm
```

3）将下载的 cross-2.95.3.tar.bz2 编译器复制到刚才新建的/usr/local/arm 文件夹下并解压缩：

```
#cp   cross-2.95.3.tar.bz2   /usr/local/arm
#cd   /usr/local/arm
#tar  -xjvf   cross-2.95.3.tar.bz2
```

4）在终端命令行中输入以下命令建立环境变量：

```
#export   PATH=/usr/local/arm/2.95.3/bin:$PATH
```

6.3.2　修改 Makefile 文件

在 6.2.1 小节中已经介绍过将 Linux 内核下载并解压到/usr/src 目录下的过程。为方便讲解，下面以 Linux2.6.14 版本为例介绍内核的编译与移植过程。

从 http://www.kernel.org/pub/linux/kernel/v2.6/linux-2.6.14.tar.bz2 下载 linux-2.6.14 版本的 Linux 内核压缩文件并复制到/usr/src 目录下：

```
#cp   linux-2.6.14.tar.bz2   /usr/src
```

然后将内核压缩文件解压缩：

```
#tar   -xzvf   linux-2.6.14.tar.bz2
```

进入该内核解压后的目录：

```
[root@localhost root] # cd   /usr/src/linux-2.6.14
```

修改该目录树下的 Makefile 文件：

```
[root@localhost linux-2.6.14] # vi   Makefile
```

注释掉以下这一行：

```
ARCH:=$(shell uname -m | sed -e s/i.86/i386/-e s/sun4u/sparc64/ -e s/arm.*/arm/ -e s/sa110/arm/)
```

若目标机处理器类型是 ARM，则需要更改目标代码，指明内核编译时所使用的交叉编译器为 arm-linux-gcc-2.95.3。找到 ARCH 和 CROSS_COMPILE 这两行进行修改：

将 ARCH：=改为 ARCH：=arm

将 CROSS_COMPILE ：=改为 CROSS_COMPILE：=/usr/local/arm/2.95.3/bin/arm-linux-

6.3.3　设置 Flash 分区

Linux 内核对 Flash 分区的支持是内核成功移植的一个重要步骤。如果直接向目标机开发板下载编译的内核，编译后的内核文件只能在目标机开发板的 RAM 内存中运行，如果重启或断电会丢失所有数据。为了使 Linux 内核支持从目标机开发板的 NAND Flash 中启动，必须修改 Linux

内核代码，增加 Linux 对 NAND Flash 的支持。该修改过程共包括三个步骤：指明 Flash 分区信息、指定启动时的初始化配置和禁止 Flash 的 ECC 校验。

1. 指明 Flash 分区信息

为了方便 Linux 内核的移植并最大可能地实现代码重用，尽可能选择与 UP-NETARM2410-S 嵌入式开发平台相近的 demo 开发板作为原始目标板，在它的基础上进行必要的修改。经过比较 Bootloader 中使用的 machine ID，选择三星公司针对 S3C2410 芯片推出的 smdk2410 demo 板作为原型。

1）建立 NAND Flash 分区表。UP-NETARM2410-S 嵌入式开发平台的核心板上配置一片 K9F2808U NAND Flash，容量大小为64MB。为了使 Linux 内核能正常使用该 NAND Flash，需要在内核中正确地配置 NAND Flash 的驱动支持。首先添加 NAND Flash 支持，打开 arch/arm/plat-s3c24xx/common-smdk. c 文件，操作如下：

```
[root@ localhost linux-2. 6. 14]#vi   arch/arm/plat-s3c24xx/common-smdk. c
找到 struct mtd _ partition smdk _ default _ nand _ part[ ]这个结构体进行如下修改：
static struct mtd _ partition smdk _ default _ nand _ part[ ] = {
[0] = {
    . name = "Bootloader",
    . size = 0x80000,      // 512KB
    . offset = 0,
    },
[1] = {
    . name = "Linux Kernel",
    . offset = 0x80000,
    . size = 0x200000,     // 2MB
    },
[2] = {
    . name = "Root File System",
    . offset = 0x280000,
    . size = 0x400000,     // 4MB
    },
[3] = {
    . name = "User Space",
    . offset = 0x680000,
    . size = 0x3980000, // 57. 5MB
    },
};
```

其中，name：代表 Flash 分区名字；size：代表 Flash 分区大小（单位：字节）；offset：代表 Flash 分区的起始地址（相对于0x0 的偏移）。

这样，就把 64MB 的 NAND Flash 分为四个区：

第一个区从 0x00000000 ~ 0x00080000，大小为 0. 5MB；

第二个区从 0x00080000 ~ 0x00280000，大小为 2MB；

第三个区从 0x00280000 ~ 0x00680000，大小为 4MB；

第四个区从 0x00680000 ~ 0x04000000，大小为 57. 5MB。

Flash 的这四个分区分别用来存放 BootLoader、内核 Kernel、根文件系统 root. cramfs 以及用户应用程序。

2）加入 NAND Flash 分区。代码如下：

```
struct s3c2410 _ nand _ set nandset = {
nr _ partitions: 4,  /* the number of partitions */
partitions: partition _ info,  /* partition table */
};
```

其中，nr _ partitions：指明 partition _ info 中定义的分区数目；partitions：表示分区信息表。

3）建立 NAND Flash 芯片支持。代码如下：

```
struct s3c2410 _ platform _ nand superlpplatform = {
tacls:0,
twrph0:30,
twrph1:0,
sets: &nandset,
nr _ sets: 1,
};
```

其中，sets：表示支持的分区集；nr _ set：表示分区集的个数。

4）将 NAND Flash 驱动加入初始化列表。代码如下：

```
struct platform _ device s3c _ device _ nand = {
. name = "s3c2410-nand",
. id = -1,
. num _ resources = ARRAY _ SIZE(s3c _ nand _ resource),
. resource = s3c _ nand _ resource,
};
static struct platform _ device __ initdata * smdk _ devs[] = {
&s3c _ device _ nand,
};
void __ init smdk _ machine _ init(void)
{
s3c _ device _ nand. dev. platform _ data = &smdk _ nand _ info;
platform _ add _ devices(smdk _ devs, ARRAY _ SIZE(smdk _ devs));
s3c2410 _ pm _ init();
}
```

其中，name：表示设备名称；id：表示有效设备编号。如果只有唯一的一个设备则 id 为 1，若有多个设备则从 0 开始计数。num _ resource：表示有几个寄存器区；resource：表示寄存器区数组首地址；dev：表示支持的 NAND Flash 设备。

2. 指定启动时的初始化配置

在 Kernel 启动时，依据对 Flash 分区的设置进行初始化配置。修改 arch/arm/machs3c2410/machsmdk2410. c 文件，操作如下：

```
[root@ localhost linux-2. 6. 14] #vi arch/arm/machs3c2410/machsmdk2410. c
```

接下来修改 smdk2410 _ devices [ ]，指明初始化时包括在前面所设置的 Flash 分区信息：

```
static struct platform _ device * smdk2410 _ devices[] _ initdata = {
&s3c _ device _ usb,
```

```
&s3c_device_lcd,
&s3c_device_wdt,
&s3c_device_i2c,
&s3c_device_iis,
&s3c_device_nand,  /* 添加该语句 */
};
```

保存后退出即可。

3. 禁止 Flash 的 ECC 校验

内核是通过 BootLoader 写到 NAND Flash 的,而 BootLoader 通过软件 ECC 算法产生 ECC 校验码,这里应选择禁止内核 ECC 校验。打开 drivers/mtd/nand/s3c2410. c 文件,操作如下:

```
[root@ localhost linux-2. 6. 14]#vi  drivers/mtd/nand/s3c2410. c
```

找到其中的 s3c2410_nand_init_chip() 函数,在该函数最后加上如下语句:

```
chip > eccmode = NAND_ECC_NONE;
```

保存后退出。

至此,关于 Flash 分区的设置全部结束。

6. 3. 4 添加对 Yaffs 文件系统的支持

将 Yaffs 的源代码压缩文件 yaffs2. tar. gz 复制到 linux-2. 6. 14 的同级目录下,解压后可得到 Yaffs 源码:

```
#cp  /mnt/hgfs/e/yaffs2. tar. gz  ./
#tar  zxvf  yaffs2. tar. gz
```

然后进入 yaffs2 目录,运行./patch-ker. sh 给内核打上补丁:

```
#cd yaffs2
#./patch-ker. sh c  ../linux-2. 6. 14/
```

打好补丁并作合适配置后,内核就可以支持 Yaffs 文件系统了。

6. 3. 5 Linux 内核的配置、编译与移植

Linux 内核的配置可以使用 make config、make menuconfig、make xconfig 以及 make oldconfig 等多种配置方法,一般情况下可选择最常用基于文本菜单模式的 make menuconfig 进行 Linux 内核配置。在终端命令行中输入如下语句:

```
#cd/usr/src/linux-2. 6. 14
#make menuconfig
```

使用 make menuconfig 配置过程中一些重要选项的具体功能已经在 6. 2. 2 小节详细介绍,其中大部分选项可以使用其默认值,只有小部分选项需要根据开发人员的不同需求进行具体配置。配置完成后,保存并退出 make menuconfig 配置界面。在终端命令行中执行以下命令编译生成压缩的内核映像文件:

```
#make  zImage
```

耐心等待编译过程结束后,新生成的内核映像文件 zImage 位于/usr/src/linux-2. 6. 14/arch/arm/boot 下,最后可通过串口或 USB 口把该文件下载到目标机开发板的 Flash 中。

此外,在内核配置和编译过程中可能用到的命令还包括:

```
#make  mrproper  /*删除以前在内核构建过程中所产生的不稳定或旧的文件,例如/usr/
```

src/linux目录里残留的.o文件和.config等附属文件。此外，在内核编译失败的情况下，可以使用该命令恢复源代码。如果是第一次编译内核，该命令可以省略，但如果是以前已经编译过多次内核，最好执行该命令 */

#make clean /*删除上次编译内核产生的模块和目标文件，即在正式编译新内核之前先把环境清理干净，保证没有不正确的.o文件存在。第一次编译内核时可不使用 */

#make dep /*正确设置编译内核所需的附属文件，重新建立新的变量依赖关系 */

#make bzImage /*编译生成内核映像文件bzImage，该命令与make zlmage命令类似，二者生成的内核都是使用gzip算法压缩的，只不过bzImage的含义是“big bzImage”，用make bzlmage命令可以生成体积稍大一点的内核（如给PC编译大内核）。建议使用make bzImage命令 */

#make modules /*编译<M>方式的内核模块，生成可使用insmod命令动态插入内核的模块 */

#make modules_install /*安装编译完成的模块 */

#make install /*把刚才编译完成的内核安装到系统里面。在给嵌入式设备编译时这步可以省略，因为具体的内核安装需要手工进行 */

6.4 综合实训：Linux内核的编译与移植实验

6.4.1 实验目的

1）使读者了解Linux内核的结构。

2）通过实验熟悉Linux内核的配置（裁剪）方法。

3）掌握Linux内核的编译与移植方法。

6.4.2 基础知识

1）C语言的基础知识。

2）熟练掌握Linux下的常用命令。

6.4.3 实验设备

1）硬件是博创UP-NETARM2410-S嵌入式开发平台和PC。

2）软件是Windows操作系统和RedHat Linux 9.0操作系统。

6.4.4 实验内容

根据开发需要对Linux内核进行配置，重新编译生成一个新的ARM系统内核，然后烧写到嵌入式开发平台进行启动。

6.4.5 实验步骤

1. 配置（裁剪）ARM系统内核

打开PC的RedHat Linux 9.0操作系统，首先进入ARM系统内核所在的目录，在终端命令行中输入以下语句：

#cd /arm2410s/kernel-2410s

进入基于文本菜单的Linux内核配置界面：

#make　menuconfig

接下来按照6.2.2小节介绍的各内核配置选项的功能介绍，根据开发需求对相应选项作具体设置，如将Linux内核配置为支持IDE硬盘、支持TCP/IP等。更改完毕后，按〈Esc〉键退出配置界面，这时，将弹出如图6-10所示的是否保存内核配置提示对话框，选择Yes选项后，按“回车”键退出。

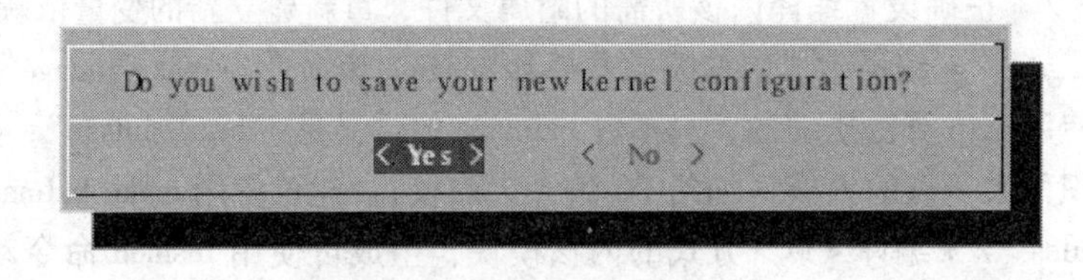

图6-10　是否保存内核配置提示对话框

2. 编译生成新内核

ARM系统内核配置完毕后，在刚才的/arm2410s/kernel-2410s路径下继续输入如下命令，在正式编译新内核之前先把环境清理干净：

#make　clean

有时也可以用make realclean或make mrproper来彻底清除相关依赖关系，保证没有不正确的.o文件存在。输入如下命令编译相关依赖文件，建立新的依赖关系：

#make　dep

然后输入编译命令，生成新的内核zImage：

#make　zImage

最终生成的新内核压缩映像文件位于/arm2410s/kernel-2410s/arch/arm/boot/下，将该内核文件复制到上层目录/arm2410s/kernel-2410s/下，以方便稍后进行的内核烧录工作。

3. 烧写新内核映像文件

（1）方法一：使用imagewrite工具烧写内核

该方法使用网络接口利用mount挂载命令加载宿主机的NFS文件系统，然后使用imagewrite命令烧写内核。挂载前需要事先配置网络，包括配置IP地址、Linux下的网络文件系统（NFS）和防火墙，具体配置过程请参考前文介绍。

将PC利用网线连接至UP-NETARM2410-S嵌入式开发平台并配置好网络，设置好PC的Windows的超级终端，嵌入式平台启动后将进入/mnt/yaffs路径下，然后输入如下命令：

[/mnt/yaffs]mount　-t　nfs　-o　nolock　192.168.0.121:/arm2410s　/host

//192.168.0.121是PC的Linux操作系统的IP地址。

等待再次出现[/mnt/yaffs]提示符后说明已经挂载成功,之后进入内核所在目录进行烧写：

[/mnt/yaffs]cd　/host//kernel-2410s/

[/mnt/yaffs]imagewrite　/dev/mtd/0　zImage:192k

内核烧写完毕后，重启嵌入式开发平台，此时运行的即为更新后的内核。

（2）方法二：使用vivi的下载模式利用Xmodem协议下载内核

利用VMware虚拟机Linux与Windows之间的共享文件功能，将上述生成的内核映像文件共享至Windows文件夹下。将PC利用串口线连接至UP-NETARM2410-S嵌入式开发平台，之后设置好PC的Windows操作系统的超级终端，打开嵌入式平台，在平台刚启动时按住除“回车”键以外的任意一个键进入vivi的下载模式。在“vivi >”提示符后输入如下命令：

vivi > load flash kernel x

当超级终端出现图 6-11 所示的等待提示后，单击超级终端任务栏“传送”菜单中的“发送文件”，选择内核压缩映像文件 zImage，协议使用 Xmodem，然后单击“发送”，将出现如图 6-12 所示的发送 zImage 界面。等待 2min 左右，当再次出现“vivi >”提示符后，内核映像文件 zImage 烧写完毕。最后在“vivi >”提示符后输入 boot 命令后按“回车”键，即可启动嵌入式开发平台上的新内核，启动画面如图 6-13 所示。

VIVI version 0.1.4 (root@BC) (gcc version 2.95.2 20000516 (release) (Rebel.com))
#0.1.4 四 5月 26 09:44:53 CST 2005
MMU table base address = 0x33DFC000
Succeed memory mapping.
type "help" for help.
vivi> load flash kernel
Waiting...

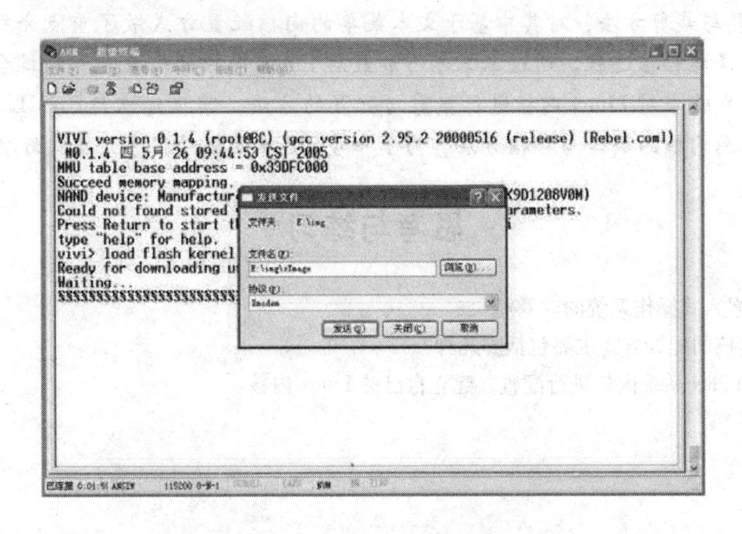

图 6-11　烧写 zImage 的操作

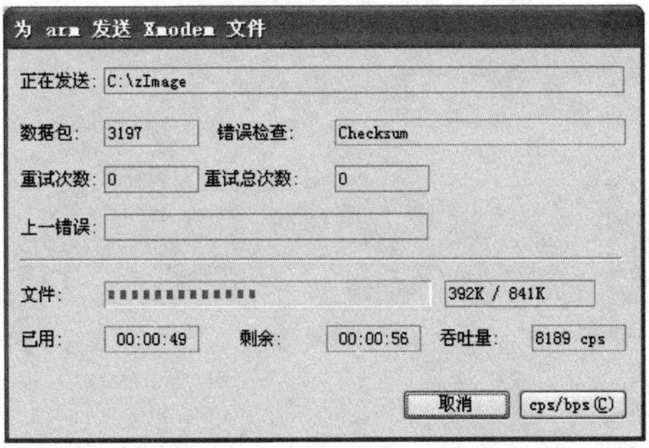

为 arm 发送 Xmodem 文件
正在发送: C:\zImage
数据包: 3197
错误检查: Checksum
重试次数: 0
重试总次数: 0
上一错误:
文件:
392K / 841K
已用: 00:00:49
剩余: 00:00:56
吞吐量: 8189 cps
取消
cps/bps(C)

图 6-12　利用 Xmodem 发送 zImage 文件

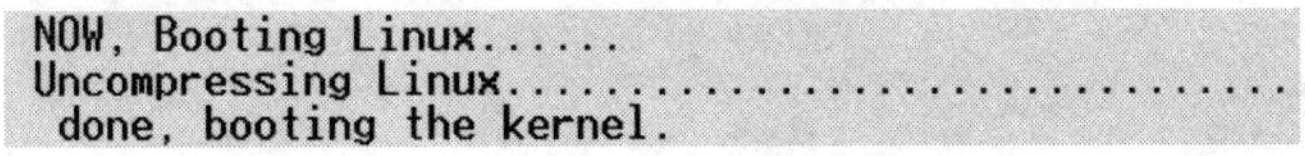

NOW, Booting Linux......
Uncompressing Linux...................................
done, booting the kernel.

图 6-13　Linux 移植成功后的启动画面

至此，Linux 内核的移植过程全部结束。但是需要注意的是，此时 Linux 的根文件系统并没有烧写好，因此内核成功启动后会提示找不到根文件系统。根文件系统的烧写过程将在其他章节详细介绍。

本章小结

本章主要介绍了将嵌入式 Linux 操作系统向 ARM 平台的移植。在建立好嵌入式开发环境并完成引导程序 BootLoader 的移植之后，所需进行的操作就是将嵌入式操作系统移植到 ARM 上运行。本章分析了 Linux 操作系统内核源代码的结构和主要源代码文件夹的功能，详述了几种 Linux 内核的配置与裁剪方法，对其中基于文本菜单的内核配置方式做了重点介绍。最后以实训描述了内核的编译与移植过程。通过本章学习和最后 Linux 内核的配置与移植综合训练，读者应基本掌握根据开发需求对 Linux 内核进行裁剪与配置的方法，掌握建立自己的 Linux 内核映像文件的步骤，并熟悉内核的编译与移植方法，为下一步的 Linux 驱动程序开发做好准备。

思考与练习

6-1　什么是嵌入式操作系统的“移植”？

6-2　Linux 内核的配置方式主要包括哪几种？

6-3　尝试对 Linux 系统内核进行配置，建立自己的 Linux 内核。

第7章 嵌入式 Linux 应用程序的开发与调试

众里寻它千百度，适合的应用程序开发与调试工具。

本章介绍嵌入式 Linux 应用程序开发与调试相关的软件环境及开发调试工具，并重点介绍嵌入式 Linux 的程序开发工具和 ARM 公司提供的专门集成开发软件 ADS（ARM Developer Suite）。首先，为了使读者对嵌入式开发与调试环境有比较全面的认识，阐述了嵌入式 Linux 环境下交叉编译的基本概念，结合例程讲解了常用的编译器和调试器的使用方法。之后，简要介绍了 Linux 系统下的 C 语言编程的开发环境和代码的编译及下载方法，针对所开发的程序代码，分析对比了常见的调试方式和 ADS 集成开发环境的使用方法。最后，结合实际情况介绍了 UArmJtag 软件及 UP-ICE200 仿真器的使用，为读者进一步使用并掌握调试和仿真工具起到抛砖引玉的作用。通过本章的学习，读者将掌握和解决以下重要问题：

✓ 嵌入式开发环境与工具。

✓ 嵌入式 C 语言的设计、编译与下载。

✓ ADS 开发环境及其软件组成介绍。

✓ 使用 ADS 创建工程、编译链接设置及调试操作等。

✓ 使用 AXD 工具进行代码调试。

✓ UArmJtag 软件及 UP-ICE200 仿真器的使用。

7.1 开发的环境与工具

7.1.1 交叉编译

嵌入式系统不具备独自开发应用的特性，必须辅助相关开发环境和工具。在 5.3 节中已经详细介绍了嵌入式系统软件开发环境的建立过程，并就交叉开发环境的概念作了简要的论述。由于一般的嵌入式系统目标机的片上资源有限，不能为编译过程提供足够的资源，因此通常都要在资源较为丰富的 PC 上建立一个交叉编译环境。交叉编译是指在一种体系结构的平台（如 x86 架构下的 PC）上，编译生成可以在另一种不同体系结构平台（如 ARM 架构的目标机开发板）上运行的代码过程。交叉编译环境通常是建立在 PC 上，由交叉编译器、交叉链接器和解释器等组成的一个集成开发环境。在 x86 架构的 PC 上完成嵌入式系统软件编码，然后在宿主机上使用以 arm-linux-开头的交叉编译器等工具编译生成即将运行在 ARM 目标机上的目标代码。由于宿主机与目标机架构一般不同，交叉编译生成的二进制代码只能在 ARM 目标机开发板上运行，而无法运行在宿主机上。Linux 系统下可以使用 file 命令来查看文件究竟是运行在 x86 架构上还是运行在 ARM 架构上，如图 7-1 所示，虽然两个文件的名字同为 hello，但是它们分属运行在 x86 架构和 ARM 架构的平台。

交叉编译环境也是由一系列的工具包组成：

1）针对 ARM 目标机开发板的 gcc（GNU Compiler Collection）编译器。其中，包括 C 与C ++的编译器和预处理器。

2）目标机开发板的二进制开发工具包 Binutils。其中，包括连接器、汇编器以及其他用于目标文件和档案的工具。

3）提供系统调用和基本函数的标准 C 库 Glibc 以及目标机开发板的 Linux 内核头文件。Glibc 提供系统调用和基本函数 C 库。

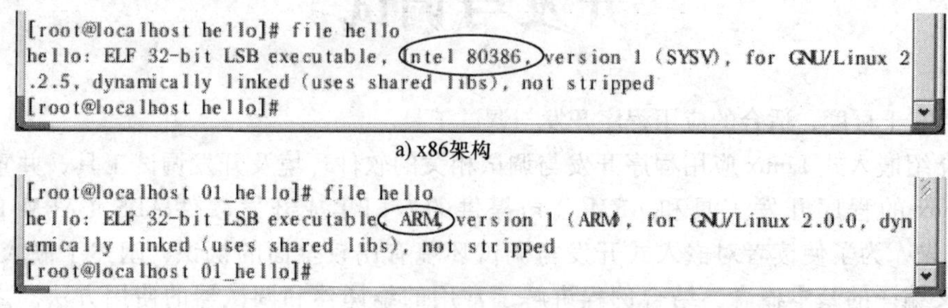

a) x86架构

b) ARM架构

图 7-1　Linux 系统下使用 file 命令查看程序可运行的平台

建立一个完整的工具链对嵌入式 Linux 应用程序的开发非常重要。上述这些 GNU 的工具链及软件包的源代码都是开放的。建立交叉编译环境时，需要先从 http://www.gnu.org/下载 gcc、Binutils、Glibc 以及 GDB（GNU Debug）代码调试器等工具链源码包，并对它们分别进行编译、配置。为了区别于本地使用的工具链，交叉开发工具链在命名时一般会加一个前缀，如 arm-linux-gcc，作为交叉编译器。建立交叉编译工具链的过程比较复杂，Linux 发行版一般都会包含完整的工具链，也可以直接从网上下载已经编译好的交叉编译工具链使用。

图 7-2　GNU 计划的标志

上文中的 GNU 是"GNU's Not UNIX"的递归缩写。Gnu 这个词在英文中原意为非洲牛羚，此处是指是由 Richard Stallman 提出的 GNU 计划，其标志如图 7-2 所示。GNU 的目标是创建一套完全自由的操作系统。为保证 GNU 软件可以自由地"使用、复制、修改和发布"，所有 GNU 软件都包含一份在禁止他人添加任何限制的情况下，授权软件的所有权利给任何人的协议条款，即 GNU 通用公共许可证（GNU General Public License，GPL）。

7.1.2　gcc 编译器

gcc 是 GNU 组织开发的一套免费的编程语言编译器，遵循 GPL 及 LGPL 许可证，也是 GNU 计划的关键组成部分。gcc 最初是指 C 语言编译器（GNU C Compiler），是一个功能强大的美国国家标准协会 ANSI（American National Standards Institute）C 兼容编译器。随着多年发展，gcc 已经不仅仅支持 C 和 C++ 语言，还可以编译 Java、Fortran、COBOL、Pascal、Objective-C、Modual-3 以及 Ada 等多种语言。gcc 的含义已经变成了 GNU 编译器家族（GNU Compiler Collection），并广泛使用在各个 Linux 版本中。gcc 编译器几乎对所有常见的硬件平台都提供了完善的支持，因此可以将编写的源程序编译为适应多种硬件平台的目标代码。gcc 是一个交叉平台编译器，可以在当前 CPU 体系结构的硬件开发平台上为其他多种不同架构类型的目标机开发板编译代码，因此尤其适合嵌入式系统领域源代码的编译工作。

嵌入式系统 C 语言源代码程序需要经过编译和链接这两个过程才能转换成二进制可执行程序。其中，编译过程是将开发人员编写的高级语言程序（如 C/C++ 程序）翻译为计算机能解读、运行的低级机器语言的程序；链接过程是把由编译器或汇编器生成的目标文件外加库合成为一个可执行文件。编译就是利用编译程序将高级语言编写的源程序代码生成中间代码程序即目标文件的过程，如 Linux 下的 .o 类型文件就是目标文件，在 GNU 中的 Gcc 编译器可以将 C/C++源程序和目标程序编译，并调用链接程序 ld 生成可执行文件。因此，分辨出编译和链接过程是非常重要的。

使用 gcc/g++由 C 源代码文件生成可执行文件的过程不仅仅是编译过程，还包括四个相互关联的过程，即预处理（也称预编译，Preprocessing）、编译（Compilation）、汇编（Assembly）和链接（Linking），如图 7-3 所示。

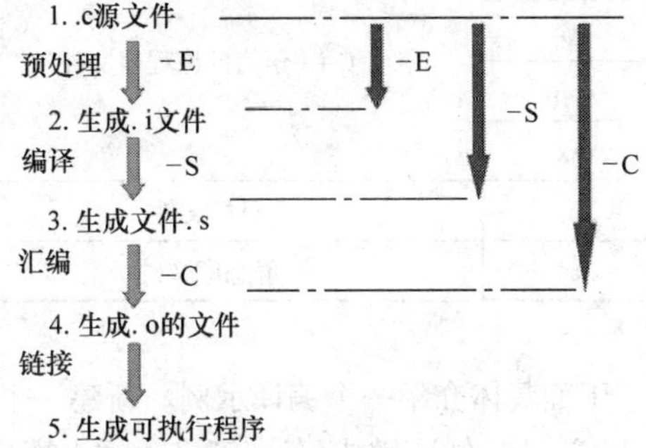

图 7-3 gcc 的工作过程

使用 gcc 编译器的一般命令格式如下：

gcc [options] [filenames]

其中，可选项 options 是以“-”开始的各种编译选项，常见的可选项的含义见表 7-1，更为详细的选项可以使用命令 man gcc 查看；filenames 是相关程序的文件名，包括即将生成的可执行文件的名字（可选项）和要编译的源程序的名字。

表 7-1 gcc 编译器的可选项及其含义

可选项	功能描述
-E	对源文件只进行预处理，之后不进行编译、汇编和链接，也不生成可执行代码
-S	只进行编译生成汇编语言文件 *. s，但不汇编和链接生成目标文件和可执行代码
-c	仅编译后输出 *. o 型的目标文件，而不链接生成可执行程序
-o outfile	指定编译器输出文件名为 outfile 的可执行文件。若不指定则生成 a. out
-g	在可执行文件中加入调试信息，便于程序的调试
-v	打印编译器内部各编译过程的命令行信息和编译器版本号
-O[L]	编译时进行优化。L 为优化级别，分别 0~3 和 s
-Wall	指定生成全部的警告信息
-w	不生成任何警告信息
-shared	生成共享目标文件
-static	禁止使用共享连接

在使用 gcc 进行编译的时候，需要给出必要的选项和完整的带扩展名的源文件名，这是因为 gcc 是根据源程序的扩展名来决定使用哪一种语言的编译器进行编译，或者根据文件扩展名对它们分别进行处理。表 7-2 所示的是 gcc 编译器所支持的文件扩展名。表中，扩展名为“. c”的文件被 gcc 认为是 C 语言的源程序文件，例如 gcc hello. c。g++是一个 C++版本的 gcc 编译器，要求 C++语言源程序文件带有扩展名“. cc”或“. C”，例如 g++hello. cc、g++hello. C。gcc 的整个编译流程实际上可以分为四步进行，依次是预处理阶段、编译阶段、汇编阶段和链接阶段，每个阶段完成一个特定的工作。

表 7-2　gcc 编译器支持的文件的扩展名

文件扩展名	含　义	文件扩展名	含　义
. c	C 语言的源程序文件	. so	动态库文件
. cc	C ++ 语言的源程序文件	. m	Objective-C 语言的源程序文件
. C		. i	预处理过的 C 语言的源程序文件
. cpp		. ii	预处理过的 C ++ 语言的源程序文件
. cxx		. s 或 . S	汇编语言源程序文件
. o	目标文件	. h	C 语言的预处理头文件
. a	静态库文件	. hpp	C ++ 语言的预处理头文件

下面具体介绍一个编译示例。新建一个 hello 文件夹，在 Linux 的终端命令行进入该文件夹后打开 Vi，按〈a〉键或〈i〉键进入插入模式并输入下列程序，按〈Esc〉键回到命令模式，输入“:wq hello. c”将文件名保存为 hello. c。

```
#include <stdio. h>
main()
{
printf("Hello World! \n");
return 0;
}
```

其中，<stdio. h>是指标准输入输出头文件，使用标准输入输出函数时需要调用这个头文件。头文件用来提供常量的定义和系统对函数调用的声明，头文件通常放在 Linux 的/usr/include 和其子目录中。接下来使用 gcc 分四步对上述例程进行编译：

1）预处理阶段。该过程对源代码文件中包含的#include 头文件和宏定义（如#define 等）进行处理，并做语法检查。为了查看该过程的处理结果，可以加上“-E”可选项，使用如下命令使 gcc 在预处理结束后暂时停止编译过程：

```
[root@ localhost gcc]#gcc -E hello. c -o hello. i
```

2）编译阶段。gcc 在该过程把 C/C ++ 代码“翻译”成汇编代码。用户可以加上“-S”可选项，使用如下命令进行编译而不进行汇编：

```
[root@ localhost gcc]#gcc -S hello. i -o hello. s
```

3）汇编阶段。该过程将编译阶段生成的汇编代码翻译成 . o 为扩展名的 ELF 格式的目标代码文件。使用“-C”可选项的汇编阶段命令如下：

```
[root@ localhost gcc]#gcc -C hello. s -o hello. o
```

4）链接阶段。链接过程将生成可执行代码。链接分为两种，一种是静态库链接，扩展名通常是“. a”；另外一种是动态库链接，扩展名通常是“. so”。前者在编译链接时将静态库文件的代码全部加到生成的可执行文件中，优点是运行时不再需要库文件，具有较好的兼容性，依赖的动态链接库较少，对动态链接库的版本不会很敏感；缺点是生成的文件比较大。动态库链接并不直接将库文件的代码加到可执行文件中，而是在程序执行时动态加载，这样生成的程序比较小，运行时占用较少的系统内存。链接过程的命令如下：

```
[root@ localhost gcc]#gcc hello. o -o hello
```

gcc 成功完成了链接过程后，即可生成绿色的 hello 可执行文件。如若不想分步编译，也可使用下列命令直接将源代码编译生成名为 hello 的可执行文件。此外，如果用户没有给出即将生成的可执行文件的名字而直接编译，gcc 将默认生成一个名为 a. out 的可执行程序。

gcc hello. c -o hello　　#-o 选项表示要求编译器生成指定文件名为 hello 的可执行文件

或

gcc hello. c　　#不指定名字，生成可执行程序 a. out

如果编译成功，系统将没有任何提示。最后在 hello. c 当前目录下执行：

. /hello

或

. /a. out

屏幕输出结果如下：

Hello World!

7. 1. 3　gdb 调试器

嵌入式系统源程序在编译调试过程中，开发人员有时希望源程序能够在某个位置或满足一定条件后能够暂停运行，以便查看程序运行过程中参数的状态。Linux 系统下 GNU 提供了一个名为 gdb（GNU Debug）的调试程序，通过与 gcc 编译器的配合使用，为基于 Linux 操作系统的软件开发提供了一个完善的调试环境。gdb 是一个用来调试 C 和 C++语言源程序的高效调试器。在程序调试运行时，用户可以通过 gdb 调试器观察程序的内部结构和内存的使用情况。gdb 所提供的具体功能包括：单步逐行执行代码或程序跟踪，观察程序的运行状态；动态监视或修改程序中变量的值；设置断点以使程序在指定的代码行上暂停执行；程序停止时可以检查程序的状态；分析程序崩溃产生的 core 文件。

当 gdb 调试器被适当地集成到某个嵌入式系统程序中的时候，其远程调试功能允许开发人员设置断点、分步调试程序代码、检验内存，并且同目标机交换信息。开发人员可以将运行 gdb 的宿主机通过串行端口、网络接口或是其他方式连接到目标机进行远程调试。使用 gdb 调试器对应用程序进行调试时，为了使 gdb 正常工作，在使用 gcc 编译器对源代码进行编译的时候，必须使用-g 编译选项开关来通知编译器开发者希望进行程序调试。使用-g 选项后，源程序在编译时就会包含调试信息。这些保存在目标文件中的调试信息描述了每个函数或变量的数据类型、源代码行号和可执行代码地址间的映射对应关系等。gdb 调试器正是通过这些信息使源代码和机器码相关联，并以此实现源代码级别的调试。gcc 编译器在产生调试符号时，采用了分级的方式，开发人员可以通过在-g 选项后加上数字 1、2 或 3 来指定在代码中加入调试信息的多少。编译时默认的级别是-g2，此时产生的调试信息包括扩展符号表、行号、局部或外部变量信息；级别-g1 不包含局部变量及与行号有关的调试信息，因此只能够用于回溯跟踪和堆栈转储；级别-g3 包含级别 2 中所有的调试信息，外加源代码中定义的宏。

gdb 调试方式采用文本界面下的交互式调试方式。在 Linux 系统下的终端命令行提示符下键入 gdb 并按“回车”键，即可启动运行 gdb 调试器。此外，如果想直接指定想要调试的程序，也可以使用下面的命令来运行 gdb：

gdb　<filename>

当以该方式启动 gdb 后，将直接装入名为 filename 的源程序文件进行调试。

接下来以上节介绍的 hello. c 源程序为例，介绍 Linux 系统下使用 gdb 调试器调试程序的基本步骤。

首先使用 gcc 对源代码进行编译，并在编译时加入调试参数-g：

gcc -g -o hello hello. c

键入如下命令，启动 gdb 调试器：

gdb hello

此时即可启动对可执行文件 hello 的调试，屏幕上出现如图 7-4 所示的启动界面。

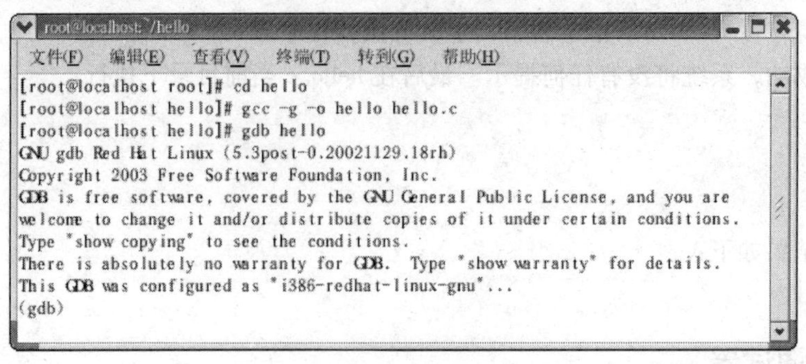

图 7-4　gdb 调试器的启动界面

图 7-4 所示的 gdb 调试器启动界面中指出了 gdb 的版本号、使用的库文件等信息。最后一行显示的“（gdb）”是已经进入 gdb 调试过程的提示符，此时 gdb 处在一种命令等待状态，用户即可在该提示符下根据需要键入 gdb 的基本命令。gdb 调试器的常见命令见表 7-3。其他命令的用法可以通过键入 help 命令获得帮助，或者通过 man gdb 命令浏览 gdb 的手册页。

表 7-3　gdb 调试器的常见命令

命　令	功能描述	命　令	功能描述
file	装载指定的可执行文件进行调试	list	列出产生执行文件的源代码的一部分
break 数字	在指定的代码行上设置断点		
tbreak	设置临时断点，语法与 break 相同，执行一次之后立即消失	print	显示变量或表达式的值
		where	显示程序当前的调用栈
clear	删除刚才停止处的断点	until	结束当前循环
clear filename：数字	删除名为 filename 源文件某行上的断点	next	执行一行源代码但不进入函数内部
		step	执行一行源代码而且进入函数内部
continue	继续 break 后代码的执行	kill	终止正在调试的程序
run	执行当前被调试的程序	make	在不退出 gdb 的情况下就可以运行 make 工具，以便重新产生可执行文件
bt	显示所有的程序堆栈		
set	设置变量的值	display	程序停止时显示变量和表达式
delete	删除断点，默认删除所有的断点，也可指定删除某个断点	help name	显示某个命令的帮助信息
		info break	显示当前断点列表
watch	设置监视点，监视表达式的变化	info files	显示当前调试文件的信息
awatch	设置读写监视点，表达式被读写时程序挂起	info func	显示所有函数
		info local	显示当前函数所有局部变量的信息
rwatch	设置读监视点，表达式被读时程序挂起	info prog	显示调试程序的执行状态
		quit	退出 gdb 调试器

在（gdb）提示符下，可键入 list 命令列出可执行文件的源代码，语句如下：

（gdb） list

若源代码显示不全而只有其中的一部分，则只需要多执行几次 list 命令即可列出全部的源代码。接下来可以在源代码的某行设置断点进行调试，例如可以在（gdb）提示符下输入以下命令：

（gdb） break 4

将会看到如图 7-5 所示的运行界面。

```
(gdb) break 4
Breakpoint 1 at 0x8048338: file hello.c, line 4.
(gdb)
```

图 7-5　gdb 调试器 break 命令的运行界面

设置好断点后，就可以开始让程序运行了，在（gdb）提示符后键入命令 run 或 r，屏幕出现如图 7-6 所示的运行界面。

```
(gdb) break 4
Breakpoint 1 at 0x8048338: file hello.c, line 4.
(gdb) run
Starting program: /root/hello/hello

Breakpoint 1, main () at hello.c:4
4           printf("hello the world \n");
(gdb)
```

图 7-6　gdb 调试器 run 命令的运行界面

继续键入 next 命令即可进行单步调试的工作。可在任何位置使用 where 命令，显示程序的调用栈而得到自己位置。为了进入函数内部进行调试，可以输入单步执行命令 step，使执行过程跟踪进入到函数内部。如果想让程序继续执行直至程序执行完毕，可以输入命令 continue。若要退出 gdb 调试器，可键入命令 quit。如果程序本身已经运行完毕，gdb 将会直接退出而不出现任何提示信息。如果程序此时仍在执行过程中，gdb 调试器将会询问是否真的要退出，屏幕出现如图 7-7 所示的运行界面。

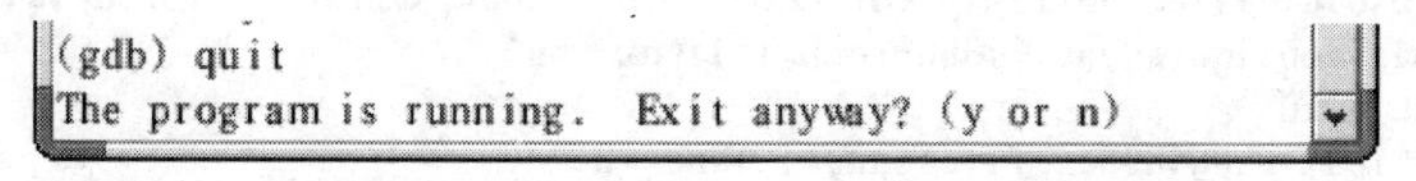

图 7-7　gdb 调试器 quit 命令的运行界面

按下〈y〉键即可退出该 hello. c 的 gdb 调试程序。

下面通过另外一段简单的程序代码 sum. c 来进一步熟悉 gdb 调试器的常用命令，该程序的具体代码如下：

```
//sum. c
#include <stdio. h>
int func( int a)
{
    int b;
    int sum =0;
    for (b =1;b< =a;b ++)
    {
        sum + =b;
```

```
	}
	return sum;
}
main ()
{
	int summation;
	int x;
	printf(" Please input a number:");
	scanf(" %d",&x);
	summation = func(x);
	printf(" \n1 +2 +3…. +n = %d\n",summation);
	return 0;
}
```

上面的程序代码在用户输入一个数字后，完成自1至该输入数字连加的功能。首先通过gcc编译器进行编译，在编译过程中使用-g参数指定在编译时生成调试符号信息，使用-Wall选项指定生成全部的警告信息。在程序代码sum. c所在的文件夹下输入如下命令进行编译：

gcc -g3 -Wall -o sum sum. c

执行上面的编译命令后，会在当前目录下生成一个带调试信息的名为sum的可执行文件。随后通过使用gdb命令打开这个文件进行调试，语句如下：

gdb sum

在主函数处设置一个断点，如图7-8所示，语句如下：

(gdb) break main

```
[root@localhost sum]# gdb sum
GNU gdb Red Hat Linux (5.3post-0.20021129.18rh)
Copyright 2003 Free Software Foundation, Inc.
GDB is free software, covered by the GNU General Public License, and you are
welcome to change it and/or distribute copies of it under certain conditions.
Type "show copying" to see the conditions.
There is absolutely no warranty for GDB.  Type "show warranty" for details.
This GDB was configured as "i386-redhat-linux-gnu"...
(gdb) break main
Breakpoint 1 at 0x804839e: file sum.c, line 18.
(gdb)
```

图7-8　使用break命令设置断点

使用run命令运行该程序，如图7-9所示，语句如下：

(gdb)run

```
(gdb) break main
Breakpoint 1 at 0x804839e: file sum.c, line 18.
(gdb) run
Starting program: /root/sum/sum

Breakpoint 1, main () at sum.c:18
18		printf("Please input a number:");
(gdb)
```

图7-9　使用run命令运行程序

使用 watch 命令设置一个监视点，如图 7-10 所示，语句如下：

(gdb) watch summation

```
(gdb) watch summation
Hardware watchpoint 2: summation
(gdb)
```

图 7-10　使用 watch 命令设置监视点

使用 step 命令单步运行，如图 7-11 所示，语句如下：

(gdb) step

```
(gdb) step
19              scanf("%d", &x);
(gdb)
```

图 7-11　使用 step 命令单步运行

使用 step 命令单步运行，如图 7-12 所示，语句如下：

(gdb) step

```
(gdb) next
Please input a number:
```

图 7-12　使用 step 命令单步运行

根据屏幕提示，输入一个数字，此处以输入 30 为例，如图 7-13 所示。

```
Please input a number:30
20              summation = func(x);
(gdb)
```

图 7-13　根据屏幕提示，输入一个数字 30

使用 next 命令单步运行，如图 7-14 所示，语句如下：

(gdb) next

```
(gdb) next
Hardware watchpoint 2: summation

Old value = 1073828704
New value = 465
main () at sum.c:21
21              printf("\n1+2+3....+n=%d\n", summation);
(gdb)
```

图 7-14　使用 next 命令单步运行

最后使用 continue 命令，继续 break 后代码的执行，直至程序运行结束，如图 7-15 所示，语句如下：

(gdb) continue

```
(gdb) continue
Continuing.

1+2+3....+n=465

Watchpoint 2 deleted because the program has left the block in
which its expression is valid.
0x42015574 in __libc_start_main () from /lib/tls/libc.so.6
(gdb)
```

图7-15 使用 continue 命令继续 break 后代码的执行

当出现“Program exited normally.”信息的时候，表明调试程序已经正常结束。

以上便是 gdb 调试程序的基本方法。关于 gdb 调试器更详细的资料可以查阅网站信息：http：//www. gnu. org/software/gdb/。除了文本界面下的 gdb 调试器以外，常用的还有采用图形界面的集成开发环境 Eclipse，也可以方便地对程序进行调试，在此不再赘述。

7.1.4 Vi 编辑器的使用

用户要在 Linux 系统下编写一般文本、数据文件或是语言程序，首先都必须选择一种编辑器工具。图形模式下的编辑器有 grdit、OpenOffice、kwrite 等，文本模式下的编辑器有 Vi、VIM（Vi Improved）、Emacs、nano 等。Vi 文本编辑器已经成为 Linux 系统下最常用的工具之一。Vi 即“Visual Interface”的简称，是 Linux/UNIX 自带的可视化全屏幕文本编辑器，工作在字符模式下。由于不需要图形界面，使它成了效率很高的交互式文本编辑工具。

使用 Vi 编辑器的好处是几乎每一个版本的 Linux 都有它的存在，不足之处是它在文本模式下使用时需要记忆一些基本的命令操作方式。如果实在不习惯使用文字模式，可以选择 X Window 视窗环境下的其他编辑器，如 KDevelop、Gedit、Kate 等。

Vi 编辑器在 Linux 操作系统上可以执行输出、删除、查找、替换、块操作等众多文本操作，而且用户可以根据自己的需要对其进行定制，这也是其他编辑程序所没有的。

1. Vi 的几种工作模式

Vi 有三种基本工作模式，分别为命令模式（command mode）、插入模式（insert mode）和底行模式（last line mode）。

（1）命令模式

当进入 Vi 编辑器时，首先进入的就是命令模式，此时光标位于屏幕上方。在该模式下键盘的各种输入都被作为命令来对待。用户可以执行控制光标移动、删除字符、复制段落等操作。具体的光标移动和命令模式的功能键见表7-4。用户可以输入各种合法的 Vi 命令，用于管理自己的文档。需要注意的是，所输入的命令通常是不回显的（并不在屏幕上显示出来），在该模式下也无法编辑文字。如果用户在该模式下输入了非法的 Vi 命令，计算机将鸣响报警。命令模式是 Vi 的核心模式，其他模式都是从命令模式转入的，在其他任意模式下按〈Esc〉键也都可回到命令模式。

（2）插入模式

插入模式也称为文本编辑模式。用户在命令模式下，通过输入命令 i、附加命令 a、打开命令 o、修改命令 c、取代命令 r 或替换命令 s 都可以使 Vi 编辑器进入插入模式，见表7-5，此时屏幕底部出现“INSERT”的提示。只有在插入模式下，用户才可以进行文本的编辑输入和修改。在该模式下，用户输入的任何字符都被 Vi 编辑器当做文件内容保存起来，并将其显示在屏幕上。

在新增文字及修改文字结束后，按〈Esc〉键可回到命令模式。

表 7-4　Vi 编辑器命令模式的功能键

键或命令	功能描述	键或命令	功能描述
h	将光标向左移动一格	dd	删除光标所在行
l	将光标向右移动一格	* dd	从光标所在行向下删除 * 行，* 为数字
j	将光标向下移动一格	D	删除光标所在处到行尾
k	将光标向上移动一格	r	取代光标处的一个字符
0	数字 0，将光标移动到该行的行首	R	从光标处向后替换，按〈Esc〉键结束
$	将光标移动到该行的行尾	u	撤销上一步的操作
H	将光标移动到该屏幕的顶端	U	取消目前的所有操作
M	将光标移动到该屏幕的中间	yy	复制光标所在行
L	将光标移动到该屏幕的底端	p	将复制的内容放在光标所在行的下行
gg	将光标移动到文章的首行	w 或 W	将光标移动到下一单词的字首
G	将光标移动到文章的尾行	e	将光标移动到下一单词的字尾
x	删除光标所在处的字符	b	将光标移动到上一单词的字首
X	删除光标前的字符		

表 7-5　Vi 编辑器进入插入模式的功能键

按　键	功能描述	按　键	功能描述
i	在光标所在位置前插入文本	I	在光标所在行前插入文本
a	在光标所在位置后插入文本	A	在光标所在行末插入文本
o（小写字母）	在光标所在行下面插入新行	O（大写字母）	在光标所在行上面插入新行

（3）底行模式

在命令模式下，用户按一般命令〈:〉键、正向搜索〈/〉键或反向搜索〈?〉键即可进入底行模式，此时 Vi 会在屏幕窗口左下角的最后一行显示一个“:”符号作为底行模式的提示符，光标位于此提示符后等待用户输入命令。在底行模式下，所有命令都要以“:”开始，此时从键盘上输入的任何字符都被当作编辑命令进行解释处理，如“:q”代表退出、“:w”表示存盘等，见表 7-6。需要注意的是，表 7-6 中命令前的冒号是底行模式的提示符，而不是命令本身的一部分。多数文件管理命令都是在此模式下执行的，功能包括：将文件进行保存或退出 Vi 的操作，也可以设置编辑环境，如寻找字符串、列出行号等其他操作。底行命令输入完毕后按“回车”键即可执行，之后 Vi 将自动回到命令模式。

表 7-6　Vi 编辑器底行模式的功能键

命　令	功能描述	命　令	功能描述
:w	保存文件，但不退出 Vi	:wq	保存文件且退出 Vi
:x	保存文件且退出 Vi	:wq!	强行保存退出
:q	退出（若文件已更改，则不能退出）	:w >> file	将现行文件的内容，追加到文件 file
:q!	放弃所做修改直接退出	:w file	将现行文件的内容，写入 file
:zz	保存文件且退出 Vi	:w! file	将现行文件的内容，写入已存在的 file

上述三种模式可以相互转换，其相互转换关系如图 7-16 所示。由图可知，具体转换方法如下：

1）命令模式→〈i〉键或〈a〉键或〈o〉键→编辑模式。

2）编辑模式→〈Esc〉键→命令模式。

3）命令模式→〈:〉键→底行模式。

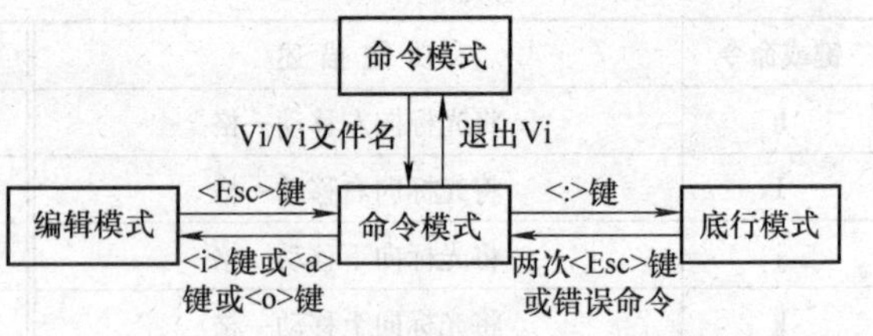

图 7-16　Vi 各模式之间的相互转换关系

2. Vi 的操作流程

使用 Vi 的基本操作流程是启动 Vi、进入命令模式/文本编辑模式和保存状态。具体流程如下：打开终端命令行，使用 cd 命令进入文件夹，在 Linux 系统提示符“$”后键入 vi 或者使用 Vi 加上想要编辑的文件名 filename. c，便可进入 Vi 编辑器。图 7-17 所示为 VIM（Vi Improved）编辑器的启动界面，即进入命令模式，光标位于 Vi 编辑器的左上方，此时等待命令输入而不是文本输入，所有键入的字母都将被当做命令来解释。在命令模式下按下〈i〉键或者〈a〉键（根据光标插入位置的具体需要）即可进入插入模式。此时在 Vi 编辑器的下方显示有“插入”以提示 Vi 的当前工作模式。在该模式下即可输入或者修改源程序。编辑完成后，按〈Esc〉键可由插入模式回到命令模式。然后键入“:wq[filename. c]”（若 filename. c 在编辑前就已经存在，则[filename. c]可选项可省略），在底行模式中存盘退出 Vi 编辑器，完成源代码的编写或修改过程。

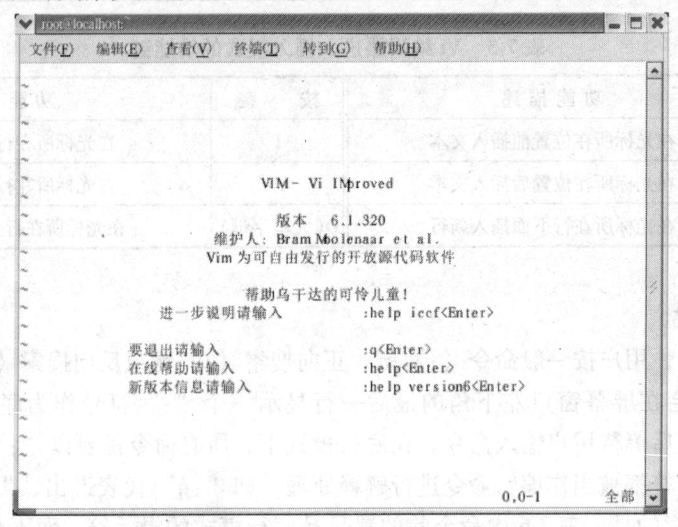

图 7-17　Vi 编辑器启动界面

7.1.5　Makefile 文件和 make 命令

在 7.1.2 小节中以一个简单的“Hello World!”程序介绍了 gcc 将源代码编译成可执行程序的过程。该例子只含有一个源代码文件的简单程序，即使源代码有所改动，进行重新编译链接的过程显得并不是太繁琐。但是，如果在一个软件工程中包含了几十个甚至成百上千个源代码文件，而这些源代码文件中的某个或某几个又包含在其他的源代码文件中，那么，如果其中一个源代码文件被改动，则包含它的那些源文件都要重新使用编译器执行编译链接过程，这样做的工作量将是十分庞大的。由于编译器并不知道哪些文件最近曾经修改过，因此程序员需要手动输入数目非常庞大的文件名重新完成编译工作。为此，编译过程被细分为预处理、编译、汇编和链接四个阶段。如果一个工程中只是部分文件的源代码有所改动，只需对修改源代码的程序进行编译，则其他文件不需要再次重新编译，而只是需要重新链接进去就可以了。因此，编译过程迫切需要一个工程管理器来自动识别更新了源代码的文件，自动完成编译过程。

幸运的是，对于上述包含了众多源文件的应用程序，GNU 提供了 make 命令工具及 Makefile 文件，可以取代复杂的编译命令操作。make 及 Makefile 工具可以高效地处理各个源文件之间的复杂关系，提高应用程序的开发效率。同时，用户在编译时只需要执行一次 make 命令，使得程序的编译过程变得更为简单。

1. Makefile 文件

GNU make 命令执行时，需要一个对应的 Makefile 文件，通过读入 Makefile 配置文件的相关内容自动完成大量的编译和链接工作。一个工程中的源文件可能有很多，按其类型、功能、模块分别存放在若干个目录中。Makefile 文件描述了目标文件之间的依赖关系，指定了工程编译过程中使用的编译工具和链接规则。Makefile 主要包括显式规则、隐晦规则、变量定义、文件指示及注释五部分。每项规则也定义了一系列的规则，来指定工程中哪些文件需要编译以及如何编译；哪些文件需要先编译，哪些文件需要后编译以及哪些文件需要重新编译；需要创建哪些库文件以及如何创建；如何产生最后的可执行文件甚至于进行更复杂的功能操作。Makefile 的作用是根据配置的情况，构造出需要编译的源文件列表，然后分别编译，并把目标代码链接到一起，最终形成可执行的二进制文件。这样做带来的好处就是“自动编译”，一旦 Makefile 文件写好，只需要直接在命令行下执行 make 命令，make 命令会自动找当前目录的 Makefile 文件来执行，整个工程将实现完全自动编译，极大地提高了软件开发的效率。Makefile 文件是 make 命令规则的描述脚本，其文件中代码规则的格式如下：

```
targets: prerequisites
    commands    //该行必须以〈Tab〉键开头
```

或

```
targets: prerequisites; commands
    commands
```

规则中的项目必须从编辑器最左端开始定义。一个规则中的第二行及以后各行必须以〈Tab〉键作为该行代码的开始。targets 是由 make 工具创建的目标体，通常是目标文件或可执行文件，如果有多个文件则用空格分开，同时它依赖于 prerequisites 中的文件。Prerequisites 生成 tragets 目标体所需要依赖的文件或是目标（如果其中的某个文件比目标文件还要新，则 prerequisites 需要重新生成），其生成规则定义在 commands 中。commands 是创建每个目标体时所需要执行的命令。如果编辑器中的命令行 commands 与 targets：prerquisites 不在同一行，则 commands 命令行应在〈Tab〉键作为开头；如果在同一行，则可用分号作为二者之间的间隔。如果命令行太长需占用其他行，则用“\”作为换行符。

由此可见，Makefile 文件中一般包含三个方面的内容：一是需要由 make 工具创建的项目，通常是目标（target）文件和可执行文件；二是要创建的项目依赖于哪些文件；三是创建每个项目时需要运行的命令。例如，一个基本的 makefile 文件示例如下：

```
example. o:example. c example. h
    gcc -c example. c -o example. o
```

以上是 Makefile 示例文件中的两行代码。第一行代码指定 example. o 为目标文件，并且编译时依赖于 example. c 和 example. h 文件；第二行代码指定如何从目标所依赖的源文件建立目标文件。这里，如果 example. c 或 example. h 文件在编译之后又被修改，则 make 工具可自动重新编译 example. o；如果在前后两次编译之间，则 example. c 和 example. h 均没有被修改，而且 example. o

还存在的话，就没有必要重新编译。

Makefile 文件中可以使用变量。变量对大小写敏感，且一般使用大写形式。变量可以代替文件名列表、要执行的程序、传递给编译器的选项、输入输出的目录以及查找源文件的目录等。变量的表示方式是在变量名前加一个$符号，并将变量名用“( )”括起来。例，如一个 Makefile 文件示例如下：

```
OBJS = code. o                    //定义变量 OBJS
CC = gcc                          //定义变量 CC
test:$(OBJS)
    $(CC) -o test $(OBJS)
code. o: code. c code. h
    $(CC) -c code. c -o code. o
clean:
    -rm -f *. o
```

在上面 Makefile 例子中，$(OBJS)和$(CC)等符号就属于该 Makefile 中的变量，用来代替一个文本字符串，且该文本字符串被称为该变量的值。可见，该例中用户自定义了 OBJS 和 CC 两个变量，并在后面的规则中用$( )对这两个变量的内容进行了引用。除了用户自定义变量外，Makefile 还可以允许使用环境变量和预定义变量。常见的预定义变量见表 7-7。

表 7-7　Makefile 常见的预定义变量

变量名		功能描述	变量名	功能描述
预定义的自动变量（每次执行时都基于目标和依赖产生新值）	$@	完整的目标文件名	CC	C 编译器的名称，默认为 cc(gcc)
	$*	不包括扩展名的目标文件名	CXX	C++ 编译器的名称，默认为 g++
	$?	目标中的变化成员	CFLAGS	C 编译器的选项
	$%	当目标是库文件时，目标内的成员名。例如目标 x. a(y. o)的目标名为 x. a，成员名为 y. o	CPP	C 预编译器的名字
			CPPFLAGS	C 预编译器的选项
			CXXFLAGS	C++ 编译器的选项
	$^	由空格分隔的目标中所有的成员	RM	删除程序的名称，默认为 rm -f
	$<	当前目标的第一个相关成员名	AS	汇编程序的名字
	$+	以先后顺序列出所有依赖的文件名，包括重复的	ASFLAGS	汇编程序的选项

下面用一个示例来说明 Makefile 文件的书写规则。7. 1. 2 小节中的“Hello World！”程序所对应的 Makefile 文件如下：

```
CC = armv4l-unknown-linux-gcc
EXEC = hello
OBJS = hello. o
CFLAGS + =
LDFLAGS + = -static
all:$(EXEC)
$(EXEC):$(OBJS)
    $(CC)$(LDFLAGS) -o $@ $(OBJS)
clean:
```

-rm -f $(EXEC) *.elf *.gdb *.o

在该 Makefile 文件中，CC 指明所使用的编译器，EXEC 表示编译后生成的执行文件的名称，OBJS 代表目标文件列表，CFLAGS 代表编译参数，LDFLAGS 表示连接参数，all：指出编译主入口，clean：代表清除编译结果。需要注意的是，"$(CC) $(LDFLAGS) -o $@ $(OBJS)"和"-rm -f $(EXEC) *.elf *.gdb *.o"行前的空白是由一个〈Tab〉键生成，而不能使用空格键。Makefile 文件准备好后，如果源程序有任何的修改，执行 make 命令就可以根据当前文件的修改情况确定哪些文件需要重新编译，从而生成新的可执行程序。

[root@ localhost gcc]#make clean

[root@ localhost gcc]#make

"make clean" 用于对项目环境进行准备、清除以前编译生成的所有可执行文件和目标文件等，以便重新进行编译。

有时为了对项目进行管理还要设置有 install 和 uninstall 目标，分别用于对整个项目的成品进行安装，以及用于对安装的项目进行卸载。对于较大的软件工程项目，手工编写 makefile 文件并不是一件轻松的事情，因此，Linux 下也提供了可以自动生成 makefile 文件的工具，如 autoscan、aclocal、autoconf、automake、autoautoheader 等。用户只需要输入目标文件、依赖文件和文件所在的目录等，就可以自动生成 makefile 文件，大大提高了开发效率。Linux 下使用工具自动生成 Makefile 文件的操作步骤如图 7-18 所示。关于 automake 等工具的详细资料可以参阅 autobook 的网址 http://sources.redhat.com/autobook/以及 GNU 开发工具的网址 http://autotoolset.sourceforge.net/tutorial.html。

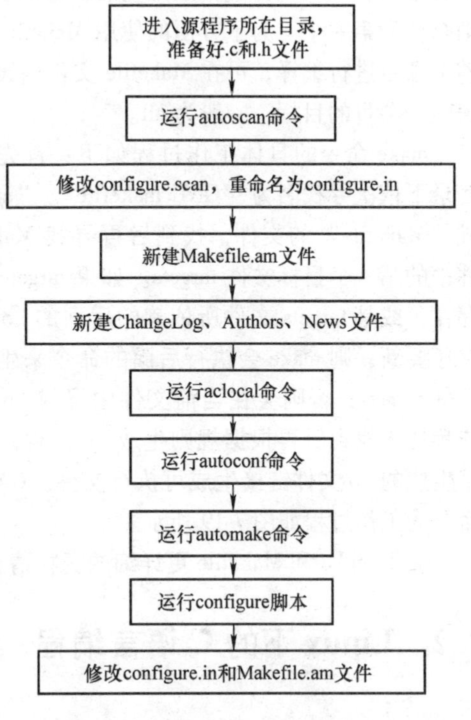

图 7-18　使用工具自动生成 Makefile 文件的操作步骤

2. make 命令

GNU make 是一个解释 Makefile 文件指令的命令工具，make 通常以文件的依赖性为基础。其格式如下：

make [-f filename] [options] [targets]

该 make 命令常用的命令行参数见表 7-8。如果直接运行 make 命令而不加可选项，则只建立 makefile 文件中的第一个目标。

表 7-8　make 命令常用的命令行参数

命令行可选项	功能描述
-C dir	在读 Makefile 或做任何操作前切换到指定目录，一般用于对目录的递归搜索
-f file	读入当前目录下的 file 文件作为 Makefile，而非使用默认的"makefile"或"Makefile"
-I dir	指定 Makefile 搜索目录
-d	显示调试信息
-i	忽略所有的命令执行错误
-k	默认情况下 make 在遇到错误将终止执行，-k 可以让在出现错误时工作的尽量长一些，以便观察分析

（续）

命令行可选项	功 能 描 述
-n	在不真正编译的情况下列出将执行的步骤命令
-p	显示 make 变量的数据库和隐含的规则
-w	若执行 make 命令时改变目录，则打印当前目录名
-s	执行命令时不显示命令

执行 make 编译命令时，将自动调用对应的 Makefile 文件，执行对应 targets 的 commands 命令，并找到相应的依赖文件以完成源程序的编译和链接过程。Makefile 文件内容可包含多个目标，可以通过 make obj 的方式指定处理的目标，若不指定则默认为第一个。为了方便的使用 Makefile 文件对整个项目进行编译，可在 Makefile 文件内设一个代表整个项目的目标，一般为 all。

make 命令的具体工作过程如下：首先在当前目录下依次寻找名为“GNU makefile”、“makefile”或“Makefile”的文件，找到后再寻找 Makefile 文件中的第一个目标文件 targets。如果 targets 文件不存在，或是 targets 文件所依赖的后面的 .o 文件比它还要新，则 make 会执行后面的命令来生成目标文件 targets；否则会在当前文件中寻找 .o 文件的依赖性，找到后再根据规则生成 .o 文件。之后再用生成的 .o 文件链接生成可执行文件。GNU make 命令的工作过程如图 7-19 所示。

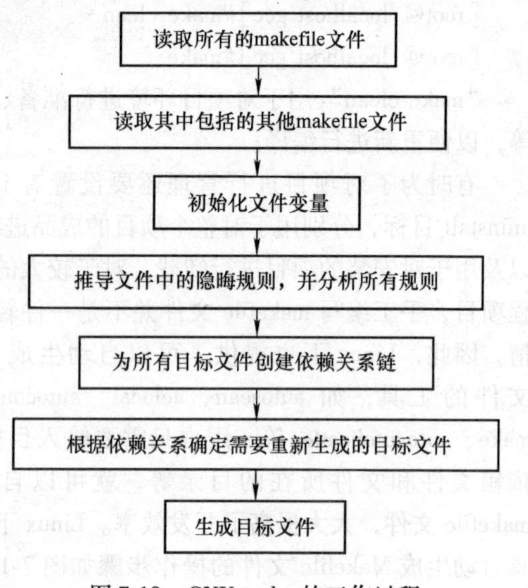

图 7-19　GNU make 的工作过程

关于 make 和 Makefile 更详细的资料请查阅：http://www.gnu.org/software/make/。

7.2　Linux 下的 C 语言编程

7.2.1　嵌入式 C 语言程序设计

在嵌入式系统应用程序的设计过程中，如果所有的代码都由汇编语言来编写，则工作量巨大且代码的可移植性较差。与汇编语言相比，C 语言结构性较好、容易理解且有大量的支持库，因此，基于 ARM 的程序代码可以使用汇编语言与 C 语言混合编程。对于性能和速度要求较高的代码块或者与底层硬件密切相关的代码，例如开机时硬件的初始化、处理器状态的设定、硬件寄存器的读写等可以使用汇编语言编写，其他方面的大部分代码都可以使用 C 语言来完成。由于 C 语言的使用大大缩短了程序的开发周期，增强了代码的可读性、可重用性和可移植性，方便了程序的管理，因此 C 语言在嵌入式系统应用程序的编程过程中具有非常重要的地位。

C 语言是一种通用的程序设计语言，最早于 1972 年由美国贝尔实验室的 Dennis M. Ritchie 在 B 语言的基础上设计推出，并首次在运行 UNIX 操作系统的 DEC PDP-11 计算机上使用。1977 年，Dennis M. Ritchie 又发表了不依赖于某种具体机器系统的 C 语言编译文本。自 1978 年开始，C 语言已经先后被移植到大、中、小及微型计算机上，成为世界上最为流行、使用最为广泛的计算机高级程序设计语言之一。虽然 C 语言不是专门针对某种硬件或操作系统编写的，但是它与 Linux

操作系统之间的关系非常密切。

C 语言的优点是结构紧凑，编译效率高，运行速度快，移植性好，通用性和可读性强。C 语言支持模块化程序结构设计，支持自顶向下的结构化程序设计方法，因此 C 语言已经成为嵌入式系统程序设计中经常用的程序设计语言。嵌入式 C 语言程序设计就是利用基础的 C 语言知识，面向嵌入式软件工程实际应用进行程序设计。也就是说，嵌入式 C 语言程序设计首先是 C 语言程序设计，必须符合 C 语言的基本语法，只不过它是面向嵌入式系统应用而设计的程序工具。Linux 系统下的 C 语言程序设计与其他操作系统环境下的 C 程序设计是一样的，主要涉及程序编辑器、编译器、调试器和项目管理器等四种环境工具。

1）程序编辑器。最早期的 Linux 系统下并没有类似于 Windows 系统下的 Visual C++、C++ Bulder 等集成化程序开发环境，程序的编辑工具与编译工作是分开的，程序编辑器主要完成程序代码的编辑、录入等功能。现在，Linux 系统下 C 语言编程常用的文本编辑器已包括 Vi、VIM（Vi Improved）以及 Emacs、nano 等，其中，Vi 编辑器功能强大且使用方便，已经成为开发人员常用的程序编辑工具。Vi 编辑器的使用方法已在本章 7.1.4 小节作过详细介绍。

2）编译器。Linux 系统下常用的 C 语言编译器主要是 GNU 的 gcc 编译器，其具体编译过程如图 7-20 所示。gcc 编译器采用命令行交互式编译方式。与其他一般的编译工具相比，gcc 编译器功能强大、执行效率高，性能更为优越。关于 gcc 编译器的详细介绍请参阅本章 7.1.2 小节。

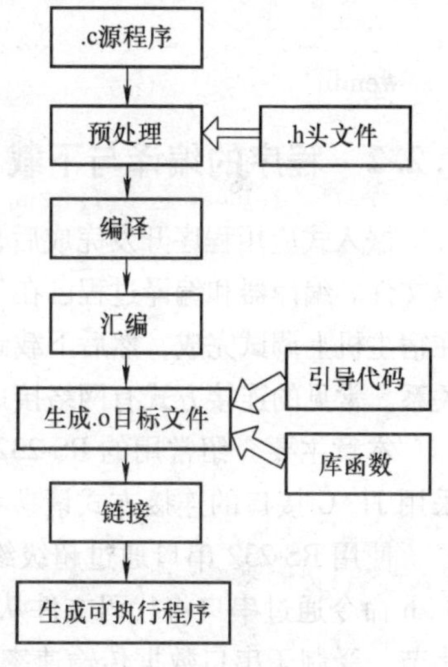

图 7-20　GNU gcc 的编译过程

3）调试器。在一个软件工程开发运行过程中，如果发现 Bug 就需要确定程序出错的位置、原因和参数，因此程序代码的调试是必不可少的。Linux 下 C 语言编程常用的调试器是 GDB 调试器。该调试器在执行设置断点、单步跟踪等操作时使用较为方便、功能更为强大。关于 GDB 调试器的详细介绍请查阅 7.1.3 小节。

4）项目管理器。如果所开发的嵌入式源程序包括很多源文件，则需要把每个源文件都编译成目标代码，最后再链接成可执行文件。该过程需要手工输入大量的命令，无疑是非常繁琐的。幸运的是，在 Linux 下 C 语言编程过程中，GNU 提供了 make 项目管理器编译工具及 Makefile 文件，可以自动编译、管理编译软件的内容、时间和方式，以取代复杂的编译命令和操作。这些措施使得程序员能够真正把精力集中在代码的开发上而不是源代码文件的组织上。关于 make 工具及 Makefile 文件详见 7.1.5 小节。

函数是嵌入式 C 语言程序设计的核心。一个较大的 C 语言程序一般是由一个主函数和若干个子函数组成的。每个函数完成一个特定的功能，各个函数之间也可以相互调用。嵌入式程序设计中的函数及函数库将一些常用的功能函数放在函数库中供公共使用，既包括 C 语言的标准库函数，也包括一些用户自己编写的非标准函数库。函数库的采用大大减少了编程工作量。嵌入式编程过程中常用的 C 语言语句包括：条件语句（if、case）、循环语句（for、while、until）、开关语句（switch），以及 shift 语句、select 语句、repeat 语句等。

在嵌入式程序设计过程中，嵌入式 C 语言中的“预处理伪指令”可以改进程序设计的环境，提高编程效率。“预处理伪指令”一般以“#”打头，可以分为以下三种：

1）文件包含伪指令。文件包含伪指令可将头文件包含到程序中，头文件中定义的内容包括：符号常量、复合变量原型、用户定义的变量类型原型以及函数的原型说明等。当编译器编译预处理时，用文件包含的代码内容替换到实际的程序中。文件包含伪指令的格式有：

```
#include <头文件名.h>        //标准头文件
#include"头文件名.h"         //自定义头文件
#include 宏标识符
```

2）宏定义伪指令。宏定义伪指令可分为：简单宏、条件宏、参数宏、预定义宏和宏释放。

```
#define 宏标识符 宏体                    //简单宏
#define 宏标识符（形式参数表）宏体        //参数宏
```

3）条件编译伪指令。条件编译伪指令指示编译器在满足某个条件时仅编译源文件中与之相对应的部分。条件编译伪指令的格式如下：

```
#if（条件表达式1）
…
#elif（条件表达式2）
…
#elif（条件表达式n）
…
#else
…
#endif
```

7.2.2 程序的编译与下载

嵌入式应用程序开发完成后，即可使用交叉编译器进行编译，生成能运行于目标机的二进制代码文件。编译器和编译过程已在7.1节作过讨论。前文已经介绍过，嵌入式应用程序的开发一般先在宿主机上调试完成，然后下载到目标机。为保证正常下载，必须建立宿主机与目标机之间的连接关系。常见的连接方式有网络接口、RS-232串口、JTAG接口和USB接口等，参见图5-14。

本章主要介绍常用的RS-232串口连接和网络连接两种方式向目标机下载二进制代码的方法。采用JTAG接口的连接方式请参考第3章3.5节的详细介绍。

使用RS-232串口通过超级终端向目标机烧写文件是常用一种的烧写方式。该方式使用load flash命令通过串口将代码文件从PC下载至ARM开发平台。串口参数的具体配置过程详见5.3.2小节。受制于串口数据传输速率的限制，串口常用来下载BootLoader（vivi）、操作系统内核映像文件（zImage）和根文件系统文件（root.cramfs）等。

另外一种就是PC与ARM开发平台之间使用网络连接方式下载文件。该方式主要是使用网络文件系统（NFS）协议的方式，将PC上需要下载的代码所在的共享文件夹安装（mount）到目标机上，之后在目标机上就能像访问本机目录一样方便地访问PC用户的共享目录了。关于网络文件系统（NFS）的具体介绍及NFS服务的详细配置过程请查阅5.3.2小节和5.5.3小节。此外，也可以利用文件传输协议（File Transger Protocol，FTP），通过网络接口将应用程序的压缩包下载到ARM开发平台的Flash存储空间内，具体过程详见5.6节。

7.3 嵌入式系统的开发软件与调试工具

7.3.1 嵌入式系统调试方法概述

在嵌入式系统开发过程中，无论是硬件电路设计还是软件开发，系统调试都是其中必不可少的一个环节。选择合适的调试工具和调试方法对于加快调试速度、节省开发成本、提高开发效率是非常重要的。由于嵌入式系统的开发是采用在x86架构的PC上编写应用程序代码、在ARM目标机上运行最终编译好的二进制可执行代码的方式，因此，与传统基于PC的软件开发调试过程不同，嵌入式系统的大多数调试工作是在RAM中进行的，只有当程序调试完成才能最终烧写到目标机开发板的ROM中。

开发人员在进行嵌入式系统的工程开发过程中，选择一套含有程序文本编辑软件、编译工具、链接工具、调试软件、项目管理和函数库的集成开发环境IDE是必不可少的，如ARM公司的ADS（ARM Developer Suite）、SDT和RealView等。一般来说，使用集成开发环境开发嵌入式系统工程项目的时候，程序文本的编辑、编译、汇编和链接过程都是在宿主机上进行的，程序的下载和调试则需要相应地借助仿真调试工具。嵌入式系统的调试方法有多种，下面对常用的调试方式进行介绍。

7.3.2　常用调试方式

嵌入式系统常用的系统仿真调试技术主要包括：模拟器调试方式、驻留监控软件调试方式、在线仿真器方式和在线调试器（如JTAG）方式等。

1. 模拟器调试方式

有些嵌入式系统集成开发环境提供了指令集模拟器的调试方式，如ARM公司的集成开发环境ADS（ARM Developer Suite）中提供的指令集模拟器ARMulator。指令集模拟器调试方式由上位机提供一个模拟运行环境，调试工具和被调试的嵌入式软件都在上位机运行，通过软件手段模拟仿真执行为某款嵌入式处理器开发的源程序。用户无需仿真器和目标机开发板就可以在PC上完成调试工作，如进行语法、算法、逻辑流程等方面的调试。简单的模拟器可以通过指令解释的方式逐条执行源程序，分配虚拟存储空间和外围设备，进行语法和逻辑上的调试。

该调试方式的特点是简单方便，不需要仿真器和目标机开发板，成本较低。但是，由于指令集模拟器调试方式与真实的目标机硬件环境存在很大的差别，因此功能有限，无法进行实时调试，甚至有些已经通过指令集模拟器调试的程序还是无法在真实的目标机上运行，开发人员最终还是需要在真正的硬件开发平台上完善整个应用程序的开发调试。

2. 驻留监控软件调试方式

驻留监控软件是一段运行于目标机上的程序，是一种比较低廉的调试方式，如ARM公司的Angel。该可执行程序通过专门的工具烧写到目标机开发板的Flash中，在开发过程中甚至调试完成后也可以保留在Flash中，作为用户程序的一部分。调试时，它主要负责监控目标机上被调试程序的运行情况，并与宿主机端的调试器进行交互，完成嵌入式系统应用程序的调试工作。该调试方式首先需要在宿主机和目标机之间通过以太网口、并口或串口等通信端口（通常是串口）建立连接，之后将待调试的程序下载到目标机开发板上。宿主机上提供调试软件界面并与目标机上运行的驻留监控软件进行交互，由宿主机上的调试软件发布命令调动驻留监控软件执行，进行诸如设置断点、读写寄存器和存储器、控制调试程序等操作，而目标机上的驻留监控软件将调试结果实时反馈给宿主机上的调试软件。

驻留监控软件调试方式不需要其他任何额外的硬件调试和仿真设备，属于纯软件调试方式，大部分的嵌入式实时操作系统都采用该方式进行调试。驻留监控软件调试方式的缺点是它对硬件设备的要求较高，功能有限，硬件调试能力较差，而且使用前需要事先烧制监控程序，调试时需要占用目标机上的部分资源，不能对调试程序进行完全仿真。因此，若对调试过程要求较为严格则一般不会采用这种调试方式。

3. 在线仿真器方式

实时在线仿真器（In-Circuit Emulator，ICE）是目前最为有效的嵌入式系统开发调试手段。在线仿真器是一种仿真目标机的处理器设计的装置，功能强大，可以完全控制并仿真 ARM 芯片的行为，因此可以完全取代目标机上的处理器进行软硬件的实时在线调试。实时在线仿真器调试方式提供了更加深入的调试功能，目标系统对于开发者来说是完全可控的、透明的，是真正意义上的全仿真调试。该方式的调试环境与目标系统的真实硬件环境完全等效，因此对软、硬件开发都能提供强大的实时调试功能。

由于实时在线仿真器自成体系，调试时仿真器可以连接 ARM 目标机开发板，也可以不连接目标机直接调试。PC 宿主机可以利用串口、并口、以太网口或 USB 接口等连接方式与实时在线仿真器连接，然后再通过仿真头与目标机相连。该在线仿真器调试方式可以真正地运行 CPU 的所有动作，并且可以在其使用的内存中设置需要的硬件断点，可以实时查看所有需要的调试数据，从而给软硬件调试过程带来很多的便利。

由于现在常见的 ARM 处理器时钟速率较高，一般都是高于 100MHz，这就给在线仿真器的设计和工艺增加了难度，因而该调试方式的缺点是价格比较昂贵。在线仿真器通常用于 ARM 硬件的开发调试中，在应用程序的开发过程中较少使用。

4. 在线调试器方式

在线调试器方式是通过集成在处理器芯片上的调试接口如 JTAG、BDM、OCDS 等进行仿真调试的一种调试方法，不占用目标系统的任何端口。在线调试器方式调试时不占用片上资源，也不使用目标存储器，属于完全非插入式调试方式。由于调试时的目标程序是在目标机开发板上在线执行的，因此这种仿真调试方式更接近于目标机的真实目标硬件环境。该调试方式的优点是，简单方便，软硬件均可调试；缺点是，需要有在线调试器接口（如 JTAG）的目标机开发板，并且存在许多接口问题，如高频操作限制、电线长度的限制、AC 和 DC 参数的不匹配等。

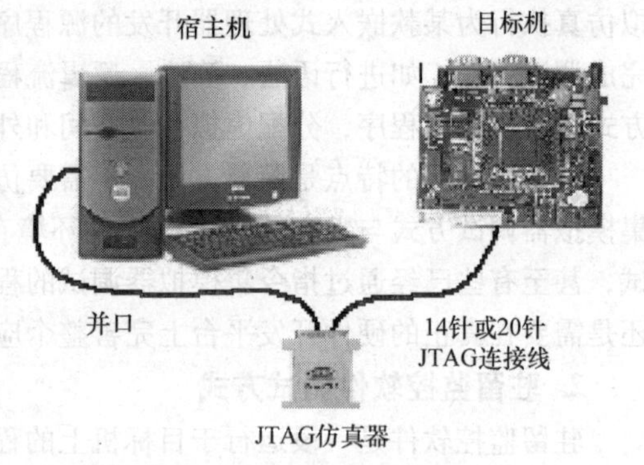

图 7-21　宿主机和目标机之间的 JTAG 仿真调试

传统的调试工具和方法过分依赖处理器芯片引脚的特点，不能在处理器高速运行时正常工作。此外，还存在调试时占用片上资源、不能实时跟踪和设置断点、成本过高等缺点。根据工程实践经验，在嵌入式系统 ARM 应用开发过程中，采用集成开发环境配合 JTAG 仿真器是目前开发调试时采用最多的一种调试方式。使用该方式仿真调试时，将 JTAG 调试器接在 ARM 目标机的 JTAG 接口上，如图 7-21 所示，通过 JTAG 的边界扫描口与 ARM 处理器内核进行通信。关于 JTAG 调试接口的详细介绍请参考 3.5 节。

7.3.3　ADS 集成开发环境的使用

ADS（ARM Developer Suite）集成开发环境是 ARM 公司开发的新一代 ARM 核嵌入式处理器集成开发工具，用来取代之前推出的 ARM SDT 工具。ADS 目前比较成熟的版本为 1.2 版，支持 C/C ++ 源程序，支持软件调试和 JTAG 硬件仿真调试，是一种快速高效的嵌入式系统应用程序开发解决方案。ADS 1.2 可以安装在微软 Windows XP 以及 RedHat Linux 等多款操作系统上，支持 ARM7、ARM9、ARM9E、ARM10、StrongARM、XScale 等 ARM10 之前所有系列的多种类型的处理器内核，具有系统库功能强大、编译效率高等优点。ADS 主要用于无操作系统的 ARM 嵌入式系统的开发，有良好的测试环境和极佳的侦错性能，有助于开发人员对ARM处理器和底层原理的理解。

1. ADS的组成

ADS主要由以下六个部分组成：

1）CodeWarrior集成开发环境。ADS集成了功能强大的集成开发环境工具CodeWarrior IDE，为软件项目的开发和管理提供了简单多样的图形用户界面和全面的项目管理功能。开发人员可以在CodeWarrior开发环境的基础上，使用ADS简单高效地为ARM和Thumb软件工程开发使用C、C++、汇编语言等编写程序代码。CodeWarrior节省了开发人员在操作开发工具方面所花的时间，使得开发人员能将更多的精力投入到代码的编写上，缩短了项目代码的开发周期。

尽管大多数的ARM开发工具链已经集成在CodeWarrior集成开发环境内，但是和调试相关的许多功能都没有集成在CodeWarrior IDE中，如ARM的调试器AXD，因此用户不能在CodeWarrior环境中进行断点调试、从存储器读写数据、查看变量等操作。

2）AXD调试器。ARM扩展调试器AXD（ARM eXtended Debugger）可以在Windows或UNIX操作系统下进行程序的调试，它为C、C++或汇编语言编写的源代码程序提供了一个全面的调试环境。通常可以使用AXD调试器配合ARM公司自己的JTAG在线仿真器Multi-ICE实现目标系统的在线调试。

调试器本身是一个软件，用户可以通过调试器使用Debug agent方式（Multi-ICE（Multi-processor in-circuit emulator）、ARMulator或Angel），对正在运行的包含有调试信息的可执行代码进行调试操作，如读写数据、查看变量的值、断点的控制等。

3）ARM应用库。ADS提供了ANSI C库函数、C++库函数等ARM应用库来支持被编译的C/C++源代码。开发人员可以把C库函数中与目标相关的函数作为自己应用程序的一部分重新进行代码的编译实现。除此之外，开发人员还可针对所开发的应用程序的具体要求，对与目标无关的库函数进行适当的裁剪。开发人员可以根据自己的执行环境，适当地裁剪库函数。虽然这些函数不在标准的C/C++库中，但将这些库结合到所开发的应用程序中，降低了开发难度，为开发人员带来了极大的方便。

4）ARM指令集模拟器ARMulator。开发人员可以使用ADS软件的指令集模拟器ARMulator在无需任何硬件的PC纯软件仿真环境下或者在基于ARM硬件的环境下，完成所开发的用户应用程序的部分调试工作。

指令集模拟器ARMulator集成在ARM的调试器AXD中，由AXD调用。它提供对ARM处理器的指令集的仿真，为基于ARM内核处理器的ARM和Thumb提供精确的模拟。用户可以在ARM硬件尚未准备好的情况下，开发程序代码。

5）ARM开发包。ARM开发包由底层的例程、库和实用程序（如fromELF）组成，具体包括系统启动代码、中断处理程序、串口驱动程序等，可以帮助开发人员快速开发基于ARM的用户应用程序。

6）代码生成工具和实用程序工具。代码生成工具主要包括ADS提供的面向ARM和Thumb的C/C++的编辑器、汇编器和链接工具等，主要完成源代码的编译、链接等以生成可执行代码。常用的编译器、链接器、汇编器、符号调试器等工具包括：面向ARM的C编译器armcc、面向ARM的C++编译器armcpp、面向Thumb的C编译器tcc、面向Thumb的C++编译器tcpp、面向ARM和Thumb的汇编器armasm、面向ARM的链接器armlink、面向ARM和Thumb的符号调试器armsd等。为了配合这些代码生成工具的使用，ADS提供了以下实用程序工具：ARM映像文件转换工具fromELF，可以将ELF格式的文件转换为各种输出格式的文件，如BIN格式映像文件；ARM 库函数生成器 armar，可以将一系列 ELF 格式的目标文件以库函数的形式集合在一起，开发人员可以把一个库传递给一个链接器以替代多个 ELF 文件；Flash downloader 工具，可以把二进制映像文件下载到 ARM 目标机开发板上的 Flash 存储器中。

2. ADS 的安装与使用

首先介绍 ADS 1.2 在微软 Windows 操作系统下的安装方法。进入 ADS 1.2 软件的安装目录，如图 7-22 所示。双击其中的 Setup. exe 图标进入安装界面，开始安装 ADS 1.2，如图 7-23 所示。依次单击“Next”、“YES”按钮，选择好安装路径后，连续单击几次“Next”按钮即开始软件的安装。

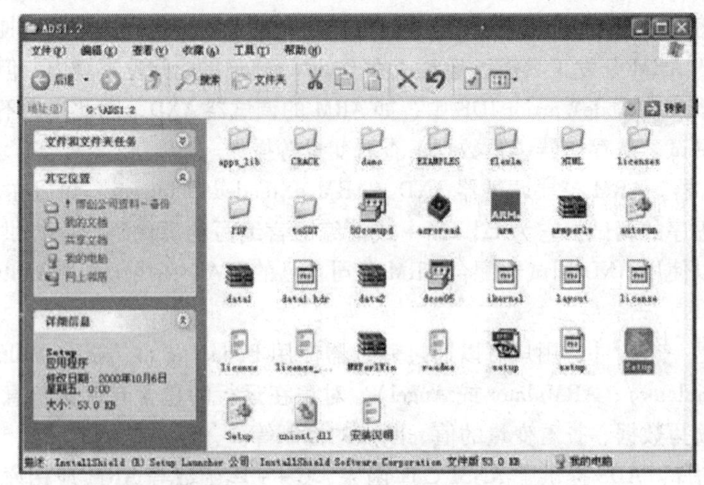

图 7-22　ADS 1.2 软件的安装目录

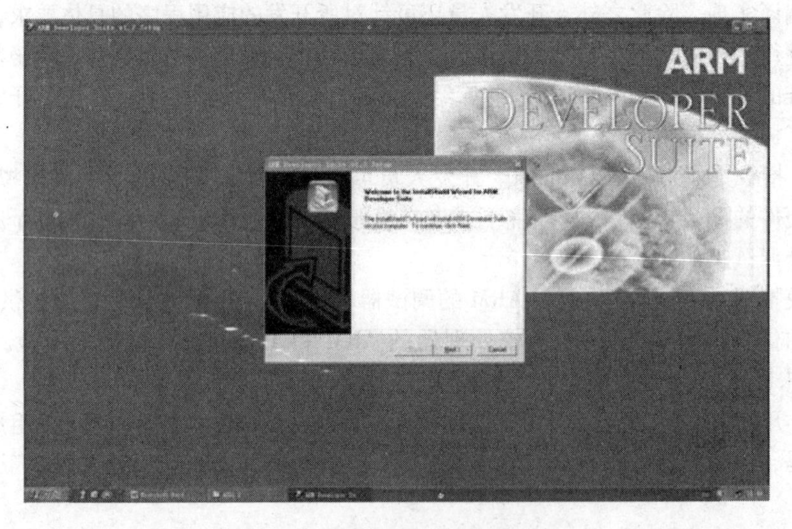

图 7-23　ADS 1.2 软件的安装界面

文件复制完成后，即可进入“ARM License Wizard”窗口，安装 License，如图 7-24 所示。单击“下一步”按钮，进入“Install License”页，单击“Browse…”按钮，选取源安装目录下的 License. dat 文件，确定后再按照提示进入“下一步”，直到 License 安装完毕，如图 7-25 所示。以上就是 ADS 1.2 的全部安装过程，此时即可启动 ADS 下的相关软件。

由于开发人员一般频繁操作的是 ADS 的 CodeWarrior 集成开发环境（集成编辑、编译和链接工具）和 AXD 调试工具，因此接下来主要介绍这两款软件的使用，ADS 其他部分组件的使用说明请参考 ADS 1.2 软件的在线帮助文档或其他相关资料。

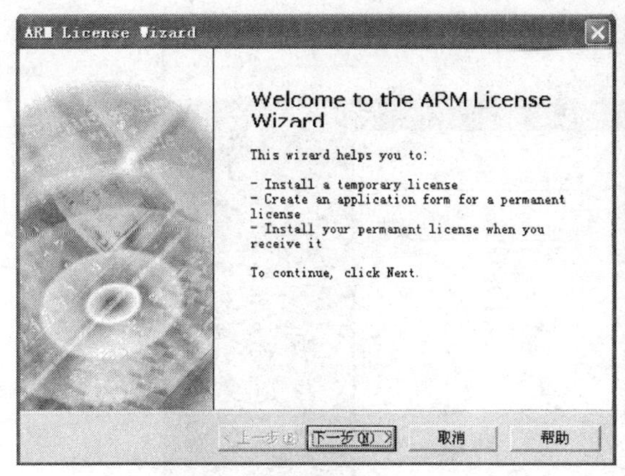

图 7-24　ADS 1.2 软件的 License 安装过程

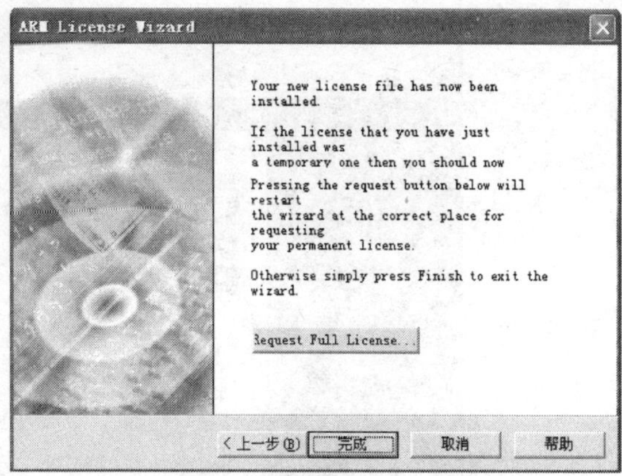

图 7-25　ADS 1.2 软件的 License 安装完毕

3. 使用 CodeWarrior 建立工程

ADS 1.2 软件使用了 CodeWarrior IDE 集成开发环境，内置面向 ARM 和 Thumb 的 C/C++ 编译器、ARM 汇编器和 ARM 链接器，包含浏览器、工程管理器、代码生成接口和源代码编辑器（能够根据语法格式，使用不同的颜色显示代码）。通过 ADS 提供的简单易用的图形化用户界面，可以为 ARM 和 Thumb 处理器编写 C、C++ 和 ARM 汇编语言程序代码。

下面通过一个工程实例，介绍如何使用 ADS 软件，利用 CodeWarrior IDE 集成开发环境来建立工程，然后如何进行编译链接，生成包含调试信息的映像文件及最终可以烧写到目标机开发板 Flash 中的 .bin 二进制可执行文件。

ADS 的 CodeWarrior 通过工程项目来组织用户的头文件、库文件、源代码文件以及其他输入文件，并最终编译生成特定的目标文件。首先启动 CodeWarrior IDE 集成开发环境，建立一个工程。通过单击“开始”→“程序 ARM Developer Suite v1.2”→“CodeWarrior for ARM Developer Sute”，或者双击其位于桌面的快捷方式图标，即可启动 ADS 1.2 IDE 界面。之后单击“File”菜单中的“New”选项或者直接单击工具栏中的“New…”按钮，即可弹出新建工程的对话框，如图 7-26 所示。分别在该对话框的 Project 选项卡中选择工程模板并指定工程名和保存路径，在 File 选项卡中输入文件名和保存路径，在 Object 选项卡中指定目标名。最后单击“确定”按钮，即可在 CodeWarrior IDE 环境中新建工程、文件或目标文件。其中，Project 选项卡中可供选择的工程模板共有七种类型，分别是：ARM Executable Image（ELF 格式的 ARM 可执行映像文件）、ARM Object Library（armar 格式的 ARM 目标库文件）、Empty Project（创建不包含任何库或源文件的工程）、Makefile Importer Wizard（将 GNU make 文件转入到 CodeWarrior 工程文件）、Thumb ARM Interworking Image（Thumb 和 ARM 交织映像文件）、Thumb Executable Image（ELF 格式的 Thumb 可执行映像文件）、Thumb Object Library（armar 格式的 Thumb 目标库文件）。

一般选择 ARM Executable Image 模板即可，新建的名为 Example.mcp 的工程文件（*.mcp 文件是 ARM 的工程文件），窗口如图 7-27 所示，包括 Files、Link Order 和 Targets 三个选项卡。Files 选项卡中包括了该工程中所有文件的列表；Link Order 选项卡中包括了当前生成目标中的所有输入文件，用来控制这些文件的链接顺序；Targets 选项卡中包括了工程项目中的生成目标及其相互依赖关系。图 7-27 中，各文件夹前的 Touch 栏用于标记该文件是否已经被编译过，编译过的文件夹前标有“✓”符号。可用鼠标单击 Touch 栏为每个文件设置或取消“✓”符号。接下来就是向工程内添加或建立目标文件了。

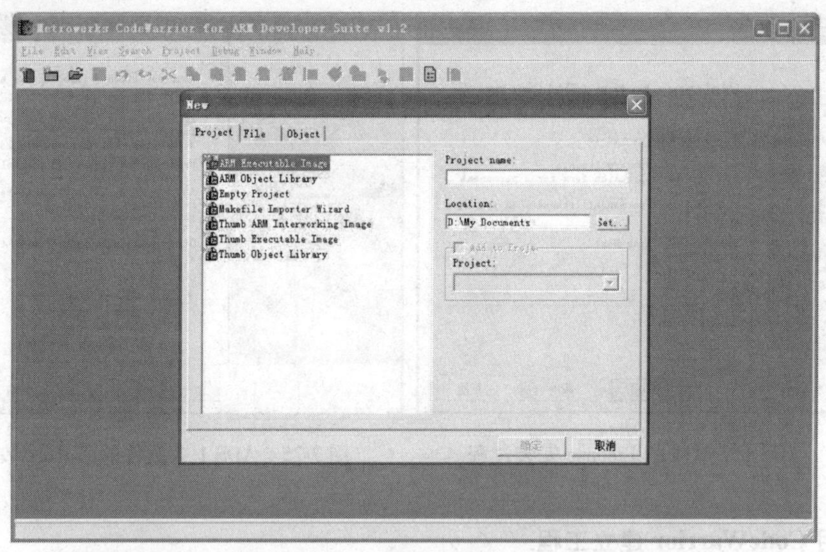

图 7-26 使用 New 对话框新建 CodeWarrior 工程

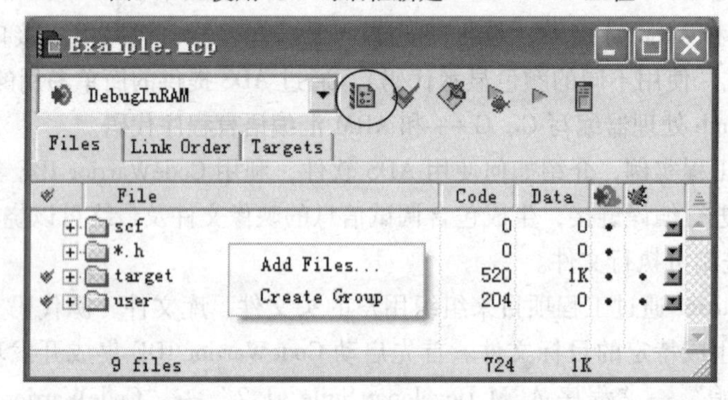

图 7-27 新建的名为 project. mcp 的工程文件窗口

若源程序还没有建立，在图 7-26 中选择 File 选项卡并输入 C 源程序文件名 *. c 或汇编源程序名 *. s，并指定存放位置创建源文件。若源程序已经存在，单击 CodeWarrior 软件“Project”菜单中的“Add Files…”按钮；或者在图 7-27Files 选项卡的空白处单击鼠标右键，在弹出的快捷菜单中选择“Add Files…”后，弹出“Select files to add…”对话框，即可选择相应的已经编辑好的源程序，将其添加到该工程中。当选中将要添加的文件时，将弹出如图 7-28 所示的对话框，用户可以选择把文件添加到何种类型的目标中。建立工程时的默认目标名 Targets 是“DebugRel”，如图 7-28 所示，使用该目标类型生成目标的时候会为每一个源文件生成调试信息。此外，还有另外两个可用的目标类型：使用 Release 时该目标不会生成任何调试信息；使用 Debug 时该目标将为每一个源文件生成最为完整的调试信息。此外，向工程

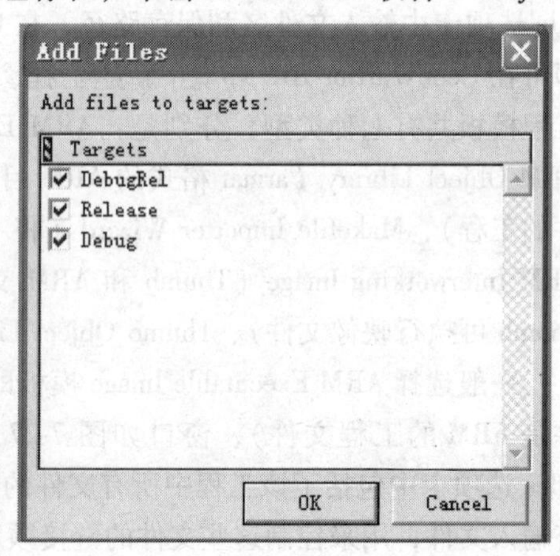

图 7-28 选择生成的目标类型

中添加文件时，若文件较多且较为复杂，可以选择图 7-27 中的“Create group”选项创建文件夹，之后再将不同用途的源文件分别加入各文件夹。例如，可以建立名为 c、h、asm 的分组文件夹对源文件进行分类管理。

添加完源文件、工程建立完毕后，先要进行目标生成选项的设置，才能对工程进行编译和链接。可单击 CodeWarrior 软件“Edit”菜单栏下的“DebugRel Settings…”命令选项，或直接单击图 7-27 所示工程文件窗口中的“DebugRel Settings…”命令按钮图标，在弹出的如图 7-29 所示的对话框中，对编译、汇编、链接和调试器等选项进行配置，它们将决定 CodeWarrior 软件如何将工程项目最终编译生成可执行文件。

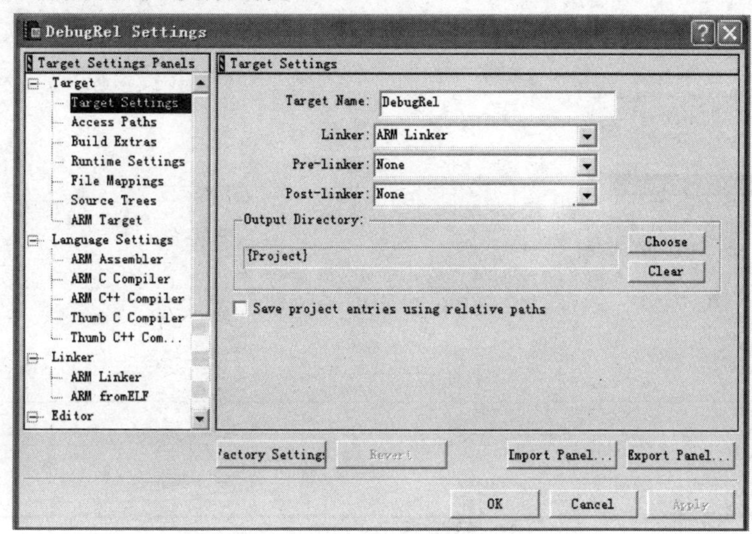

图 7-29　DebugRel 参数的设置

由图 7-29 可知，DebugRel 参数设置对话框的配置选项较多，配置时首先单击对话框左侧树形目录中的对象，之后在面板右侧进行详细的设置。

下面介绍最为常用的设置选项：

由图 7-29 可知当前的默认设置。Target 根目录显示了当前的目标设置，Target Settings 子选项中的 Target Name 文本框指定了当前的目标名，此处使用“DebugRel”；Linker 下拉列表框中可以选择用户使用的链接器，这里默认使用 ARM Linker；Post-Linker 下拉列表框用于在链接完成后，对输出文件进行操作。如果是纯粹的软件仿真，此处可以选择“None”；若要生成需要下载到硬件 Flash 存储器的二进制目标代码，此处应选择“ARM fromELF”，表示编译连接生成 Image 映像文件后，调用 fromELF 命令将含有调试信息的 ELF 映像文件转换成 . bin 或 . hex 格式的可下载到 Flash 的二进制可执行文件。fromELF 代码格式转换器是 ADS 中集成的一个实用工具，它可以转换编译器、链接器或汇编器的输出代码的格式，生成可烧写的 *. bin 格式或 *. hex 格式的映像文件。Access Paths 子选项主要用于项目的路径设置；Build Extras 主要用于 Build 附加的选项配置；Runtime Settings 主要包括一般设置和环境设置；File Mappings 子选项与文件映射相关，其中包括了 CodeWarrior 支持的文件格式及其对应的编译器；Source Trees 包括了源代码树的结构信息和路径选择；ARM Target 定义了输出的 image 文件名及其类型。

图 7-30 所示的 Language Settings“编程语言选项设置”根目录显示了调试程序时所支持的语言格式：若源程序文件包含了扩展名为 . s 的汇编文件和扩展名为 . c 的 C 语言源文件，则在 ARM

Assembler 汇编器和 ARM C Compiler 子选项中，Target 选项卡中的 ARM 体系结构均选择目标机开发板对应的“ARM920T”。在“Byte Order”中，可选择字节顺序是使用 Little Endian 小端格式还是大端格式 Big Endian。在“Initial State”初始状态选择 ARM。同理，若工程中还使用了 C++ 语言或是 Thumb 汇编语言，对相应的 ARM C++ Compiler、Thumb C Compiler、Thumb C++ Compiler 选项进行配置即可。需要注意的是，设置完毕后，该对话框下方的 Equivalent Command Line 中将会即时显示所做设置所对应的等价命令行。这为不熟悉编译链接设置命令的开发人员提供了方便。

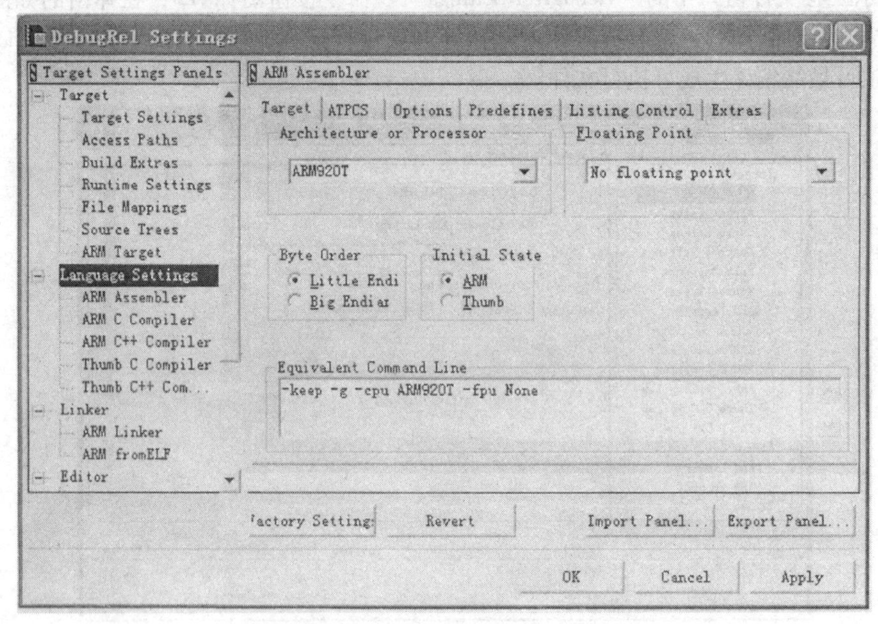

图 7-30　Language Settings 根目录设置

图 7-31 所示的 Linker“链接器选项设置”根目录显示了与硬件密切相关的选项，对最终生成的文件有直接的影响。选中 ARM Linker 子选项中的 Output 选项卡，Linktype 链接类型内有三种链接方式可选，分别是：Partia 方式决定是否分块，链接器只进行部分链接，生成可作为进一

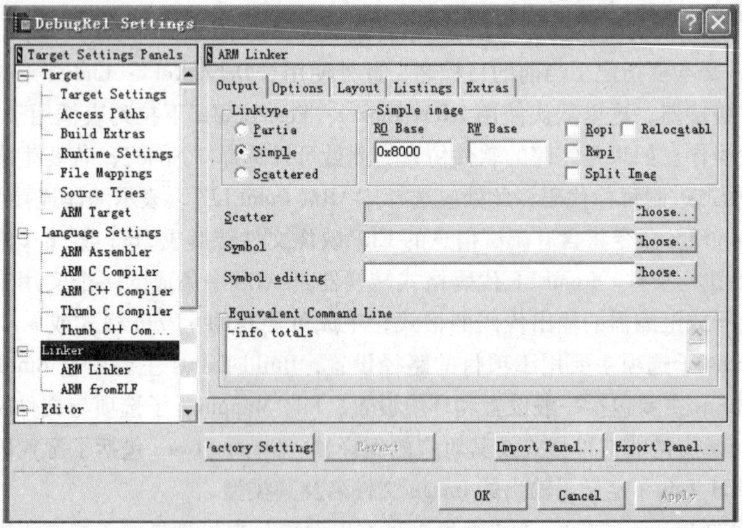

图 7-31　Linker 根目录设置

步链接的目标文件。Simple 方式链接生成简单的 ELF 格式的目标文件，地址映射方式可以在 Simple image 区域内进行设置，其中的 RO Base 用来设置程序代码存放的起始地址，RW Base 用来设置数据存放的起始地址，开发人员需要根据目标机开发板所用的 SDRAM 的实际地址空间进行设置。Simple 方式使用较为频繁，是默认的链接类型。Scattered 方式生成复杂的 ELF 格式的映像文件，该方式使用较少。若在前述 Target Settings 子选项中选择了 Post-Linker，则 ARM fromELF 子选项中的 Output format 和 Output file name 决定了被转换后输出文件的格式、路径和名字。设置完成后，编译时 CodeWarrior 软件就会在链接完成后调用 fromELF 处理生成的映像文件。在 Options 选项卡的 Image entry point “映像入口点” 可以可设置程序代码的入口地址，其他选项保持默认。在 Layout 选项卡的 Place at beginning of image 区域中填写工程启动程序的目标文件名和起始段 Section 的标号（一般为 Init）。

在 Custom Keywords 根目录下可以对关键字的高亮颜色进行设置。在 Debugger 根目录下可以对调试器信息进行设置。其他的选项根据需要进行配置即可。至此，新建工程的目标参数的配置工作已经基本完成。为了方便，可以将已经配置好的模板另存为名为 *. mcp 的文件，以后新建工程时若选择该模板，则新工程将使用本次已经配置好的模板，避免了重复配置。编译链接前，可选择 CodeWarrior 的 “Project” 菜单下的 “Remove Object Code…” 选项，确保去掉前次编译链接时留下的路径和目标文件等无效关联信息。接下来，单击 “Project” 菜单下的 “make” 命令选项或者直接单击命令栏中的 “make” 命令按钮图标，即可对工程进行编译链接，输出结果如图 7-32 所示。若编译出错，会有相应的错误提示，双击该提示信息，光标就会快速定位到当前出错的源代码行。若编译成功，将在工程所在的目录下生成一个名为 “工程名_ data” 的文件夹。在该文件夹下将会看到编译链接后生成的含有调试信息的可执行 ELF 格式 *. axf 映像文件和可烧写到 Flash 中的二进制文件 *. bin 或者可烧写的十六进制文件 *. hex。关于 CodeWarrior IDE 的其他详细信息，请参考 ADS 软件的帮助文档。

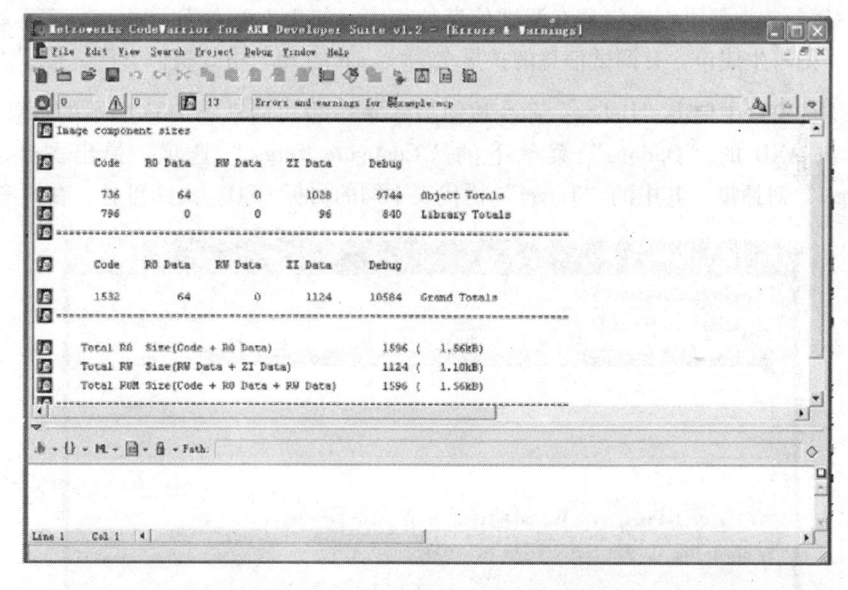

图 7-32　编译和链接结果的输出窗口

7.3.4　用 AXD 进行代码调试

一般地，在嵌入式 Linux 应用程序开发与调试过程中，只有通过硬件或是软件仿真得到了预期的结果，才算是完成了应用程序的编写和调试工作。但在应用程序软件开发的初期，可能暂时还没有具体的硬件设备，这时如果需要测试开发的软件是否实现了预期的效果，则可以借助软件仿真来实现。

AXD 代码调试器即 ADS 软件中独立于 CodeWarrior IDE 的 ARM 扩展调试器，其主窗口界面如图 7-33 所示。AXD 支持硬件仿真或是指令集软件仿真（ARMulator），包括了 ADW/ADU 的所有特性。仿真时 AXD 可以将映像文件装载到目标机开发板的 Flash 中，支持单步、全速和断点调试，在调试过程中可以方便地查看寄存器值、变量的值以及某个内存单元的数值等。

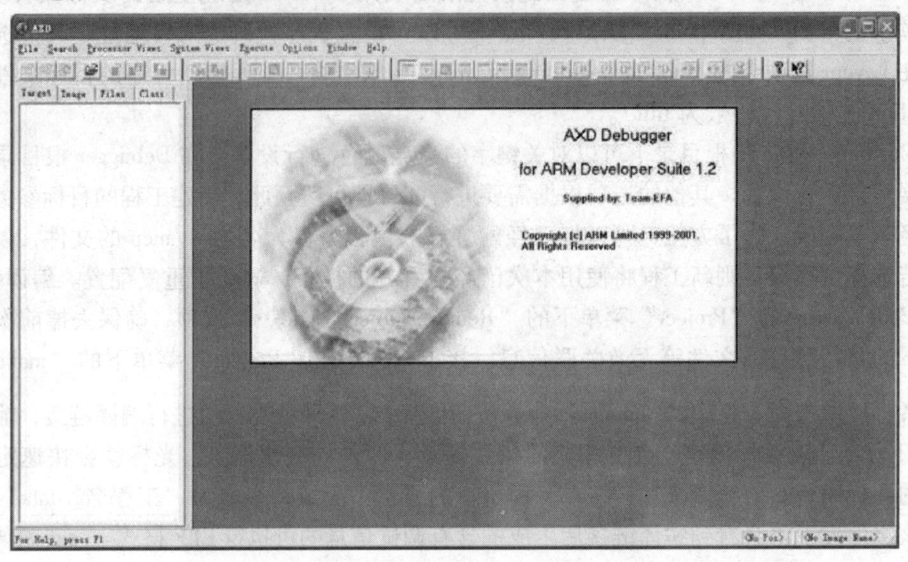

图 7-33　AXD 代码调试器的主窗口界面

使用 AXD 前首先需要生成包含有调试信息的程序。如 7.3.3 小节所述，若工程文件已经编译链接通过，则将生成包含有调试信息的扩展名为 *.axf 的 ELF 格式映像文件。接下来在图 7-27 所示的工程文件窗口中单击“Debug”命令按钮图标，也可启动图 7-33 所示的 AXD 调试器进行调试。单击 AXD 的“Options”菜单下的“Configure Target”选项，弹出图 7-34 所示的“Choose Target”对话框，其中的“Target”栏代表不同的目标 CPU。由图可见，在没有添加其他

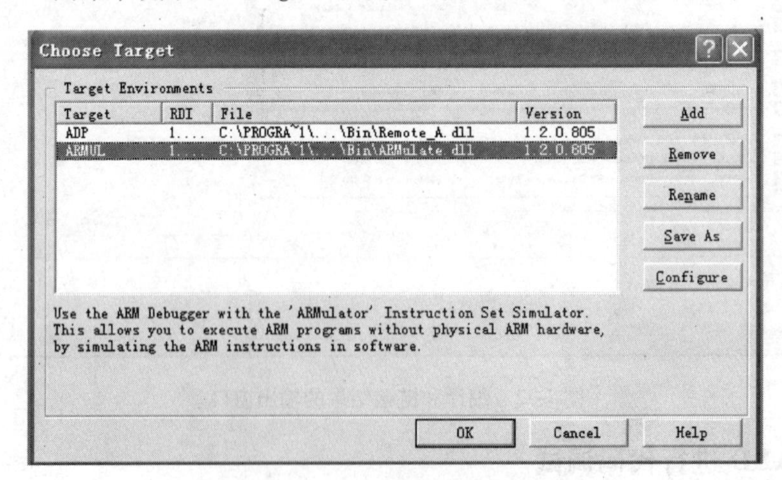

图 7-34　“Choose Target”对话框

的仿真驱动程序之前，该对话框中默认有两个可选项：用于 JTAG 硬件仿真的 ADP（Angel 调试方式）和用于软件仿真的 ARMUL。此处选择 ARMUL，表明采用软件仿真，此时 PC 可以不连接任何目标机开发板。之后选择 AXD 的“File”菜单下的“Load Image”选项，加载刚才生成的扩展名为 *. axf 的 ELF 格式映像文件，如图 7-35 所示。由图可见，AXD 调试器的主窗口界面主要由以下几个部分组成：代码区用于显示正在执行的程序；“Console”用于输出显示或输入控制；“System Output Monitor”显示程序的运行状态；“Control Monitor”用于对源程序和生成的映像文件进行控制。Control 中的默认对象是 ARM7TDMI。

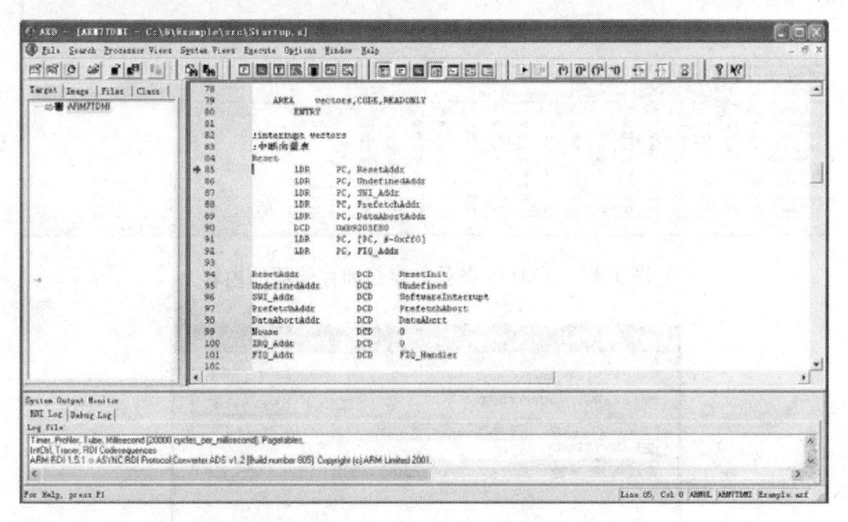

图 7-35　AXD 中加载 ELF 格式的映像文件

AXD 调试器常用的调试命令工具条如图 7-36 所示，分别为：全速运行（Go）；停止运行（Stop）；单步运行，对于函数调用语句则进入该子函数进行单步调试（Step In）；单步运行，不进入子函数而直接跳过去进行单步调试（Step）；单步运行，从子函数里跳出来（Step Out）；运行到光标（Run To Cursor）；设置断点（Toggle Breakpoint）。

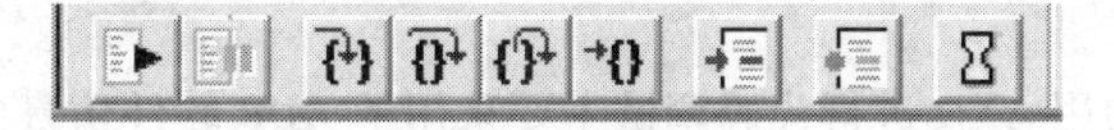

图 7-36　AXD 常用的调试命令工具条

选择 ADS 调试器“Execute”菜单下的“Go”命令选项或者直接单击“Go”命令按钮图标，即可全速运行代码。如果想单步调试代码，可选择“Execute”菜单下的“Step”命令选项。

代码调试过程中，开发人员可以通过设置断点来查看代码执行到程序某处时某个变量的值。将光标移动到程序需要设置断点的位置上，选择“Execute”菜单下的“Toggle Breakpoint”命令选项或者直接单击其命令按钮图标，就会在光标所在行的行号前出现一个红色的实心圆点，表明该处设置为断点。若此时使用 Go 命令调试程序，程序运行到断点处会停下来，此时即可查看所关心的变量的值。此外，调试过程中选择 AXD 的“Processer Views”菜单下的“Registers”选项可查看寄存器的内容；选择“Memory”选项可观察存储器的内容，如图 7-37 所示。用鼠标左键选中某个变量，单击鼠标右键弹出对话框，选择其中的“Watch”命令选项，即可在调试过程中查看某个变量的值，如图 7-38 所示。

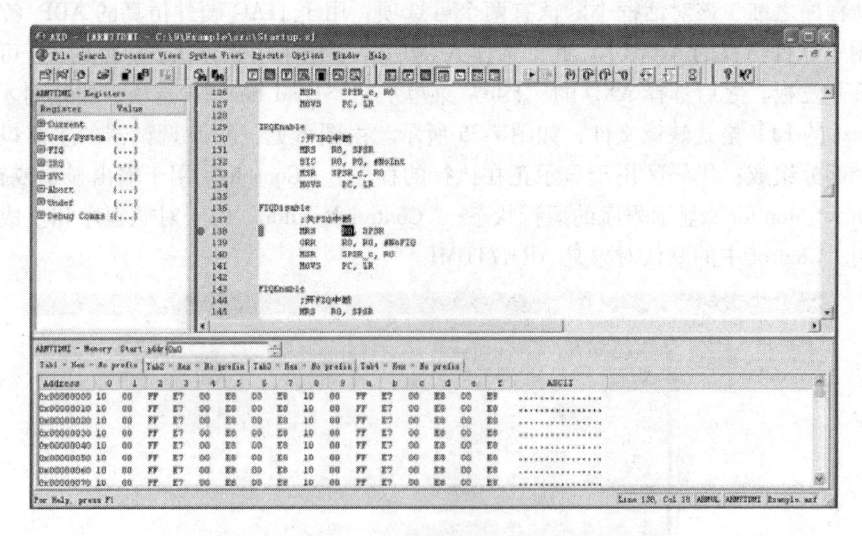

图 7-37　AXD 中查看寄存器和存储器的内容

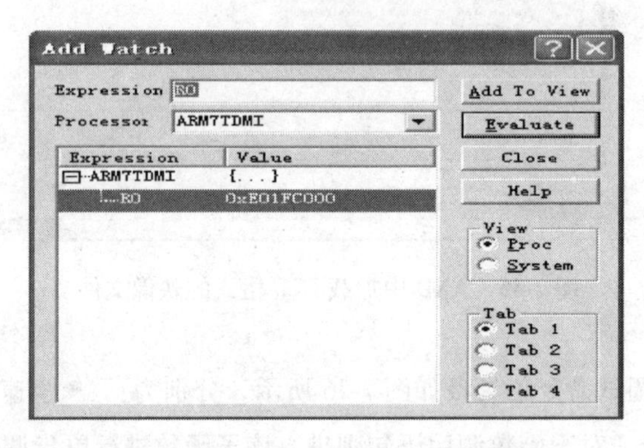

图 7-38　AXD 中查看某个变量的值

7.4　ARM 仿真器

7.3.4 小节中介绍的用 AXD 进行代码调试主要采用了 ADP 软件仿真的方式。使用 ADS 对真正的目标机开发板进行调试时，一般需要连接仿真器和开发板。

7.4.1　UArmJtag 的 JTAG 在线仿真调试

UArmJtag 2.0 是博创科技开发的一款高性能、低成本的 ARM 仿真调试工具，支持 ADS 1.2 开发环境，支持常见的并口模拟简易仿真器，可独立实现目标机开发板 Flash 芯片的在线编程和烧写功能，支持 ARM7/ARM9 系列嵌入式处理器的在线调试。UArmJtag 2.0 性能稳定可靠，在 ADS 1.2 开发环境下，使简易仿真器在仿真调试的速度和功能方面达到甚至超过部分通用的 ARM 硬件仿真器。

进入 UArmJtag 2.0 的安装文件夹，双击其程序安装图标，根据安装向导的提示逐步完成程序的安装，如图 7-39 所示。安装成功之后就会在桌面上出现 UarmJtag 的快捷方式启动图标。UArmJtag 2.0 安装完毕后，接下来安装 JTAG 仿真器：JTAG 电缆的一端装在 PC 的并口上，另一端接在实验箱开发板的 JTAG 接口上。然后添加 JTAG 仿真器的硬件驱动程序，详细添加步骤请参考第 3. 7 节。UArmJtag 2. 0 软件启动后，自动缩小到 Windows 的右下角成为托盘图标，其启动界面如图 7-40 所示。

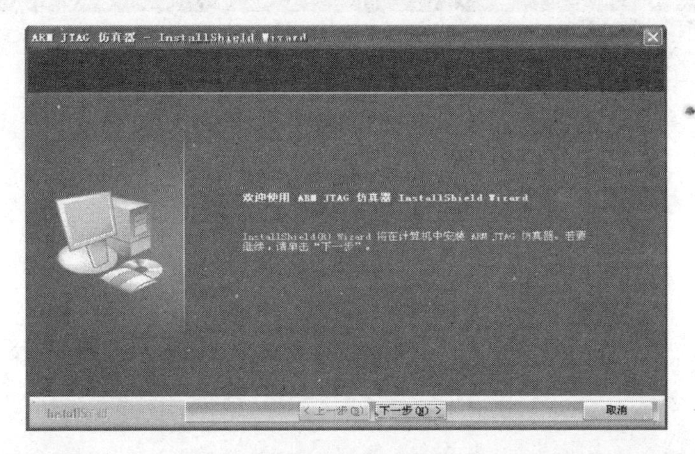

a) 启动UArmJtag2.0的安装

b) 选择安装路径

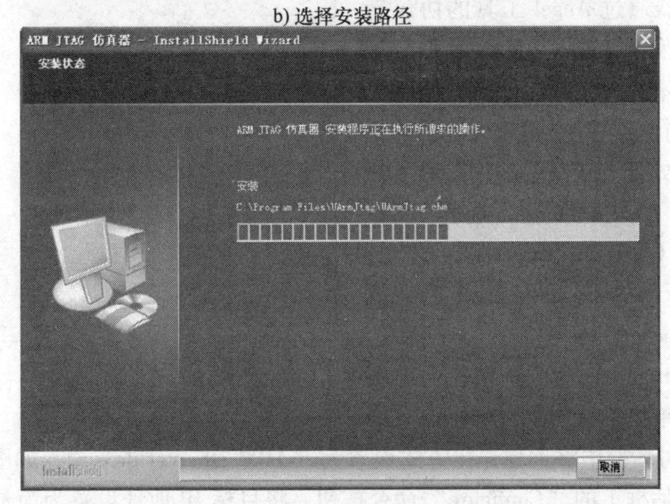

c) 安装过程

图 7-39　UArmJtag 2. 0 的安装过程

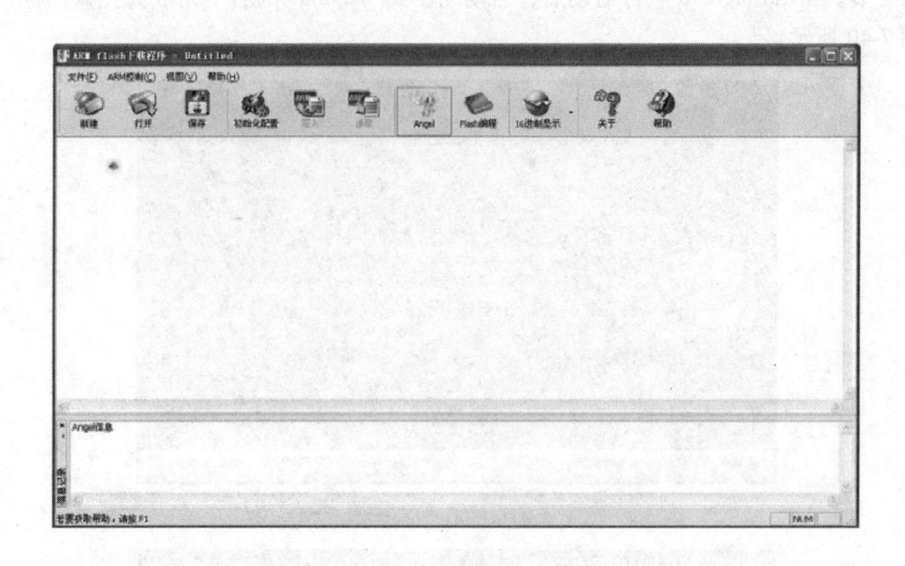

图 7-40　UArmJtag 2.0 的启动界面

在图 7-40 所示的 UArmJtag 2.0 主界面中，可通过“ARM 控制”菜单下的“Angel 控制”命令选项来切换 Angel 驻留监控软件调试方式的打开与关闭。Angle 默认处于开启状态。当使用 UArmJtag 对目标机开发板 Flash 芯片的程序下载和烧写功能时，应使 Angel 调试处于关闭状态；使用 ARM 的 Jtag 在线调试功能时，则无需关闭 Angel。此处需要使用 UArmJtag 的在线调试功能，因此 Angel 处于打开状态。单击 UArmJtag 主界面上的“初始化配置”命令按钮，弹出如图 7-41 所示的“初始化地址”设置对话框。在其中的“处理器类型”列表框中选择当前实验箱开发板的处理器类型，此处选择“ARM9”，然后单击“确定”按钮。

图 7-41　“初始化地址”设置对话框

ADS 1.2 调试器通过 Angel 工具的协议转换器控制目标机开发板上的 ARM 处理器。该协议转换器负责解释上位机传送过来的控制命令，并通过 JTAG 仿真器控制 ARM 处理器的执行。使 Angel 控制处于开启状态，启动 ADS 1.2 开发环境下的 AXD 调试器，选择“Options”菜单下的“Configure Target…”选项，在弹出的图 7-42 所示的 Choose Target 对话框中，选择 ADP（Angel 远程调试方式）。之后选择该对话框的“Configure”命令按钮，弹出图 7-43 所示对话框。单击右上角的“Select”命令按钮，在弹出的对话框中将远程连接方式设置为“ARM ethernet driver”，如图 7-44 所示。之后单击图 7-43 所示对话框上的“Configure”命令按钮，将目标 IP 地址设置为简易并口仿真器的 IP 地址，此处设置为“127.0.0.1”，如图 7-45 所示，最后单击“OK”按钮。设置完成后，AXD 调试器就可以和 UArmJtag 正常通信，进行仿真调试了。

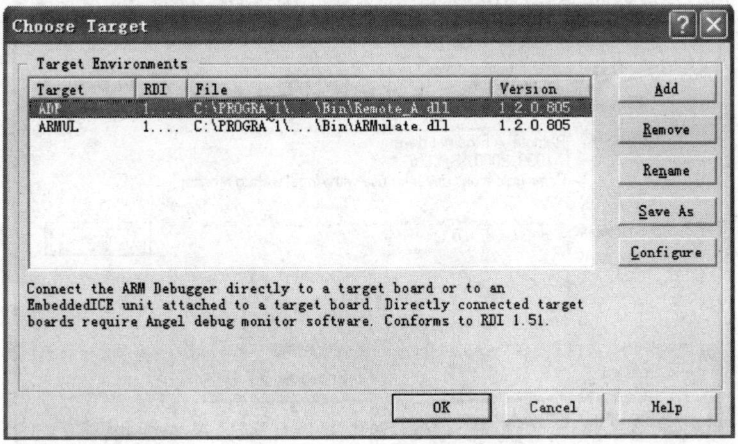

Choose Target

Target Environments

Target	RDI	File	Version
ADP	1....	C:\PROGRA~1\...\Bin\Remote_A.dll	1.2.0.805
ARMUL	1....	C:\PROGRA~1\...\Bin\ARMulate.dll	1.2.0.805

Add　Remove　Rename　Save As　Configure

Connect the ARM Debugger directly to a target board or to an EmbeddedICE unit attached to a target board. Directly connected target boards require Angel debug monitor software. Conforms to RDI 1.51.

OK　Cancel　Help

图 7-42　Choose Target 对话框

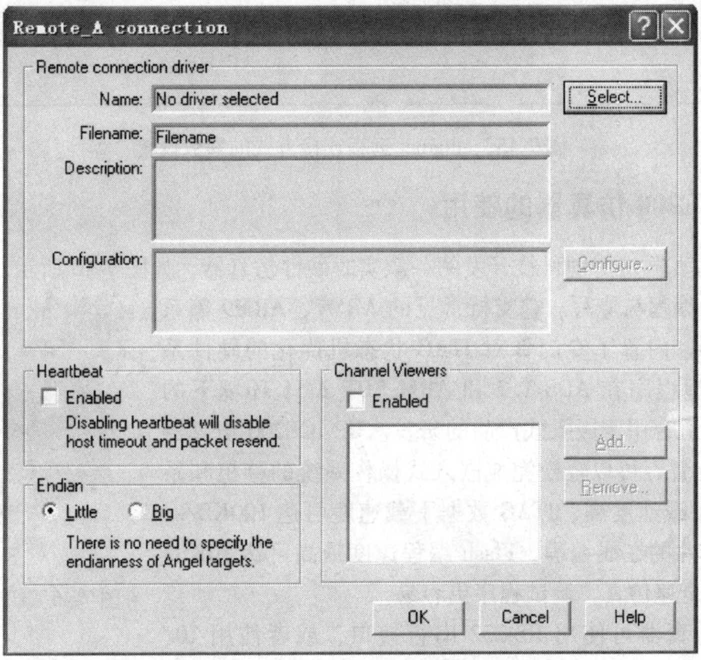

Remote_A connection

Remote connection driver

Name: No driver selected　Select...

Filename: Filename

Description:

Configuration:　Configure...

Heartbeat

Enabled

Disabling heartbeat will disable host timeout and packet resend.

Channel Viewers

Enabled

Add...　Remove...

Endian

Little　Big

There is no need to specify the endianness of Angel targets.

OK　Cancel　Help

图 7-43　Target 参数设置对话框

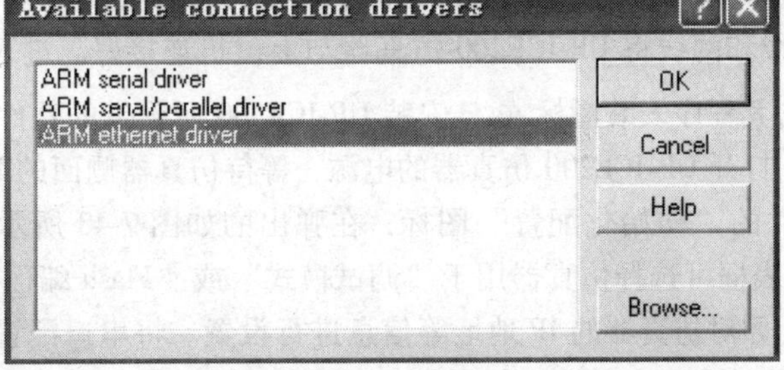

Available connection drivers

ARM serial driver

ARM serial/parallel driver

ARM ethernet driver

OK　Cancel　Help　Browse...

图 7-44　设置远程连接方式对话框

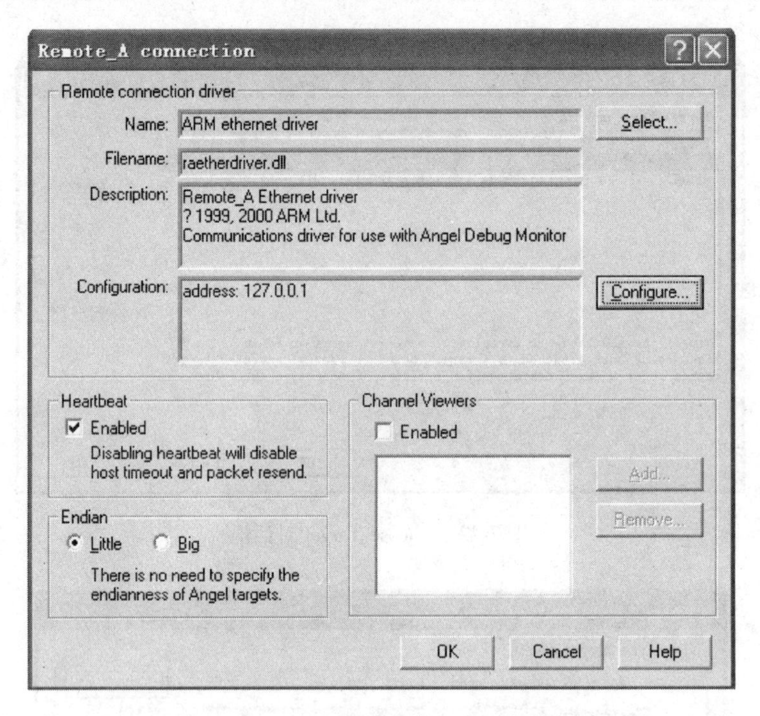

图 7-45　ethernet 远程连接方式的参数设置

7.4.2　UP-ICE200 仿真器的使用

UP-ICE200 仿真器是博创科技开发的一款实时硬件仿真器，如图 7-46 所示，可用于程序调试及目标板 Flash 的编程与烧写。它支持常见的 ARM7、ARM9 等系列的 ARM 处理器，内置了专门针对 JTAG 状态机优化的硬件系统，完全支持大型程序在 ADS 1.2 和 ARM SDT 2.51 环境下的 JTAG 仿真调试，适合用于嵌入式产品的研发。UP-ICE200 仿真器支持 BootLoader 配置，可以轻松完成嵌入式操作系统的移植和系统级调试；程序下载速度高，JTAG 数据下载速度可达 100KB/s；支持所有 Flash 芯片的在线编程，Flash 编程速度最高可达 80KB/s；可实现真正的全速仿真，调试程序更容易。

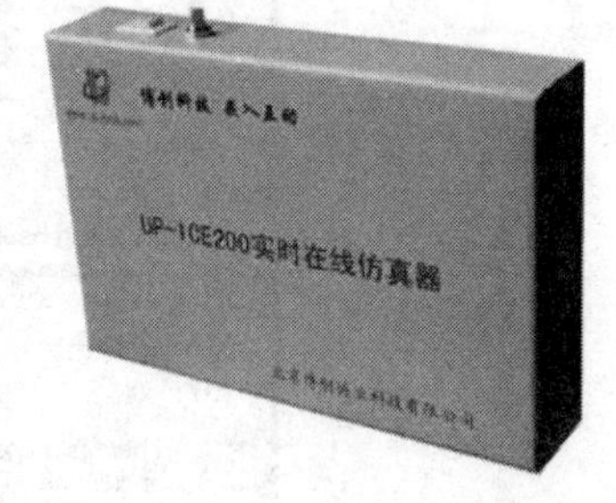

图 7-46　UP-ICE200 仿真器

UP-ICE200 仿真器可使用 RS-232 串行接口，或者使用 10/100M 以太网高速通信接口与上位机通信；与目标板连接时，支持 14 针和 20 针两种 ARM JTAG 标准。对于目标板，UP-ICE200 自带三种配置和外部复位启动模式，支持自动配置目标板处理器，可实现目标板没有 BootLoader 也能调试目标程序。

使用 RS-232 串口线和网线将 UP-ICE200 仿真器与上位机连接好。进入 UP-ICE200 仿真器的软件安装文件夹，双击其程序安装图标，安装 UP-ICE200 所附带的软件，进入图 7-47 所示的 UPICE 软件启动界面。打开 UP-ICE200 仿真器的电源，等待仿真器侧面的 BUSY 状态指示灯熄灭之后，单击 UPICE 软件的“初始化配置”图标，在弹出的如图 7-48 所示的配置界面中，通过“初始化目的”下拉列表框可选择仿真器用于“调试模式”或“Flash 编程模式”，对不同目的的工作进行初始化配置，如对仿真器的 IP 地址等信息进行设置。将串口配置为当前所用串口（一般为 COM1），并根据需要设置仿真器的启动模式。可选的启动模式有三种：“复位并停止”，使用仿真器仿真调试或对目标板 Flash 进行编程的时候，自动复位目标板；“继续运行”，使用仿真器仿真调试或对目标板 Flash 进行编程的时候，不对目标板进行任何操作；“复位并停止在 * ms”（毫秒数可根据需要进行设置），使用仿真器仿真调试或对目标板 Flash 进行编程的时候，自动复位目标板，并等待 * ms 后停止目标板的运行。调试程序时一般选用第三种启动模式，可以保证在调试程序前，仿真器自动复位并运行目标板上的一段初始化程序，以正确配置该目标板的工作模式。此外，启动模式中还可以通过选中“允许初始化存储器”选项，来对目标板 ARM 处理器的寄存器进行设置。UP-ICE200 仿真器在启动时会自动诊断所连接目标板的 CPU 类型。配置完成后，单击“读取 ICE 状态”命令按钮，在该对话框的“CPU 类型”下拉列表框中即可显示当前目标板的 CPU 类型。此外，还可以读取该仿真器的相关配置信息，主要包括 IP 地址、子网掩码、网关和启动模式等。

图 7-47 UPICE 软件启动界面

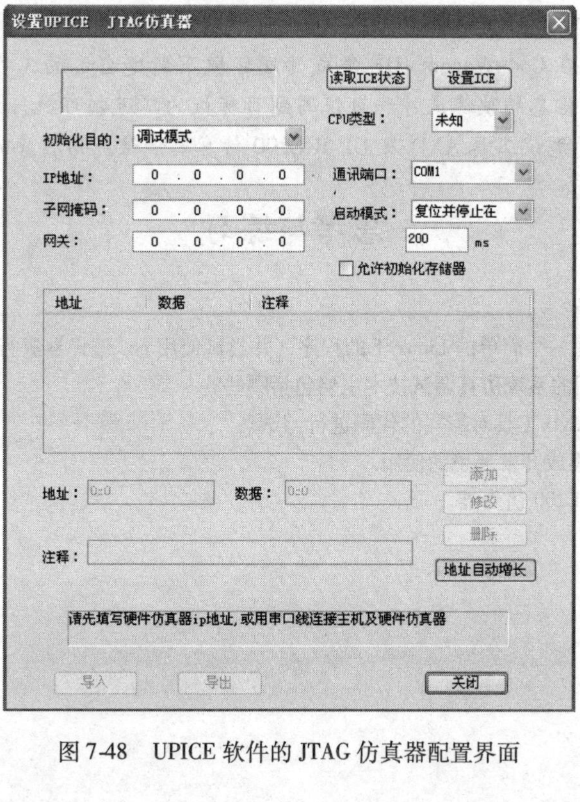

图 7-48 UPICE 软件的 JTAG 仿真器配置界面

UPICE 软件初始化配置完成后，可用 ping 命令测试上位机与仿真器的连接，成功后上位机就可以通过以太网与仿真器进行通信了。此时将 UP-ICE200 仿真器通过 JTAG 电缆与目标板接好并上电，返回 UPICE 软件的主界面，单击“目标板测试”命令按钮，即可在弹出的“目标板测试”对话框中测试目标板的连接信息。

在如图 7-47 所示的 UPICE 软件界面上，可以单击“读取”或“写入”命令图标来读取或写入目标板上存储器的数据。当需要对目标板 Flash 进行编程时，可以先打开需要烧写到 Flash 的文件，之后单击 UPICE 软件的“Flash 编程”命令按钮，在弹出的设置对话框中设置“Flash 起始地址”、“Flash 编程偏移量”、“ARM 外部总线”等目标板 Flash 的相关信息。单击该对话框的“整片擦除”或“扇区擦除”命令按钮，将 Flash 原有信息擦除后，单击“编程”命令按钮，实现该文件的 Flash 编程写入。

UP-ICE200 仿真器完全支持 ADS 和 ARM SDT 环境下的 JTAG 仿真调试。可以通过 ADS 1.2 集成开发环境对目标板源程序进行源码级的跟踪和调试：启动 ADS 开发环境中的 AXD 调试器，选择“Option”菜单下的“Configure Target…”选项，将对话框内的“ADP”目标中的“Target IP address”配置为 UP-ICE200 仿真器的 IP 地址。配置完成后，上位机就可以与仿真器正常通信并装载程序了。程序下载完毕后可以通过 AXD 软件在程序的源码中设置断点，执行跟踪程序的运行以及查看系统的全局变量、局部变量、CPU 寄存器、系统内存等信息。

本章小结

本章主要介绍了 Linux 系统下开发嵌入式 C 语言应用程序所要使用的主要开发工具，包括 Vi 编辑器、gcc 编译器、GDB 调试器、Makefile 文件和 Make 命令等。概要分析了 Linux 下的 C 语言程序设计及其编译与下载步骤。对比讲解了嵌入式系统的常用调试方法。重点介绍了 ARM 公司推出的 ARM 集成开发工具 ARM ADS（ARM Developer Suite）的基本组成部分。结合一个具体的工程实例，讲述了如何在 CodeWarrior IDE 集成开发环境下新建自己的工程，并对工程进行编译和链接、生成包含调试信息的映像文件和可烧写到目标板的二进制可执行文件的具体过程。最后介绍了使用 ADS 软件的调试工具 AXD 及 UP-ICE200 仿真器调试应用程序的步骤。

思考与练习

7-1 什么是交叉编译？

7-2 使用 C 语言编写一个简单的 Linux 下的程序，并尝试使用 gcc 编译器进行编译。

7-3 嵌入式系统常用的系统仿真调试技术主要包括哪些？

7-4 上机练习使用 AXD 工具对编写的代码进行调试。

7-5 熟练掌握 ADS 集成开发环境的使用。

7-6 练习使用 UP-ICE200 仿真器。

第 8 章　设备驱动程序的开发

驱动程序开启硬件设备之活力。

本章首先介绍嵌入式系统硬件设备驱动程序的开发过程与方法，然后，介绍驱动程序开发过程中常见的问题及解决办法，最后结合实例介绍直流电动机 PWM 变速控制驱动电路和驱动程序。通过本章的学习，可熟悉和掌握嵌入式系统驱动程序设计方法，了解工程开发过程。

✓ 了解驱动程序的功能。
✓ 理解驱动程序开发过程。
✓ 掌握各类设备驱动程序的设计方法。
✓ 掌握驱动程序开发过程中的常见问题。
✓ 通过实例掌握直流电动机驱动程序的设计方法。

8.1　设备驱动概述

设备驱动程序提供了操作系统内核与硬件设备之间的接口，为应用程序屏蔽硬件的细节。从应用程序角度来看，设备驱动程序就是一组设备文件，每个设备文件都有一个设备对应，一个设备可以是物理设备，也可以是一个逻辑实体。应用程序可以像操作普通文件一样对硬件设备进行操作。设备驱动程序也是内核的一部分，它完成以下的功能：

1）对设备初始化和释放。
2）把操作数据从内核传送到硬件和从硬件读取数据。
3）读取应用程序传送给硬件设备的数据和回送应用程序请求的数据。
4）检测和处理硬件设备出现的错误。

8.1.1　驱动程序和应用程序的区别

从资源管理功能角度，操作系统通常把内核和应用程序分成两个层次，即“内核态”和“用户态”，然后通过系统调用实现数据传递与资源共享。内核态具有最高的运行级别，可以做任何事，如可以直接访问硬件、调用其资源等。设备驱动程序就工作在“内核空间”，所以设备驱动程序的优先级最高。而应用程序则是在“用户空间”中运行，所以运行在低级的用户态，处于这一级别时处理器禁止对硬件的直接访问和对内存的未授权访问。

在内核空间和用户空间的程序使用不同的地址空间，引用不同的内存映射。在系统调用过程中，更要注意不同工作空间程序和内存映射的对应关系。Linux 操作系统通过系统调用和硬件中断两种方式完成从用户空间到内核空间的控制转移，其转移关系如图 8-1 所示。执行系统调用的进程操作可以同步访问进程地址空间的数据，而中断处理程序相对进程而言是异步的，且与任何一个进程都无关。

8.1.2　Linux 的设备管理

Linux 采用设备文件方式对硬件设备进行统一的管理，每个设备对应文件系统中的一个索引节点。同时，Linux 为每个设备分配了一个主设备号和一个次设备号。主设备号唯一地标识了设备类型，同一设备驱动程序控制同类所有设备，具有相同的主设备号，如 hd 表示 IDE 硬盘、sd 表示 SCSI 硬盘、tty 表示终端设备等；次设备号代表同类设备中的序号，如 hda 表示 IDE 主硬盘、hdb 表示 IDE 从硬盘等。

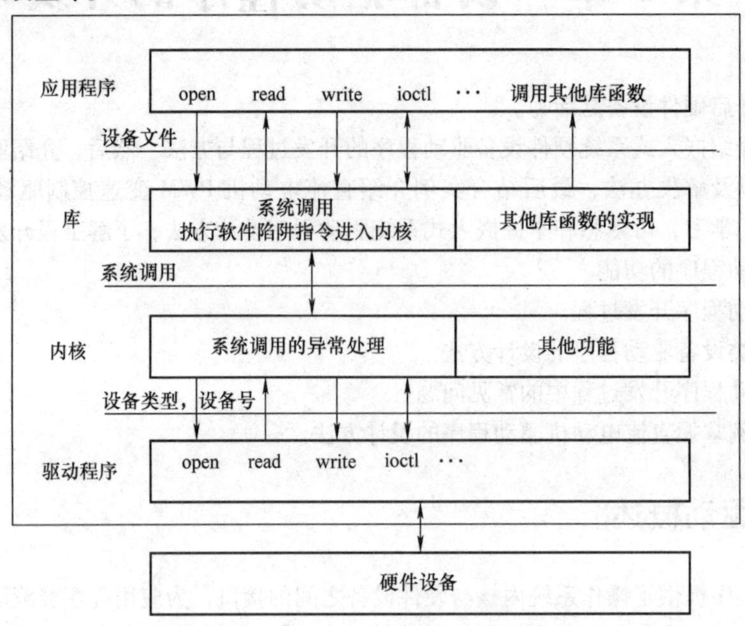

图 8-1　应用程序与驱动程序的转移关系

Linux 通过虚拟文件系统（Virtual File System，VFS）对所有文件进行统一管理，通过文件索引节点访问相应文件。对硬件设备也是如此，即通过函数调用控制硬件设备，如调用 open( ) 函数打开设备文件，建立起与目标设备的连接，然后，就如同操作普通文件一样对目标设备进行 read( )、write( ) 和 ioctl( ) 等操作。

Linux 将设备分成字符设备、块设备和网络设备三种类型。下面介绍这三种类型设备的特性和调用方法。

1. 字符设备

Linux 下的字符设备（Character Device）支持面向字符的 I/O 操作，是以字节为单位顺序读写（注意，普通文件可以采用随机移动指针方式进行访问）。由于字符设备无需缓存且被直接读写，对于存储设备而言就是只负责管理自己的存储区结构，读写连续扇区比分离扇区更快，因此，调整读写的顺序作用巨大。字符设备可以访问/dev 目录下的文件系统节点，访问过程是，当字符设备初始化时，其设备驱动程序被添加到由 device _ struct 结构组成的 chrdevs 结构数组中；device _ struct 结构由两个指针项构成，一个是指向已登记的设备驱动程序名的指针，另一个是指向 file _ operations 结构的指针，其中，file _ operations 结构中的成员几乎全是函数指针，分别指向实现文件操作的入口函数；设备的主设备号用来对 chrdevs 数组进行索引，如图 8-2 所示。

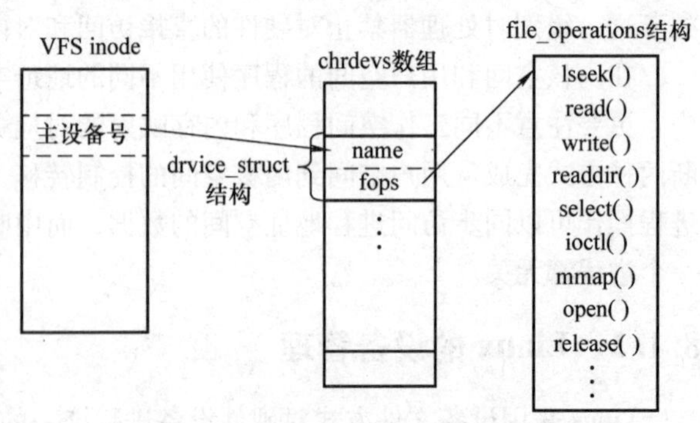

图 8-2　字符设备驱动程序示意

每个 VFS 索引节点都和一系列文件操作

相联系，并且这些文件操作取决于索引节点所代表的文件类型。当一个VFS索引节点所代表的字符设备是文件创建时，有关对该字符设备文件的操作就被设置为默认操作。

文件的默认操作只包含一个打开文件的操作。当打开一个代表字符设备的设备文件时，就得到相应的VFS索引节点，其中包括该设备的主设备号和次设备号。利用主设备号就可以检索chrdevs数组，进而可以找到有关此设备的各种文件操作。这样，应用程序中的文件操作就会映射到字符设备的文件操作调用中。

2. 块设备

Linux下的块设备（Block Device）是指对信息存取以“块”为单位。块设备对于I/O请求有对应的缓冲区，因此，块设备可以选择以什么顺序进行响应，这就是块设备的随机访问特性。块设备驱动比字符设备驱动要复杂得多，这一点在I/O操作上表现出了极大的不同。块设备利用系统内存作缓冲区，如果用户进程对设备的请求能满足用户的要求，就返回请求的数据，否则就调用请求函数来进行具体的I/O操作。块设备和字符设备一样，也是通过/dev目录下的文件系统节点被访问的，其区别在于，内核管理数据的方式不同，或者说是内核和驱动程序的接口不同。块设备驱动程序除了给内核提供与字符设备驱动程序一样的接口以外，还提供了专门面向块设备的接口，不过，这些接口对于从/dev目录下打开块设备的用户和应用程序都是不可见的。另外，块设备的接口还必须支持挂装（mount）文件系统。

对块设备的存取方式与对文件的存取方式相同，其实现机制也与字符设备的实现机制类似。Linux为块设备定义了一个名为blkdevs的结构数组，它描述了一系列在系统中注册的块设备。该数组也使用设备的主设备号作为索引，成员也是device_struct结构。同样，device_struct结构中包括两个数据项，即指向已登记的设备驱动程序名的指针和指向block_device_operations结构的指针，block_device_operations结构是对块设备操作的集合，包含一系列函数指针，所以，blkdevs结构数组成为实质上连接抽象的块设备操作与具体块设备操作的枢纽。之所以引入块设备是因为操作机械设备的定位时间长，比如磁盘操作。如果同一时间要求读和写不同的扇区，读写过程很快，而扇区定位要占去大部分时间。采用块设备，一次性从设备读出放入缓冲区或者一次性写入设备，之后再对缓冲区按照要求顺序去读或者写数据，减少定位时间，达到总体提高读写速度。块设备有几种类型，如SCSI设备和IDE设备等，每类块设备都在Linux内核中登记，并向内核提供自己的文件操作。

为了把各种块设备的操作请求队列有效地组织起来，Linux内核中设置了一个结构数组blk_dev，该数组成员类型是blk_dev_struct结构。blk_dev_struct结构由三个成分组成，其主体是执行操作的请求队列request_queue，还有queue和data函数指针。当blk_dev不为0时，就调用request_queue函数来找到具体设备的请求队列。这里考虑到多个设备可能具有同一主设备号，该指针在设备初始化时被设置好。另外，还要使用blk_dev_struct结构中的另一个指针data，用来提供辅助性信息，帮助request_queue函数找到特定设备的请求队列。

每当缓冲区要和一个登记过的块设备交换数据时，它都会在blk_dev_struct中添加一个请求request数据结构，如图8-3所示。

每一个请求都有一个指针指向一个或多个buffer_head数据结构，而每个buffer_head结构都是一个读写数据块的请求。每一个请求结构都在一个静态链表all_requests中。当若干请求被添加到一个空的请求链表中时，就形成请求队列，调用设备驱动程序的请求函数，即开始处理该请求队列。否则，设备驱动程序就简单地处理请求队列中的每一个请求。

当设备驱动程序完成了一个请求后，就把buffer_head结构从request结构中移走，并标记buffer_head结构已更新，同时解锁，这样，就可以唤醒相应的等待进程。

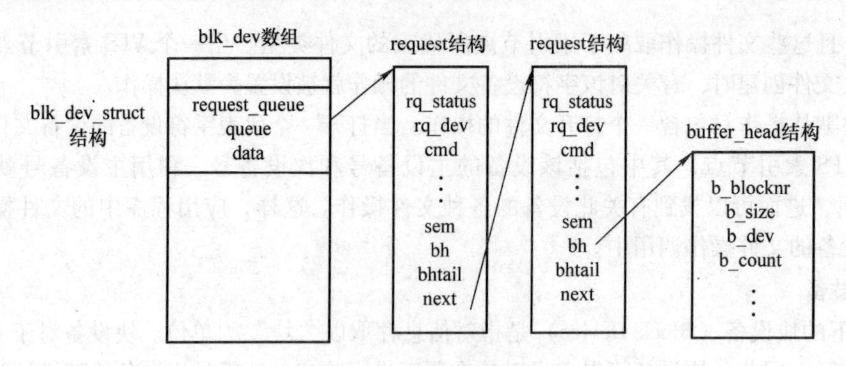

图 8-3　块设备驱动程序数据结构示意

3. 网络设备驱动

Linux 的网络设备（Network interface）是一类特殊的设备。Linux 的网络子系统主要基于 BSD UNIX 的 socket 机制，在网络子系统和驱动程序之间定义有专门的数据结构 sk _ buff 进行数据的传递。Linux 支持对发送数据和接收数据的缓存，提供流量控制机制，以及提供对多种网络协议的支持。

任何网络事务都要经过一个网络接口。网络接口由内核中的网络子系统驱动，它仅负责发送和接收数据报，而无需了解每项事务是如何映射到实际传送的数据报的。尽管 Telnet 和 FTP 连接都是面向流的，但它们使用的是同一个设备，这个设备看到的只是数据报，而不是独立的流。内核和网络驱动程序间的通信是通过调用一套和数据报传输相关的函数实现的，完全不同于内核与字符设备或者块设备驱动程序之间的通信，不是调用 read、write 等接口函数。

网络驱动的体系结构包括网络协议接口层、网络设备接口层、设备驱动接口层和设备媒介层，如图 8-4 所示。

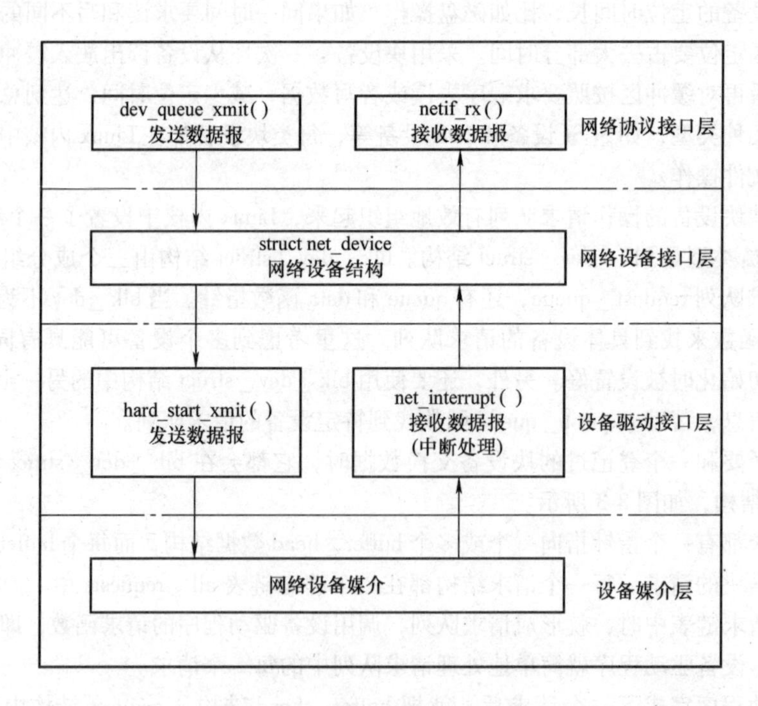

图 8-4　网络驱动的体系结构

1）网络协议接口层向网络层协议提供统一的数据报收发接口，不论上层协议是 ARP 还是 IP，都通过 dev_queue_xmit（）函数发送数据，并通过 netif_rx（）函数接收数据。这一层的存在使得上层协议独立于具体的设备。

发送接收函数原型如下：

```
dev_queue_xmit(struct sk_buff * skb);
int netif_rx(struct sk_buff  * skb);
```

这里使用了一个 sk_buff 结构体，定义于 include/linux/skbuff.h 中，它的含义为“套接字缓冲区”，用于在 Linux 网络子系统各层间传输数据。

2）网络设备接口层向网络协议接口层提供统一的用于描述具体网络设备属性和操作的结构体 net_device，该结构体是设备驱动接口层中各函数的容器。实际上，网络设备接口层从宏观上规划了具体操作硬件的设备驱动接口层的结构。

网络设备接口层的主要功能是为千变万化的网络设备定义了统一抽象的数据结构 net_device 结构体，以不变应万变，实现多种硬件在软件层上的统一。

每一个网络设备都由 struct net_device 来描述，该结构可使用如下内核函数进行动态分配：

```
struct net_device  * alloc_netdev(int sizeof_priv,const char * mask,void( * setup)(struct net_device * ))
```

sizeof_priv：私有数据区大小

mask：设备名

setup：初始化函数，在注册该设备时，该函数被调用。也就是 net_deivce 的 init 成员

```
struct net_device * alloc_etherdev(int sizeof_priv)
```

这个函数和上面的函数不同之处在于内核知道会将该设备作为一个以太网设备看待并做一些相关的初始化。

net_device 结构体可分为全局成员、硬件相关成员、接口相关成员、设备方法成员和共用成员等五个部分。

3）设备驱动接口层的各个功能函数是网络设备接口层 net_device 数据结构的具体成员，是驱使网络设备硬件完成相应动作的程序，它通过 hard_start_xmit（）函数启动发送操作，并通过网络设备上的中断触发接收操作。

net_device 结构体的成员（属性和函数指针）需要被设备驱动接口层的具体数值和函数赋予。对应具体的设置 xxx，工程师应该编写设备驱动接口层的函数，这些函数类型如 xxx_open()，xxx_stop()，xxx_tx()，xxx_hard_header()，xxx_get_stats()，xxx_tx_timeout()等。

4）设备媒介层是完成数据报发送和接收的物理实体，包括网络适配器和具体的传输媒介。其中，网络适配器被设备驱动接口层中的函数物理上驱动。对于 Linux 而言，网络设备和媒介都可以是虚拟的。

8.2　设备驱动程序的开发过程

8.2.1　字符设备驱动程序的设计

字符设备驱动程序是嵌入式 Linux 最基本也是最常用的驱动程序。它的功能非常强大，几乎可以描述不涉及挂载文件系统的所有设备。

Linux 为所有的设备文件都提供了统一的操作函数接口，具体操作方法是使用数据结构 struct

file _ operations。Struct file _ operations 数据结构中包括许多操作函数的指针，如 open( )、close( )、read( )和 write( )等，由于外围设备的种类较多，因此操作方式各不相同。struct file _ operations 定义在 include/linux/fs. h 中。

file _ operations 数据结构如下：

```
struct file_operations {
    struct module *owner;
    loff_t (*llseek) (struct file *,loff_t,int);
    ssize_t (*read) (struct file *,char *,size_t,loff_t *);
    ssize_t (*write) (struct file *,const char *,size_t,loff_t *);
    int (*readdir) (struct file *,void *,filldir_t);
    unsigned int (*poll) (struct file *,struct poll_table_struct *);
    int (*ioctl) (struct inode *,struct file *,unsigned int,unsigned long);
    int (*mmap) (struct file *,struct vm_area_struct *);
    int (*open) (struct inode *,struct file *);
    int (*flush) (struct file *);
    int (*release) (struct inode *,struct file *);
    int (*fsync) (struct file *,struct dentry *,int datasync);
    int (*fasync) (int,struct file *,int);
    int (*lock) (struct file *,int,struct file_lock *);
    ssize_t (*readv) (struct file *,const struct iovec *,unsigned long,loff_t *);
    ssize_t (*writev) (struct file *,const struct iovec *,unsigned long,loff_t *);
    ssize_t (*sendpage) (struct file *,struct page *,int,size_t,loff_t *,int);
    unsigned long (*get_unmapped_area)(struct file *,unsigned long,unsigned long,unsigned long,
unsigned long);
    #ifdef MAGIC_ROM_PTR
    int (*romptr) (struct file *,struct vm_area_struct *);
    #endif /* MAGIC_ROM_PTR */
};
```

结构中主要的元素成员如下：

owner module：拥有者；

llseek：重新定位读写位置；

read：从设备中读取数据；

write：向字符设备中写入数据；

readdir：只用于文件系统，对设备无用；

ioctl：控制设备，除读写操作外的其他控制命令；

mmap：将设备内存映射到进程地址空间，通常只用于块设备；

open：打开设备并初始化设备；

flush：清除内容，一般只用于网络文件系统中；

release：关闭设备并释放资源；

fsync：实现内存与设备的同步，如将内存数据写入硬盘操作；

fasync：实现内存与设备之间的异步通信；

lock：文件锁定，用于文件共享时的互斥访问；

readv：在进行读操作前要验证地址是否可读；

writev：在进行写操作前要验证地址是否可写。

在嵌入式系统的开发中，一般仅仅实现其中几个接口函数，即 read、write、ioctl、open、release，就可以完成应用系统需要的功能。

1. open 接口

open 接口提供给驱动程序初始化设备的能力，从而为以后的设备操作做好准备。此外 open 操作一般还会递增使用计数，用以防止文件关闭前模块被卸载出内核。在大多数驱动程序中，open 函数应完成如下工作：

1）递增使用计数。

2）检查特定设备错误。

3）如果设备是首次打开，则对其进行初始化。

4）识别次设备号，如有必要修改 f _ op 指针。

5）分配并填写 filp -> private _ data 中的数据。

2. release 接口

与 open 函数相反，release 函数应完成如下功能：

1）释放由 open 分配的 filp -> private _ data 中的所有内容。

2）在最后一次关闭操作时关闭设备。

3）使用计数减 1。

3. read 和 write 接口

read 和 write 操作使用如下函数：

```
ssize_t demo_write(struct file *filp,const char * buffer,size_t count,loff_t *ppos)
ssize_t demo_read(struct file *filp,char *buffer,size_t count,loff_t *ppos)
```

read 函数完成将数据从内核复制到应用程序空间，write 函数则相反，将数据从应用程序空间复制到内核。对于这两个函数，参数 filp 是文件指针，count 是请求传输数据的长度，buffer 是用户空间的数据缓冲区，ppos 是文件中进行操作的偏移量，类型为 64 位数。由于用户空间和内核空间的内存映射方式完全不同，所以不能使用标准库中 memcpy 之类的函数，必须使用如下函数：

```
//数据从内核空间复制到用户空间
unsigned long copy_to_user (void *to,const void *from,unsigned long count);
//数据从用户空间到内核空间
unsigned long copy_from_user(void *to,const void *from,unsigned long count);
```

4. ioctl 接口

ioctl 接口主要用于对设备进行读写之外的其他控制，比如配置设备、进入或退出某种操作模式，这些操作一般都无法通过 read/write 方法操作来完成。用户空间的 ioctl 函数的原型如下：

```
int ioctl(inf fd,int cmd,…)
```

其中，…代表可变数目的参数表，实际中是一个可选参数，一般定义如下：

```
int ioctl(inf fd,int cmd,char *arg)
```

驱动程序中定义的 ioctl 方法原型如下：

```
int (*ioctl) (struct inode *inode,struct file *file,unsigned int cmd,unsigned long arg)
```

其中，inode 和 file 两个指针对应应用程序传递的文件描述符 fd，cmd 会不被修改地传递给驱动程序，可选参数 arg 则无论用户应用程序使用的是指针还是其他类型值，都以 unsigned long 的形式传递给驱动程序。

ioctl 通常由 switch 命令实现，当用户程序传递了不合适的命令参数时，POSIX 标准则规定，程序应返回 – ENOTTY。

实现应用程序和硬件设备之间接口功能的驱动程序流程如图 8-5 所示。

下面以 LED 指示灯交替闪烁为例，介绍如何在一个字符设备驱动里面实现对 GPIO 端口的操作，硬件连接如图 8-6 所示。

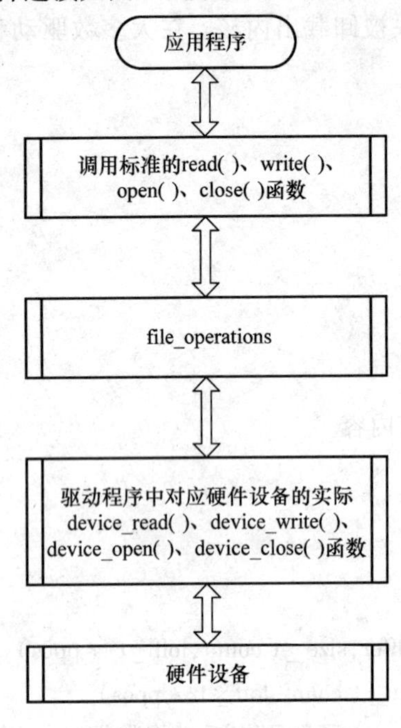

图 8-5　驱动程序流程

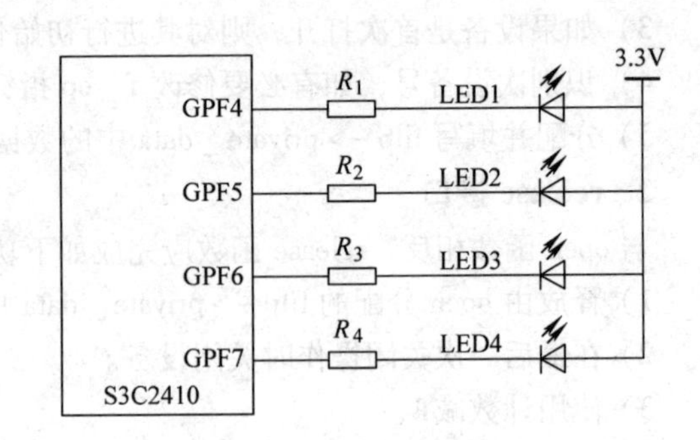

图 8-6　LED 指示灯硬件连接

S3C2410 上的四个 LED 指示灯由四个 I/O 端口控制，它们分别是 GPF4 ~ GPF7，当 GPF4 ~ GPF7 分别输出低电平时候，LED 指示灯亮，输出高电平的时候，LED 指示灯灭。

LED 驱动程序文件 Device _ LED. c。代码如下：

1）LED 驱动需要的头文件：

```
# include <linux/config. h >                //配置头文件
# include <linux/kernel. h >                //内核头文件
# include <linux/init. h >                  //用户定义模块初始函数需引用的头文件
# include <linux/module. h >                //模块加载的头文件
# include <linux/delay. h >                 //延时头文件
# include <linux/major. h >
# include <asm/hardware. h >                //用户的硬件配置头文件
# include <linux/io. h >
```

2）LED 驱动需要的宏定义：

```
# define GPIO _ LED _ MAJOR 220             //定义主设备号
//声明四个 LED 灯的 I/O 端口；GPFDAT 是端口 F 的数据寄存器
# define LED1 _ ON( ) (GPFDAT & = ~0x10)    //GPF4 输出 0
# define LED2 _ ON( ) (GPFDAT & = ~0x20)    //GPF5 输出 0
```

```
# define LED3 _ ON()(GPFDAT &= ~0x40)        //GPF6 输出 0
# define LED4 _ ON()(GPFDAT &= ~0x80)        //GPF7 输出 0
# define LED1 _ OFF()(GPFDAT| =0x10)         //GPF4 输出 1
# define LED2 _ OFF()(GPFDAT| =0x20)         //GPF5 输出 1
# define LED3 _ OFF()(GPFDAT| =0x40)         //GPF6 输出 1
# define LED4 _ OFF()(GPFDAT| =0x80)         //GPF7 输出 1
//定义 LED 灯的状态
# define LED _ ON    0                       //低电平点亮 LED
# define LED _ OFF   1                       //高电平熄灭 LED
```

3）file _ operations 结构体的设计：在该函数内给出了文件系统中与文件操作函数相对应的操作设备的具体函数。在下面的程序中，对 LED 设备的打开操作实际上是通过 GPIO _ LED _ open()函数完成的。在结构体内声明了它与标准打开操作 open()的对应关系后，开发人员就可以利用此标准的文件打开函数 open()，打开 LED 设备了。

```
//file _ operations 结构体
struct file _ operations GPIO _ LED _ ctl _ ops = {
    open:     GPIO _ LED _ open,
    read:     GPIO _ LED _ read,
    write:    GPIO _ LED _ write,
    ioctl:    GPIO _ LED _ ioctl,
    release:  GPIO _ LED _ release,
};
```

4）LED 驱动程序的读写函数实现：在本例中，LED 的读写操作不做任何操作，可以省略。本例仅给出了读写操作函数的框架。

```
//-----------------READ-------------------
ssize _ t GPIO _ LED _ read(struct file * file,char * buf,size _ t count,loff _ t * f _ ops)
{
    return count;
}
//------------------WRITE------------------
ssize _ t GPIO _ LED _ write(struct file * file,const char * buf,size _ t count,loff _ t * f _ ops)
{
    return count;
}
```

5）LED 驱动程序 ioctl 控制模块的实现：对设备 I/O 控制操作。

```
//-----------------IOCTL---------------------
ssize _ t GPIO _ LED _ ioctl(struct inode * inode,struct file * file,unsigned int cmd,long data)
{
  switch (cmd)
  {
    case LED _ ON:
      {LED1 _ ON();                    //点亮 LED1
      udelay(0x500000);                //延时
      LED2 _ ON();                     //点亮 LED2
```

```
        udelay(0x500000);              //延时
        LED3_ON();                     //点亮 LED3
        udelay(0x500000);              //延时
        LED4_ON();                     //点亮 LED4
        udelay(0x500000);              //延时
        break;}
    case LED_OFF:
        {LED1_OFF();                   //LED1 灭
        udelay(0x500000);              //延时
        LED2_OFF();                    //LED2 灭
        udelay(0x500000);              //延时
        LED3_OFF();                    //LED3 灭
        udelay(0x500000);              //延时
        LED4_OFF();                    //LED4 灭
        udelay(0x500000);              //延时
        break;}
    default:
        {printk ("LED control:no cmd run. \n ");
          return  -1;}
}
        return 0;
}
```

6）驱动程序的 open( )、close( )函数：设备文件的打开、关闭操作。

```
//--------------------OPEN---------------------
ssize_t GPIO_LED_open(struct inode * inode,struct file * file)
{
    MOD_INC_USE_COUNT;      //模块数量增 1
    return 0;
}
//---------------RELEASE/CLOSE----------------
ssize_t GPIO_LED_release(struct inode * inode,struct file * file)
{
    MOD_DEC_USE_COUNT;      //模块数量减 1
    return 0;
}
```

7）驱动程序的 init、exit 函数：模块加载功能的函数实现。

```
//-------------INIT------------------
static int GPIO_LED_CTL_init(void)
{
    int ret=0;
    //初始化端口
    //端口:GPF7   GPF6   GPF5   GPF4   GPF3    GPF2    GPF1    GPF0
    //设置:输出   输出   输出   输出   EINT3   EINT2   EINT1   EINT0
```

```
    //二进制:01    01    01    01    10    10    10    10
    GPFCON = 0x55aa;                //设置端口为 I/O 输出模式
    GPFUP = 0xff;                   //关闭上拉功能
    GPFDAT = 0xff;                  //初始值为高电平熄灭 LED 灯
    //注册设备
    ret = register_chrdev(GPIO_LED_MAJOR,"GPIO_LED_CTL",&GPIO_LED_ctl_ops);
    if (ret)
    {
      printk("fail to register! \n");
      return -1;
    }
    printk("success to register! \n");
    return 0;
}
static int __init S3C2410_GPIO_LED_CTL_init(void)
{
    int ret = 0;
    //调用函数 GPIO_LED_CTL_init()
    ret = GPIO_LED_CTL_init();
    if (ret) return -1;
    return 0;
}
static void __exit cleanup_GPIO_LED_ctl(void)
{
    unregister_chrdev(GPIO_LED_MAJOR,"GPIO_LED_CTL");  //注销 LED 设备
}
module_init(S3C2410_GPIO_LED_init);
module_exit(cleanup_GPIO_LED_ctl);
```

8.2.2 块设备驱动程序的设计

在 8.1.2 小节中已经介绍了块设备可以在一次 I/O 操作中传送固定大小的数据块，可以随机访问设备中所存放的块。块设备应用的典型例子是硬盘、软盘及 CD-ROM。也可以把这部分 RAM 当做块设备来处理，作为应用程序高效存取数据的临时存储器。

所有对块设备的读写操作都是通过调用 generic_file_read( )和 generic_file_write( )函数实现的。这两个函数的原型如下：

```
ssize_t generic_file_read(struct file * filp,char * buf,size_t count,loff_t * ppos)
ssize_t generic_file_write(struct file *file,const char *buf,size_t count,loff_t *ppos)
```

其中，filp：和这个设备文件相对应的文件对象的地址。buf：用户态地址空间中的缓冲区的地址。generic_file_read()把从块设备中读出的数据写入这个缓冲区；反之，generic_file_write()从这个缓冲区中读取要写入块设备的数据。count：要传送的字节数。ppos：设备文件中的偏移变量的地址；通常，这个参数指向 filp->f_pos，也就是说，指向设备文件的文件指针。

只要进程对设备文件发出读写操作，设备驱动程序就调用这两个函数。例如，superformat 程序通过把块写入/dev/fd0 设备文件来格式化磁盘，相应文件对象的 write 方法就调用 generic_file

_ write() 函数。这两个函数所做的就是对缓冲区进行读写，如果缓冲区不能满足操作要求则返回负值，否则返回实际读写的字节数。每个块设备在需要读写时，也都调用这两个函数。

在块驱动程序中常用的函数还有 bread()、breada()和 ll _ rw _ block()函数。

1）bread()函数检查缓冲区中是否已经包含了一个特定的块，如果尚未包含该块，该函数就从块设备中读取这个块。文件系统广泛使用 bread()从磁盘位图、索引节点以及其他基于块的数据结构中读取数据。注意，当进程要读块设备文件时使用函数 generic _ file _ read()函数，而不是使用 bread()函数。bread()函数接收设备标志符、块号和块大小作为参数，其代码在 fs/buffer. c 中。

2）breada()函数和 bread()十分类似，但是它除了读取所请求的块之外，还要另外预读一些其他块。注意，不存在把块直接写入磁盘的函数。写操作永远都会成为系统性能的瓶颈，因为写操作通常都会延时。

3）ll _ rw _ block()函数产生块设备请求，内核和设备驱动程序的很多地方都会调用这个函数。ll _ rw _ block（）函数的代码在 block/ll _ rw _ blk. c 中，其原型如下：

```
void ll_rw_block(int rw,int nr,struct buffer_head * bhs[])
```

其中，参数 rw 为操作类型，包括 READ、WRITE 和 READA、WRITEA；nr 为要传送的块数；bhs 为数组，有 nr 个指针，指向说明块的缓冲区首部（这些块的大小必须相同，而且必须处于同一个块设备）。

8. 2. 3　网络设备驱动程序的设计

网络设备也是作为一个硬件接口对象，提供系统访问的网络硬件的方法。正是这些具有统一接口的方法，掩蔽了网络硬件的具体细节，让系统对各种网络设备的访问都采用统一的形式，实现硬件无关性。网络设备的驱动程序接口包括下面几个函数。

1. 初始化

网络设备驱动程序初始化（initialize）的主要完成的功能有：检测设备，系统可以根据硬件的特征检查硬件是否存在，然后决定是否启动这个驱动程序；配置和初始化硬件，完成对硬件资源的配置，比如即插即用的硬件就可以在这个时候进行配置；申请资源，配置或协商好硬件占用的资源以后，就可以向系统申请这些资源，有些资源是可以和其他设备共享的，如中断，有些是不能共享的，如 IO、DMA；初始化 device 结构中的变量；最后，就可以启动硬件开始工作。

2. 打开

在网络设备驱动程序中，打开（open）函数是网络设备被激活的时候调用（即设备状态由 down 转为 up，执行 ifconfig eth0 up 命令）。所以，实际上很多在 initialize 中的工作可以放到这里来做，如资源的申请、硬件的激活等。如果 dev -> open 返回 1（error），则硬件的状态还是 down。

open 函数的另一个作用是，如果驱动程序作为一个模块被装入，则要防止模块卸载时设备处于打开状态。在 open 函数中要调用 MOD _ INC _ USE _ COUNT 宏。

3. 关闭

关闭（close）函数是在网络设备被禁止/关闭时被调用的（即设备状态由 up 转为 down，执行 ifconfig eth0 down 命令），释放某些资源以减少系统负担。另外，如果是作为模块装入的驱动程序，在 close 函数中应该调用 MOD _ DEC _ USE _ COUNT，减少设备被引用的次数，以使驱动程序可以被卸载。还有，close 函数必须返回 0（success）。

4. 发送

所有的网络设备驱动程序都必须采用发送（hard _ start _ xmit）函数。在系统调用驱动程序的 xmit 时，发送的数据存放在一个 sk _ buff 结构中。一般的驱动程序是把数据传给硬件发出去，也有一些特殊的设备，如 loopback，是把数据组成一个接收数据再回送给系统，或者由 dummy 设备直接丢弃数据。如果发送成功，hard _ start _ xmit 函数里释放 sk _ buff，返回 0（发送成功）。如果设备暂时无法处理，如硬件忙，则返回 1。这时，如果 dev -> tbusy 置为 1，则系统认为硬件忙，要等到 dev -> tbusy 置 0 以后，才会再次发送。硬件在发送结束后产生中断，会把 dev -> tbusy 置 0。调用 mark _ bh( ) 函数可以通知系统再次发送。在发送不成功的情况下，也可以不置 dev -> tbusy 为 1，这样系统会不断尝试重发。如果 hard _ start _ xmit 发送不成功，则不释放 sk _ buff 结构。

sk _ buff 中的数据已经包含硬件需要的帧头，所以在发送函数中不需要再填充硬件帧头，数据可以直接提交给硬件发送。在发送过程中，sk _ buff 是被锁住的（locked），以确保其他程序不会存取它。

5. 接收

接收（reception），当网络设备有数据时，内核产生中断并调用中断处理程序处理。在中断处理程序中，驱动程序申请一块缓冲区 sk _ buff(skb)，把从硬件读出数据放置到申请好的缓冲区里，接下来完成填充 sk _ buff 中的一些信息。例如 skb -> dev = dev，判断收到帧的协议类型，填入 skb -> protocol（多协议的支持）；把指针 skb -> mac. raw 指向硬件数据，然后丢弃硬件帧头（skb _ pull）；设置 skb -> pkt _ type，标明第二层（链路层）数据类型。可以是以下类型：

PACKET _ BROADCAST　：链路层广播
PACKET _ MULTICAST　：链路层组播
PACKET _ SELF　：发给自己的帧
PACKET _ OTHERHOST　：发给别人的帧（监听模式时会有这种帧）

最后，调用 netif _ rx( ) 把数据传送给协议层。netif _ rx( ) 中的数据放入处理队列然后返回，真正的处理是在中断返回以后，这样可以减少中断时间。调用 netif _ rx( ) 以后，驱动程序就不能再存取数据缓冲区 sk _ buff。

6. 硬件帧头

硬件一般都会在上层数据发送之前加上自己的硬件帧头（hard _ header），比如以太网（Ethernet）就有 14 字节的帧头。这个帧头是加在上层 ip、ipx 等数据报的前面的。驱动程序提供一个 hard _ header 函数，协议层（ip、ipx、arp 等）在发送数据之前会调用这个函数。硬件帧头的长度必须填在 dev -> hard _ header _ len，这样协议层会在数据区域之前，留好硬件帧头的空间。

在协议层调用 hard _ header 时，传送的参数包括：sk _ buff 数据缓冲区、device 指针、protocol、daddr 目的地址、saddr 源地址、len 数据长度。长度不要使用 sk _ buff 中的参数，因为调用 hard _ header 时数据可能还没完全组织好。如果 saddr 是 NULL 的话，表明协议层不知道硬件目的地址，则使用 default 默认地址。如果 hard _ header 填好了硬件帧头，则返回添加的字节数。如果硬件帧头中的信息还不完全（如 daddr 为 NULL，帧头中需要目的硬件地址，典型的情况是以太网需要 arp 地址解析），则返回负字节数。在 hard _ header 返回负数的情况下，协议层会做进一步的 build header 的工作。目前，Linux 系统中是对 arp 进行操作：如果 hard _ header 返回正，dev -> arp = 1，表明不需要操作 arp；如果 hard _ header 返回负，dev -> arp = 0，需要操作 arp。

7. 地址解析

硬件帧发送时需要知道目的硬件地址，这样就需要上层协议地址（ip、ipx）和硬件地址的对应，这个对应是通过地址解析（xarp）完成的。需要做 arp 地址解析的设备在发送之前会调用驱动程序的 rebuild _ header 方法。调用的主要参数包括指向硬件帧头的指针和协议层地址。如果驱动程序能够解析硬件地址，则返回 1，如果不能，则返回 0。

对 rebuild _ header 调用的函数在 net/core/dev. c 的 do _ dev _ queue _ xmit( ) 中。

8. 参数设置和统计数据

在网络驱动程序中，还提供一些函数供系统对设备的参数进行设置和读取信息。一般只有超级用户（root）权限才能对设备参数进行设置。设置方法如下：

dev -> set _ mac _ address( )

当用户调用 ioctl 类型为 SIOCSIFHWADDR 时要设置这个设备的 mac 地址。

dev -> set _ config( )

当用户调用 ioctl 时类型为 SIOCSIFMAP 时，系统会调用驱动程序的 set _ config 方法。用户会传递一个 ifmap 结构，包含需要的 I/O、中断等参数。

dev -> do _ ioctl( )

如果用户调用 ioctl 时类型在 SIOCDEVPRIVATE 和 SIOCDEVPRIVATE + 15 之间，系统会调用驱动程序的这个方法。一般是设置设备的专用数据。

读取信息也通过 ioctl 调用进行的。除此之外驱动程序还可以提供一个 dev -> get _ stats 方法，返回一个 enet _ statistics 结构，它包含发送接收的统计信息。

ioctl 的处理在 net/core/dev. c 的 dev _ ioctl( ) 和 dev _ ifsioc( ) 中。

8. 2. 4　驱动程序的注册

1. 字符设备驱动程序的注册

具有相同主设备号和类型的各类设备文件都是由 device _ struct 数据结构来描述的，该结构定义于 fs/devices. c：目标下。其结构如下：

```
struct device _ struct {
    const char * name;
    struct file _ operations * fops;
};
```

其中，name 是某类设备的名字；fops 是指向文件操作表的一个指针。

所有字符设备文件的 device _ struct 描述符都包含在 chrdevs 表中：

```
static struct device _ struct chrdevs[MAX _ CHRDEV];
```

该表包含有 255 个元素，每个元素对应一个可能的主设备号，其中主设备号 255 是为将来的扩展而保留的。表的第一项为空，因为没有一个设备文件的主设备号是 0。

chrdevs 表最初为空。register _ chrdev( ) 函数用来向表中插入一个新项，而 unregister _ chrdev( ) 函数用来从表中删除一个项。

下面是 register _ chrdev( ) 的具体实现：

```
int register _ chrdev(unsigned int major,const char * name,struct file _ operations * fops)
{
    if (major == 0) {
        write _ lock(&chrdevs _ lock);
        for (major = MAX _ CHRDEV - 1;major > 0;major--) {
            if (chrdevs[major]. fops == NULL) {
                chrdevs[major]. name = name;
                chrdevs[major]. fops = fops;
```

```
                write_unlock(&chrdevs_lock);
                return major;
            }
        }
        write_unlock(&chrdevs_lock);
        return -EBUSY;
    }
    if (major >= MAX_CHRDEV)
        return -EINVAL;
    write_lock(&chrdevs_lock);
    if (chrdevs[major].fops && chrdevs[major].fops != fops) {
        write_unlock(&chrdevs_lock);
        return -EBUSY;
    }
    chrdevs[major].name = name;
    chrdevs[major].fops = fops;
    write_unlock(&chrdevs_lock);
    return 0;
}
```

从以上代码可以看出，如果参数 major 为 0，则由系统自动分配第一个空闲的主设备号，并把设备名和文件操作表的指针置于 chrdevs 表的相应位置。

2. 块设备驱动程序的注册

对于块设备来说，驱动程序的注册不仅在其初始化的时候进行，而且在编译的时候也要进行。在初始化时通过 register_blkdev( ) 函数将相应的块设备添加到数组 blkdevs 中，该数组在 fs/block_dev.c 中，块设备驱动程序注册定义如下：

```
static struct {
    const char *name;
    struct block_device_operations *bdops;
} blkdevs[MAX_BLKDEV];
```

具体的块设备是由主设备号唯一确定的，因此，主设备号唯一地确定了一个具体的 block_device_operations 数据结构。

下面是 register_blkdev( ) 函数的具体实现，其代码在 fs/block_dev.c 中：

```
int register_blkdev(unsigned int major,const char * name,struct block_device_operations *bdops)
{
    if (major == 0) {
        for (major = MAX_BLKDEV - 1;major > 0;major--) {
            if (blkdevs[major].bdops == NULL) {
                blkdevs[major].name = name;
                blkdevs[major].bdops = bdops;
                return major;
            }
        }
        return -EBUSY;
```

```
    }
    if (major >= MAX_BLKDEV) return -EINVAL;
    if (blkdevs[major].bdops && blkdevs[major].bdops != bdops) return -EBUSY;
    blkdevs[major].name = name;
    blkdevs[major].bdops = bdops;
    return 0;
}
```

register_blkdev()函数中的第一个参数 major 是主设备号，第二个参数 name 是设备名称的字符串，第三个参数 bdops 是指向具体设备操作的指针。如果一切顺利则返回 0，否则返回负值。如果指定的主设备号为 0,则此函数将会搜索空闲的主设备号分配给该设备驱动程序,并将其作为返回值。

3. 网络设备驱动程序的注册

为了使网络设备和内核中的网络设备表建立联系，必须在每一个网络设备的建立过程中，在设备数据结构类型里添加一个设备对象，并将它传递给 register_netdev(struct device *)函数，这样才能把设备数据结构和内核中的网络设备表联系起来。如果要传递的数据结构正被内核使用，就不能直接释放它们，但可以卸载该设备。卸载设备用 unregister_netdev(struct devicc *)函数。register_netdev 和 unregister_netdev 函数通常在系统启动、网络模块安装或卸载时被调用。

内核不允许用同一个名字安装多个网络设备，因此，如果设备是可装载的模块，就应该利用 struct device *dev_get(const char *name) 函数来确保其名字没有被使用。如果名字已经被使用，那么就必须另选一个，否则新的设备将安装失败。如果发现有设备冲突，可以使用 unregister_netdev( )注销一个使用了该名字的设备。

下面是一个网络设备注册的源代码：

```
int register_my_device(void)
{
  int i = 0;
  for(i = 0;i < 100;i ++)
  {
    sprintf(mydevice.name,"mydev%d",i);
    if(dev_get(mydevice.name) == NULL)
    {
      if(register_netdev(&mydevice) != 0) return -EIO;
      return 0;
    }
  }
  printk("100 mydevs loaded. Unable to load more. <\\>n");
  return -ENFILE;
}
```

8.2.5　设备驱动程序的编译

在 Linux 下要运行驱动程序需要用 Makefile 文件进行编译，Makefile 文件定义了一系列的编译规则。编译方法将源代码 Device_xxx.C 文件和 Makefile 文件放置在同一个目录下，进入目录，运行 Make 编译命令。编译成功后将在目录下生成一个 Device_xxx.o 文件。

下面是 LED 驱动程序的 Makefile 文件代码：

```
TOPDIR   :=.
KERNELDIR=/arm2410s/kernel-2410s
INCLUDEDIR=$(KERNELDIR)/include
CROSS_COMPILE=armv4l-unknown-linux-
AS        =$(CROSS_COMPILE)as
LD        =$(CROSS_COMPILE)ld
CC        =$(CROSS_COMPILE)gcc
CPP       =$(CC) -E
AR        =$(CROSS_COMPILE)ar
NM        =$(CROSS_COMPILE)nm
STRIP     =$(CROSS_COMPILE)strip
OBJCOPY=$(CROSS_COMPILE)objcopy
OBJDUMP=$(CROSS_COMPILE)objdump
CFLAGS += -I..
CFLAGS += -Wall -O -D__KERNEL__ -DMODULE -I $(INCLUDEDIR)
TARGET=Device_xxx.o
all: $(TARGET)
Device_xxx.o: Device_xxx.c
    $(CC) -c $(CFLAGS) $^ -o $@
install:
    install -d $(INSTALLDIR)
    install -c $(TARGET).o $(INSTALLDIR)
clean:
    rm -f *.o *~ core.depend
```

其中，CC 指明编译器；EXEC 表示编译后生成的执行文件名称；OBJS 为目标文件列表；CFLAGS 为编译参数；LDFLAGS 为连接参数；all：为编译主入口；clean：为清除编译结果。

8.2.6 驱动程序的加载

Linux 下加载驱动程序可以采用动态和静态两种方法。静态加载就是把驱动程序直接编译到内核里，系统启动后可以直接调用。静态加载的缺点是调试起来比较麻烦，每修改一个地方都要重新编译内核，效率较低。动态加载利用 Linux 的 module 特性，可以在系统启动后，用 insmod 命令把驱动程序（*.o文件）添加上去，在不需要的时候用 rmmod 命令来卸载。在产品开发调试阶段，加载驱动程序可采用动态加载方式，待调试完毕后再编译到内核中。

在设备驱动程序加载时，首先需要调用入口函数 init_module()，该函数完成设备驱动的初始化工作，如将寄存器置位、结构体赋值等。其中，最重要的工作就是向内核注册该设备，对于字符设备调用 register_chrdev() 注册，对于块设备调用 register_blkdev() 注册，对于网络设备则调用 register_netdev() 注册。注册成功后，该设备即获得了系统分配的主设备号和自定义的次设备号，并建立起了与文件系统的关联。设备在卸载时，需要回收相应的资源，使设备的相应寄存器复位并从系统中注销该设备。

8.2.7 驱动程序的调用

在嵌入式系统中，应用程序对驱动程序的调用实质就是使用数据结构 struct file_operations 中成员函数的指针，如 open( )、close( )、read( ) 和 write( ) 等。struct file _ operations 的数据结构请参考前面章节内容。这个结构的每一个成员函数的名字都对应着一个系统调用。用户进程利用系统调用在对设备文件进行诸如读写（read/write）操作时，首先通过设备文件的主设备号找到相应的设备驱动程序，然后再读取这个数据结构相应的函数指针，接着把控制权交给该函数。

下面是 LED 驱动程序的调用示例。

LED 驱动的 struct file _ operations 的结构体如下：

```
struct file _ operations GPIO _ LED _ ctl _ ops = {
        open:       GPIO _ LED _ open,
        read:       GPIO _ LED _ read,
        write:      GPIO _ LED _ write,
        ioctl:      GPIO _ LED _ ioctl,
        release:    GPIO _ LED _ release,
};
```

分析 LED 驱动结构体 struct file _ operations 可知，当应用程序分别调用 open( )、read( )、write( )、ioctl( ) 和 release( ) 成员函数时，GPIO _ LED _ open、GPIO _ LED _ read、GPIO _ LED _ write、GPIO _ LED _ ioctl 和 GPIO _ LED _ release 分别被调用。

下面设计 LED 驱动程序，完成了 LED 指示灯的点亮和熄灭控制，四个 LED 指示灯依次点亮或依次熄灭。应用程序设计首先声明库函数，给出程序中引用的宏定义，具体设计过程如下：

```
# include <stdio. h>
# include <string. h>
# include <stdlib. h>
# include <fcntl. h>
# include <unistd. h>
# define DEVICE _ NAME "/dev/gpio _ led _ ctl"                //定义主设备号
// define LED STATUS
#define LED _ ON    0                                          //LED 灯亮
#define LED _ OFF   1                                          //LED 灯灭
//在主函数中实现对设备的具体操作
int main( void)
{
    int fd;
    int ret;
    char * i;
    printf( " \star gpio _ led _ driver test\n\n" );
    fd = open( DEVICE _ NAME, O _ RDWR);                       //打开设备,返回文件控点
    printf( " fd = % d\n" , fd) ;
    if (fd == -1)                                              //打开失败
        {
            printf( " open device % s error\n" , DEVICE _ NAME) ;
        }
else                                                           //打开成功
    {
```

```
    while(1)
      {
            ioctl(fd,LED _ ON) ;                      //调用输入输出控制函数 点亮 LED
            slcep(1);                                 //等待 1s
            ioctl(fd,LED _ OFF) ;                     //调用输入输出控制函数 关闭 LED
            sleep(1);
         }
    ret = close(fd);                                  //关闭文件
    printf("ret = % d\n",ret);
    printf("close gpio _ led _ driver\n");
  }
  return 0;
  }
```

8.3　驱动程序开发的常见问题

Linux 驱动程序设计是嵌入式 Linux 开发中十分重要的内容，它要求开发者不仅要熟悉 Linux 的内核机制、驱动程序与应用程序的接口关系，还要考虑系统中对设备的并发操作等，而且还要求设计人员熟悉所开发硬件的工作原理。

驱动程序提供应用程序与硬件之间的接口，驱动程序为应用程序提供硬件的所有功能，而不加任何约束和限制，对硬件的使用权限的限制完全由应用程序层控制。由于驱动层的效率比应用层高，而驱动程序的设计通常又与所开发的项目息息相关，所以在驱动层设计时，可加入与具体应用相关的设计。这样，可以使项目强化硬件的某个功能，弱化或关闭其他与项目无关的功能。实际上，到底需要体现硬件的哪些功能应该由开发者根据项目需要确定。

设备驱动程序有时会被多个进程同时使用，这时，需要考虑如何处理并发、互斥和锁等多进程调用机制。驱动程序开发过程中主要考虑以下三个方面：

1）提供尽量多的选项给用户。

2）提高驱动程序的速度和效率。

3）尽量使驱动程序简单，易于维护。

在驱动程序设计过程中，经常会遇到很多问题，比较常见的问题有以下几个方面。

1. 阻塞型 IO 的处理

read 函数调用时会出现当前没有数据可读但马上就会有数据到达的情况，这时采用的睡眠并等待数据的方式就是阻塞型 IO。对于 write 函数，也是同样的道理。阻塞型 IO 涉及如何使进程睡眠、如何唤醒、如何在阻塞的情况查看是否有数据。

睡眠与唤醒机制是当进程等待一个事件时，应该进入睡眠并等待被事件唤醒，主要是由等待队列的唤醒机制来处理多个进程的睡眠与唤醒。这里要使用以下函数和结构：

初始化函数：

```
static inline void init _ waitqueue _ head(wait _ queue _ head _ t  * q)
```

其中，wait _ queue _ head _ t 的结构定义在 <linux/wait. h> 文件中。

如果声明了等待队列，并完成了初始化，进程就可以睡眠。根据睡眠的深浅不同，可调用 sleep _ on 的不同变体函数完成睡眠。一般会用到以下几个函数：

```
sleep _ on(wait _ queue _ head _ t  * queue);
```

```
interruptible_sleep_on(wait_queue_head_t *queue);
sleep_on_timeout(wait_queue_head_t *queue, long timeout);
interruptible_sleep_on_timeout(wait_queue_head_t *queue, long timeout);
wait_event(wait_queue_head_t queue,int condition);
wait_event_interruptible (wait_queue_head_t queue,int condition);
```

大多数情况下应使用 interruptible“可中断”函数。需要注意，睡眠进程被唤醒并不一定代表有数据，也有可能被其他信号唤醒，所以醒来后需要测试 condition。

2. 并发访问与数据保护

当应用程序使用多线程操作时，需要数据共享使用，在驱动程序中可以使用循环缓冲区并且避免使用共享变量。这种方法是类似于“生产者消费者问题”的处理方法，即生产者向缓冲区写入数据，消费者从缓冲区读取数据。也可以使用自旋锁实现互斥访问，自旋锁的操作函数定义在<linux/spinlock.h>文件中，其中包含了许多宏定义，主要的函数如下：

```
spin_lock_init(lock))                  //初始化锁
spin_lock(lock)                        //获取给定的自旋锁
spin_is_locked(lock)                   //查询自旋锁的状态
spin_unlock_wait(lock))                // 释放自旋锁
spin_unlock(lock)                      //释放自旋锁
spin_lock_irqsave(lock, flags)         //保存中断状态获取自旋锁
spin_lock_irq(lock)                    //不保存中断状态获取自旋锁
spin_lock_bh(lock)                     //获取给定的自旋锁并阻止底半部的执行
```

3. 中断处理

中断是所有微处理器的重要功能之一，Linux 驱动程序中对于中断操作提供了 extern int request_irq（请求中断）和 extern void free_irq（释放中断）两个函数：

```
extern int request_irq(unsigned int irq,void (*handler)(int, void *, struct pt_regs *),unsigned long
irqflags,const char * dev_name,void *dev_id);//请求中断
```

在使用请求中断函数时，如果有几个设备共享同一个中断的话，申请时要指明共享方式，并将 irqflags 设置为 SA_SHIRQ 属性，这样就允许其他设备也可以申请同一中断。但是需要注意的是，所有用到该中断的设备在调用 request_irq() 时都必须设置这个属性。系统在回调每个中断处理程序时，可以用 dev_id 参数找到相应的设备。一般 dev_id 就设为 device 结构本身。系统处理共享中断是用各自的 dev_id 参数依次调用每一个中断处理程序。

```
extern void free_irq(unsigned int, void *);  //释放中断
```

一般应在设备第一次 open 时使用 request_irq 函数，在设备最后一次关闭时使用 free_irq 函数。

编写中断处理函数时还要注意，不能向用户空间发送或接收数据，不能执行有睡眠操作的函数，不能调用调度函数。

4. 网络驱动程序中对硬件发送忙时的处理

由于处理器的处理能力比网络发送速度要快得多，因此经常会遇到系统有数据要发，但上一数据报网络设备还没发送完。因为在 Linux 系统中网络设备驱动程序一般不作数据缓存，不能发送的数据都要通知系统发送不成功，所以必须要有一个机制在硬件不忙时及时通知系统接着发送后续剩余的数据。

在 8.2.3 小节中讲述了发送函数 hard_start_xmit 对发送忙的处理方法，即如果发送忙，置 dev->tbusy=1，处理完发送数据后，在发送结束中断中置 dev->tbusy=0，同时用 mark_bh()

调用通知系统继续发送。

8.4　综合实训：直流电动机驱动程序的设计

1. 直流电动机的 PWM 电路原理

直流电动机 PWM（Pulse Width Modulation，脉宽调制）变速控制原理是利用电力电子开关器件的导通与关断，将直流电压变成连续的直流脉冲序列，并通过控制脉冲的宽度或周期来改变加在负载上的平均电压的大小，以实现对电动机的变速控制。在 PWM 变速控制中，系统采用直流电源，放大器的频率是固定，变速控制通过调节脉宽来实现。

图 8-7 所示是一个直流电动机的 PWM 控制的等效电路及其工作波形。当电动机两端加上电压 U_p 时，在 $0 \sim t_1$ 期间，U_p 电压上正下负，电动机加正向电压，续流二极管 VD 加反向电压，VD 截止，同时电枢电感 L_a 储能，电流 I_{av} 增加；在 $t_1 \sim t_2$ 期间，U_p 电压为 0，L_a 所储的能量通过 VD 继续流动，而储藏的能量呈下降的趋势，电流 I_{av} 减小；在 $t_2 \sim t_3$ 期间同 $0 \sim t_1$ 期间；依次类推，电动机电流持续不断，电动机不停运转。U_p 脉宽增加，加在电动机两端电压均值随之增加，电动机速度增大；反之，电动机速度减小。

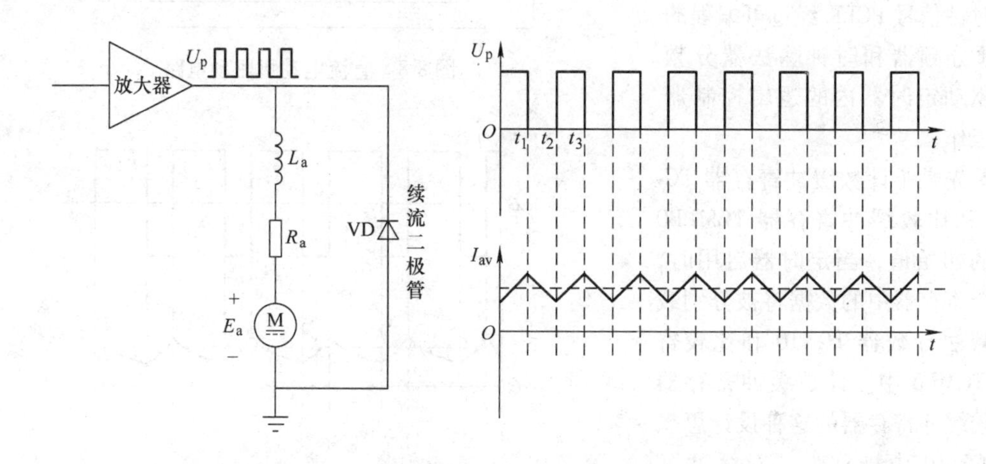

图 8-7　直流电动机的 PWM 控制的等效电路及其工作波形

2. 直流电动机的驱动电路

直流电动机的驱动电路如图 8-8 所示。PWM 控制信号由 S3C2410 芯片的定时器 TOUT0 和 TOUT1 组成的双极性 PWM 发生器产生，其工作波形如图 8-9 所示，由驱动电路实现电动机的速度控制。驱动电路主要由四个功率晶体管和四个续流二极管组成。四个功率晶体管分为两组，VT1 与 VT4、VT2 与 VT3 分别为一组，同一组的晶体管同时导通，同时关断。基极的驱动信号 $U_{b1} = U_{b2}$，$U_{b3} = U_{b4}$。

其工作过程如下：在 $t_1 \sim t_2$ 期间，$U_{b1} > 0$ 与 $U_{b4} > 0$，VT1 与 VT4 导通，$U_{b2} < 0$，$U_{b3} < 0$，VT2 与 VT3 截止，电枢电流沿回路 1 流通；在 $t_2 \sim t_3$ 期间，$U_{b1} < 0$ 与 $U_{b4} < 0$，VT1 与 VT4 截止，$U_{b2} > 0$ 与 $U_{b3} > 0$，但此时由于电枢电感储藏着能量，电流将维持在原来的方向上流动，此时电流沿回路 2 流通，经过跨接于 VT2 与 VT3 上的续流二极管 VD2、VD3，受二极管正向压降的限制，VT2 与 VT3 不能导通。t_3 之后，重复前面的过程。反向运转时，电流沿回路 3 和回路 4 流动，具有相似的过程。因此,通过改变 PWM 的占空比,就可以改变其均值电压,同时改变电动机的转速。

3. S3C2410 的 PWM 控制器

由 3.2 节可知，S3C2410 有四个 16 位定时器具有 PWM 功能。定时器 0 有死区（Dead-zone）发生器，可以保证一对反向信号不会同时改变状态，常用于大电流设备中。定时器 0 ~ 1 共用一个 8 位分频器 Prescaler，定时器 2 ~ 4 共用另外一个。每个定时器都有一个时钟分频器，可以选择五种分频方法。每个定时器从各自的时钟分频器获取时钟信号。Prescaler 是可编程的，并依据 TCFG0-1 寄存器数值对 PCLK 进行分频。

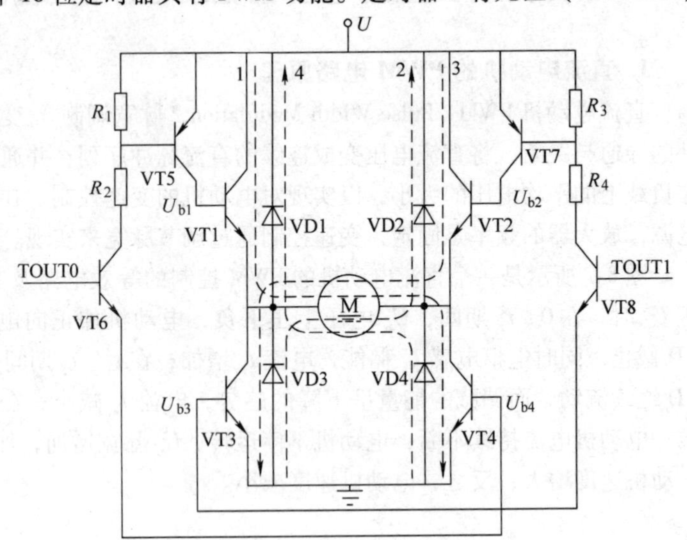

图 8-8　直流电动机驱动电路

下面以定时器/计数器 0 为例，说明其工作原理。

时钟信号 PCLK 经过可编程的 8 位预分频器和时钟除法器分频后，驱动定时器内的逻辑控制器进行工作。

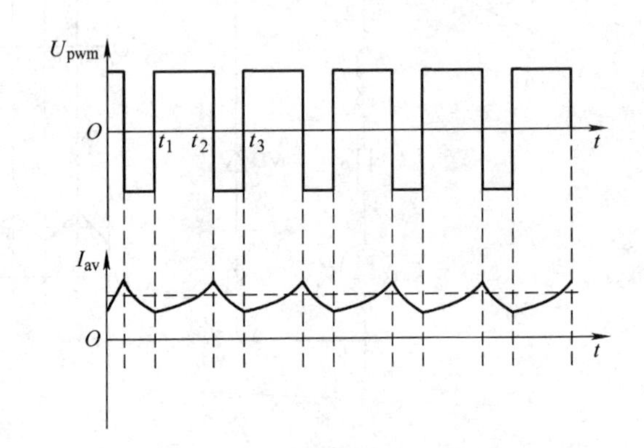

图 8-9　双极性 PWM 的工作波形

首先赋予计数缓冲寄存器 TCNTB0 和比较缓冲寄存器 TCMPB0 不同的初始值，当定时器启用时，这两个寄存器中的数据将被分别载入到减法计数器 TCNT0 和比较寄存器 TCMP0 中。计数缓冲寄存器和比较缓冲寄存器的这种设计思想在 S3C2410 中被称为“双缓冲”，其优点是在频率或占空比改变时，定时器仍然能产生稳定的输出。计时过程如下：从 PCLK 过来的时钟信号到达逻辑控制器时，减法计数器的值自动减 1，当减法计数器的值减为 0 时，定时器会向处理器发送中断请求，一轮计时操作完成。在自动装载模式下，计数缓冲寄存器中的初始值会由硬件控制自动载入减法计数器，进行下一轮的计时操作。

TCMPB0 中设定的初值是用来产生 PWM 信号的，信号的产生规则是：每当 TCNT0 的值和 TCMP0 的值相等时，定时器的输出逻辑电平翻转。PWM 脉冲频率由 TCNT0 决定，而脉冲宽度由 TCMP0 决定。TCMP0 的值越大，PWM 脉冲的占空比越大，也即平均输出电压越大，反之亦然。

为了能够控制较大功率的设备，PWM 发生器中还集成了死区发生器。这一特性在开关设备的断开和另一个开关设备的接通之间插入一个时间缺口，使它们不会处于同时接通的状态，如图 8-10 所示。

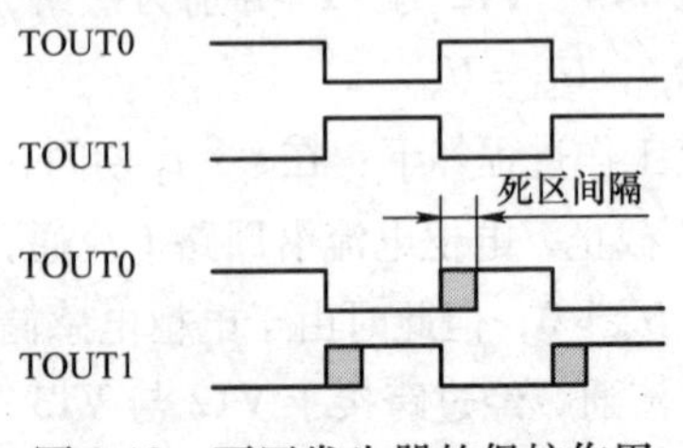

图 8-10　死区发生器的保护作用

已知 TOUT0 是定时器 0 的 PWM 输出引脚，而

TOUT1 是 TOUT 信号的反相输出引脚，如果开启了死区发生器功能，那么 TOUT0 和 TOUT1 的输出波形就不可能同时为高电平了，这样就有效地避免了开关设备同时接通时的输出短路情况。

4. 驱动程序清单

```
//头文件
#include <linux/config.h>
#include <linux/module.h>
#include <linux/kernel.h>
#include <linux/init.h>
#include <linux/sched.h>
#include <linux/delay.h>
#include <linux/mm.h>
#include <asm/uaccess.h>            /* copy_from_user */
#include <asm/arch/S3C2410.h>
#ifdef CONFIG_DEVFS_FS
#include <linux/devfs_fs_kernel.h>
#endif
#define DEVICE_NAME    "s3c2410-dc-motor"      //主设备名
#define DCMRAW_MINOR  1
#define DCM_IOCTRL_SETPWM     (0x10)
#define DCM_TCNTB0            (16384)
#define DCM_TCFG0             (2)
static int dcmMajor = 0;
//开启设备时,配置 IO 口为定时器工作方式:
#define tout01_enable() \
    ({  GPBCON &= ~0xf;     \
        GPBCON |= 0xa;   })
//配置定时器的各控制寄存器:
// deafault divider value = 1/2
// deafault prescaler = 0;
//Timer input clock Frequency = PCLK / {prescaler value + 1} / {divider value}
#define tout01_disable()
    ({  GPBCON &= ~0xf;
        GPBCON |= 0x5;
        GPBUP &= ~0x3;   })
#define dcm_stop_timer()  ({ TCON &= ~0x1; })
#define dcm_start_timer()
    ({TCFG0 &= ~(0x00ff0000);
      TCFG0 |= (DCM_TCFG0);
      TCFG1 &= ~(0xf);
      TCNTB0 = DCM_TCNTB0;    /* less than 10ms */
      TCMPB0 = DCM_TCNTB0/2;
      TCON &= ~(0xf);
```

```
        TCON |= (0x2);
        TCON &= ~(0xf);
        TCON |= (0x19); })
//打开操作接口
static int s3c2410_dcm_open(struct inode *inode, struct file *filp)
{
    MOD_INC_USE_COUNT;
    DPRINTK( "S3c2410 DC Motor device open! \n");
    tout01_enable();
    dcm_start_timer();
    return 0;
}
//释放操作接口
static int s3c2410_dcm_release(struct inode *inode, struct file *filp)
{
    MOD_DEC_USE_COUNT;
    DPRINTK( "S3c2410 DC Motor device release! \n");
    tout01_disable();
    dcm_stop_timer();
    return 0;
}
//设置 PWM 输出占空比
static int dcm_setpwm(int v)
{
    return (TCMPB0 = DCM_TCNTB0/2 + v);
}
//控制操作接口
static int s3c2410_dcm_ioctl (struct inode *inode, struct file *filp, unsigned int cmd, unsigned long arg)
{
    switch(cmd) {
    case DCM_IOCTRL_SETPWM:        //在 s3c2410_dcm_ioctl 中提供调速功能接口
        return dcm_setpwm((int)arg);
    }
    return 0;
}
//struct file_operations 结构体
static struct file_operations s3c2410_dcm_fops = {
    owner:   THIS_MODULE,
    open:    s3c2410_dcm_open,
    ioctl:   s3c2410_dcm_ioctl,
    release: s3c2410_dcm_release,
};
#ifdef CONFIG_DEVFS_FS
static devfs_handle_t devfs_dcm_dir, devfs_dcm0;
```

```
#endif
//初始化操作
int __ init s3c2410 _ dcm _ init( void)
{
    int ret;
        ret = register _ chrdev(0, DEVICE _ NAME, &s3c2410 _ dcm _ fops);     //注册
    if (ret < 0) {
        DPRINTK( DEVICE _ NAME " can't get major number\n" );
        return ret;
    }
    dcmMajor = ret;
#ifdef CONFIG _ DEVFS _ FS
    devfs _ dcm _ dir = devfs _ mk _ dir( NULL, "dcm" , NULL);
    devfs _ dcm0 = devfs _ register( devfs _ dcm _ dir, "0raw" , DEVFS _ FL _ DEFAULT,
    dcmMajor, DCMRAW _ MINOR, S _ IFCHR | S _ IRUSR | S _ IWUSR, &s3c2410 _ dcm _ fops,
NULL);
    #endif
    DPRINTK (DEVICE _ NAME" \tdevice initialized\n" );
    return 0;
    }
module _ init( s3c2410 _ dcm _ init);
#ifdef MODULE
void __ exit s3c2410 _ dcm _ exit( void)
{
    #ifdef CONFIG _ DEVFS _ FS
        devfs _ unregister( devfs _ dcm0);
        devfs _ unregister( devfs _ dcm _ dir);
    #endif
    unregister _ chrdev( dcmMajor, DEVICE _ NAME);
}
module _ exit( s3c2410 _ dcm _ exit);
#endif
MODULE _ LICENSE( "GPL" );
```

5. 直流电动机的控制实现

```
#include <stdio. h>
#include <fcntl. h>
#include <string. h>
#include <sys/ioctl. h>
#define DCM _ IOCTRL _ SETPWM        (0 x 10)
#define DCM _ TCNTB0                 (16384)
static int dcm _ fd = -1;
char * DCM _ DEV = "/dev/dcm/0raw";
//延时函数
```

```
void Delay(int t)
{
    int i;
    for( ;t >0;t - - )
        for(i =0;i <400;i + + );
}
//主函数
int main(int argc, char  * argv)
{
    int i =0;
    int status =1;
    int setpwm =0;
    int factor = DCM _ TCNTB0/1024;
    if((dcm _ fd = open(DCM _ DEV, O _ WRONLY)) <0){
        printf(" Error opening %s device\n", DCM _ DEV);
        return 1;
    }
    for ( ; ;)
    {
        for (i = -512; i <=512; i + + ) {              //改变 PWM 的输出占空比
            if(status = =1)
                setpwm = i;
            else
                setpwm = -i;
            //ioctl 接口输出 PWM 脉冲
            ioctl(dcm _ fd, DCM _ IOCTRL _ SETPWM, (setpwm  * factor));
            Delay(500);
            printf(" setpwm = %d \n", setpwm);
        }
        status = -status;
    }
    close(dcm _ fd);
    return 0;
}
```

本 章 小 结

本章简要介绍了驱动程序与应用程序的区别，以及驱动程序设计及实现方法，重点介绍了Linux 的设备管理的三种类型：字符设备、块设备和网络设备，并结合实例详细讲述了字符设备、块设备和网络设备驱动程序的开发过程及程序设计方法，并比较分析了三种驱动程序的注册、编译、加载和调用方法，以及驱动程序开发过程中常见的问题处理。最后结合直流电动机驱动程序的开发，给出了详细的程序设计和程序清单。

思考与练习

8-1　驱动程序与应用程序的区别是什么？

8-2　Linux 下通过什么方式对设备进行管理的？

8-3　驱动程序是怎样被调用的？

8-4　什么是阻塞型 IO？驱动程序中应怎么样处理阻塞型 IO？

8-5　多线程中的数据共享怎样处理？

第 9 章　嵌入式图形用户界面编程

个性化展示，约束下美的追求。

本章主要介绍嵌入式 Linux 图形用户界面 GUI。首先介绍几款常见的图形用户界面系统，接下来详细介绍嵌入式系统界面设计常用的 GUI 软件 Qt/Embedded，最后结合 Qt/Embedded 编程综合实训详细讲解 Qt/Embedded 的开发流程、如何建立开发环境以及 Qt 的编译与移植过程等细节。通过本章的学习，读者将掌握和解决以下一些重要问题：

✓ 嵌入式系统中几款流行的图形用户界面（GUI）简介。
✓ Qt/Embedded 的嵌入式开发。
✓ Qt 应用程序开发流程。
✓ 建立 Qt/Embedded 开发环境。
✓ Qt 的编译与移植。

9.1　嵌入式系统 GUI 简介

随着嵌入式技术的发展和普及，手持设备和无线设备等嵌入式终端的应用越来越广泛，而嵌入式终端的图形化用户接口设计显得尤为重要（如各种智能手机界面的差异）。嵌入式设备的 GUI 主要包括嵌入式 GUI 的构成、嵌入式 GUI 底层的移植以及嵌入式 GUI 上层应用程序的开发。

GUI 是 Graphical User Interface 的简称，即图形用户界面，又称图形用户接口，是指采用图形方式显示的嵌入式设备与其用户之间的对话操作接口界面。GUI 是嵌入式系统的重要组成部分。与早期计算机使用的枯燥的命令行界面相比，GUI 极大地方便了非专业用户的使用，使得用户从繁琐的命令中解脱出来，不再需要死记硬背大量的操作命令，而可以利用菜单、对话框、窗口、按钮等组件通过友好、直观、图形化、易于操作的 GUI 与计算机进行方便、快捷的交流。

通常所述的 GUI 都是基于桌面通用计算机的（如 KDE 和 GNOME），这些 PC 上的 GUI 对于嵌入式系统来说，体积过于庞大、实时性不强、运行效率低，满足不了嵌入式系统对 GUI 简单、可靠、占用资源少、反应速度快的要求。嵌入式 GUI 就是针对嵌入式系统特定的硬件设备或应用环境而设计的专用的图形用户界面系统，它除了具有通用 GUI 的一般特征外，还有如下的基本要求：

1）体积小，运行时占用系统资源少。嵌入式系统的处理器频率、Flash 存储空间、RAM 等资源是非常有限的，超出系统资源限制的 GUI 将使系统无法正常运行，甚至造成系统崩溃，因此嵌入式 GUI 应避免占用太多的 Flash 存储空间，运行时必须具有系统开销小的特点。

2）GUI 应稳定可靠，响应速度快。嵌入式系统对 GUI 的稳定性和可靠性有严格的要求，若 GUI 导致系统崩溃将导致比 PC 宕机更为严重的后果。因此，嵌入式系统的 GUI 需要具有更高的稳定性和可靠性。此外，嵌入式系统对实时性往往有较高的要求，嵌入式 GUI 必须具备较快的响应速度。

3）上层接口与硬件无关，可移植性好。嵌入式系统的硬件平台架构区别可能很大，各个系统使用的嵌入式操作系统也不同，嵌入式 GUI 往往不是具体针对某种特定的硬件平台，如处理器、输入设备、显示设备等而设计，应具有较好的可移植性，可以运行在不同的硬件平台和操作系统上。

4）具备可裁剪性。嵌入式系统是资源受限的系统，为了节省系统的开销，可以针对开发的具体任务需求，将GUI中不需要的某些功能裁剪掉。因此，嵌入式GUI应该是可定制的。对嵌入式GUI的裁剪与配置一般可以通过条件编译来实现，部分GUI也支持软件运行时配置。

虽然不同的嵌入式GUI因为嵌入式系统硬件本身的特殊性以及具体的应用目的、场合不同，具体实现有所差异，但嵌入式GUI系统的一般结构可以由下至上分为如图9-1所示的几个模块。其中，底层I/O设备驱动程序包括鼠标驱动、键盘驱动、显卡驱动等，由于该类设备的多样性，必须对其进行抽象，给上层程序一个统一的调用接口；基本图形引擎完成区域填充、画点线等一些基本的图形操作；消息驱动机制是底层I/O硬件设备与GUI上层软件进行交互的基础，是对话框、窗口、按钮等组件相互交流的重要途径；高级图形引擎在基本图形引擎和消息驱动机制的基础上对GUI的窗口、菜单等组件进行管理；GUI的API应用程序接口预先定义了部分GUI函数，开发人员通过API可以快速开发GUI应用程序而无需访问源码或关心其内部工作机制的细节。

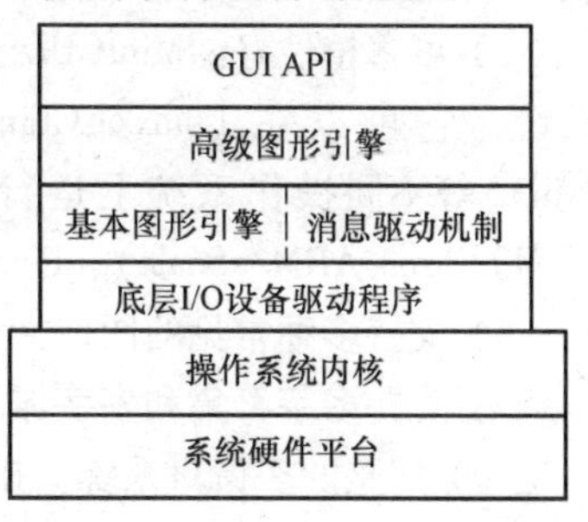

图9-1　GUI系统的一般架构

嵌入式GUI的体系结构采取分层设计实现，如图9-2所示。图中，GUI API提供操作各种GUI对象，如窗口、菜单、按钮等的应用程序接口函数；嵌入式GUI Core提供核心的图形操作功能，如消息驱动机制、图形显示设备接口、资源和字体的管理等；IAL和GAL是指硬件设备输入抽象层和图形显示设备输出抽象层。IAL层实现对各类不同输入设备的控制操作，如鼠标、触摸屏、键盘等，为它们提供统一的调用接口；GAL层完成对具体硬件图形显示设备的操作，隐藏各种不同硬件设备的实现细节，为开发人员提供统一的图形用户编程接口。IAL和GAL便于GUI适应各种不同的输入设备和显示设备，可以显著提高嵌入式GUI系统的通用性和可移植性。

GUI API	
嵌入式GUI Core	
IAL输入抽象层	GAL输出抽象层
输入设备	图形显示设备

图9-2　嵌入式GUI体系结构的分层设计实现

目前，较成熟的基于Linux系统的嵌入式GUI主要包括MiniGUI、Microwindows、OpenGUI和Qt/Embedded等，下面对这些嵌入式GUI系统进行介绍。

9.1.1　MiniGUI

MiniGUI是一款面向嵌入式系统的高级窗口系统和轻量级的图形用户界面支持系统。MiniGUI是我国自主开发的著名的自由软件项目之一，1998年底由清华大学魏永明主持和开发并成功应用在一个数控机床系统中，现由北京飞漫软件技术有限公司维护及开展后续开发。MiniGUI为嵌入式实时操作系统提供了完善的图形和图形用户界面的支持，运行高效可靠，是一款非常适合于工业控制实时系统以及嵌入式系统的可定制的、小巧的轻量级图形用户界面支持系统。它的主要特色如下：

1）遵循GPL（GNU General Public License）条款的纯自由软件。

2）提供了完备的多窗口机制和消息传递机制。

3）体积小，占用空间少。以嵌入式Linux为例，MiniGUI包含全部功能的库文件大小为500～900KB，整个MiniGUI系统占用空间为2～4MB。

4）支持 Windows 的资源文件，如位图、光标、图标、定时器等。

5）可配置。可根据项目的具体需求进行定制配置与编译。

6）高稳定性和高性能。MiniGUI 已经在 Linux 发行版安装程序、CNC 计算机数控系统、蓝点嵌入式系统等关键应用程序中得到了实际的应用。

7）可移植性好。MiniGUI 已经成为性能优良、功能丰富的，跨操作系统、跨硬件平台的 GUI 系统，它可以在 Linux/μCLinux、eCos、VxWorks、pSOS、ThreadX、Nucleus、μC/OS-II 以及 Win32 等不同操作系统上运行，支持的硬件平台包括 Intel x86、MIPS、ARM 系列（ARM7/ARM9/StrongARM/xScale）、PowerPC、DragonBall 等。

8）支持多种常见的图像文件格式，如 BMP、GIF、JPEG、PNG 等。

9）支持多字符集和多字体。

10）完整的多窗口系统。在支持多进程的 Linux 操作系统上，MiniGUI 提供完善的多进程环境下的窗口系统。在诸如 VxWorks 这样的操作系统上，MiniGUI 提供多线程模式下的窗口系统。不同进程（或者线程）创建的窗口，可以协调共存于同一个屏幕之上。

11）完备的图形功能。MiniGUI 为应用程序提供了丰富的图形绘制功能，开发者可以使用 MiniGUI 开发复杂的图形应用程序，如 GIS 系统、浏览器软件等。

12）完备的图形用户界面构件（Widget）集。为方便应用程序的开发，MiniGUI 为应用程序提供了近 30 种控件，从而大大降低了图形用户界面应用程序的开发难度。

由于几乎所有的 MiniGUI 代码都采用 C 语言来编写，因此 MiniGUI 具有非常好的可移植性，也使得 MiniGUI 应用程序的开发与交叉编译工作十分方便。基于 MiniGUI 的应用程序开发可以在 Linux 或 Windows 两种操作系统下进行。若 MiniGUI 应用程序是在 Linux 操作系统下开发，有两种方式可以调试程序：一是直接在 Linux 字符控制台中，运行在 Linux 内核支持的 FrameBuffer 驱动程序上；二是在模拟 FrameBuffer 的 X Window 系统的应用程序 qvfb 下运行应用程序并进行调试。不管是在 Linux 控制台中的 FrameBuffer 驱动程序还是 X Window 系统的 qvfb 下，这两种运行环境的本质实际上是一样的，它们都为 MiniGUI 提供了用来绘图的底层设施。在开发 MiniGUI 的过程中，建议用户使用 qvfb 应用程序，因为控制台上的 FrameBuffer 驱动程序使用起来相对复杂，而 qvfb 运行环境更容易安装与使用。

嵌入式设备的显卡驱动都使用帧缓冲驱动程序，为了在台式机上运行嵌入式设备的应用程序，建议使用虚拟帧缓冲 qvfb 来模拟嵌入式设备的图形环境。qvfb 是 Qt 提供的一个虚拟的 FrameBuffer 工具，该程序基于 Qt 开发，可运行在 X Window 上。利用 qvfb，MiniGUI 应用程序可以运行在 X Window 上，这将大大方便 MiniGUI 应用程序的调试。

若 MiniGUI 应用程序是在 Windows 操作系统下开发的，则可以使用 Visual Studio 集成开发环境进行开发及编译，并在模拟 FrameBuffer 的 Windows 应用程序 wvfb 下运行应用程序并调试。为某种嵌入式设备编写的 MiniGUI 应用程序可以在任何安装了针对该设备的交叉编译工具链的平台上进行编译，最常见的方式是在 Linux 环境下安装 gcc 交叉编译器，对 MiniGUI 应用程序进行编译。对于 VxWorks、μC/OS-II 等个别嵌入式操作系统，则一般在 Windows 操作系统下安装相应的编译环境（如 ADS、Tornado 等）对 MiniGUI 应用程序进行编译。大多数运行 Linux 和 μCLinux 操作系统的嵌入式设备，均提供了 FrameBuffer 驱动程序，因此在 PC 和嵌入式设备上均可以使用同样的程序代码来访问系统底层的显示设备。在 MiniGUI 应用程序的调试过程中，开发人员可以在开发主机上使用标准的调试器对应用程序进行调试，即可以直接在模拟器环境或控制台下调试运行 MiniGUI 应用程序。先在 PC 上调试好程序，然后通过交叉编译移植到目标机开发板上，这样就避免了开发人员需要重复烧写嵌入式设备，大大方便了 MiniGUI 嵌入式应用程序的开发。

MiniGUI 为嵌入式 Linux 系统的多进程运行环境提供了完整的图形窗口系统支持。为了适应不同的操作系统环境，可以将 MiniGUI 配置成 MiniGUI-Processes（Lite）、MiniGUI-Threads 和 MiniGUI-Standalone 三种不同的运行模式。一般而言，MiniGUI-Standalone 运行模式的适应面最广，可支持几乎所有的操作系统；MiniGUI-Threads 运行模式的适应面次之，可运行在支持多任务的实时嵌入式操作系统或者具备完整 UNIX 特性的普通操作系统上；MiniGUI-Processes 运行模式的适应面最小，仅适合用于具备完整 UNIX 特性的嵌入式操作系统上，如 Linux。不论采用哪种运行模式，MiniGUI 都为上层应用软件提供了最大程度的一致性，只有少数几个涉及系统初始化的接口在不同运行模式上有所不同。表 9-1 给出了 MiniGUI V3. 0. x、MiniGUI V2. 0. x/1. 6. x 在各操作系统上支持的运行模式。

表 9-1　MiniGUI 在各操作系统上支持的运行模式

操作系统	MiniGUI 版本	所支持的运行模式	操作系统	MiniGUI 版本	所支持的运行模式
Linux	MiniGUI V3. 0. x	MiniGUI-Processes MiniGUI-Threads MiniGUI-Standalone	VxWorks 6. x	MiniGUI V1. 6. x	MiniGUI-Threads
			VxWorks 5. x	MiniGUI V1. 7. x	MiniGUI-Threads
			ThreadX	MiniGUI V1. 8. x	MiniGUI-Threads
Linux	MiniGUI V2. 0. x	MiniGUI-Processes MiniGUI-Threads MiniGUI-Standalone	Nucleus	MiniGUI V1. 9. x	MiniGUI-Threads
			OSE	MiniGUI V1. 10. x	MiniGUI-Threads
			eCos	MiniGUI V1. 11. x	MiniGUI-Threads
μCLinux	MiniGUI V1. 6. x	MiniGUI-Threads MiniGUI-Standalone	μC/OS-II	MiniGUI V1. 12. x	MiniGUI-Threads
			pSOS	MiniGUI V1. 13. x	MiniGUI-Threads

在飞漫软件的核心产品 MiniGUI 的发展过程中，经历了很多实际项目的验证。自 1999 年初遵循 GPL 条款发布 MiniGUI 的第 1 版以来，已经广泛应用于手机、PDA、数字媒体，以及机顶盒、可视电话、医疗仪器、游戏终端、工业仪表及控制系统、金融终端等嵌入式系统产品和领域，成为性能优良、功能丰富的跨操作系统的嵌入式图形用户界面支持系统，现在已经非常成熟与稳定。图 9-3 所示是 MiniGUI 运行在手机上的特效示例界面。在国内外众多厂商的支持下，MiniGUI 业已成为嵌入式系统图形及图形用户界面中间件领域的工业事实标准。目前，基于 GPL 协议发行的 MiniGUI 最新稳定版本是 1. 6. 10，支持 Linux/μCLinux 和 eCos 操作系统。开发人员可以登录 MiniGUI 的官方网站 http://www. minigui. org/和飞漫软件的网站 http://www. fmsoft. cn/，下载 MiniGUI 的源代码、技术文档以及示例程序等资料，见表 9-2，根据需要修改源码后移植到各种嵌入式操作系统上。MiniGUI 的缺点是对输入法的支持不是很好。

图 9-3　MiniGUI 运行在手机上的特效示例界面

表 9-2　MiniGUI V1. 6. 10 的软件包

软 件 包	功 能 描 述
libminigui-1. 6. 10. tar. gz	MiniGUI V1. 6. 10 源代码压缩包

（续）

软 件 包	功 能 描 述
minigui-res-1.6.10.tar.gz	MiniGUI V1.6.10 所使用的资源压缩包，包括基本的字体、指针、图标和位图
mg-samples-1.6.10.tar.gz	MiniGUI V1.6.10 的应用示例
mde-1.6.10.tar.gz	MiniGUI V1.6.10 的演示程序包

9.1.2 Microwindows/Nano-X

Microwindows 是一个著名的开放源码的嵌入式 GUI 软件，采用 MPL（Mozilla Public License）条款发布，目的是把现代图形视窗环境引入到运行 Linux 的小型设备和平台上。Microwindows 起源于 NanoGUI 项目，David Bell 最初写了一个 mini-X 服务器，Alan Cox 对其进行了一些修改。在此基础上，Alex Holden 为其加入了基于网络的客户机/服务器功能。然后，Gregory Haerr 对 NanoGUI 项目进行了广泛的功能增强与修改。在 0.5 版本前后，Gregory Haerr 增加了对多 API 的支持并开始发布 Microwindows。到了 0.84 版本，所有以前对 NanoGUI 的修改被加入了 Microwindows，并从那时起包括了 NanoGUI 和 Microwindows 两种 API。由于 Microwindows 与微软的注册商标 Microsoft Windows 有冲突，于 2005 年 1 月更名为 Nano-X Window。为了阅读方便，本书仍称之为 Microwindows。Microwindows 目前由 Century Software 公司主持开发，其提供了比较完善的图形功能和现代图形窗口系统的一些高级特性，并支持多种外部输入输出设备，如各种显示设备、鼠标、触摸屏和键盘等。

作为 PC 上的 X Window 系统的替代品，Microwindows 提供了与 X Window 相似的功能，但可以使用更少的 RAM 和文件存储空间（100 ~ 600KB）。Microwindows 的核心基于显示设备接口，基本上是用 C 语言实现的，只有部分关键代码使用了汇编语言以提高整体速度，因此 Microwindows 的可移植性很好。Microwindows 已经被成功移植到 StrongARM、PowerPC、MIPS R4000 以及 Intel 16 位和 32 位的处理器上。Microwindows 的内部可移植结构是基于一个相对简单的屏幕设备接口，因此 Microwindows 不仅完全支持 Linux 系统，在其他如 eCos、FreeBSD、RTEMS 等实时操作系统上也都能很好地运行。这也是为什么 Microwindows 在嵌入式系统中广泛使用的原因。Microwindows 拥有自己的帧缓存 FrameBuffer，且 Linux 2.2 版本以后的内核代码允许用户将图形显存作为 FrameBuffer 进行存取。当用户对显示设备进行写入、控制时可以避免对内存映射区进行操作，因此用户可以在不了解底层图形硬件细节或对 X Window 不熟悉的情况下进行图形程序的开发。

Microwindows 采用了基于客户机/服务器（Client/Server）的分层设计方法，可以分为三层。在最底层是面向图形输出和屏幕、触摸屏、鼠标以及键盘的驱动程序，它们提供了对实际硬件物理设备的访问能力；在中间层提供底层硬件的抽象接口，实现了一个可移植的图形引擎，支持对线的绘制、区域的填充、多边形、剪切以及颜色模型等；在最上层提供两种流行的图形编程应用程序接口 API：第一种是 Win 32/Windows CE API，包括了一组与微软的 Win 32 图形用户接口相似的 API，即 Microwindows 版本；另外一种是应用在 Linux 环境下基于 X Window 的类 Xlib API 的 Nano-X 版本。Microwindows API 试图兼容微软 Win 32 和 WinCE API 标准，实现了对大多数画图与裁剪程序的支持，如窗口标题栏的自动生成、窗口的拖拽移动等，目前不采用客户机/服务器模式。Nano-X API 基于 David Bell 的 mini-x 服务器，它松散地遵循 X Window 系统的 Xlib API 并基于客户机/服务器模式，但是没有实现窗口管理，因此对窗口的处理需要使用系统提供的插件集 widget sets。图 9-4 所示是 Nano-X Server 在 PDA 上的运行效果示例。

Microwindows 可以运行在支持 FrameBuffer 的 32 位 Linux 系统上，也可以使用流行的 SVGAlib 库来进行图形显示，此外，还被移植到了 16 位的 ELKS 和实模式的 MS-DOS 上。Microwindows 的图形引擎被设计成能够运行在任何支持 readpixel、writepixel、drawhorzline、drawvertline 和 setpalette 的系统上。Microwindows 支持每像素 1 位、2 位、4 位、8 位、16 位、24 位和 32 位的彩色/灰度显示，其中的彩色显示包括真彩色（每像素 8、16、24 和 32 位）和衬底显示（每像素 1、2、4 和 8 位）两种模式。在彩色显示模式下，所有的颜色用 RGB 格式给出，系统再通过调色板技术将它转换成目标机上与之最相近的可显示颜色；在单色模式下，则是转换成不同的灰度级。Microwindows 支持窗口覆盖和子窗口概念，还提供了 TrueType 字体和位图文件处理工具。

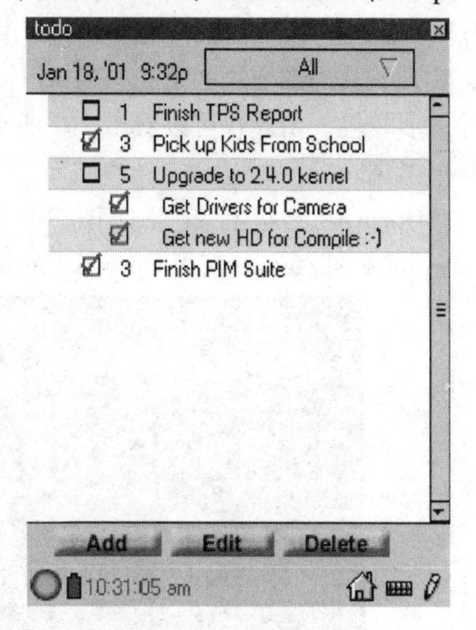

图 9-4　Nano-X Server 在 PDA 上的运行效果示例

Microwindows 支持以图形方式在主机上仿真目标平台。最近，Microwindows 实现了对 X11 驱动的支持，这样就允许基于 Microwindows 开发的应用程序运行在 X Window 下。该驱动模拟了 Microwindows 所有的真彩色和调色板模式，使得开发者可以在 X Window 平台下使用目标系统的显示特性直接预览应用程序的效果而不必关心平台的显示特性。在开发 Linux 系统下的 Microwindows 应用程序时，可以直接在 PC 上编写与调试，而不需要使用“宿主机-目标机”的交叉编译调试模式，大大简化了开发过程，加快了调试速度。但是，在某种程度上，Microwindows 在稳定性和运行速度等方面表现一般，特别是 Microwindows 基本上用 C 语言实现，在增强系统可移植性的同时也降低了其运行效率。自 Qt/Embedded 发布以来，Microwindows 的开发逐步趋向冷落，以开放源代码形式发展的 Microwindows 项目近年来基本停滞。

关于 Microwindows 的详细技术文档及源代码下载可参考 http://www.microwindows.org/网站。

9.1.3　OpenGUI

OpenGUI 主要是为 x86 硬件平台开发的，最初的名字叫 FastGL。FastGL 是一个跨平台的 32 位的图形库与图形用户界面，它主要用来开发图形应用程序及游戏等。OpenGUI 基于用汇编语言实现的 x86 图形内核提供了一个快速的面向高层的 C/C++ 图形接口。OpenGUI 能够在 32 位计算机的多种操作系统下运行，支持如 Linux、DPMI 客户端、MS-DOS 和 QNX 等多种操作系统软件平台。OpenGUI 的整体结构可分为三层：最低层是由汇编语言编写的快速图形引擎；中间层提供图形绘制 API，包括线条、圆弧、矩形等，并且兼容 Borland 的 BGI API；第三层用 C++ 语言编写，提供了完整的 GUI 对象库。

OpenGUI 为软件开发人员提供了简单的 2D 绘图原语、消息驱动窗口 API，支持 BMP 图像文件格式。OpenGUI 功能强大而使用简单，可以实现 Borland BGI 的应用程序，也可以在 Qt 那样的窗口环境下使用。OpenGUI 支持像鼠标、键盘这样的事件源，而且可以使用 8 位、15 位、16 位和 32 位模式的颜色模型，可以在 Linux 下基于 FrameBuffer 或 SVGALib 实现绘图。

OpenGUI 遵循 LGPL 条款发布。LGPL 即 GNU 宽通用公共许可证（GNU Lesser General Public License）。LGPL 旧称 GNU 库通用公共许可证（GNU Library General Public License），是自由软件基金会发布的专门针对函数库的自由软件条款，后来改称为 Lesser GPL（更宽松的 GPL）。顾名思义，它比著名的 GPL 条款的限制更加宽松。如果某款软件使用了遵循 LGPL 条款的自由软件并且以动态链接的形式调用，则该款软件可以不公开其源代码，这使得在遵循 LGPL 条款的自由软件的基础上开发商用软件成为可能。

OpenGUI 是较适合用于基于 x86 平台的实时系统，由于采用基于汇编实现的内核并利用 MMX 指令进行了优化，因此 OpenGUI 的运行速度非常快。同时，因为 OpenGUI 的内核用汇编语言实现，其内部使用的是私有的 API，导致它跨平台的可移植性较差，可配置性也较差，因此目前发展较慢。由此也可以看出，在驱动程序层面上，OpenGUI 的性能和可移植性是矛盾的，需要折中考虑。

OpenGUI 的运行效果如图 9-5 所示。开发人员可登录 OpenGUI 的官方网站 http://www.tutok.sk/fastgl/获得 OpenGUI 的技术文档并下载其不同版本的源代码。

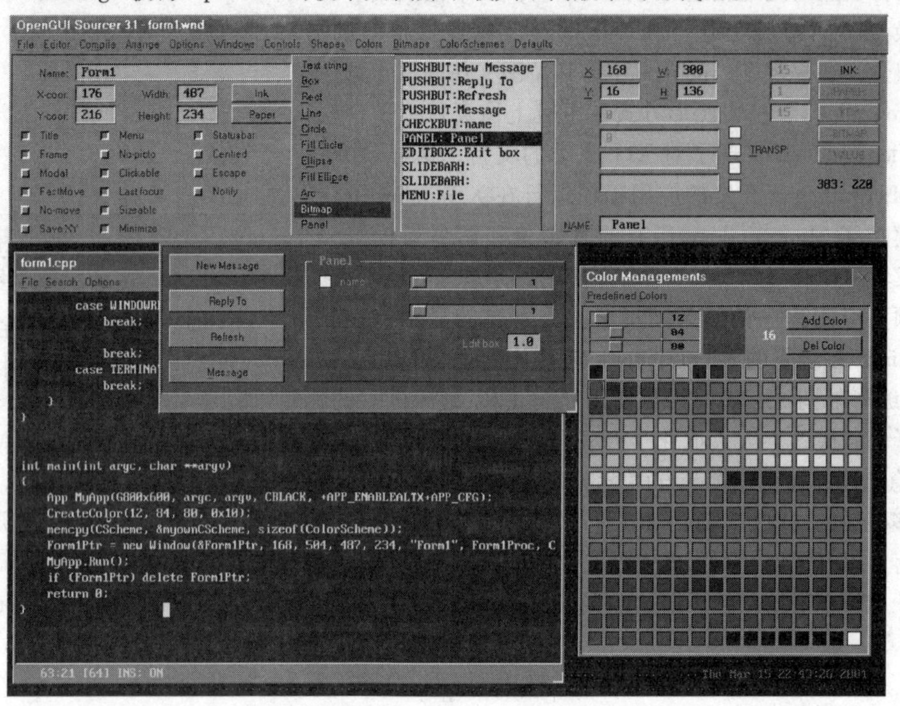

图 9-5　OpenGUI 的运行效果

9.1.4　Qt/Embedded

Qt/Embedded 简称 QTE，是一个自包含 GUI 和基于 Linux 嵌入式平台的图形用户界面开发工具。Qt/Embedded 最早由挪威 TrollTech 公司开发，是 Qt 专门面向嵌入式系统平台的版本，有关 Qt 的详细介绍请参考本章 9.2 节。Qt/Embedded 主要面向高端手持设备和移动设备等，其丰富的 API 接口和基于组件的编程模型使得嵌入式 Linux 下的 GUI 应用程序开发非常便捷，也致使 Qt/Embedded 成为嵌入式系统领域的主要 GUI。Qt/Embedded 的实现结构如图 9-6 所示，其在体系上为 C/S 结构，当应用程序首次以系统 GUI Server 方式加载时，将建立 QWSServer 实体。

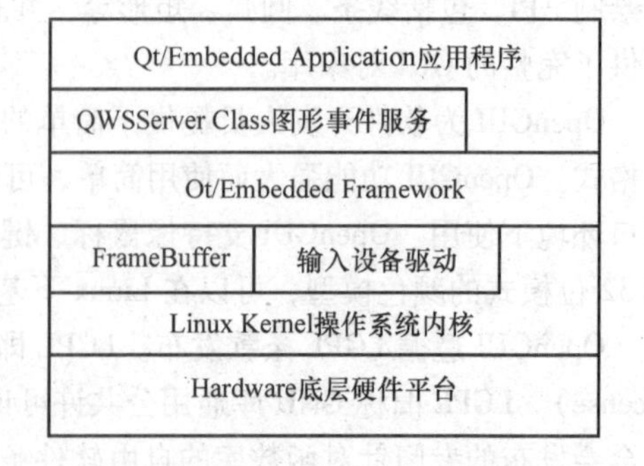

图 9-6　Qt/Embedded 的实现结构

Qt/Embedded 是一个专门为嵌入式系统提供图形用户界面的工具包，为用户提供了与桌面型 Qt 相似的应用程序接口，不同的是 Qt/Embedded 已经取代了 X Server 及 X Library，采用 Frame-Buffer 帧缓冲作为底层图形接口并直接将所有功能都整合在一起。同时，Qt/Embedded 将外部输入设备抽象为 keyboard 和 mouse 输入事件，其应用程序可以直接写内核缓冲帧，避开了开发者使用繁琐的 Server/Lib 系统。Qt/Embedded 内存消耗比较少，提供了丰富的窗口部件而且支持窗口部件的定制。Qt/Embedded 采用模块化设计且裁剪方便，可根据嵌入式系统的开发需求进行裁剪，其裁剪后的映像文件最小只有 600KB 左右，满足了嵌入式系统对软件体积的苛刻要求。图 9-7 所示是笔者基于 Qt/Embedded 开发的温度监测终端 GUI 界面示例。

Qt/Embedded 所使用的 FrameBuffer 帧缓冲是一个提供显示内存和显示芯片寄存器从物理内存映射到进程地址空间的设备。通过帧缓冲设备可以直接对显存进行读写操作。帧缓冲模式的显卡不参与任何运算，只是把处理器运算后的结果存放到显存中，然后送到屏幕显示。

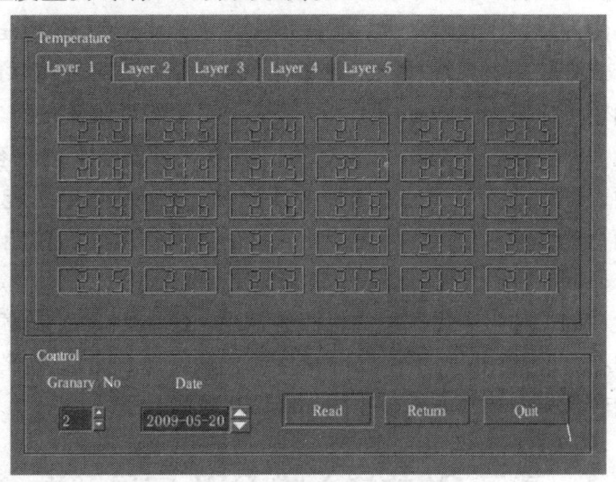

图 9-7　基于 Qt/Embedded 的温度监测终端 GUI 界面示例

基于 Qt/Embedded 的 GUI 应用程序开发通常采用交叉编译的模式进行，即先在宿主机上调试应用程序，调试通过后，经过交叉编译移植到目标机上。虚拟帧缓冲允许 Qt/Embedded 的应用程序在台式机 Linux 操作系统环境下运行，即先将 Qt/Embedded 的程序编译为 x86 平台的版本，使其可在台式机 Linux 操作系统下的 qvfb 窗口中运行；在 Qt/Embedded 应用程序调试好后，再编译成所需的嵌入式目标平台版本，方便了应用程序的编写和调试。

Qt/Embedded 采用两种方式进行发布，分别是在 GPL 协议下发布的免费版本和专门针对商业应用的商业版本。两者除了发布方式外，在源代码上没有区别。自从 Qt/Embedded 的 free 版本以 GPL 条款发布以来，有大量的嵌入式开发商转为使用 Qt/Embedded 进行嵌入式 GUI 应用程序开发，如韩国的 Mizi 公司。需要注意的是，Qt/Embedded 的 commercial 版本必须在获得商业许可证的情况下才能使用。

Qt/Embedded 的类库完全采用 C++ 封装，拥有丰富的控件资源和良好的可移植性。它的类库接口完全兼容于同版本的 Qt-X11，使用 X 下的 Qt Designer 等开发工具可以直接开发基于 Qt/Embedded 的 GUI 应用程序界面。许多基于 Qt 的 X Window 程序也可以非常方便地移植到 Qt/Embedded 上。因此，已经有越来越多的第三方软件开发人员开始采用 Qt/Embedded 开发嵌入式 Linux 下的应用软件，如已经成功应用于多款 PDA 的 Qt Palmtop Environment。

类似于 MiniGUI 的开发调试，在 Qt/Embedded 的程序开发的过程中，为方便调试，可先用系统提供的 g++ 工具来编译，在 PC 平台上 X Window 系统的 qvfb 下运行应用程序并进行调试，这样可以加快开发速度。当在 PC 平台编好程序后，用 gcc 交叉编译环境进行编译，就可以下载到嵌入式设备上运行。

Qt/Embedded 已经发展成为成熟可靠的开发工具包，它巧妙地利用了 C++ 独有的多态、继承、模板等机制，使具体实现细节非常灵活。但是，Qt/Embedded 的 C++ 接口对于嵌入式系统的某些应用来说结构过于复杂，体积比较臃肿，而且 Qt/Embedded 库代码过于追求与多种硬件设备和多种系统的兼容支持，造成其底层代码比较零乱，补丁较多，很难进行底层的扩充、定制与移植。

9.1.5 几种常见嵌入式 GUI 的对比

综合以上分析可知，上述四种基于 Linux 系统的嵌入式 GUI 在体系结构、功能特性、接口定义等方面存在很大差别，具体采取的技术路线也有所不同，在进行实际项目的设计开发时，开发人员应结合项目需求和系统资源综合进行考虑。例如，如果以 ARM 硬件平台进行嵌入式高端设备的开发，则笔者认为，首先不应考虑 OpenGUI 和 Microwindows。这两种传统的 GUI 系统由于项目规模较小，系统功能相对薄弱，缺乏第三方开发软件的支持，在高端手持或移动终端设备中应用较少。其中，OpenGUI 主要是为 x86 硬件平台开发的，很难移植到 ARM 架构上；Microwindows 最大的特点在于能提供和 X Window 在某种程度上的兼容性，但效率、稳定性以及运行速度等方面表现较差。对于另外两种 GUI 系统，MiniGUI 定制能力强，速度快，性能较好；Qt/Embedded 运行速度相对较慢，但对应用软件的开发支持好，功能丰富、强大。与其他几种 GUI 不同的是，Qt/Embedded 的底层图形引擎采用 FrameBuffer，这就注定了它是针对高端嵌入式图形领域应用而设计的，如果项目开发的目标是 PDA、SmartPhone、车载导航系统之类的高端嵌入式设备，硬件内存（32MB 以上）和 CPU 速度都比较充足，可以选择 Qt/Embedded。如果内存和 CPU 运行速度均较低，则选择开销较小的 MiniGUI 较为合适。

9.2 基于 Qt 的嵌入式 GUI 应用开发

9.2.1 Qt 概述

Qt 最初由挪威 TrollTech 奇趣科技公司于 1995 年底推出，2008 年初，TrollTech 公司被 Nokia 收购并更名为 Qt Software，Qt 已经归入 Nokia 旗下。Qt 遵循商业和开源双重协议，除商业版本外，还提供 GNU GPL、LGPL 自由软件的用户协议，且目前已经向公众开放源代码，使得 Qt 可以被广泛应用于各平台的开放源代码软件开发中。其开源版本为 Linux 上的 KDE 桌面环境奠定了基础，作为主要 Linux 发行版标准组件的 KDE 就是建立在 Qt 库的基础之上。著名的 GIS 软件 Google Earth、Opera 浏览器、Skype 网络电话也是基于 Qt 开发的。Qt 已经成为 Linux 下开发 C++ 图形界面的事实标准。Qt 是一个支持多种操作系统平台的 C++ 应用程序和图形用户界面 GUI 开发框架，用于高性能的跨平台软件的开发。它包括扩展的 C++ 跨平台类库、集成开发工具和跨平台 IDE。除了跨平台类库外，Qt 还提供了许多可以用来直接快速编写应用程序的工具，也提供了网络和数据库操作方面的编程接口。

Qt 软件的开发架构如图 9-8 所示，Qt 以开发工具包的形式提供给开发人员，具体包括图形设计器、字体国际化工具、用来为不同平台和编译器制作 Makefile 的工具 qmake 和 Qt 的 C++ 类库等。Qt 的 C++ 类库类似于 Windows 平台上的 MFC，不同的是 Qt 的类库封装了适应不同操作系统的文件处理、网络等细节，支持跨平台运行。Qt 提供了丰富的窗口部件集，具有面向对象、易于扩展、真正的组件编程等优点，其主要特色包括：

1）优良的跨平台特性，可移植性强。Qt 支持 Microsoft Windows 系列、SunOS、MacOS X、FreeBSD、QNX、Linux、Symbian、Compaq Tru64、IBM AIX、SGI IRIX、Sun Solaris、HP-UX 以及其他使用 X11 的 UNIX 等多种操作系统。并且支持“一次编程，到处编译”，即使用 Qt 开发的应

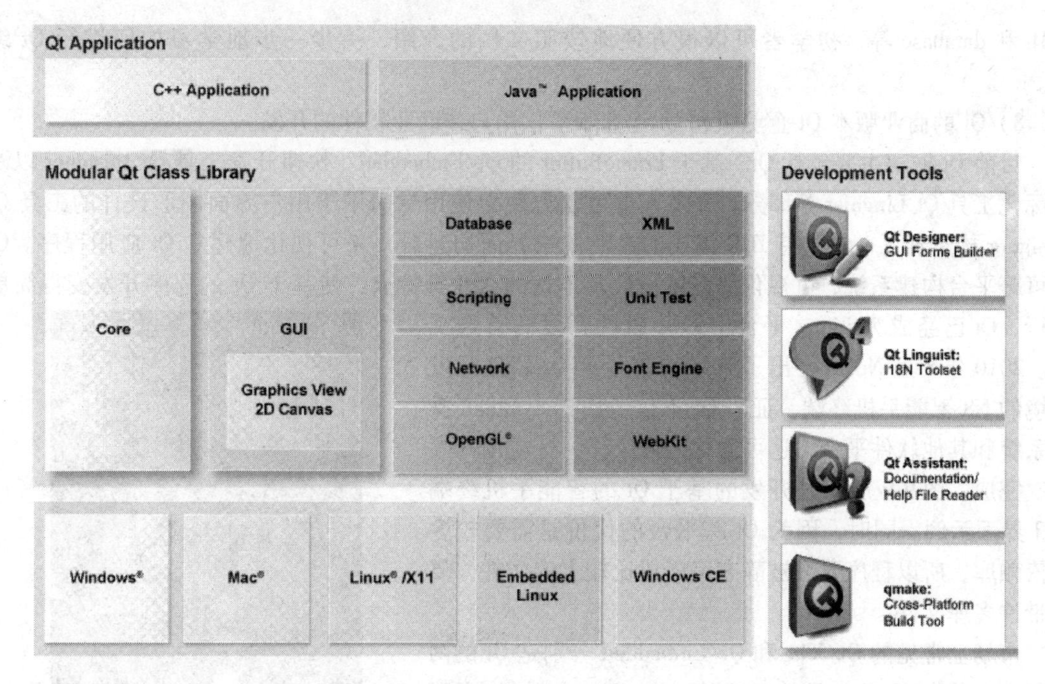

图 9-8　Qt 软件的开发架构

用程序软件，相同的代码跨不同桌面平台和嵌入式操作系统时只要进行重新编译即可完成移植，而不需要修改源代码，大大降低了移植成本。

2）Qt 使用标准的面向对象机制，支持使用 C++ 进行开发。Qt 良好的封装机制使得 Qt 的模块化程度非常高，可重用性、继承性较好，对于开发人员来说是非常方便的。

3）便利性。Qt 通过定义一些类隐藏了处理不同操作系统时的潜在细节问题，使得程序员可以不必关心不同操作系统上依赖于操作系统的细节。Qt 中三个主要的基类如下：

①QObject：QObject 类是所有能够处理信号（signal）、槽（slot）和时间的 Qt 对象的基类。

②QApplication：QApplication 类负责 GUI 图形用户接口应用程序的控制和设置，它包含了主事件循环体，负责处理和调度所有来自窗口系统和其他资源的事件，并且负责处理应用程序的开始、结束以及会话管理，还包括系统和应用程序的设置等。

③QWidget：QWidget 类是所有用户接口对象的基类，它继承了 QObject 类的属性。

4）构件支持。Qt 提供了一种名为"信号和槽"（signals/slots）的独特对象间通信机制来替代传统的缺乏安全性的 callback 回调技术，这使得各个元件之间的协同工作变得十分简单、安全。当操作事件发生时，对象会提交一个信号（signal），而槽（slot）将接收特定信号并运行槽本身设置的动作。信号与槽之间则通过 QObject 的静态方法来连接。Qt 还提供了一种传统事件模型来处理鼠标动作及其他用户的输入操作。

5）支持跨平台的 2D 和 3D 图形渲染，支持 OpenGL、SQL 和 XML，拥有丰富的 API 函数。Qt 为专业应用提供了大量的各种函数，例如在 Qt 的 API 中包括大约 250 个 C++类，其中大部分都是 GUI 专用的。

6）国际化。Qt 为本地化应用提供了完善的支持，同时用户界面文本也可以基于消息翻译表被翻译成其他各种语言。

7）友好的联机帮助和大量的技术开发文档。Qt 提供了大量的联机参考文档，如 Networking、

XML 和 database 等，初学者可以很方便地按照文档的介绍，一步一步地学习如何进行 Qt 编程。

8）Qt 的商业版本 Qt 企业版和 Qt 专业版可供用户作商业软件的开发。

目前 Qt 框架主要包括 Qt、基于 FrameBuffer 的 Qt/Embedded、快速开发工具 Qt Designer 以及国际化工具 Qt Linguist 等部分。开发人员可以方便地使用专门用于用户界面图形设计的工具 Qt Designer 构建器（一种支持 IDE 集成的灵活用户界面构建器）来可视化地建立 Qt 应用程序。Qt 的可跨平台构建系统、可视化的窗体设计及丰富的 API 等特点，使基于 Qt 的程序开发变得简单易行，Qt 已经成为 Linux 平台上 GUI 软件开发的首选工具。2010 年 8 月 Nokia 推出了第一款整合了 Qt 软件开发环境的 N8 智能手机终端，证明 Qt 不仅适用于 Symbian 操作系统和其他软件平台，还可简化开发工作，让应用开发一次完成。图 9-9 所示是开发的基于 Qt 的智能手机终端 GUI 界面示例。同时，因为 Qt 跨平台的代价是需要较多地依赖库，所以程序要么被静态编译成比较大的文件，要么带许多库文件。

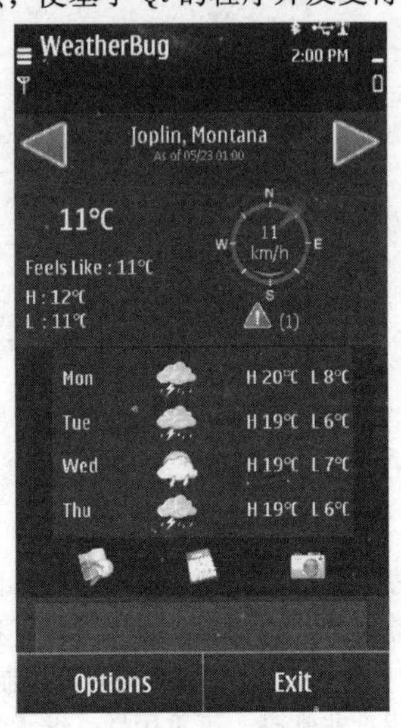

图 9-9　基于 Qt 的智能手机终端 GUI 界面示例

市场上常见的 Qt/X11 和 Qt/Embedded 分别是 Qt 的两个版本。其中 Qt/X11 是基于 X Window System 的 Qt 桌面版本，Linux 的 KDE 桌面环境便是基于它来构建的。为了适应于嵌入式系统对 GUI 的特殊需求，Trolltech 奇趣公司将 Qt/X11 进行了裁剪，发布了针对嵌入式环境的 Qt/Embedded 嵌入式 QTE 版本。与桌面版本不同，Qt/Embedded 已经直接取代掉 X Server 及 X Library 等，如图 9-10 所示，在底层摈弃了 XLib，直接采用 Linux 中的 FrameBuffer（帧缓冲）作为底层图形接口，通过 Qt API 与 Linux I/O 设备直接交互。与 Qt/X11 相比，Qt/Embedded 删除了 Qt/X11 中一些对资源要求较高的类实现，所以 Qt/Embedded 很节省内存。很多基于 Qt/Embedded 实现的应用，不必作修改，只需重新编译以后，就可以在 Qt/X11 上运行，而反过来则无法实现。开发人员使用 Qt/Embedded 时可以感受到在 Qt/X11、Qt/Window 等不同系统版本下使用相同 API 进行跨平台编程所带来的便利。

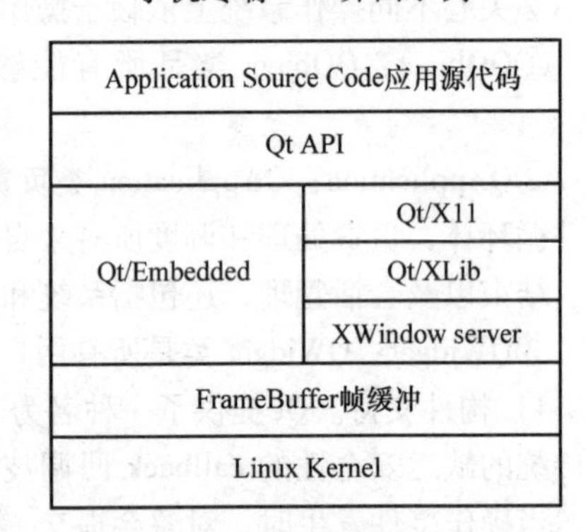

图 9-10　Qt/Embedded 与 Qt/X11 的比较

另外，Trolltech 奇趣公司也为移动和手持式的小型嵌入式设备如 PDA 等提供了 Qtopia 应用环境基础。Qtopia 原为 QPE（Qt Plamtop Environment），是由 Trolltech 公司在基于 Qt 的嵌入式版本 Qt/Embedded 库的基础上，专门针对 PDA 和智能电话这类采用嵌入式 Linux 操作系统的移动计算设备和手持设备而开发的全方位应用程序开发平台。Qtopia 包含了完整的应用层、美观的用户界面 GUI、灵活的窗口操作系统以及应用程序和开发框架。目前 Trolltech 公司提供了以下三种 Qtopia 版本：Qtopia 手机版、Qtopia PDA 版和 Qtopia 消费电子产品平台（Qtopia CEP）。此外，Qtopia 还提供了上百个用于办公、网络、娱乐等方面的基本应用程序。Qtopia 已经广泛应用于高端手机、PDA 等嵌入式系统，为开发人员创建图形用户界面提供了前所未有的灵活性和全新的选择，具有广阔的发展前景。

值得注意的是，最初的 Qtopia 和 QTE 是两种不同的程序，QTE 是基础类库，Qtopia 是构建于 QTE 之上的一系列应用程序。但从 4.1 版本以后，Trolltech 公司将 QTE 并入了 Qtopia，并推出了新的 Qtopia4。原来的 QTE 改称为 Qtopia Core，作为嵌入式版本的核心，既可以与 Qtopia 配合，也可以独立使用。原来的 Qtopia 则被分成几层，核心的应用框架和插件系统称为 Qtopia Platform，上层的应用程序则按照不同的目标用户群被分为不同的软件包，如 Qtopia 手机版、Qtopia PDA 版等。

Qt 拥有一个十分活跃的用户社区，开发人员可登录社区 www.qtcentre.org，获得更多的第三方商业软件和开源软件并与其他 Qt 编程爱好者在线交流，或者登录 Qt 的官方网站 http://qt.nokia.com/，以获得更多的信息。

Qt 虽然使用标准的 C++语言，但具有很多自己的特色，如信号与槽机制、强大的事件与事件过滤器、元对象系统、可查询和可设计的属性、根据上下文进行国际化的字符串翻译器、完善的时间间隔驱动的计时器、被守护的指针 QGuardedPtr 等。例如，通常的 C++指针在应用对象被破坏时将变成“摇摆指针”，而 Qt 被守护的指针则使得当它们的对象在被破坏后可以自动地将指针地址设置为无效；Qt 完善的时间间隔驱动的计时器使得可以在一个用户事件驱动的图形界面程序中集成多个任务。

下面，着重介绍 Qt 中使用的强大的信号与槽机制，及其如何处理对象之间的通信。

9.2.2 Qt 的信号与槽机制

1. 引言

信号（signal）与槽（slot）机制是 Qt 的核心机制。信号与槽是 Qt 自行定义的一种独立于标准 C/C++语言的通信机制，是一种高级接口，使用信号与槽机制进行对象之间的无缝通信也是 Qt 区别于其他工具包的主要特性之一。

图形用户界面（GUI）需要对用户的动作事件及时作出响应，当用户单〈双〉击某个按钮时，后台应用程序将会执行相关代码，程序员需要把用户事件与相关代码联系起来才能对动作作出响应。换句话说，在程序员进行图形用户界面编程过程中，经常希望某个窗口部件有动作变化时通知给另一个窗口部件，即对象之间进行通信。例如，某个界面窗口的标签对象 label 负责显示一个滚动条对象 scroll 的对应数值，当滚动条对象发生滚动变化时，希望窗口的标签能够收到来自滚动条对象发送的“数值变化”的信号，从而改变界面窗口的当前显示数值。

较早的 GUI 工具包使用 Linux 下 GTK 的 callback 回调通信方式来解决上述问题，窗口部件（widget）有一个回调函数用于响应它们被触发的每个动作。回调函数通常是一个指向某个函数的指针，该机制把响应代码与某个窗口部件的动作相关联时，相应响应代码通常被写成函数的形式，然后将该函数的地址指针传递给窗口部件，当这个窗口部件有动作时，该函数就会被执行。这种传统的回调函数机制不是面向对象的，函数不够健壮且缺乏安全性：一是该方式中的处理函数需要知道调用哪个回调，导致图形用户界面部件中的回调函数与处理函数被紧紧地绑定在一起，联系非常紧密，很难进行独立的再开发；二是不能保证回调函数执行时所传递进来的参数使用了正确的参数类型，容易造成程序进程崩溃。

Qt 的信号与槽机制是一种强有力的处理对象间通信的方式，可以完全取代传统的回调和消息映射机制。在信号与槽机制中，当一个用户特定事件发生时，该对象中的一个或几个特定信号就被发射；而槽就是一个返回值类型为 void 的函数，如果存在一个或几个槽与该信号相连接，信号被发射后，与其相关联的槽（函数）就会被立刻执行，就像一个正常的函数调用一样。信号与槽可以使用任意数量和任意类型的参数，信号与槽连接之后，槽会在正确的时间使用该信号的参数而被调用。信号与槽机制完全独立于 GUI 的任何事件循环，且只有当所有的槽返回以后发射函数才能返回。

信号与槽取代了回调机制中零乱的函数指针，使得通信程序更加简洁清楚；同时信号与槽是完全类型安全的，一个信号的签名必须与槽的签名相匹配，相关槽才能接收，不会像回调函数那样产生核心转储（core dump）问题。所以构建了一个强大的组件编程机制，与传统的回调方式相比，信号与槽机的组件编程机制灵活可靠，只是稍微有些慢。实践证明，信号与槽机制的性能相对于时间开销来说还是非常值得的，用户甚至很难察觉时间上的延迟。如果用户一定要追求高效率，例如强实时系统中应用，则应尽量少用信号与槽机制。

尽管信号与槽实现了封装，但它们之间是很宽松地联系在一起的，信号与槽可以任意连接，发射信号的对象不用考虑哪个槽接收该信号，接收信号的槽所在的对象也无需知道要连接的信号是由哪个对象发射的。也就是说，信号与槽机制支持对象之间可以在彼此不知道对方信息的情况下进行通信，即当某个对象有动作变化的时候，该对象发出信号（signal）通知所有的槽（slot）接收信号，但该对象并不知道哪些函数定义了槽，槽也不知道要接收怎样的信号。例如，图 9-11 所示信号与槽的连接机制，对象 Object1 的 signal1 信号使用 connect 函数连接到了 Object2 的 slot1 和 slot2 槽上，Object1 的 signal2 信号连接到了 Object4 的 slot1 槽上，Object3 的 signal1 信号连接到了 Object4 的 slot2 槽上。信号和槽可以随时建立或取消连接。若一个信号和一个槽单独进行连接，则槽会随该信号的发射而被执行；若多个信号连接到同一个槽，则这时任何一个信号被发射都会使得该槽被执行；若一个信号连接到多个槽，则该信号一旦被发射，与之相关的所有槽都会被立刻一一执行，但执行的顺序将是随机的且顺序不可人为指定。此外，一个信号也可以和另一个信号相连，此时只要第一个信号被发射，第二个信号就会被立刻发射。总之，信号与槽构造了一个强大的部件编程机制。

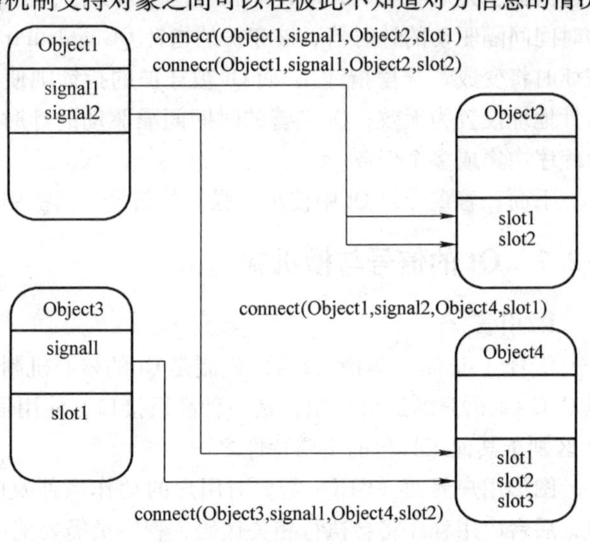

图 9-11　Qt 中信号与槽的连接机制

2. 信号

在 Qt 编程中，可以使用控件内部已经预定义好的信号和槽，如 QTreeWidget 类下的 Signals，也可以通过继承来加入自己的信号和槽并通过 emit 命令在代码中发射信号，这样就可以自己处理感兴趣的信号了。在 Qt 中，信号与槽都是以自定义函数形式存在的，任何一个类，只要类体前部书写 Q_OBJECT 就可使用 Qt 的信号与槽机制，即所有从 QObject 类或它的任一子类（如 QWidget）继承的所有类都能包含信号与槽。信号的声明只需在头文件中进行，无需在 .cpp 文件中实现。在 Qt 自定义的关键字 signals 之后是信号的声明区，在此声明自己的信号，例如：

```
    Q_OBJECT
signals:
    void signalvalue(int x);
    void signalvalueParam(int x,int y);
```

在上述信号定义中，signals 是 Qt 的关键字，void signalvalue（int x）、void signalvalueParam （int x，int y）定义了信号 signalvalue 和 signalvalueParam，且分别携带整型参数 x、x 和 y。该信号的声明形式上与普通 C++ 的虚函数是一样的，但是信号没有函数体定义，此外信号的返回类型都是 void，无法从信号返回有用信息。

3. 槽

槽本身是可以用来接收信号的对象的成员函数，与普通的 C++ 成员函数很像，可以是虚函数（virtual），也可以被重载（overload），其函数类型可能是公有（public slots）、私有（private slots）或受保护（protected slots）（见下文）。槽的声明也是在头文件中进行的，例如：

```
public slots:
    void slotvalue( );
    void slotvalue( int x);
    void slotvalueParam( int x,int y);
```

1）public slots：在该类型下声明的槽意味着任何对象的信号都可与之相连。该类型的槽对于组件编程非常有用，可以创建彼此互不了解的对象，将它们中的信号与槽进行连接以便信息能够正确传递。

2）private slots：在该类型下声明的槽意味着只有类自己才可以将信号与之相连，该类型的槽适用于联系非常紧密的类。

3）protected slots：在该类型下声明的槽意味着当前类及其子类可将信号与之相连。该类型的定义适用于属于类实现的一部分，但是其界面接口却面向外部的槽。

槽可以像任何 C++ 成员函数一样被直接调用，也可以传递任何类型的参数。不同之处在于，槽函数可以与信号相连接，此时信号发出后与其关联的槽函数就会自动被调用。除了用来接收信号之外，槽与其他的成员函数并没有什么不同，信号与槽之间也不是一一对应的。当用户操作导致对象状态发生改变时，信号被发送，但对象并不知道另一端是否有槽或是哪些槽在接收信号，一个槽也不知道它是否被某信号连接，对象并不了解具体的通信机制。这种信息封装机制保证了 Qt 对象被当做一个软件组件来使用。

4. 信号与槽的关联

Qt 中的信号与槽机制是利用 C++ 语言实现的一个巧妙机制，其本质上仍然是 C++。而经过信号与槽的 connect 关联之后，所有发出 signal 信号的地方，在预处理过程中都会被插入相应的 slot 槽代码，这样就完成了对 signal 的响应。例如，假设在课堂上规定："我"喊"姓名"，对应的一个同学马上"站起来"，那么这个"姓名"是"我"这个对象发出的信号，"站起来"就是这位同学（对象）的槽，而这个过程的关联，就是通过下面一句简单的 connect 语句来完成：

```
connect(我,SIGNAL(姓名),某同学,SLOT(站起来));
```

这样以后只要"我"一喊"姓名"，对应的这位同学就会站起来。下面举一个信号与槽的简单例程，结合例程介绍信号与槽的关联。首先声明控件自己的信号和槽并实现槽函数：

```
class Ruby : public QObject
{
    Q_OBJECT
    public:
        Ruby ( ) { myValue =0; }
        int value ( ) const { return myValue; }
    public slots:
```

```
        void setValue(int newValue);
    signals:
        void valueChanged(int newValue);
    private:
        int myValue;
};
```

在 Qt 程序设计中，所有包含信号和槽的类都必须加上 Q _ OBJECT 的宏定义，它将通知编译器在编译之前必须先使用 moc 工具进行扩展。元对象编译器 moc（Meta Object Compiler）工具是 Qt 中一个 C ++ 预处理程序，它为高层次的事件处理自动生成所需的附加代码。在上述程序中，slots 和 signals 关键字之后分别进行槽与信号的声明，它们都使用复数形式，但信号 siganls 没有 public、private、protected 等属性，这点不同于槽 slots。Ruby 类支持使用信号与槽的组件编程，它通过发射的 valueChanged( ) 信号告诉其他组件它的值发生了变化。信号一般在事件的处理函数中利用 emit 命令发射，下面的例程中，在事件处理结束后一个 valueChanged 信号被 emit 发射：

```
void Ruby::setValue(int newValue)
{
    if(newValue! = myValue)
    {
        myValue = newValue;
        emit valueChanged(myValue);
    }
}
```

在信号与槽声明之后，需要使用 connect( ) 函数将它们关联起来，以便使一个槽在一个信号被发射后被执行。connect( ) 函数属于 QObject 类的静态成员函数，既可以连接信号与槽，也可以连接两个信号。其函数原型如下：

```
bool QObject::connect (
    const QObject * sender, const char * signal,
    const QObject * receiver, const char * slot,
    Qt::ConnectionType type = Qt::AutoConnection
) [static]
```

其中，sender 和 receiver 是 QObject 类对象的指针，signal 和 slot 是不带参数的函数原型。该 connect 函数的作用是，将发射者 sender 对象中的信号 signal 与接收者 receiver 中的 slot 槽函数联系起来。在 Qt 中当指定信号 signal 时必须使用宏SIGNAL( ),当指定槽函数 slot 时必须使用宏 SLOT( )。在 connect 调用中如果信号发射者与接收者属于同一个对象的话，那么接收者参数可以省略。对应于前面的例子有以下具体的连接函数示例：

```
Ruby a,b;
connect(&a, SIGNAL(valueChanged(int)), &b, SLOT(setValue(int)));
b.setValue(2);
a.setValue(9);
b.value;
```

这样就把对象 a 的信号 valueChanged 和对象 b 的槽 setValue 关联起来了，当对象 a 的信号 valueChanged 被发射后，对象 b 的槽 setValue 马上就被执行。当 b. setValue （2） 语句被执行时，对象 b 的 valueChanged 信号会被发射，但由于没有槽和该信号相连,所以什么也没做,信号被丢弃；当 a. setValue(9)语句被执行时,对象 a 的 valueChanged 信号会被发射,由于该信号与对象 b 的 setValue 槽相连,所以 b. setValue(int)语句马上被执行,且参数为 9,所以 b. value()的值为 9。

对应于本节前面引言部分所介绍的界面窗口的标签对象 label 显示一个滚动条对象 scroll 对应数值的例子,可使用如下程序,将其中的 valueChanged()信号与标签对象的 setNum()槽相关联,这样当滚动条对象发生变化时,标签总是能显示滚动条所处位置的数值。

```
QLabel    * label = new QLabel;
QScrollBar  * scroll = new QScrollBar;
QObject::connect(scroll, SIGNAL(valueChanged(int)),
        label,  SLOT(setNum(int)) );
```

在 connect 函数中若信号函数和槽函数有参数，只能写出参数类型而不能将变量名写出，否则连接可能失败。

当已经建立好连接的信号和槽没有必要继续保持连接时，可以通过调用 disconnect() 函数来断开它们之间的连接：

```
bool QObject::disconnect (
    const QObject * sender, const char * signal,
    const QObject * receiver, const char * slot,
) [static]
```

需要说明的是，上述取消连接的 disconnect 函数并不是很常用，因为在 Qt 中当一个对象被删除时，它包含的所有连接都将同时被自动取消。

在使用信号与槽机制时还需要注意：信号与槽不能有默认参数值；信号与槽也不能携带模板类参数；函数指针不能作为信号或槽的参数；宏定义不能用在 signal 和 slot 的参数中；嵌套的类不能位于信号或槽的区域内，其中也不能有信号或者槽；在定义槽函数时，也要注意避免在槽中再次发射所接收到的信号而产生死循环。

9.2.3　Qt 图形设计器

Qt 的 GUI 应用程序编程可以直接采用手工编写源代码的方式，也可以基于 Qt Designer 进行程序设计。直接使用代码来编写 GUI 大型程序无疑是非常痛苦的，好在 Qt 提供了一个可视化的 GUI 图形界面开发工具——Qt 图形设计器（Qt Designer）来加速开发工作。Qt esigner 的功能十分强大，界面类似于 Windows 下的 Visual Studio 的编程，并且它还支持信号和槽机制，以使部件间能够进行有效的通信。Qt Designer 可以用来开发一个应用程序的全部或者部分的界面组件，而且还提供了大量可供编程使用的部件资源。开发人员既可以创建对话框式的程序，也可以创建带有菜单、工具栏等部件的主窗口式程序。

Qt Designer 利用向导方式，使得菜单、工具栏以及数据库程序的创建变得快且方便。下面介绍 Qt Designer 的开发环境以及使用 Qt Designer 开发程序的过程。在 UNIX 或者 Linux 操作系统下，通过单击 Qt Designer 的图标，或者在终端下进入 Qt 所在的目录，然后输入./designer，即可启动 Qt Designer。图 9-12 所示是 Qt/X11 中自带的 Qt Designer 的主窗口。

接下来在图 9-13 所示的对话框中选择将要创建的文件类型，或者在图 9-12 界面下选择“File”→“New”选项，激活创建新文件对话框。在此之下设计的界面，如控件和对话框等都可以称为表单。先选择“Dialog”类型，然后只需单击“OK”按钮，一个新的叫做“Form1”的窗口将会显示出来，如图 9-14 所示。

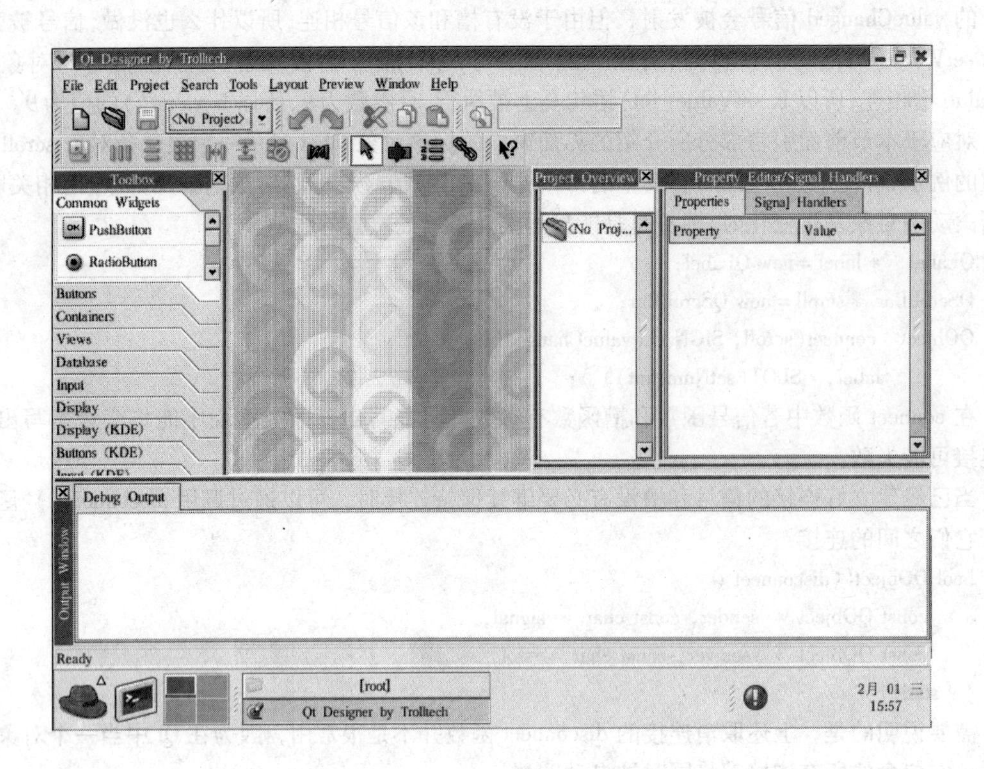

图 9-12　Qt Designer 的主窗口

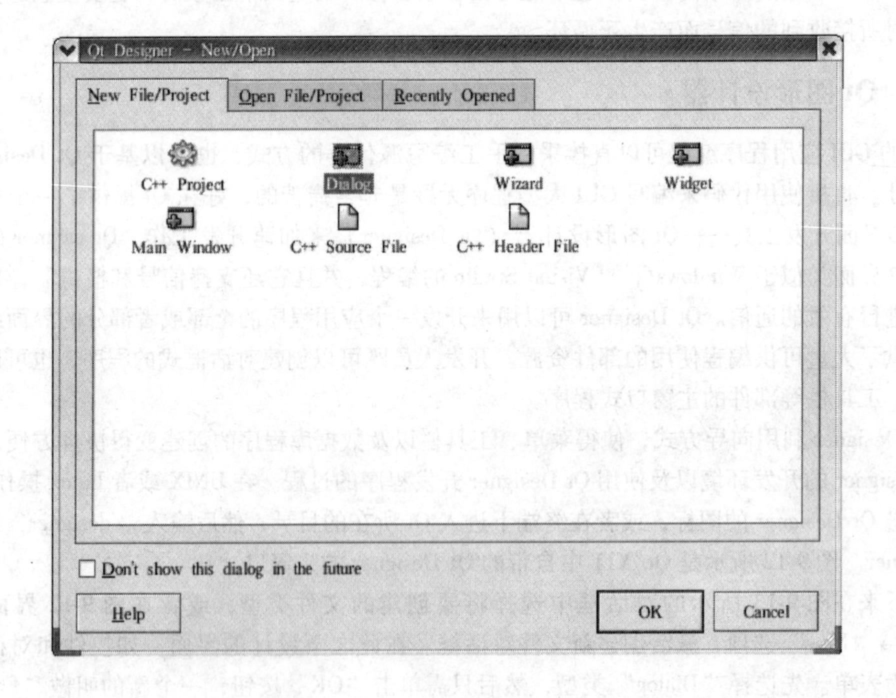

图 9-13　选择创建文件类型

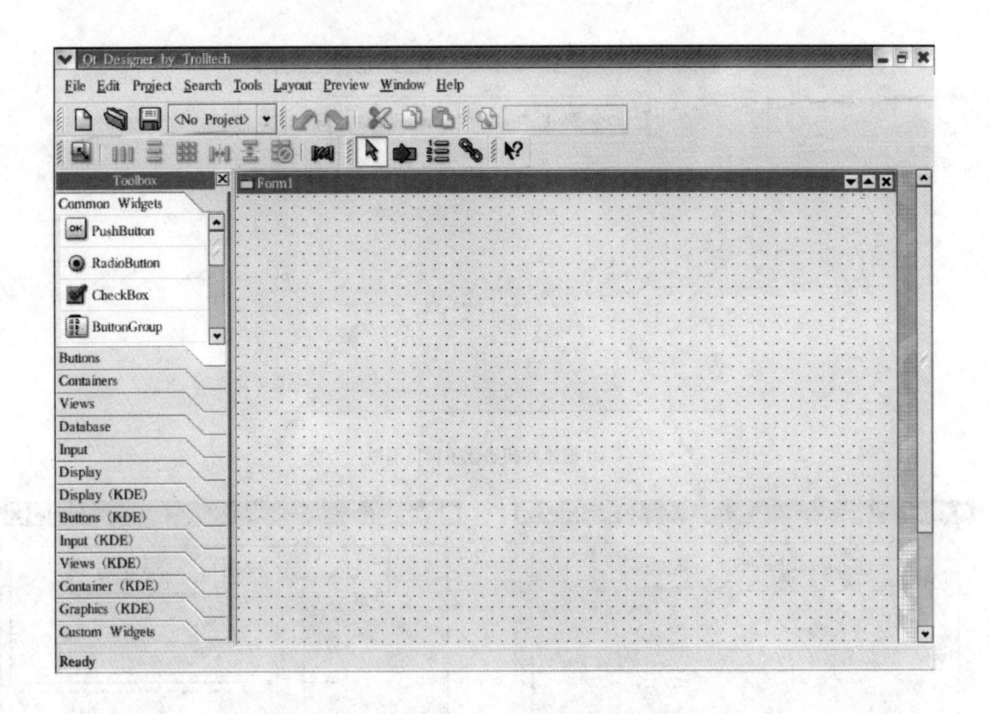

图9-14　创建新对话框窗口

接下来选择"Window"→"Views"→"Property Overview"以及"Property Editor/Signal Handlers"等选项，即可发现该窗体已经被列表在文件列表栏中，并且属性编辑器窗口也显示了该窗体的默认属性设置。在属性编辑器中可以编辑对话框和控件的各种属性，如标题、背景色、宽度、字体等，并可根据用户需求，在新创建的"dialog"表单上增加选项卡、列表框等新部件。

使用Qt Designer进行程序开发，例如实现一个表单界面时，主要涉及如图9-15所示窗口和以下几个步骤：

1）创建并初始化子窗口部件，如图9-15a所示。

2）设置子窗口部件的布局，如图9-15b所示。

3）对〈Tab〉键的顺序进行设置（该步可以省略）。

4）建立信号与槽的连接，如图9-15c所示。

5）编写事件处理主函数（该步可以自动生成），如图9-15d所示。

使用Qt Designer进行程序开发工作时，并不直接生成C++源代码，而是将工程文件组织成默认扩展名为.ui的文件。该文件是XML语言格式，是不能被直接编译的，必须使用前面介绍的用户界面编译器uic（UI compiler），由.ui文件生成C++的.h头文件文件和.cpp源文件，接下来由C++编译器编译所有的.h和.cpp文件。此外，由于qmake工具在它生成的Makefiles文件中自动地包含了uic的规则，因此开发人员不需要自己去加入uic。以Qt Designer生成的界面组件最终被编译成C++代码，该流程框图如图9-16所示。

9.2.4　Qt的开发流程

接下来以人工编写代码为例，详细介绍一个完整的Qt程序的开发过程。

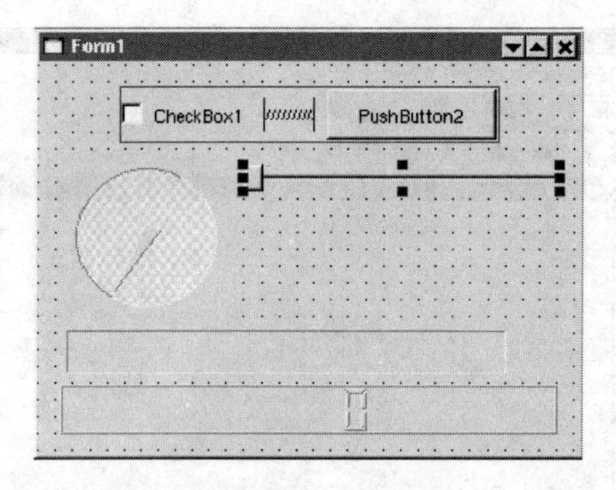

a) 创建并初始化子窗口部件

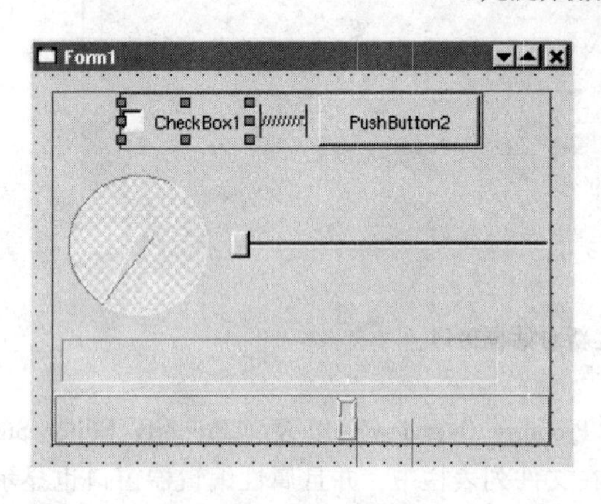

b) 设置子窗口部件的布局

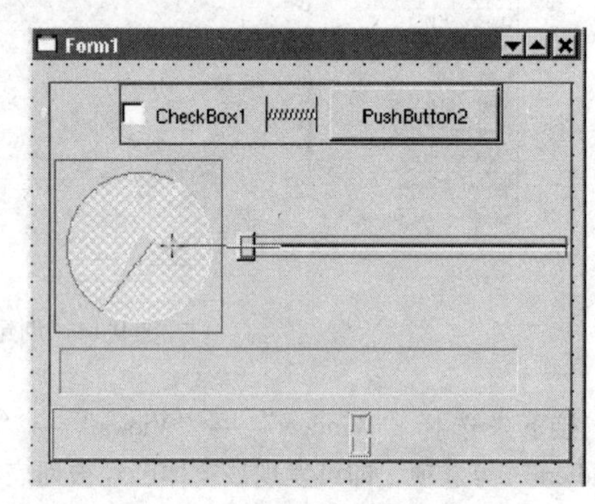

c) 建立信号与槽的连接

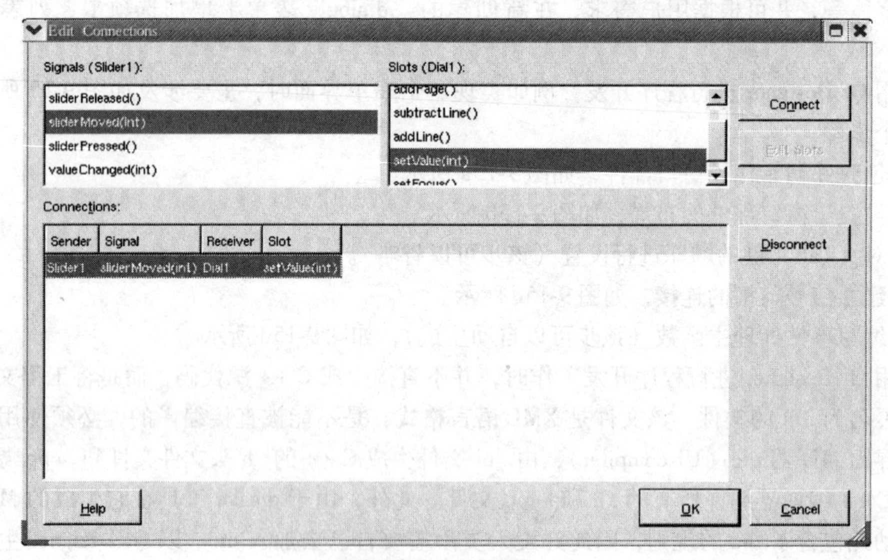

d) 编写事件处理主函数

图 9-15 基于 Qt Designer 的程序开发步骤

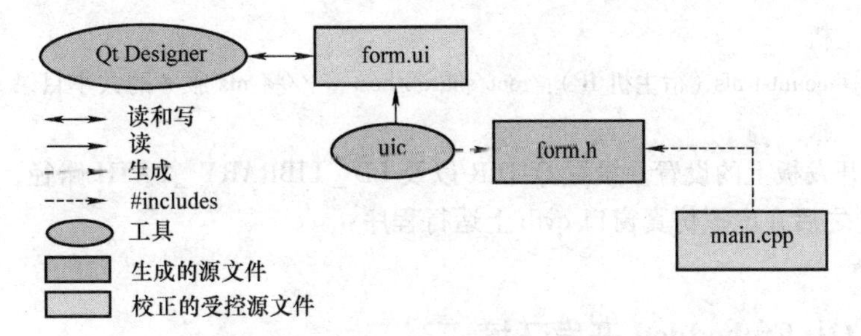

图9-16　Qt Designer的工作流程框图

1）手工编写一个main. cpp文件。该程序用于在屏幕上显示“Hello Qt/Embedded!”字符串，关于该程序的详细注释请参考本章9. 3. 1小节。

```
#include <qapplication. h>
#include <qlabel. h>
int main(int argc, char * * argv)
{
    QApplication app (argc, argv);
    QLabel * hello = new QLabel("Hello Qt/Embedded!", 0);
    app. setMainWidget(hello);
    hello -> show();
    return app. exec();
}
```

2）通过progen命令生成该程序的工程文件。方法为：

```
progen-t main. cpp-o main. pro
```

若系统提示找不到progen命令，则需要指定progen命令的路径。

此外，若使用Qt Designer来新建工程，则在工程中将自动生成关于窗体的源文件 . cpp、. h头文件和main. cpp主文件。其中的 . cpp文件和 . h文件也可以通过上文介绍的uic工具来生成，之后再通过progen命令生成main. pro文件，通过tmake自动生成Makefile文件，最后使用make命令生成二进制可执行文件。

3）修改tmake目录下linux-arm-g ++配置文件。用vi编辑器打开tmake. conf文件：

```
vi $ TMAKEDIR/lib/qws/linux-arm-g ++/tmake. conf
```

将该文件中的“TMAKE _ LINK = arm-linux-gcc”、“TMAKE _ LINK _ SHLIB = arm-linux-gcc”分别修改为“TMAKE _ LINK = arm-linux-g ++”、“TMAKE _ LINK _ SHLIB = arm-linux-g ++”。

4）指定tmake路径。交叉编译TMAKEPATH = /tmake的安装路径(如$ TMAKEDIR)/lib/qws/linux-arm-g ++。

5）部分路径的设置：

```
export QTDIR =$ QTEDIR
export PATH =$ QTDIR/bin: $ PATH
export LD _ LIBRARY _ PATH =$ QTDIR/lib: $ LD _ LIBRARY _ PATH
```

6）通过tmake自动生成Makefile文件：

```
tmake-o Makefile main. pro
```

7）运行make命令生成可执行文件：

```
make
```

8）挂载宿主机：

[/mnt/yaffs]#mount-t nfs（宿主机 IP）:/root/share /host　//将 nfs 服务的共享目录 share 加载到/host 目录

9）目标机开发板上的设置。设置 QTDIR 以及 LD _ LIBRARY _ PATH 路径，将 libqte 共享库路径添加进去，之后在虚拟仿真窗口 qvfb 上运行程序：

./ main -qws

9.2.5　建立 Qt/Embedded 开发环境

基于 Qt/Embedded 开发的 GUI 应用程序将会被最终发布到安装有嵌入式 Linux 操作系统的小型设备上。因此，虽然 Qt/Embedded 可以安装在 Windows、UNIX 等多种操作系统上，但一般情况下选择在安装有 Linux 操作系统的 PC 或工作站上，搭建 Qt/Embedded 开发环境进行其应用程序开发。建立 Qt/Embedded 开发环境需要安装的软件包资源如下：

1）tmake 工具安装包 tmake-1. 13. tar. gz:用来生成和管理 Qt/Embedded 应用程序的 Makefile 文件。

2）Qt/Embedded 的安装包 qt-embedded-2. 3. 10-free. tar. gz：用于 Qt/Embedded 的安装。

3）Qt/X11 版安装包 qt-x11-2. 3. 2. tar. gz：用来产生 X11 开发环境所需的几个必要的工具，如 Designer 以及虚拟仿真窗口 qvfb。利用 qvfb，在不需要实际目标机开发板的情况下，也可以开发 Qt 应用程序。

4）Qtopia 安装包 qtopia-free-1. 7. 1. tar. gz：用于提供手持设备的图形用户界面平台。

Qt/Embedded 的安装包可以通过 Trolltech 公司的网站 ftp://ftp. trolltech. com/qt/source/下载其免费版本。需要注意的是，以上软件的安装包可以下载到许多不同的版本，版本的不同可能导致软件使用过程中产生冲突。为保证软件的正常安装和使用，选择时应注意软件版本“向前兼容”的原则，Qt/X11 安装包的版本应该比 Qt/Embedded 安装包的版本旧，这是因为 Qt/X11 安装包中的 uic 和 designer 这两个工具产生的源文件会和 Qt/Embedded 的库一起被编译链接。此外，也可以安装博创实验箱的配套光盘，所需的文件位于/arm2410s/gui/Qt/src 目录下。使用 root 用户登录 Linux，使用如下命令将光盘上的三个文件复制到/root/2410sQt/host 目录下：

[root@ localhost root]#cd /root/

[root@ localhost root]#mkdir 2410sQt

[root@ localhost root]#cd 2410sQt

[root@ localhost 2410sQt]#mkdir host

[root@ localhost root]#cd /arm2410s/gui/Qt/src

[root@ localhost src]#cp -arf tmake-1. 13. tar. gz qt-embedded-2. 3. 10-free. tar. gz qt-x11-2. 3. 2. tar. gz /root/2410sQt/host

1. arm-linux-gcc-3. 4. 1 编译器的安装

接下来开始安装编译器 arm-linux-gcc-3. 4. 1：

[root@　localhost src]#cd /arm2410s/gui/Qt/tools

[root@　localhost tools]#tar xjvf arm-linux-gcc-3. 4. 1. tar. bz2 -C ./

[root@　localhost tools]#vi /root/. bash _ profile

用 vi 编辑器打开 . bash _ profile 文件后，将该文件中的 PATH 变量改为 PATH =$ PATH：$ HOME/bin：/arm2410s/gui/Qt/tools/usr/local/arm/3. 4. 1/bin/，存盘后退出。

[root@　localhost tools]# source /root/. bash _ profile

在任意路径下输入 ar 后按〈Tab〉键，若可以自动列出编译器文件，则说明 arm-linux-gcc-3. 4. 1 编译器已经被成功安装。

2. Linux 下 Qt/Embedded 开发平台的搭建

Qt/Embedded 平台的搭建需要完成以下几步：

（1）解压缩上述已经下载好的软件安装包并设置环境变量

1）安装 tmake 工具：

```
cd ~/2410sQt/host
tar -xzf tmake-1.13.tar.gz
export TMAKEDIR=$PWD/tmake-1.13
```

其中，TMAKEDIR 指向用于编译 Qt/Embedded 的 Tmake 工具。

2）安装 Qt/Embedded 2.3.10：

```
cd ~/2410sQt/host
tar -xzf qt-embedded-2.3.10-free.tar.gz
export QTEDIR=$PWD/qt-2.3.10
```

其中，QTEDIR 指向 qt-2.3.10 所在的文件夹。

3）安装 Qt/X11 2.3.2（使用常见的解压及安装命令即可）：

```
cd ~/2410sQt/host
tar -xzf qt-x11-2.3.2.tar.gz
export QT2DIR=$PWD/qt-2.3.2
```

其中，QT2DIR 指向 qt-2.3.2 所在的文件夹。

4）安装 Qtopia 1.7.1：

```
tar -xzf qtopia-free-1.7.1.tar.gz
export QtDIR=$QtEDIR
export QPEDIR=$PWD
```

在以上安装过程中，TMAKEDIR、QT2DIR 和 QTEDIR 等环境变量的设置非常重要，它关系到能否正确地安装及编译这些安装包。然后就可以使用 qt/x11 提供的库和开发工具开发 Qt 的应用程序。下面的编译过程针对的是一个 Qt/Embedded 自带的 Demo 示例程序，因此此处的编写开发应用程序的过程暂时可以省略。

（2）编译 Qt/Embedded

编译 Qt/Embedded 库的时候需要注意，通常要将函数库的源代码编译两次。第一次是为了使示例程序能够在 x86 架构的宿主机上显示出来，使用 Qt/embedded 关于 x86 的库和工具编译 Qt 应用程序，这样便可以得到可在上位机 qvfb 上运行的可执行文件。另一次是编译在 ARM 目标机开发板上使用的库，是为了应用程序能够运行于 ARM 目标机开发板上而准备的库文件。第一次编译的具体过程主要包括以下三步：编译 Qt/X11 2.3.2、编译 qvfb 和编译 Qt/Embedded 2.3.10。

1）编译 Qt/X11 2.3.2：

```
cd $QT2DIR
export TMAKEPATH=$TMAKEDIR/lib/linux-g++
export QTDIR=$QT2DIR
export PATH=$QTDIR/bin:$PATH
export LD_LIBRARY_PATH=$QTDIR/lib:$LD_LIBRARY_PATH
./configure -no-xft
make
mkdir $QTEDIR/bin
cp -arf bin/uic $QTEDIR/bin/
```

其中，./configure 命令可以对 Qt/X11 进行配置，它包括很多选项，此处出现选项时都输入 yes 即可。如果想要进一步了解选项的含义，可以通过运行 ./configure -help 命令来获得更多的帮助信息。编译完成后需要将生成的/bin/uic 复制到 $ QTEDIR 下新创建的目录 bin 中，因为在随后编译 Qt/Embedded 的时候会用到这个工具。

2）编译 Qvfb：

```
export TMAKEPATH =$ TMAKEDIR/lib/linux-g ++
export QTDIR =$ QT2DIR
export PATH =$ QTDIR/bin: $ PATH
export LD_LIBRARY_PATH =$ QTDIR/lib: $ LD_LIBRARY_PATH
cd $ QTEDIR/tools/qvfb
/root/2410sQt/host/tmake-1.13/bin/tmake -o Makefile qvfb.pro
tmake -o Makefile qvfb.pro
make
mv qvfb $ QTEDIR/bin/
```

以上代码编译了 qvfb 并建立了从 Qt/Embedded 2.3.10 到 Qt/X11 2.3.2 静态库的链接。qvfb 已经在9.1.1 小节中作过详细介绍，利用 qvfb 工具可以生成 Virtual FrameBuffer，它可以模拟应用程序在目标机开发板上的显示情况，如果程序在虚拟的 FrameBuffer 中运行没有问题的话，则可直接通过交叉编译在目标机开发板上运行。

3）编译 Qt/Embedded 2.3.10：

```
cd $ QTEDIR
export TMAKEPATH =$ TMAKEDIR/lib/qws/linux-x86-g ++
export QTDIR =$ QTEDIR
export PATH =$ QTDIR/bin: $ PATH
export LD_LIBRARY_PATH =$ QTDIR/lib: $ LD_LIBRARY_PATH
./configure -no-xft -qvfb -depths 4,8,16,32
yes
5
make
```

以上代码使用 ./configure 命令进行配置时，利用-qvfb 支持虚拟 FrameBuffer 的显示，其中的“-depths 4，8，16，32”是指支持4 位、8 位、16 位和32 位的显示深度。此外也可以在 configure 命令中添加-system-jpeg 和 gif 参数，使 Qt/Embedded 平台支持 jpeg 和 gif 格式的图形。

(3) 测试运行结果

当上述各步骤都能够成功地编译通过后，就已经建立好了在宿主机上开发 Qt 应用程序的环境。接下来可以先通过运行 Qt/Embedded 自带的示例程序来查看其在本机上的运行结果。为此，Qtopia 安装完毕后，进入 x86-qtopia 安装目录并设置以下环境变量：

```
source set-env
```

运行虚拟缓冲帧 Virtual framebuffer 工具的方法是在 Linux 的图形模式下输入如下 qvfb 命令并按“回车”键：

图 9-17　Qtopia 程序运行界面

```
qvfb -width 240 -height 320 &   //&表示程序在后台运行
```

输入 qpe 命令即可启动 Qtopia 程序，运行界面如图 9-17 所示。

以示例程序为例，在虚拟缓冲帧 Virtual framebuffer 上运行测试结果如下：

```
cd $ QTEDIR/examples/launcher
export QTDIR =$ QTEDIR
export PATH =$ QTEDIR/bin: $ PATH
export
LD_LIBRARY_PATH =$ QTEDIR/lib: $ QT2DIR/lib: $ LD_LIBRARY_PATH
cd $ QTEDIR/examples/launcher
qvfb -width 240 -height 320 &
sleep 10
./launcher -qws
```

此时即可在宿主机 Qt 中的虚拟仿真窗口 qvfb 上显示 Qt/Embedded Demo 程序的运行结果，如图 9-18 所示，说明环境搭建成功。可以看到在上面的程序中，当需要把 Qt 应用程序的结果输出到虚拟缓冲帧时，应该在需要运行的程序名后加上-qws 参数选项。当然了，编译成 x86 架构的可执行程序只能在 x86 结构的上位机上运行。如果想将开发的 Qt/Embedded 应用程序发布到 ARM 目标机开发板上，需要使用 Qt/Embedded 的 ARM 库对源程序重新进行第二次编译，详见 9.3.2 小节。

图 9-18　在 qvfb 上显示 Qt 示例程序的运行结果

9.3　综合实训：Qt/Embedded 的编程实例

9.3.1　基于 PC 的 Qt 程序

在本机上建立好开发 Qt 应用程序的环境之后，接下来介绍两个简单的 Qt 编程演示示例，通过示例来了解 Qt 应用程序的编写和运行过程。

1. Qt 编程示例一

第一个 Qt 示例程序可以在屏幕上显示“Hello Qt/Embedded!”字符串。其代码如下：

```
#include <qapplication.h>
#include <qlabel.h>
int main(int argc, char **argv)
{
    QApplication app (argc, argv);
    QLabel *hello = new QLabel("Hello Qt/Embedded!", 0);
    app.setMainWidget(hello);
    hello->show();
    return app.exec();
}
```

这是大家接触到的第一个 Qt 程序，为了便于理解，下面逐行地解释上述程序。

```
#include <qapplication.h>
```

该行语句包含了 QApplication 类的定义。QApplication 类负责管理多种应用程序资源，如默认的字体和光标等。每一个 Qt 应用程序都必须使用一个 QApplication 类对象。

```
#include <qlabel.h>
```

该行语句包含了 QLabel 类的定义。由于这个例程中使用了 QLabel widget 来显示文本，因此必须包含 qlabel.h 头文件。

```
int main( int argc, char **argv)
{
    QApplication app( argc, argv );
    ……
}
```

上面几行语句首先对程序进行初始化，一个 Qt 程序就是一个标准的 C++ 程序，为了启动程序，操作系统将调用主函数 main()。在 Qt 的应用程序中，首先要创建 QApplication 对象初始化 Qt 系统。QApplication 对象是一个容器，包含了应用程序顶层的窗口，其中的两个命令行参数 argc 和 argv 可以指定一些特殊的标志和设置，如用-geometry 参数指定 Qt 窗口显示的位置和大小等。QApplication app(argc, argv) 创建了一个 QApplication 对象并命名为 app。QApplication 对象的任务是控制管理应用程序，因此在每个应用程序中只能有一个 QApplication 对象。

```
QLabel *hello = new QLabel("Hello Qt/Embedded!", 0);
```

该行语句在主函数 main() 中创建了一个用来显示“Hello Qt/Embedded!”的 QLabel 指针部件。在 Qt 中，部件是一个可视化的用户接口，例如菜单、按钮、滚动条等，部件也可以包含其他部件。在该例中，QLabel 部件是能够显示一个字符串的简单窗口，且该部件创建的时候一般是不可见的，需要调用 QWidget 的成员函数 show() 命令来显示组件，即用 hello->show() 语句实现标签在窗口上的显示。在该 QLabel 函数中的参数 0 表示这个标签将被作为顶层窗口，顶层窗口是独一无二的，在应用程序中没有父类，即这是一个窗口而不是嵌入到其他窗口中的部件。

```
app.setMainWidget(hello);
```

该行语句的作用是把 QLabel 所定义的对象，在本例中即 hello 标签部件，插入到主窗口中，将 hello 部件设置为程序的主部件。当用户关闭了主窗口部件后，应用程序将会被关闭。如果没有主部件的话，即使用户关闭了窗口界面，程序也会在后台继续运行。

```
hello->show();
```

该行语句的作用是使 hello 部件可视。一般来说部件被创建后都是隐藏的，因此可以在显示之前根据需要来订制部件，这样做的好处是可以避免部件创建所带来的闪烁问题。

return app. exec( );

该行语句调用了 exec( ) 函数返回给系统一个整型值，代表程序的完成状态。由于该程序并不处理状态代码，因此这个值只是被简单地返回给系统。该语句把程序的控制权交还给了 Qt，这时程序进入就绪模式，可以随时被用户的单<双>击鼠标、敲击键盘等行为激活。

如果上述 Qt 示例程序的代码已编写完毕，可将其命名为 Qt1. cpp 并将该源程序保存到它自己的目录，接下来就可以试着编译和运行这个程序了。这个例程比较简单，只由一个源文件组成，因此编译它的 makefile 文件也比较简单。但这里并不打算自己编写 makefile 文件，而是使用 Qt 提供的联编工具 qmake 生成 makefile，以减少编写程序的繁琐。整个编译过程可用图 9-19 加以说明，在进入源程序 Qt1. cpp 所在的目录后，依次输入以下命令：

qmake -project

该命令调用 qmake 生成一个 Qt 项目文件 *. pro。

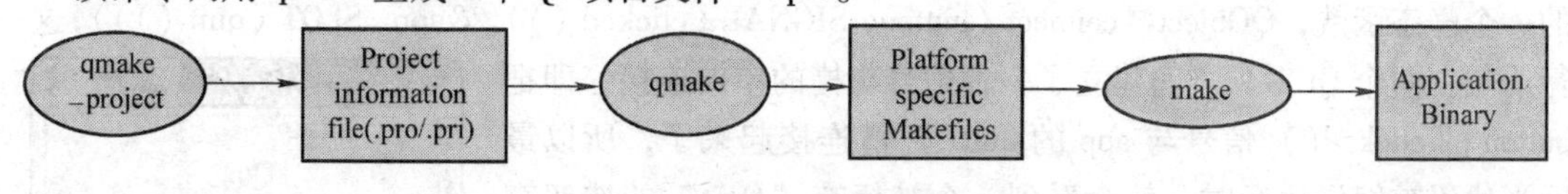

图 9-19　Qt 程序的编译过程

qmake

该命令根据上面产生的 . pro 项目文件生成一个与平台相关的 makefile 文件，对包含 Q _ OBJECT 宏的头文件生成调用 moc 的 make 规则。

make

该命令为当前平台编译应用程序，自动执行 moc、uic 和 rcc 工具。其中：

元对象编译器 moc（meta-object compiler）：每一类头文件产生一个特定的元对象。

用户界面编译器 uic（UI compiler）：从 Qt Designer 的 XML 文件生成类文件。

资源编译器 rcc（Resource compiler）：由资源文件 . qrc 生成 C++ 数据文件。

图 9-20　Qt 编程 Hello 示例运行效果（1）

以上这些工具在使用 make 命令编译时被自动调用。编译完成后即可运行上述第一个 Qt 应用程序了，运行效果如图 9-20 所示。

此外，也可以在帧缓存的基础上将该程序移植到 qvfb 中直接运行，输入以下命令：

qvfb -width 240 -height 320 &

. /hello -qws

运行效果如图 9-21 所示。

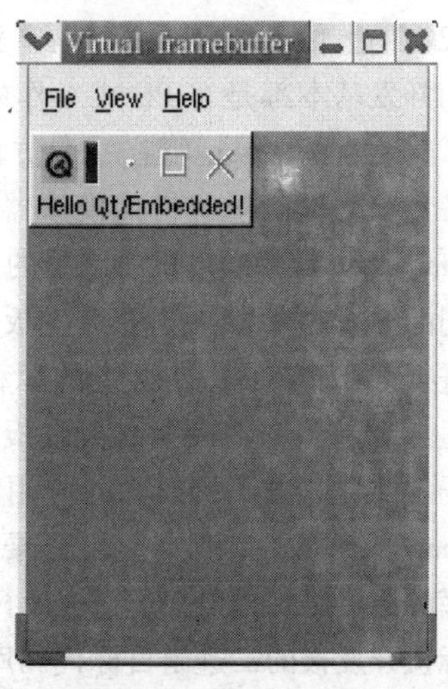

图 9-21　Qt 编程 Hello 示例运行效果（2）

在 X 窗口下，也可以使用 label -> setGeometry(int x, int y, int w, int h) 函数改变标签部件在 QApplication 窗口中的位置、高度和宽度。

2. Qt 编程示例二

Qt 例程二可以在屏幕上显示一个“Quit”按钮，并且当用户单击按钮后可以退出该对话框。代码如下：

```
#include <qapplication. h>
#include <qpushbutton. h>
```

```
int main (int argc, char * argv [ ])
{
    QApplication app (argc, argv);
    QPushButton * button = new QPushButton ("Quit",0);
    QObject::connect (button, SIGNAL (clicked ()),
                      &app, SLOT (quit ()));
    button -> show ();
    return app. exec ();
}
```

其中，#include <qpushbutton. h>包含了 QPushbButton 类的定义。QPushButton 是一个经典的图形用户界面按钮，可以在上面显示一段文本或者一个 Qpixmap 对象。connect ( ) 是 QObject 中的一个静态函数，QObject::connect (button, SIGNAL (clicked ()), &app, SLOT (quit ()));这一行语句在两个 Qt 对象之间建立了一种信号与槽的单向连接，即把 button 的 clicked( ) 信号与 app 的 quit( ) 槽连接起来了，所以最后当代码被编译运行时，就会看到一个被标有“Quit”的按钮充满的窗口，如图 9-22 所示，而当用户单击该按钮后即可退出。

图 9-22　Qt 编程 Quit 示例运行效果

通过上面的 Qt 例程，可以将 Qt 的编程特点总结成以下三点：Qt 的初始化、窗口部件的创建和 Qt 的事件处理过程。在 Qt 编程中，对事件的处理方式也采用回调的方式，但在事件的发出和接收时采用的是信号与槽的机制，这也是 Qt 的主要特征。

9.3.2　发布 Qt/Embedded 程序到目标机开发板

使用 Qt/Embedded 开发嵌入式应用程序并最终将开发的源程序发布到 ARM 目标机开发板的流程如图 9-23 所示。前文已经详细介绍了 Qt/Embedded 嵌入式工具开发包的安装和应用程序的开发方法，以及使用 Qt/embedded 的 x86 库对源程序进行第一次编译，使结果显示在 x86 架构的上位机 qvfb 中的过程。嵌入式应用程序的开发基本都是在 PC 或工作站上完成的，调试时使编译结果运行在一个仿真嵌入式小型设备显示终端的上位机的模拟器上。但开发 Qt/Embedded 应用程序的最终目的是使之运行于不同的嵌入式 ARM 目标机开发板上去。下面尝试进行第二次编译，将开发的源程序编译链接成适合运行于 ARM 目标机开发板的二进制目标代码。此外，由于所编写的应用程序使用了 Qt/Embedded 的库函数，因此还要将 Qt/Embedded 库的源代码编译链接成适合运行于所选 ARM 目标机开发板的二进制目标代码库。编译在 ARM 目标机开发板上运行的 Qt/E 库的命令如下：

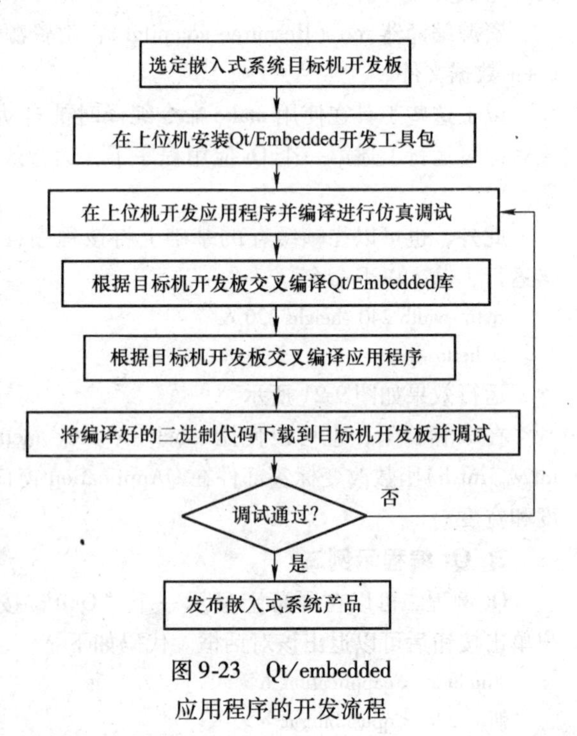

图 9-23　Qt/embedded 应用程序的开发流程

```
cd $ QTEDIR
```

```
export TMAKEPATH =$ TMAKEDIR/lib/qws/linux - arm - g ++
export QTDIR =$ QTEDIR
export PATH =$ QTDIR/bin: $ PATH
export LD _ LIBRARY _ PATH =$ QTDIR/lib: $ LD _ LIBRARY _ PATH
./configure -xplatform linux-arm-g ++ -no-xft -no-qvfb -depths 4,8,16,32
make
```

本章小结

本章主要讲解了基于 Linux 的嵌入式图形用户界面 GUI 的有关内容。在简单分析嵌入式 GUI 的相关特点之后，对比介绍了常见的 MiniGUI、Microwindows/Nano-X、OpenGUI 和 Qt/Embedded 等嵌入式图形用户界面系统。其中，详细介绍了 Qt 及 Qt/Embedded 的特点及编程步骤。读者应重点掌握 Linux 下安装 Qt 以及 Qt/Embedded 的基本步骤；熟悉 Qt Designer 工具的使用以及 Qt/Embedded 交叉编译的基本步骤；学会在 Qt/Embedded 平台下使用 Virtual FrameBuffer 显示程序结果。通过综合实训环节练习后，掌握基于 Qt/Embedded 及 Qtopia 平台程序的交叉编译，并移植到 ARM 目标机开发板上的过程。

思考与练习

9-1　分析比较几种常见的嵌入式 GUI 的优缺点。

9-2　了解 Qt 的信号与槽机制。

9-3　什么是 Qtopia?

9-4　了解建立 Qt/Embedded 开发环境的主要步骤。

9-5　简述 Qt/Embedded 移植的主要步骤。

9-6　编写一个简单的基于 PC 的 Qt 小程序。

第 10 章　嵌入式系统的工程开发实例

它山之石可以攻玉。

本章从工程实例角度出发介绍嵌入式系统开发过程中的软硬件系统设计。首先，实例 1 以 S3C2410 处理器为核心，详细介绍了可燃气体报警检测系统硬件电路设计，包括电源电路、存储器扩展电路、复位电路、LCD 触摸屏电路、无线通信以及数据采集电路等，并以 Linux 和 Qt4 为开发平台，设计 AD 转换、PWM、LCD 等驱动程序和应用程序。实例 2 在实例 1 的基础上，详细讲述 CAN 总线通信应用程序设计，并给出 CAN 智能节点电路、接口电路和驱动程序以及完整的应用程序。通过本章工程开发实例的学习，可使读者掌握嵌入式系统的工程开发过程，以及从处理器选型到接口电路设计再到硬件电路设计、从驱动程序设计到应用程序设计的详细的嵌入式系统开发方法。通过本章的学习，读者将掌握和解决以下重要问题：

✓ 掌握系统设计方法。
✓ 熟悉硬件电路设计。
✓ 掌握驱动程序设计。
✓ 掌握应用程序设计和系统移植。

10.1　基于 ARM 的可燃气体报警系统

10.1.1　系统设计概述

可燃气体如 H_2、CO、CH_4 等与空气中的氧接触时，会发生氧化反应，并产生反应热（无焰接触燃烧热）。当可燃气体的浓度达到一定的值时，聚热增多会发生爆燃或爆炸，产生极大的危害。因此，对于可燃气体的实时监测具有实际意义。

依据实际工程项目内容，本章简要介绍采用 ARM9 处理器设计的可燃气体报警检测系统。该系统采用 S3C2410 为核心控制器，通过触摸屏设置相关参数，实时显示检测到的气体浓度值。当可燃气体浓度值超过设定值时，系统自动报警。另外，系统还可通过无线方式将数据实时传输到监控中心，实现数据集中管理。可燃气体报警系统结构如图 10-1 所示。

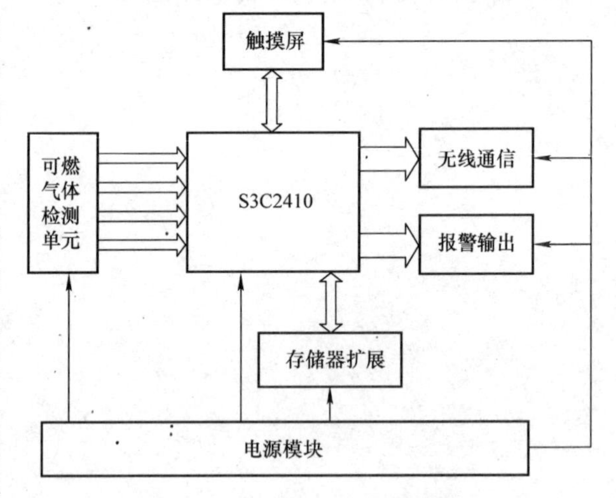

图 10-1　可燃气体报警系统结构

10.1.2　硬件电路的设计

1. 电源电路的设计

电源电路为整个硬件系统提供能量，确保系统正常工作。设计电源电路主要考虑输入电压、电流，输出电压、电流和功率，输出纹波，电磁兼容和电磁干扰等因素。

嵌入式系统供电范围一般为 1.5～24V。系统采用 12V 适配器或者 12V 可充电电池供电，即使在无法提供交流电的野外也可以使用该系统。该系统所需电源包括 5V、3.3V、2.5V 和 1.8V。

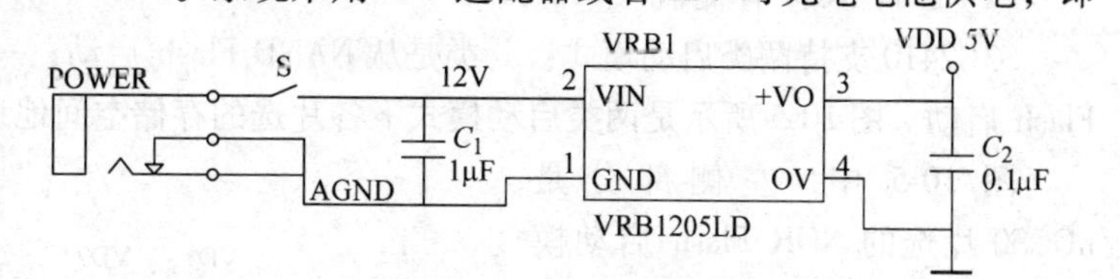

图 10-2　5V 电源电路

若要产生 5V 电源输出，一般由 VRB1205LD DC-DC 模块提供。其中，DC 模块具有高达 90% 的效率，其电压输入范围可在 9～18V 之间，输出电流可以达到 4A，且有高低温特性变化小和短路保护等特点。前级电源电路给末级电路提供输入电压，如图 10-2 所示。

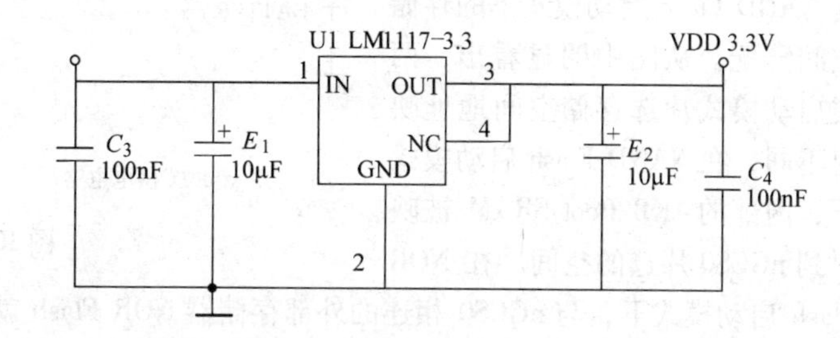

a) 3.3V电源电路

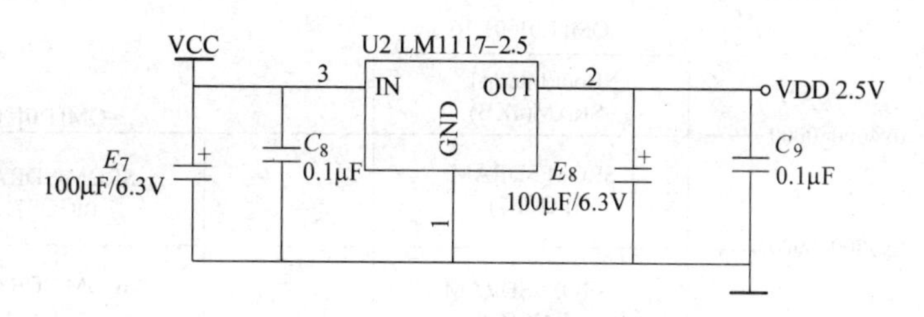

b) 2.5V电源电路

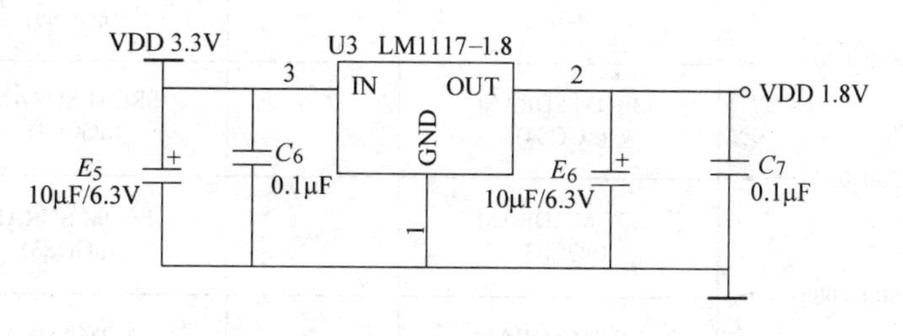

c) 1.8V电源电路

图 10-3　3.3V、2.5V、1.8V 电源电路

S3C2410 需要两种电源提供，其中，内核工作所需是 1.8V 直流稳压电源，外围元器件工作所需是 3.3V 直流稳压电源。一般，输出 3.3V 的电源消耗的电流在 300mA 左右，在设计电源电路时，提供 600mA 的电流即可。输出 1.8V 的电源主要给 S3C2410 供电，其最大消耗电流为 70mA，为保证其有相应的裕量，电源 1.8V 提供的电流应大于 300mA。系统对这两组电压的要求较高，但其功耗不是很大，选用低压差模电源模块 LM1117 即可。LM1117 是一个低功耗正向电压调节器，一般用在高效率、小封装的低功耗设计中。LM1117 的电压可以调节，输出电压可以选择 1.5V、1.8V、2.5V、2.85 V、3.0V、3.3 V 及 5V，其具有 0.8A 的稳定输出电流。因此，系统要求的 3.3V、2.5V、1.8V 的电压输出可由 LM1117 提供，其电路如图 10-3 所示。

2. RTC 电路的设计

S3C2410 内部集成了一个 RTC 模块，提供可靠的系统时间，包括年月日时分秒等信息。RTC 在系统处于关机状态下也能够正常工作，因此需要有后备电池供电，如图 10-4a 所示。RTC 的外围不需要太多的辅助电路，典型的情况，只需要一个高精度的 32.768kHz 晶体振荡器和两个电容就可以了，如图 10-4b 所示。

3. 存储系统的设计

（1）Boot ROM 存储器

S3C2410 支持两类启动模式：一类是从 NAND Flash 启动；一类是从外部 nGCS0 片选的 NOR Flash 启动。图 10-5 所示是两类启动模式下各片选的存储空间地址分配。

图 10-5 中，左侧部分是 nGCS0 片选的 NOR Flash 启动模式下的存储空间分配，右侧部分是 NAND Flash 启动模式下的存储空间分配。从图中明显看出，两类启动模式片选存储空间地址映射不同，在 NAND Flash 启动模式下，内部的 4KB Boot SRAM 被映射到 nGCS0 片选的空间。在 NOR Flash 启动模式下，与 nGCS0 相连的外部存储器 NOR Flash 就被映射到 nGCS0 片选的空间。所以 nGCS0 片选的空间在不同的启动模式下，映射的器件是不同。SDRAM 地址空间为 0x30000000 ~ 0x34000000。

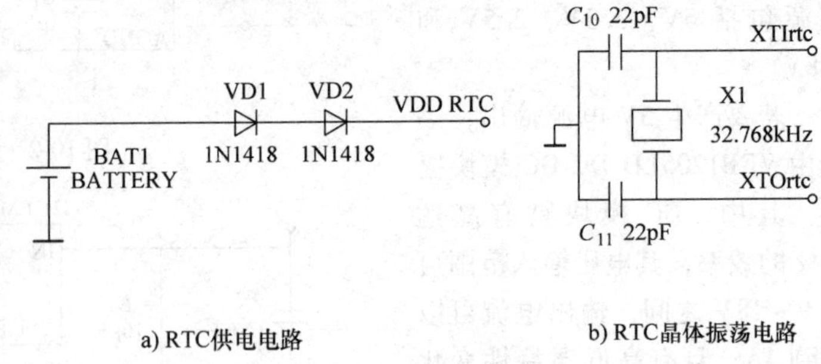

图 10-4　RTC 电路

地址	OM[1:0]=01,10	OM[1:0]=00	
	Boot Internal SRAM(4KB)		
0x4000_0000	SROM/SDRAM (nGCS7)	SROM/SDRAM (nGCS7)	2MB/4MB/8MB/16MB /32MB/64MB/128MB Refer to Table 5
0x3800_0000	SROM/SDRAM (nGCS6)	SROM/SDRAM (nGCS6)	2MB/4MB/8MB/16MB /32MB/64MB/128MB
0x3000_0000	SROM/SDRAM (nGCS5)	SROM/SDRAM (nGCS5)	128MB
0x2800_0000	SROM/SDRAM (nGCS4)	SROM/SDRAM (nGCS4)	128MB
0x2000_0000	SROM/SDRAM (nGCS3)	SROM/SDRAM (nGCS3)	128MB
0x1800_0000	SROM/SDRAM (nGCS2)	SROM/SDRAM (nGCS2)	128MB
0x1000_0000	SROM/SDRAM (nGCS1)	SROM/SDRAM (nGCS1)	128MB
0x0800_0000	SROM/SDRAM (nGCS0)	Boot Internal DRAM(4KB)	128MB
0x0000_0000	NOR Flash for Boot ROM	NAND Flash for Boot ROM	1GB HADDR[29:0] Accessible Region

图 10-5　NAND Flash 和 NOR Flash 两类启动模式下各片选的存储空间地址分配

本系统采用 NAND Flash 启动方式，注意此方式是处理器的 OM［0:1］=00 模式。选用型号为 K9F2G08，大小为 256MB 的 NAND Flash，电路如图 10-6 所示。采用 NAND Flash 启动模式，用户可以将引导代码和操作系统镜像存放在外部的 NAND Flash 中启动。当处理器在这种模式下上电复位时，内置的 NAND Flash 控制器将访问控制接口,并将引导代码自动加载到内部的 SRAM（此时该 SRAM 定位于起始地址空间 0x00000000，容量为 4KB）并且运行。然后，SRAM 中的引导程序将操作系统镜像加载到 SDRAM 中，操作系统就能够在 SDRAM 中运行。

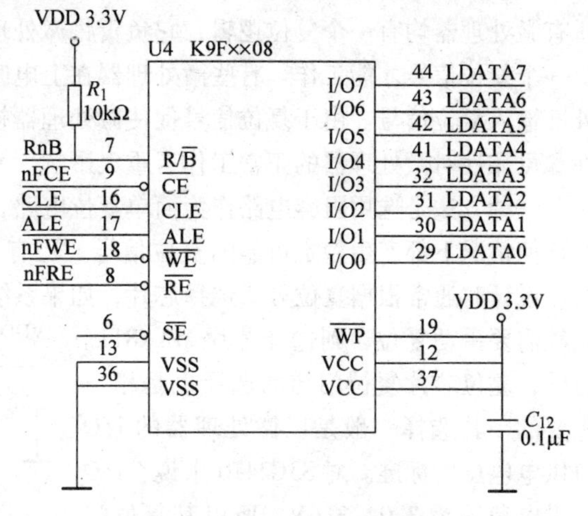

图 10-6　NAND Flash 存储器电路

（2）SDRAM

由于 S3C2410 处理器的通用寄存器多是 32 位,处理器内部数据通道也是 32 位,因此为了发挥其性能,设计时内存应选用 32 位。然而,市面上很少有 32 位宽度的单片 SDRAM,所以,一般采用两片 16 位的 SDRAM（Synchronous DRAM，同步动态随机存储器）进行位扩展,得到 32 位的 SDRAM。本系统 SDRAM 接口电路设计选用两片 16 位宽度的 32MB 芯片实现 64MB 数据存储,如图 10-7 所示。两片并接在一起形成 32 位的总线数据宽度,这样可以增加访问的速度;因为是并接,故它们都使用了 nGCS6 作为片选,这也决定了它们的物理起始地址为 0x30000000。

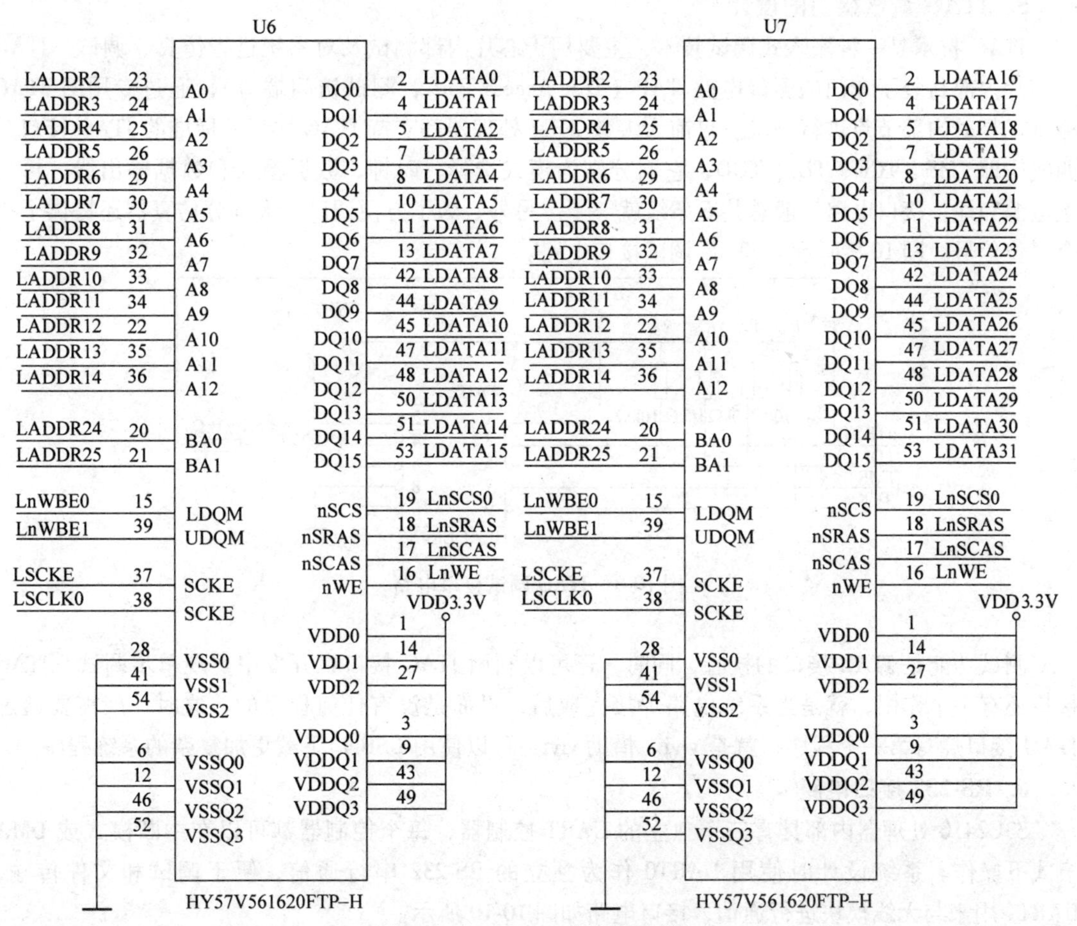

图 10-7　SDRAM 存储器电路

4. 复位电路的设计

由于微处理器在上电时状态并不确定，这将造成微处理器不能正常工作。为解决这个问题，所有微处理器均有一个复位逻辑，它负责将微处理器初始化为某个确定的状态。这个复位逻辑需要一个复位信号才能工作。有些微处理器在上电时自身会产生复位信号，但大多数微处理器需要外部输入复位信号。由于复位信号促使微处理器初始化为某个确定的状态，所以复位信号的稳定性和可靠性对微处理器的正常工作有重大影响。

一种方法是选用阻容电路作为简单复位电路，电路成本低廉，但稳定性能不够好，不能保证在任何情况下都产生稳定可靠的复位信号。还有一种方法就是采用专门的复位芯片设计复位电路。设计时通常根据复位方式选择芯片，如果系统不需要手动复位，则选择芯片 MAX809；如果系统需要手动复位，则选择芯片 MAX811。另外，复位芯片复位门槛的选择也是相当重要的，其选择一般是以微处理器的 I/O 口供电电压为标准。对 S3C2410 来说，I/O 口供电范围为 3.0～3.6V，所以其复位门槛应当选择为 2.93V。本系统采用专业的复位芯片 MAX811 实现处理器所需要的低电平复位，复位电路如图 10-8 所示。

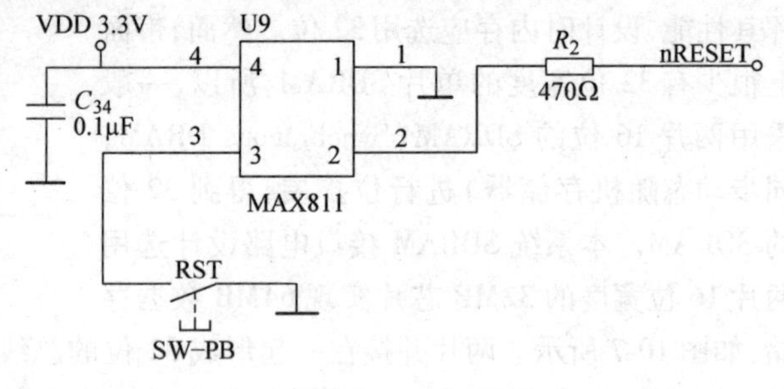

图 10-8　复位电路

5. JTAG 调试接口的设计

JTAG 技术是一种嵌入式调试技术，主要用于芯片内部测试及对系统进行仿真、调试。JTAG 在芯片内部封装了专门的测试电路 TAP（Test Access Port，测试访问端口），通过专用的 JTAG 测试工具对内部节点进行测试。目前大多数 ARM 处理器都支持 JTAG 协议。标准的 JTAG 接口是四线，即 TMS、TCK、TDI、TDO，它们分别为模式选择、时钟、数据输入和数据输出线。再加上电源和地，接口电路一般总共 6 条线就够了。另外，为了方便调试，大部分仿真器还提供了一个复位信号。图 10-9 所示为 JTAG 调试接口电路。

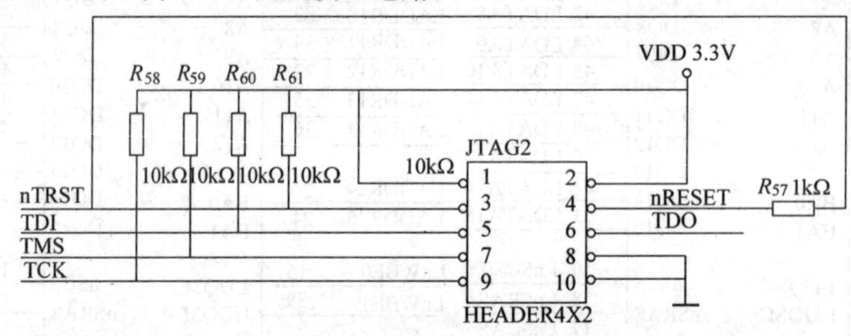

图 10-9　JTAG 调试接口电路

测试功能是 JTAG 接口的核心，同时，还可以利用 JTAG 接口在开发中实现单步调试。JTAG 接口还有一个作用，就是当系统电路焊接完成后，里面是没有任何程序的，这时一般需要通过 JTAG 接口烧写第一个程序，就是 vivi。借助 vivi，可以使用 USB 口下载更加复杂的系统程序。

6. RS-232 接口电路

S3C2410 处理器内部具有三个独立的 UART 控制器，每个控制器都可以在中断模式或 DMA 模式下操作。系统设计时使用 UART0 作为独立的 RS-232 串行通信，便于调试和文件传输，UART1 用来与无线模块进行通信，接口电路如图 10-10 所示。

7. LED 指示灯电路

LED 是系统开发中最常用的状态指示设备，本系统设计有四个用户可编程 LED，它们直接与处理器的 GPIO 相连接，低电平有效（点亮），电路如图 10-11 所示。它们分别表示数据发送、接收状态、报警和系统故障指示。

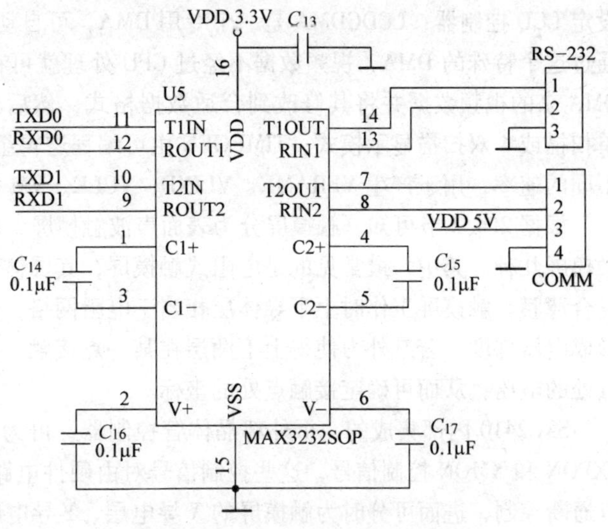

图 10-10　RS-232 通信接口电路

8. 报警电路

系统的蜂鸣器 SPEAKER 是通过 PWM 控制的，可以根据选择的频率发出不同的报警声音，电路如图 10-12 所示。图中，GPB0 可通过软件设置为 PWM 输出。

9. LCD 触摸屏电路的设计

S3C2410 内置的 LCD 控制器可以支持 4 级灰度、16 级灰度的黑白 LCD 和 256 级颜色的彩色 LCD，支持 3 种 LCD 驱动器，4 位双扫描、4 位单扫描、8 位单扫描显示模式。内置的 LCD 控制器的作用是将定位在系统存储器（SDRAM）中的显示缓冲区中的 LCD 图像数据传送到外部 LCD 驱动器，并产生必需的 LCD 控制信号。图 10-13 所示为 LCD 控制器内部结构框图。其中，VCLK 是 LCD 控制器和 LCD 驱动器之间的像素时钟信号；VLINE 是 LCD 控制器和 LCD 驱动器之间的行同步脉冲信号；VFRAME 是 LCD 控制器和 LCD 驱动器之间的帧同步信号。VM 是 LCD 驱动器的 AC 信号。VD［3:0］和 VD［7:4］是 LCD 像素点数据输出端口。

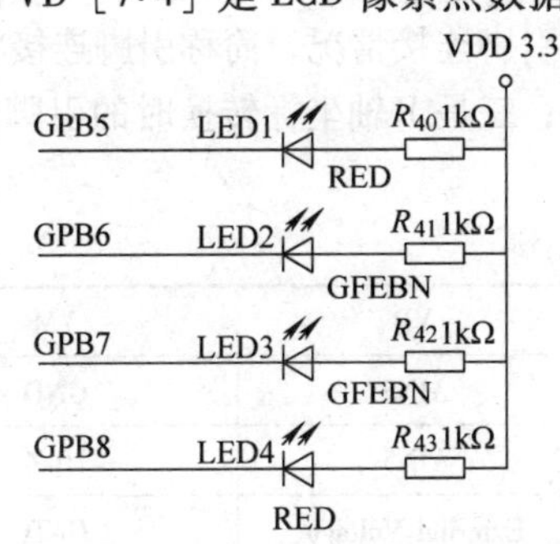

图 10-11　LED 指示灯电路

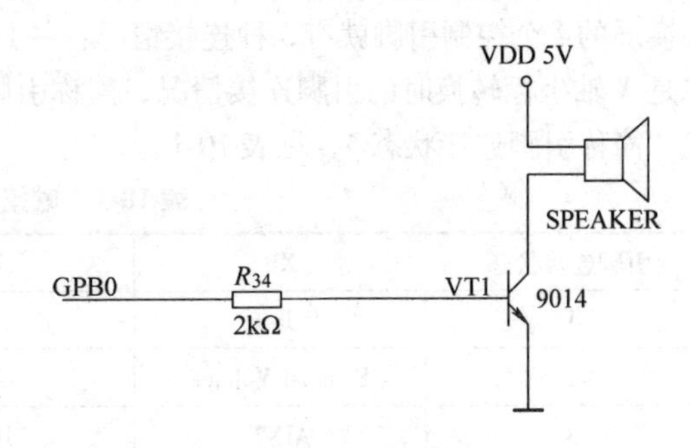

图 10-12　报警电路

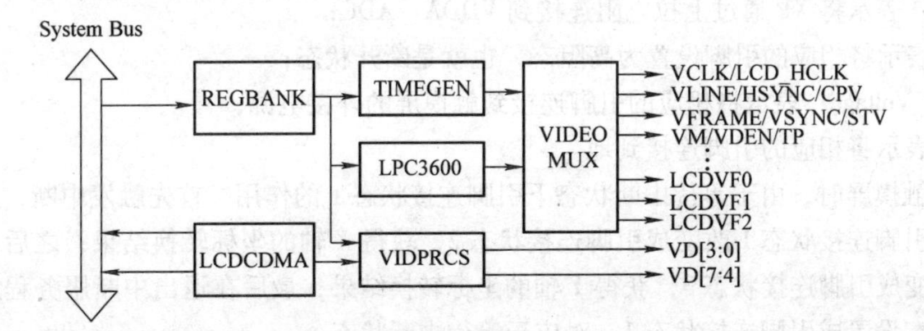

图 10-13　LCD 控制器内部结构框图

由图 10-13 可见，S3C2410 中的 LCD 控制器由 REGBANK、LCDCDMA、VIDPRCS、TIMEGEN 和 LPC3600 组成。其中，REGBANK 有 17 个可编程寄存器组和 256×16 的调色板存储器，可用来设定 LCD 控制器；LCDCDMA 是一个专用 DMA，可自动从帧存储器传输视频数据到 LCD 控制器，通过这个特殊的 DMA，视频数据不经过 CPU 处理就可在屏幕上显示；VIDPRCS 可接收从 LCDC-DMA 来的视频数据并将其修改到合适数据格式，然后经 VD［23:0］送到 LCD 驱动器，如 4/8 单扫描或 4 双扫描显示模式；TIMEGEN 由可编程逻辑组成，可支持不同 LCD 驱动器接口时序和不同的速率，用于产生 VFRAME、VLINE、VCLK、VM 等信号。

根据 2.4.2 节可知，触摸屏分为表面声波触摸屏、电容式触摸屏、电阻式触摸屏和红外线式触摸屏几种。其中，最常见的是电阻式触摸屏，其屏体部分是一块与显示器表面紧密结合的多层复合薄膜。触摸屏工作时上下导体层相当于电阻网络，当某一层电极加上电压时，会在该网络上形成电压梯度，若有外力使得上下两层在某一点接触，则在另一层未加电压的电极上可测得接触点处的电压，从而可确定接触点处的坐标。

S3C2410 内部集成的一个外部晶体管控制器，可为 4 线电阻式触摸屏提供 nYMON、YMON、nXPON 和 XMON 控制信号，这些控制信号对由硬件电路设计人员自行添加的 4 个外部晶体管加以通断控制，进而可分时为触摸屏的 *X* 导电层、*Y* 导电层提供电压。此外，外部晶体管控制器还提供了一个引脚，该引脚可控制 S3C2410 的一个内部晶体管的导通与断开，从而确定 AIN7 是否被上拉到 VDDA_ADC。此外，S3C2410 内置了一个 8 通道（AIN［7..0］）的 10 位 ADC，它能以 500kbit/s 的采样速率将外部的模拟信号转换为 10 位分辨率的数字量，因此，ADC 与触摸屏控制器协同工作，可以完成对触摸屏绝对地址的测量。其中，触点的 *X* 与 *Y* 坐标对应的电压信号分别被接入 ADC 的 AIN7 和 AIN5 通道，另外，AIN7 还连接到 S3C2410 的中断发生器。

在正常工作时，触摸屏通常有两种工作状态，一种是等待中断状态，此时触摸屏无触及；另一种是触摸屏处于激活状态。激活状态时，S3C2410 需要实现坐标转换。对应这两种工作状态，触摸屏的 4 个控制引脚就有 3 种连接情况：一是等待中断的引脚连接情况，简称引脚连接状态 1；二是 *X* 轴坐标转换时的引脚连接情况，简称引脚连接状态 2；三是 *Y* 轴坐标转换时的引脚连接情况，简称引脚连接状态 3，见表 10-1。

表 10-1　触摸屏引脚连接状态

引脚连接状态	XP	XM	YP	YM
1	Pull-up	Hi-Z	AIN5	GND
2	External Voltage	GND	AIN5	Hi-Z
3	AIN7	Hi-Z	External Voltage	GND

表 10-1 中各状态含义如下：

Pull-up：表示将 XP 通过上拉电阻连接到 VDDA_ADC；

Hi-Z：表示将相应的引脚设置为高阻态，也就是断开状态；

External Voltage：表示将相应的引脚连接到触摸屏的外接电源；

GND：表示将相应的引脚连接到地。

当触及触摸屏时，由于等待中断状态下引脚连接状态 1 的作用，首先触发中断，进入中断服务程序，将引脚连接状态 1 改变成引脚连接状态 2，获得 *X* 轴的坐标转换结果；之后再将引脚连接状态 2 改变成引脚连接状态 3，获得 *Y* 轴的坐标转换结果；最后在退出中断服务程序前还要将引脚连接状态设置成引脚连接状态 1，对应于等待中断状态。

本系统采用索尼 3.5in LCD，带有 4 线电阻式触摸屏实现数据和图像的显示界面，其接口连接电路如图 10-14a 所示，LCD 背光电路如图 10-14b 所示。

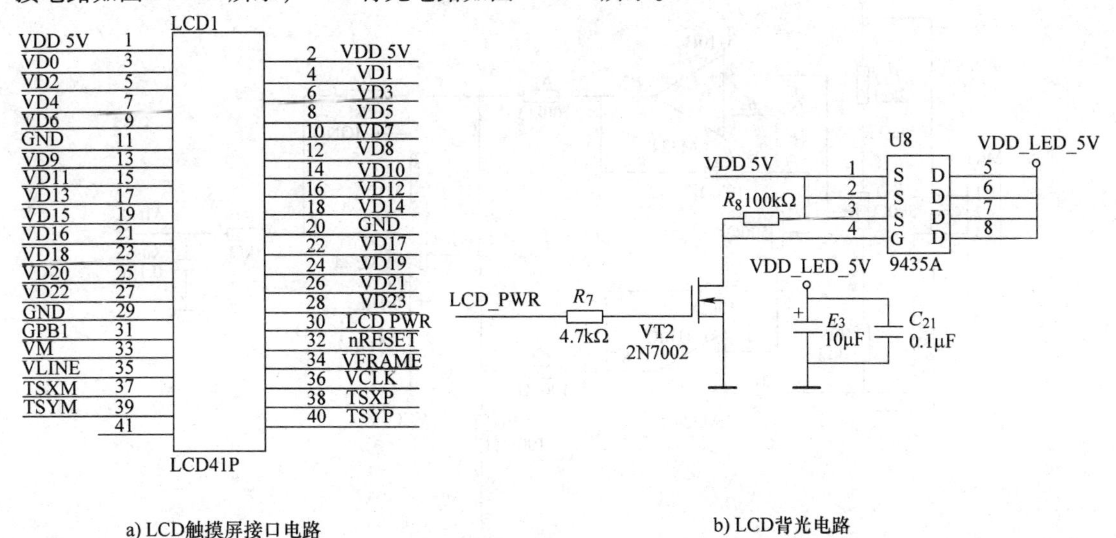

a) LCD触摸屏接口电路　　b) LCD背光电路

图 10-14　LCD 触摸屏接口电路

10. 无线通信模块

系统中的无线通信模块采用 FT56 系列工业无线串口通信模块。其主要特点是提供标准 TTL 电平 UART 接口、RS-232 通信接口和 RS-485 通信接口三种标准接口和透明的数据接口，能适应任何标准或非标准的用户协议；半双工无线通信，实时收发通信；覆盖 ISM 频段工作频率，符合 IFT 频段通信标准，无需申请频点，其通信距离根据功率大小可以达到 4000m 左右。

本系统采用 RS232 与无线模块连接实现数据的无线通信。无线模块自动完成数据的发送和接收，在此不再详细介绍。

11. 数据采集电路

系统采用 MC106 型可燃气体传感器，它可以对工业现场的天然气、液化气、煤气、烷类等可燃性气体及汽油、醇、酮、苯等有机溶剂蒸气的浓度进行检测。MC106 型可燃气体传感器根据催化燃烧效应的原理工作，由检测元件 D 和补偿元件 C 配对组成电桥的两个臂。遇可燃性气体时，检测元件电阻升高，桥路输出电压变化，该电压变量随气体浓度增大而成正比例增大。补偿元件起参比及温湿度补偿作用。MC106 型可燃气体传感器基本工作原理如图 10-15 所示。电桥输出电压较小，因此需要信号调理电路将信号进行放大调理。信号调理电路如图 10-16 所示。

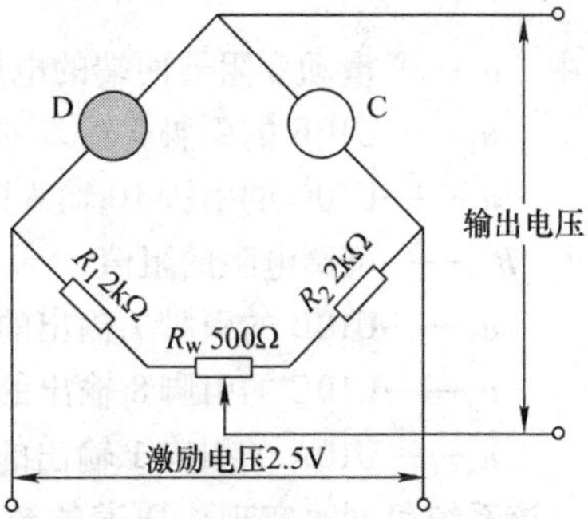

图 10-15　MC106 型可燃气体传感器基本工作原理

信号调理电路的原理是由运算放大器 U10B、U10C 按同相输入法组成第一级差分放大电路，运算放大器 U10A 组成第二级差分放大电路。在第一级电路中，引脚 5、10 所连接的电压信号分别加到 U10B、U10C 的同相端，R_{w2} 和 R_5、R_6 组成的反馈网络，引入了负反馈，两运算放大器 U10B、U10C 的两输入端形成虚短和虚断，因而可调电阻 R_{w2} 两端的电压 $u_{i1}=u_1-u_2$ 和 $\frac{u_{i1}}{R_{w2}}=\frac{u_7-u_8}{R_5+R_6+R_{w2}}$，故得

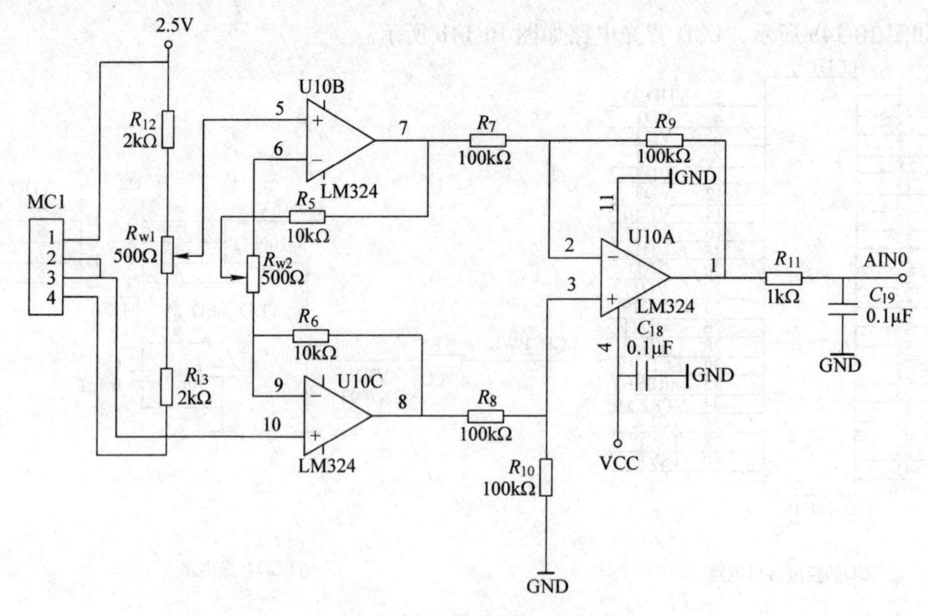

图 10-16　信号调理电路

$$u_7 - u_8 = \frac{R_5 + R_6 + R_{w2}}{R_{w2}} u_{i1} = \left(1 + \frac{2R_5}{R_{w2}}\right)(u_1 - u_2) \tag{10-1}$$

再根据 $u_o = \dfrac{R_4}{R_1}(u_{i2} - u_{i1})$，可得

$$u_o = -\frac{R_9}{R_7}(u_7 - u_8) = -\frac{R_9}{R_7}\left(1 + \frac{2R_5}{R_{w2}}\right)(u_1 - u_2) \tag{10-2}$$

于是电路的电压增益为

$$A_u = \frac{u_o}{u_1 - u_2} = -\frac{R_9}{R_7}\left(1 + \frac{2R_5}{R_{w2}}\right) \tag{10-3}$$

式中　u_{i1}——滑动变阻器两端的电压；

u_1——U10B 的引脚 5 输入的电压；

u_2——U10C 的引脚 10 输入的电压；

R_{w2}——可调电阻的阻值；

u_7——U10B 的引脚 7 输出的电压；

u_8——U10C 的引脚 8 输出的电压；

u_o——U10A 的引脚 1 输出的电压。

该系统可同时实现 4 通道的数据采集，其输入电压分别接入处理器的 AIN0、AIN1、AIN2、AIN3，因其他几个通道与此电路完全相同，在此不再给出。

关于 S3C2410 处理器的引脚分配请参考第 3 章内容。

10.1.3　驱动程序的设计

系统的驱动程序包括 UART 驱动程序、AD 驱动程序、LCD 触摸屏驱动程序、LED 驱动程序、PWM 驱动程序等。通常 UART 和 LCD 触摸屏驱动程序由厂商直接提供，此系统中直接调用，在此不再赘述。

1. AD 驱动程序

S3C2410 集成了一个 8 路 10 位 AD 转换器。AD 采样器带有采样保持功能，并支持触摸屏接口。相关 AD 转换寄存器见表 10-2。

表 10-2　AD 转换寄存器

寄存器	地址	读写	描述	复位值
ADCCON	0x58000000	R/W	AD 转换控制寄存器	0x3fc4
ADCDLY	0x58000008	R	AD 转换开始或间歇延迟寄存器	0x00ff
ADCDAT0	0x5800000C	R	AD 转换数据寄存器 0	—
ADCDAT1	0x58000010	R	AD 转换数据寄存器 1	—

AD 转换实质是对 ADCCON 和 ADCDAT0 寄存器进行操作。

ADCCON 转换控制寄存器是可以读写访问的寄存器，主要用于读取转换结束标志、设置 AD 转换预分频器使能及数值、选择模拟输入通道、选择等待模式、设置使能 AD 转换开始等操作。ADCCON 转换控制寄存器功能描述见表 10-3。

表 10-3　ADCCON 转换控制寄存器功能描述

ADCCON	位	描　述	初始状态
ECFLG	[15]	转换结束标志（只读） 0：AD 正常转换；1：AD 转换结束	0
PRSCEN	[14]	AD 转换预分频器使能 0：禁止使能；1：允许使能	0
PRSCVL	[13:6]	AD 转换预分频值 数值范围：1 ~ 255 当预分频值是 N 时，其分频系数是 N + 1	0xff
SEL_MUX	[5:3]	模拟输入通道选择 000 ~ 111：0 通道 ~ 7 通道	0
STDBM	[2]	等待模式选择 0：正常操作模式；1：备用等待模式	1
READ_START	[1]	通过读操作使能 AD 转换开始 0：禁止开始；1：使能开始	0
ENABLE_START	[0]	使能 AD 转换开始 如果 READ_START 使能，此值无效 0：无操作；1：AD 转换开始，开始之后，此位被清除	0

ADCDAT0 转换数据寄存器是只读寄存器，主要用于读取等待中断模式下触笔的上下状态、正常 AD 转换还是 X 位置和 Y 位置的测量先后顺序、手工测量 X 位置和 Y 位置，以及正常 AD 转换数值或 X 位置转换数据值。ADCDAT0 转换数据寄存器功能描述见表 10-4。

表 10-4　ADCDAT0 转换数据寄存器功能描述

ADCDAT0	位	描　述	初始状态
UPDOWN	[15]	等待中断模式下触笔的上下状态 0：触笔的按下状态；1：触笔的提起状态	—
AUTO_PST	[14]	X 位置和 Y 位置的自动顺序转换 0：正常 AD 转换；1：X 位置和 Y 位置的测量顺序	—

（续）

ADCDAT0	位	描　述	初始状态
XY _ PST	[13:12]	手工测量 X 位置或 Y 位置 00：无操作；01：X 位置测量 10：Y 位置测量；11：等待中断模式	—
Reserved	[11:10]	保留	—
XPDATA	[0:9]	正常 AD 转换数值或 X 位置转换数值 数据值：0 ~ 3ff	—

ADCDLY 转换开始或间歇延迟寄存器和 ADCDAT1 转换数据寄存器 1 的详细功能描述请参考有关书籍。

AD 转换的具体步骤如下：

1）使能 AD 转换的预分频器；在初始定义中实现。

2）设置 AD 转换的预分频器值；在 s3c2410 _ adc _ open 函数中实现。

3）选择 AD 转换的通道；应用程序通过 3c2410 _ adc _ write 函数通知驱动程序转换通道。

4）开始 AD 转换；4 ~ 7 在 s3c2410 _ adc _ read 函数中实现。

5）确认 AD 转换开始。

6）检查 AD 转换是否结束。

7）输出 AD 转换值。

注意：应用程序在调用驱动程序过程中，数据需要从用户层到内核层或从内核层到用户层，这在标准的 C 库函数是无法实现的，应使用 copy _ from _ user 和 copy _ to _ user 实现。

在 S3C2410 中，AD 输入和触摸屏接口使用共同的 A/D 转换器，ADC 驱动和触摸屏驱动若想共存，就必须解决共享 A/D 转换器资源这个问题。因此，在 ADC 驱动程序中声明了一个全局的“ADC _ LOCK”信号量。

AD 驱动程序源代码如下：

文件名称：drive _ adc. c

程序清单：

```
#include <linux/kernel. h>
#include <linux/module. h>
#include <linux/init. h>
#include <asm/uaccess. h>
#include <plat/regs-adc. h>
#include "s3c2410-adc. h"
#define DEVICE _ NAME   "adc"                //定义主设备名称
static void __ iomem *base _ addr;
//定义 ADC 设备结构
typedef struct {
    wait _ queue _ head _ t wait;
    int channel;
    int prescale;
} ADC _ DEV;
//声明全局变量,以使和触摸屏驱动程序共享 A/D 转换器
```

```
DECLARE_MUTEX(ADC_LOCK);
//ADC 驱动是否拥有 A/D 转换器资源的状态变量
static int OwnADC = 0;
static ADC_DEV adcdev;
static volatile int ev_adc = 0;
static int adc_data;
static struct clk   *adc_clock;
//定义 ADC 相关的寄存器
//ADC control
#define ADCCON        (*(volatile unsigned long *)(base_addr + S3C2410_ADCCON))
//ADC touch screen control
#define ADCTSC        (*(volatile unsigned long *)(base_addr + S3C2410_ADCTSC))
//ADC start or Interval Delay
#define ADCDLY        (*(volatile unsigned long *)(base_addr + S3C2410_ADCDLY))
//ADC conversion data 0
#define ADCDAT0       (*(volatile unsigned long *)(base_addr + S3C2410_ADCDAT0))
//ADC conversion data 1
#define ADCDAT1       (*(volatile unsigned long *)(base_addr + S3C2410_ADCDAT1))
//Stylus Up/Down interrupt status
#define ADCUPDN       (*(volatile unsigned long *)(base_addr + 0x14))
#define PRESCALE_DIS          (0 << 14)
#define PRESCALE_EN           (1 << 14)
#define PRSCVL(x)             ((x) << 6)
#define ADC_INPUT(x)          ((x) << 3)
#define ADC_START             (1 << 0)
#define ADC_ENDCVT            (1 << 15)
//开启 AD 输入
//PRESCALE_EN 左移 14 位使能预分频器;PRSCVL 左移 6 位设置预分频值;
//ADC_INPUT 左移 3 位选择通道;
//ADCCON |= ADC_START; ADCCON 0 为置 1,准备采集数据
#define START_ADC_AIN(ch, prescale)
do{
    ADCCON = PRESCALE_EN | PRSCVL(prescale) | ADC_INPUT((ch)) ;
    ADCCON |= ADC_START;
}while(0)
//ADC 中断处理函数
static irqreturn_t adcdone_int_handler(int irq, void *dev_id)
{
//如果 ADC 驱动拥有 A/D 转换器资源,则从 ADC 寄存器读取转换状态
if (OwnADC) {
        adc_data = ADCDAT0 & 0x3ff;
        ev_adc = 1;
        wake_up_interruptible(&adcdev.wait);
    }
```

```
return IRQ _ HANDLED;
}
//写函数,告诉内核驱动读哪一个通道的数据
static ssize _ t s 3c2410 _ adc _ write( struct file * file, const char * buffer, size _ t count, loff _ t * ppos)
{
int data;
if( count!  = sizeof( data) ) {
    //error input data size
    DPRINTK( "the size of input data must be %d\n", sizeof( data) );
    return 0;
}
copy _ from _ user( &data, buffer, count);
adcdev. channel = ADC _ WRITE _ GETCH( data);
adcdev. prescale = ADC _ WRITE _ GETPRE( data);
DPRINTK( "set adc channel = %d, prescale = 0x%x\n", adcdev. channel, adcdev. prescale);
return count;
}
//ADC 读函数
static ssize _ t s3c2410 _ adc _ read( struct file * filp, char * buffer, size _ t count, loff _ t * ppos)
{
    char str[20];
    int value;
    size _ t len;
//判断 A/D 转换器资源是否可用
if (down _ trylock( &ADC _ LOCK) ==0) {
    OwnADC = 1;      //标记为 A/D 转换器资源是可用
    START _ ADC _ AIN( adcdev. channel, adcdev. prescale);    //开始转换
    wait _ event _ interruptible( adcdev. wait, ev _ adc);    //等待转换结束
    ev _ adc = 0;
DPRINTK( "AIN[%d] = 0x%04x, %d\n", adcdev. channel, adc _ data, ADCCON & 0x80 ? 1:0);
    value = adc _ data;             //把转换结果赋值,以便传递到用户层
    OwnADC = 0;                //释放 A/D 转换器资源
    up( &ADC _ LOCK);
} else {
     value = -1;                              //没有 A/D 转换器资源
    }
len = sprintf( str, "%d\n", value);
if (count > = len) {
    int r = copy _ to _ user( buffer, str, len); //将转换结果传递到用户层
    return r ? r : len;
} else {
    return -EINVAL;
    }
}
```

```
//ADC 设备的打开函数
static int s3c2410_adc_open(struct inode *inode, struct file *filp)
{
    init_waitqueue_head(&(adcdev.wait)); //初始化中断队列
    adcdev.channel = 0;                  //默认通道为'0'
    adcdev.prescale = 0xff;
    DPRINTK( "adc opened\n");
    return 0;
}
static int s3c2410_adc_release(struct inode *inode, struct file *filp)
{
    DPRINTK( "adc closed\n");
    return 0;
}
static struct file_operations dev_fops = {
    owner:   THIS_MODULE,
    open:    s3c2410_adc_open,
    read:    s3c2410_adc_read,
    write:   s3c2410_adc_write,
    release: s3c2410_adc_release,
};
static struct miscdevice misc = {
    .minor = MISC_DYNAMIC_MINOR,
    .name = DEVICE_NAME,
    .fops = &dev_fops,
};
static int __init dev_init(void)
{
    int ret;
    base_addr = ioremap(S3C2410_PA_ADC,0x20);
    if (base_addr == NULL) {
        printk(KERN_ERR "Failed to remap register block\n");
        return -ENOMEM;
    }
    adc_clock = clk_get(NULL, "adc");
    if (! adc_clock) {
        printk(KERN_ERR "failed to get adc clock source\n");
        return -ENOENT;
    }
    clk_enable(adc_clock);
    /* normal ADC */
    ADCTSC = 0;
    ret = request_irq(IRQ_ADC, adcdone_int_handler, IRQF_SHARED, DEVICE_NAME,
&adcdev);
```

```
        if (ret) {
            iounmap(base _ addr);
            return ret;
        }
        ret = misc _ register(&misc);
        printk (DEVICE _ NAME" \tinitialized\n");
        return ret;
}
static void _ exit dev _ exit(void)
{
        free _ irq(IRQ _ ADC, &adcdev);
        iounmap(base _ addr);
        if (adc _ clock) {
            clk _ disable(adc _ clock);
            clk _ put(adc _ clock);
            adc _ clock = NULL;
        }
        misc _ deregister(&misc);
}
EXPORT _ SYMBOL(ADC _ LOCK);   //导出信号量" ADC _ LOCK" 以便触摸屏驱动使用
module _ init(dev _ init);
module _ exit(dev _ exit);
```

2. LED 驱动程序

LED 驱动是一个简单的字符驱动程序，其硬件连接如图 10-11 所示。通过 GPB5、GPB6、GPB7、GPB8 端口分别输出高、低电平，可以直接熄灭或点亮 LED。

LED 驱动只需要端口输出高低电平，驱动程序接口简单，只需要 ioctl 接口即可。其主要步骤是，在初始化程序中，定义 IO 为输出端口；在 ioctl 接口函数中，控制 IO 口输出高低电平。

LED 驱动程序源代码如下：

文件名：derive _ leds. c

驱动程序清单：

```
#include <mach/hardware. h>
#include <linux/kernel. h>
#include <linux/module. h>
#include <linux/init. h>
#include <linux/fs. h>
#include <linux/delay. h>
#include <linux/ioctl. h>
#include <asm/uaccess. h>
#include <asm/unistd. h>
#define DEVICE _ NAME "leds"          //定义主设备号
//定义 GPIO 接口数组
static unsigned long led _ table [ ] = {
```

```
    S3C2410_GPB5,
    S3C2410_GPB6,
    S3C2410_GPB7,
    S3C2410_GPB8,
};
//设定 GPIO 为输出
static unsigned int led_cfg_table [] = {
    S3C2410_GPB5_OUTP,
    S3C2410_GPB6_OUTP,
    S3C2410_GPB7_OUTP,
    S3C2410_GPB8_OUTP,
};
//LED 控制函数
static int sbc2410_leds_ioctl(struct inode *inode,struct file *file,unsigned int cmd,unsigned long arg)
{
switch(cmd) {
    case 0:
        s3c2410_gpio_setpin(led_table[arg], 1);     // 熄灭 LED
        return 0;
    case 1:
        s3c2410_gpio_setpin(led_table[arg],0);      //点亮 LED
        return 0;
    default:
    return -EINVAL;
    }
}
static struct file_operations dev_fops = {
    .owner = THIS_MODULE,
    .ioctl = sbc2410_leds_ioctl,
};
static struct miscdevice misc = {
    .minor = MISC_DYNAMIC_MINOR,
    .name = DEVICE_NAME,
    .fops = &dev_fops,
};
//初始化
static int __init dev_init(void)
{
    int ret;
    int i;
    for (i = 0; i < 4; i++) {
        s3c2410_gpio_cfgpin(led_table[i], led_cfg_table[i]);  //设置 GPIO 为输出
        s3c2410_gpio_setpin(led_table[i], 1);     //初始为 1,全部熄灭
    }
```

```
    ret = misc _ register( &misc) ;                         //注册
    printk (DEVICE _ NAME" \tinitialized\n" ) ;
    return ret;
}
static void _ exit dev _ exit( void)
{
    misc _ deregister( &misc) ;
}
module _ init( dev _ init) ;
module _ exit( dev _ exit) ;
```

3. PWM 驱动程序

S3C2410 的 PWM 的详细描述请参考 8.4 节直流电动机驱动程序的设计的相关部分。本系统的蜂鸣器控制电路采用 TOUT0（即 GPB0）作为脉冲输入信号，硬件连接如 10-12 所示，通过修改其输出频率和占空比，控制蜂鸣器的声音频率及声音高低。其主要步骤如下：

1）设置频率和占空比。应用程序通过 ioctl 接口函数将控制参数传递到驱动程序。

2）输出脉冲。

3）停止脉冲输出。可以通过 ioctl 接口函数实现，关闭（close）驱动时停止脉冲输出。

PWM 蜂鸣器驱动程序源代码如下：

文件名称：derive _ pwm. c

程序清单：

```
#include <linux/module. h >
#include <linux/kernel. h >
#include <linux/fs. h >
#include <linux/init. h >
#include <linux/delay. h >
#include <linux/gpio. h >
#include <asm/io. h >
#include <mach/hardware. h >
#define DEVICE _ NAME   "pwm"                               //定义主设备名
#define PWM _ IOCTL _ SET _ FREQ   1                        //频率设定标志
#define PWM _ IOCTL _ STOP      0                           //停止标志
static struct semaphore lock;
/ * freq:   pclk/50/16/65536 ~ pclk/50/16
   * if pclk = 50MHz, freq is 1Hz to 62500Hz
   * human ear : 20Hz ~ 20000Hz    */
static void PWM _ Set _ Freq( unsigned long freq )
{
        unsigned long tcon;
        unsigned long tcnt;
        unsigned long tcfg1;
        unsigned long tcfg0;
        struct clk * clk _ p;
        unsigned long pclk;
```

```
        //set GPB0 as tout0, pwm output
        s3c2410_gpio_cfgpin(S3C2410_GPB(0), S3C2410_GPB0_TOUT0);
        tcon = __raw_readl(S3C2410_TCON);
        tcfg1 = __raw_readl(S3C2410_TCFG1);
        tcfg0 = __raw_readl(S3C2410_TCFG0);
        //prescaler = 50
        tcfg0 &= ~S3C2410_TCFG_PRESCALER0_MASK;
        tcfg0 |= (50 - 1);
        //mux = 1/16
        tcfg1 &= ~S3C2410_TCFG1_MUX0_MASK;
        tcfg1 |= S3C2410_TCFG1_MUX0_DIV16;
        __raw_writel(tcfg1, S3C2410_TCFG1);
        __raw_writel(tcfg0, S3C2410_TCFG0);
        clk_p = clk_get(NULL, "pclk");
        pclk    = clk_get_rate(clk_p);
        tcnt    = (pclk/50/16)/freq;
        __raw_writel(tcnt, S3C2410_TCNTB(0));
        __raw_writel(tcnt/2, S3C2410_TCMPB(0));
        tcon &= ~0x1f;
        //disable deadzone, auto-reload, inv-off, update TCNTB0&TCMPB0, start timer 0
        tcon |= 0xb;
        __raw_writel(tcon, S3C2410_TCON);
        tcon &= ~2;          //clear manual update bit
        __raw_writel(tcon, S3C2410_TCON);
}
static void PWM_Stop(void)
{
        s3c2410_gpio_cfgpin(S3C2410_GPB(0), S3C2410_GPIO_OUTPUT);
        s3c2410_gpio_setpin(S3C2410_GPB(0), 0);
}
static int s3c2410_pwm_open(struct inode *inode, struct file *file)
{
    if (! down_trylock(&lock))
        return 0;
    else
        return -EBUSY;
}
static int s3c2410_pwm_close(struct inode *inode, struct file *file)
{
        PWM_Stop();
        up(&lock);
    return 0;
}
static int s3c2410_pwm_ioctl(struct inode *inode, struct file *file, unsigned int cmd, unsigned long arg)
```

```
{
    //printk("ioctl pwm: %x %lx\n", cmd, arg);
    switch (cmd) {
        case PWM_IOCTL_SET_FREQ:
            if (arg == 0)   return -EINVAL;
            PWM_Set_Freq(arg);
            break;
        case PWM_IOCTL_STOP:
            PWM_Stop();
            break;
    }
    return 0;
}
static struct file_operations dev_fops = {
    .owner   =   THIS_MODULE,
    .open    =   s3c2410_pwm_open,
    .release =   s3c2410_pwm_close,
    .ioctl   =   s3c2410_pwm_ioctl,
};
static struct miscdevice misc = {
        .minor = MISC_DYNAMIC_MINOR,
        .name = DEVICE_NAME,
        .fops = &dev_fops,
};
static int __init dev_init(void)
{
        int ret;
        init_MUTEX(&lock);
        ret = misc_register(&misc);
        printk (DEVICE_NAME"\tinitialized\n");
        return ret;
}
static void __exit dev_exit(void)
{
        misc_deregister(&misc);
}
module_init(dev_init);
module_exit(dev_exit);
```

10.1.4　应用程序的设计

应用程序采用 Linux 和 Qt4 为开发平台，其开发平台的配置请参考本书有关章节。为了提高系统的响应速度，系统采用多线程的工作方式，建立了一个发送数据线程和一个接收数据线程。其流程如图 10-17 所示。

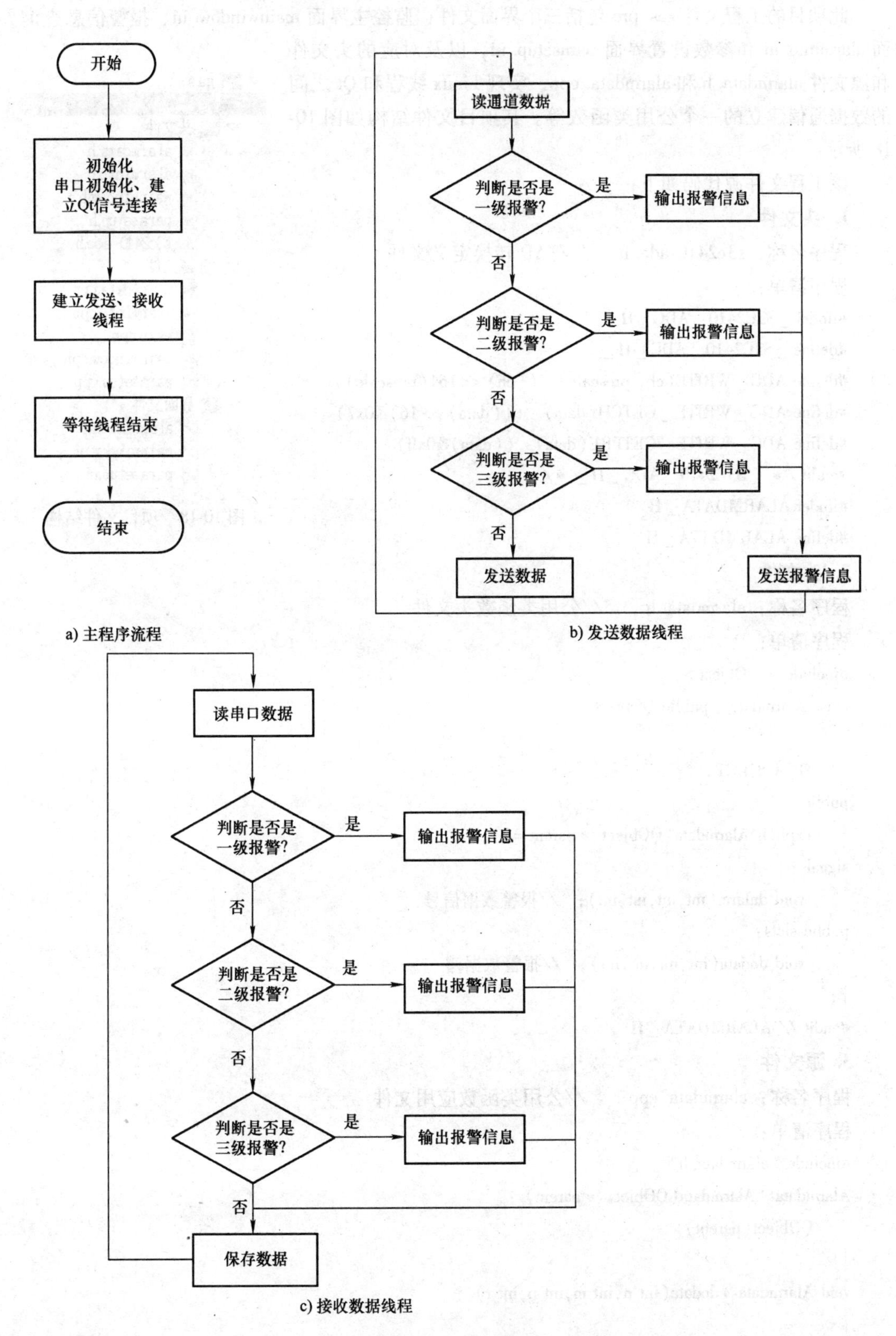
开始
初始化
串口初始化、建立Qt信号连接
建立发送、接收线程
等待线程结束
结束
a) 主程序流程
读通道数据
判断是否是一级报警?
是
输出报警信息
否
判断是否是二级报警?
是
输出报警信息
否
判断是否是三级报警?
是
输出报警信息
否
发送数据
发送报警信息
b) 发送数据线程
读串口数据
判断是否是一级报警?
是
输出报警信息
否
判断是否是二级报警?
是
输出报警信息
否
判断是否是三级报警?
是
输出报警信息
否
保存数据
c) 接收数据线程

图 10-17　程序流程

此项目的工程文件 gas. pro 包括三个界面文件：监控主界面 mainwindow. ui、报警信息查询界面 alarminfo. ui 和参数设置界面 parasetup. ui，以及对应的头文件和源文件 alarmdata. h 和 alarmdata. cpp、实现 Linux 线程和 Qt 之间的数据通信建立的一个公用类函数等。其项目文件结构如图 10-18 所示。

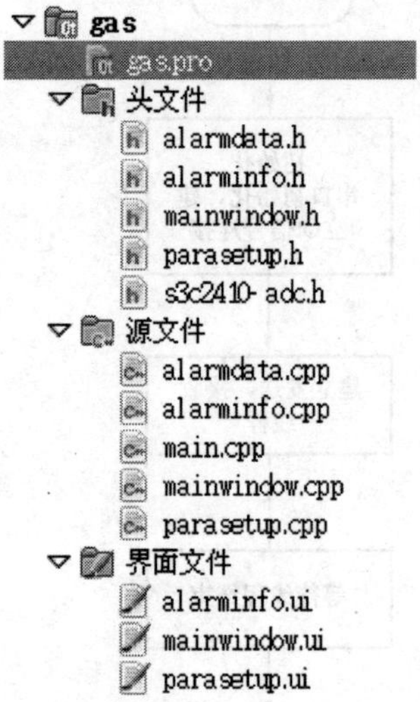

gas
- gas.pro
- 头文件
  - alarmdata.h
  - alarminfo.h
  - mainwindow.h
  - parasetup.h
  - s3c2410-adc.h
- 源文件
  - alarmdata.cpp
  - alarminfo.cpp
  - main.cpp
  - mainwindow.cpp
  - parasetup.cpp
- 界面文件
  - alarminfo.ui
  - mainwindow.ui
  - parasetup.ui

图 10-18　项目文件结构

该工程文件源代码如下：

1. 头文件

程序名称：s3c2410-adc. h　　//AD 转换定义文件

程序清单：

```
#ifndef _S3C2410_ADC_H_
#define _S3C2410_ADC_H_
#define ADC_WRITE(ch, prescale)  ((ch)<<16|(prescale))
#define ADC_WRITE_GETCH(data)  (((data)>>16)&0x7)
#define ADC_WRITE_GETPRE(data)  ((data)&0xff)
#endif/*_S3C2410_ADC_H_*/
#ifndef ALARMDATA_H
#define ALARMDATA_H
```

2. 头文件

程序名称：alarmdata. h　　//公用类函数头文件

程序清单：

```
#include <QObject>
class Alarmdata : public QObject
{
    Q_OBJECT
public:
    explicit Alarmdata(QObject *parent=0);
signals:
    void dalarm(int,int,int,int);   //报警数据信号
public slots:
    void dodata(int,int,int,int);   //报警数据槽
};
#endif// ALARMDATA_H
```

3. 源文件

程序名称：alarmdata. cpp　　//公用类函数应用文件

程序清单：

```
#include "alarmdata. h"
Alarmdata::Alarmdata(QObject *parent) :
    QObject(parent)
{}
void Alarmdata::dodata(int n,int m,int p,int r)
{
emit dalarm(n,m,p,r);        //发射槽信号
```

```
return;
}
```

4. 界面文件

程序名称：parasetup. ui　　　　　//参数设置界面文件

参数设置界面主要设置报警参数和本机编号。报警分为一级报警、二级报警和三级报警，采样数据如果大于报警设置参数，根据报警级别系统会发出不同的报警信息。同时有多机进行数据传输时，其传输信息通过本机编号进行区分。参数设置界面如图 10-19 所示。

5. 界面头文件

程序名称：parasetup. h　//参数设置界面头文件

程序清单：

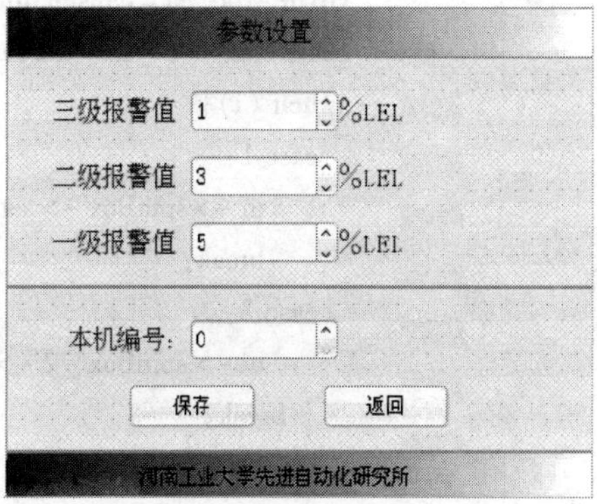

```
#ifndef PARASETUP _ H
#define PARASETUP _ H
#include <QWidget>
#include <qstring. h>
#include <qfile. h>
#include <qtextstream. h>
#include <qtextcodec. h>
namespace Ui {
class Parasetup;
}
class Parasetup : public QWidget
{
    Q _ OBJECT
public:
    explicit Parasetup(QWidget *parent = 0);
    ~Parasetup();
private slots:
    void on _ pushButton _ clicked();
    void on _ pushButton _ 2 _ clicked();
private:
    Ui::Parasetup *ui;
};
#endif    // PARASETUP _ H
```

图 10-19　参数设置界面

6. 界面源文件

程序名称：parasetup. cpp　　　//参数设置界面应用文件

程序清单：

```
#include "parasetup. h"
#include "ui _ parasetup. h"
Parasetup::Parasetup(QWidget *parent) :
    QWidget(parent),
    ui(new Ui::Parasetup)
{
ui->setupUi(this);
```

```
    //读参数数据,将参数数据显示到界面上
    QFile file("canshu.txt");
     if (file.open(QIODevice::ReadOnly)) {
         QTextStream txtinput (&file);
         QString canshu = "";
         int i = 1;
         while (! txtinput.atEnd()) {
                canshu = txtinput.readLine();
                QByteArray ba = canshu.toLatin1();
                const char *c_str = ba.data();
                switch (i) {
                  case 1:
                      ui->spinBox->setValue(atoi(c_str));
                      break;
                  case 2:
                      ui->spinBox_2->setValue(atoi(c_str));
                    break;
                  case 3:
                    ui->spinBox_3->setValue(atoi(c_str));
                    break;
                  case 4:
                      ui->spinBox_4->setValue(atoi(c_str));
                    break;

                }

           }
           file.close();
       }
}
Parasetup::~Parasetup()
{
    delete ui;
}
//关闭界面
void Parasetup::on_pushButton_clicked()
{
    this->close();
}
// 写参数到文件中
void Parasetup::on_pushButton_2_clicked()
{
    QFile file("canshu.txt");
      if (file.open(QIODevice::WriteOnly)) {
           QTextStream txtoutput (&file);
           quint32 lineStr1(ui->spinBox->value());
```

```
        txtoutput << lineStr1 << endl;
        quint32 lineStr2(ui -> spinBox_2 -> value());
        txtoutput << lineStr2 << endl;
        quint32 lineStr3(ui -> spinBox_3 -> value());
        txtoutput << lineStr3 << endl;
        quint32 lineStr4(ui -> spinBox_4 -> value());
        txtoutput << lineStr4 << endl;
        file.close();
    }
}
```

7. 窗口文件

程序名称：alarminfo.ui　　　//报警信息查询界面

报警信息查询界面主要实现查询报警信息发生的时间和级别，如图 10-20 所示。

8. 窗口头文件

程序名称：alarminfo.h　　　//报警信息查询界面头文件

程序清单：

```
#ifndef ALARMINFO_H
#define ALARMINFO_H
#include <QWidget>
#include <qstring.h>
#include <qfile.h>
#include <qtextstream.h>
#include <qtextcodec.h>
namespace Ui {
class Alarminfo;
}
class Alarminfo : public QWidget
{
    Q_OBJECT
public:
    explicit Alarminfo (QWidget *parent = 0);
    ~Alarminfo ();
private slots:
    void on_pushButton_clicked ();
private:
    Ui::Alarminfo *ui;
};
#endif    // ALARMINFO_H
```

图 10-20　报警信息查询界面

9. 窗口源文件

程序名称：Alarminfo.cpp　　　//报警信息界面应用文件

程序清单：

```
#include "alarminfo.h"
#include "ui_alarminfo.h"
```

```
Alarminfo::Alarminfo(QWidget *parent) :
    QWidget(parent),
    ui(new Ui::Alarminfo)
{
    ui->setupUi(this);
    char txtline[1024];
    char qdata[1024];
    char qtime[1024];
    char qvalue[1024];
    char qalarm[1024];
char qchan[1024];
//读报警信息插入到信息表中
    QFile file("alarminfo.txt");
    if (file.open(QIODevice::ReadOnly)) {
            QTextStream txtoutput (&file);
            QString txtdata = "";
            int i = 1;
            while (! txtoutput.atEnd()) {
                txtdata = txtoutput.readLine();
                QByteArray ba = txtdata.toLatin1();
                const char *c_str = ba.data();
                strcpy(txtline,c_str);
                sscanf(txtline,"%20[^#]#%20[^#]#%20[^#]#%20[^#]#%20[^\n]", qdata,qtime,
qvalue,qalarm,qchan);
                int row = ui->tableWidget->rowCount();
                ui->tableWidget->insertRow(row);
                ui->tableWidget->setItem(row,0,new QTableWidgetItem(qdata));
                ui->tableWidget->setItem(row,1,new QTableWidgetItem(qtime));
                ui->tableWidget->setItem(row,2,new QTableWidgetItem(qvalue));
                    ui->tableWidget->setItem(row,3,new
QTableWidgetItem(QString::fromUtf8(qalarm)));
                    ui->tableWidget->setItem(row,4,new
QTableWidgetItem(QString::fromUtf8(qchan)));
                i++;
                }
        }
      file.close();
}
Alarminfo::~Alarminfo()
{
    delete ui;
}
//关闭界面
void Alarminfo::on_pushButton_clicked()
```

```
{
    this -> close( ) ;
}
```

10. 显示界面文件

程序名称：mainwindow. ui　　//数据显示界面文件

数据显示界面即系统主界面。此界面动态实时显示四个通道的数据值，如图10-21所示。

11. 显示界面头文件

程序名称：mainwindow. h　　//数据显示界面头文件

程序清单：

图10-21　数据显示界面

```
#ifndef MAINWINDOW_H
#define MAINWINDOW_H
#include <QMainWindow>
#include <QTimer>
#include <QDateTime>
#include <QProcess>
# include <stdio. h>
# include <stdlib. h>
# include <termio. h>
# include <unistd. h>
# include <getopt. h>
# include <time. h>
# include <string. h>
#include <sys/types. h>
#include <sys/stat. h>
#include <fcntl. h>
#include <pthread. h>
#include <alarminfo. h>
#include <parasetup. h>
namespace Ui {
class MainWindow;
}
class MainWindow : public QMainWindow
{
    Q_OBJECT
public:
    explicit MainWindow(QWidget *parent =0);
    ~MainWindow( );
private slots:
    void on_pushButton_clicked( );
    void on_pushButton_2_clicked( );
    void updateTime( );
    void alarmdataplay(int,int,int,int);
private:
```

```
    Ui::MainWindow *ui;
    Alarminfo alarminfo;
    Parasetup parasetup;
    QTimer timer;
};
#endif // MAINWINDOW_H
```

12. 显示界面源文件

程序名称：mainwindow.cpp　　//数据显示界面应用文件

程序清单：

```
#include "mainwindow.h"
#include "ui_mainwindow.h"
MainWindow::MainWindow(QWidget *parent) :
    QMainWindow(parent),
    ui(new Ui::MainWindow)
{
ui->setupUi(this);
//建立日期时间信息连接
    connect(&timer, SIGNAL(timeout()),this,SLOT(updateTime()));
    timer.start(1000);  //设定时间刷新间隔
}
MainWindow::~MainWindow()
{
    delete ui;
}
//登录参数设置界面
void MainWindow::on_pushButton_clicked()
{
  parasetup.showFullScreen();
}
//登录信息查询界面
void MainWindow::on_pushButton_2_clicked()
{
    alarminfo.showFullScreen();
}
//时间更新
void MainWindow::updateTime()
{
    QDateTime dt = QDateTime::currentDateTime();
    QString dateString = dt.currentDateTime().date().toString("yyyy-MM-dd");
    QString timeString = dt.currentDateTime().time().toString(" hh:mm");
    ui->label_11->setText(dateString.append(timeString));
}
//报警数据更新
```

```
void MainWindow::alarmdataplay(int m,int n,int p,int r)
  {
   m = m * 3.3/1023;
   QString str1 = QString("float is %1").arg(m);
   ui->textEdit->setText(str1);
   n = n * 3.3/1023;
   QString str2 = QString("float is %1").arg(n);
   ui->textEdit_2->setText(str2);
   p = p * 3.3/1023;
   QString str3 = QString("float is %1").arg(p);
   ui->textEdit_3->setText(str3);
   r = r * 3.3/1023;
   QString str4 = QString("float is %1").arg(r);
   ui->textEdit_4->setText(str4);
  }
```

13. 主程序源文件

程序名称：Main. cpp　　//主程序应用文件

程序清单：

```
#include <QtGui/QApplication>
#include "mainwindow.h"
#include <time.h>
#include <unistd.h>
#include "s3c2410-adc.h"
#include <alarmdata.h>
#define BAUDRATE B9600                                  //通信波特率
#define COM2 "/dev/ttySAC1"                             //定义串口2的驱动文件
#define sendled_1   (ioctl(fdled,1,0))                  //发送灯亮
#define sendled_0   (ioctl(fdled,0,0))                  //发送灯灭
#define receled_1   (ioctl(fdled,1,1))                  //接收灯亮
#define receled_0   (ioctl(fdled,0,1))                  //接收灯灭
#define alarmled_1   (ioctl(fdled,1,2))                 //报警灯亮
#define alarmled_0   (ioctl(fdled,0,2))                 //报警灯灭
#define errorled_1   (ioctl(fdled,1,3))                 //故障灯亮
#define errorled_0   (ioctl(fdled,0,3))                 //故障灯灭
#define PWM_IOCTL_SET_FREQ   1                          //PWM频率设定标志
#define PWM_IOCTL_STOP       0                          //PWM停止标志
#define MAXno   100                                     //接收用户编号最大值
#define MINno   1                                       //接收用户编号最小值
Alarmdata alarmdata;                                    //公用类函数
int fdcom,fdadc,fdled,fdpwm;
int Alarmvalue1,Alarmvalue2,Alarmvalue3,Number;
unsigned char sendbuffer[30];                           // 发送缓冲区
unsigned char recebuffer[30];                           //接收缓冲区
```

```
//读参数信息,将参数信息保存到变量中
// Alarmvalue1 一级报警值;Alarmvalue2 二级报警值;Alarmvalue3 三级报警值
// Number 用户编号
void read _ alarm( )
{
    QFile file( " canshu. txt" );
    if (file. open( QIODevice: : ReadOnly) ) {
        QTextStream txtinput (&file);
        QString canshu = " ";
        int i = 1;
        while ( ! txtinput. atEnd( ) ) {
            canshu = txtinput. readLine( );
            QByteArray ba = canshu. toLatin1( );
            const char * c _ str = ba. data( );
        //  printf( " text: %d : %s\n" ,i,c _ str);
            switch (i) {
              case 1:
                 Alarmvalue1 = atoi( c _ str);
                 break;
              case 2:
                 Alarmvalue2 = atoi( c _ str);
                 break;
              case 3:
                 Alarmvalue3 = atoi( c _ str);
                 break;
              case 4:
                 Number = atoi( c _ str);
            }
            i ++ ;
        }
      file. close( );
    }
}
//读 AD 值,将 AD 值读到 buffer 缓冲区中,返回数据 value
int read _ adc(int channel)
{
  char buffer[30];
  int PRESCALE = 0xFF;
  int data = ADC _ WRITE(channel,PRESCALE);
  write(fdadc,&data,sizeof(data));
  int len = read(fdadc,buffer, sizeof buffer -1);
  if (len > 0) {
     buffer[len] = '\0';
     int value = -1;
```

```
        sscanf(buffer, "%d", &value);
        printf("ADC Value: %d\n", value);
        return value;
    }
}
//蜂鸣器启动,设定频率 freq
void buzzer_star(int freq)
{
fdpwm = open("/dev/pwm", 0);
if (fdpwm  < 0){
      errorled_1;
      return ;
}
  ioctl(fdpwm, PWM_IOCTL_SET_FREQ, freq);
}
//蜂鸣器停止
void buzzer_stop()
{
     if(fdpwm <0) {
           errorled_1;
           return ;
     }
     else {
           ioctl(fdpwm, PWM_IOCTL_STOP);
           close(fdpwm);
     }
}
//写报警数据到文件 alarminfo.txt
void write_alarminfo(int ch,int alarm, int Hdata,int Ldata)
{
     QDateTime dt = QDateTime::currentDateTime();
     QString dateString = dt.currentDateTime().date().toString("yyyy-MM-dd");
     QString timeString = dt.currentDateTime().time().toString(" hh:mm");
     QFile file("alarminfo.txt");
     if (file.open(QIODevice::ReadWrite)){
           QTextStream txtoutput (&file);
           QString txtdata = "";
           int i = 1;
           while (! txtoutput.atEnd()) {
                 txtdata = txtoutput.readLine();
                 i++;
                 }
                 int gvalue = (Hdata * 100 + Ldata) * 3.3/1023;
               QString channel_No,alarm_jb;
```

```
                switch (ch){
                    case 1:
                        channel _ No = "通道一";
                    case 2:
                        channel _ No = "通道二";
                    case 3:
                        channel _ No = "通道三";
                    case 4:
                        channel _ No = "通道四";
                }
                switch (alarm){
                    case 1:
                        alarm _ jb = "一级报警";
                    case 2:
                        alarm _ jb = "二级报警";
                    case 3:
                        alarm _ jb = "三级报警";
                }
    txtoutput << dateString << "#" << timeString << "#" << gvalue << "#" << alarm _ jb << "#" << channel _ No
<< "\n";
            }
        file. close();
    }
    //通过串口向无线模块发送数据
    void send _ data _ frame(int ch,int alarm, int Hdata,int Ldata)
    {
        sendbuffer[0] =02;                          //起始位
        sendbuffer[1] = Number;                     //用户编号
        sendbuffer[2] = ch;                         //通道号
        sendbuffer[3] = alarm;                      //报警级别
        sendbuffer[4] = Hdata;                      //数据高位
        sendbuffer[5] = Ldata;                      //数据低位
        sendbuffer[6] =03;                          //结束位
        write(fdcom, sendbuffer,7);                 //写到串口
        sendled _ 0;                                //发送完成 发送灯灭
        return;
    }
    //发送数据线程
    void * send(void * )
    {
      int hda,lda;
      int gas _ value;
      int i;
      int alarm _ v[4];
```

```
    while(1)
    {
        //读 0 ~3 通道 AD 数据
        for(i =0;i <4;i ++ ){
            gas _ value = read _ adc(i);                              //读通道数据
            hda = (int)(gas _ value/100);
            lda = gas _ value - hda * 100;
            sendled _ 1;
            if((gas _ value * 3.3/1023) > = Alarmvalue1) {           //判断是否是一级报警
                alarmled _ 1;                                         //报警灯亮
                buzzer _ star(2000);                                  //蜂鸣器高频报警
                send _ data _ frame(i,1,hda,lda);                     //无线发送报警数据
                write _ alarminfo(i,1,hda,lda);                       //写报警数据到文件
            }
            else if((gas _ value * 3.3/1023) > = Alarmvalue2) {      //判断是否是二级报警
                alarmled _ 1;
                buzzer _ star(1000);                                  //蜂鸣器中频报警
                send _ data _ frame(i,2,hda,lda);
                write _ alarminfo(i,2,hda,lda);
            }
            else if((gas _ value * 3.3/1023) > = Alarmvalue3){       //判断是否是三级报警
                alarmled _ 1;
                buzzer _ star(500);                                   //蜂鸣器低频报警
                send _ data _ frame(i,3,hda,lda);
                write _ alarminfo(i,3,hda,lda);
            }
            else {                                                    //低于报警值
                alarmled _ 0;                                         //报警灯熄灭
                buzzer _ stop();                                      //蜂鸣器停止
                send _ data _ frame(i,0,hda,lda);
            }
          alarm _ v[i] = gas _ value;
        }
        //发射报警数据给 Qt 界面
        alarmdata. dodata(alarm _ v[0],alarm _ v[1],alarm _ v[2],alarm _ v[3]);
        sleep(10);
    }
}
//接收线程,如不需要数据远传,可以取消此线程
void * receive(void * )
{
    read(fdcom,recebuffer,7);  //接收数据
    //判断接收到的数据是否在允许范围内
iif((recebuffer[0] =02)&& (recebuffer[6] =03)&& (recebuffer[1] > =MINno)&&(recebuffer[1] <=
```

```
MAXno) )
    {
        switch (recebuffer[3])
        {
          case 0:                                      //非报警数据
            alarmled _ 0;
            buzzer _ stop();
          case 1:                                      //一级报警数据
            alarmled _ 1;
            buzzer _ star(2000);
          case 2:                                      //二级报警数据
            alarmled _ 1;
            buzzer _ star(1000);
          case 3:                                      //三级报警数据
            alarmled _ 1;
            buzzer _ star(500);
        }
        //
    }
}
//主程序
int main(int argc, char * argv[])
{
        struct termios newtio,newstdtio;
        pthread _ t th _ a,th _ b;
        void * retval;
        fdcom = open(COM2, O _ RDWR,0);                //打开串口驱动
        if (fdcom < 0){
            errorled _ 1;
            return -1;
        }
        fdled = open("/dev/leds", 0);                  //打开 LED 驱动
        if (fdled < 0){
            errorled _ 1;
            return -1;
        }
        fdadc = open("/dev/adc", 0);                   //打开 AD 驱动
        if (fdadc < 0){
            errorled _ 1;
            return -1;
        }
        //设置串口
        tcgetattr(fdcom,&newstdtio);
        newtio.c _ cflag = BAUDRATE | HUPCL | CS8 | CREAD | CLOCAL;
```

```
        newtio.c_iflag = IGNPAR;
        newtio.c_oflag = 0;
        newtio.c_lflag = 0;
        newtio.c_cc[VMIN] = 1;
        newtio.c_cc[VTIME] = 0;
        tcflush(fdcom, TCIFLUSH);
        tcsetattr(fdcom,TCSANOW,&newtio);                    //设置串口属性
    read_alarm();  //读报警参数
        QApplication a(argc, argv);
        MainWindow w;
        //建立信号与槽的连接
    QObject::connect(&alarmdata,SIGNAL(dalarm(int,int,int,int)),&w,SLOT(alarmdataplay(int,int,int,
int)),Qt::QueuedConnection);
        w.showFullScreen();
        pthread_create(&th_a, NULL, receive, 0);             //接收线程
        pthread_create(&th_b, NULL, send, 0);                //发送线程
        a.exec();
        pthread_join(th_a, &retval);                         //等待线程结束
        pthread_cancel(th_b);
        pthread_join(th_b, &retval);
        close(fdcom);                                        //关闭驱动
        close(fdled);
        close(fdadc);
    }
```

10.2　CAN 总线应用实例

10.2.1　CAN 总线概述

实例 1 的基于 ARM 的可燃气体报警系统项目中，采用无线通信模式将数据发送给管理主机，然而对于有些特殊场合是无法使用无线通信技术的，例如地下储油设施等，这时可以采用 CAN 总线结构传输数据。

CAN（Controller Area Network）是一种先进的串行通信协议，它有效支持分布式控制和实时控制，并采用了带优先级的 CSMA/CD 协议对总线进行仲裁。CAN 总线允许多站点同时发送，这样，既能保证信息处理的实时性，又使得 CAN 总线网络可以构成多主从结构的系统，从而保证系统的可靠性。另外，CAN 采用短帧结构，且每帧信息都有校验及其他检错措施，可保证数据的实时性和低传输出错率。CAN 总线与一般的通信总线相比，结构简单，只需要两个输出端 CAN_H 和 CAN_L 与物理总线相连，具有很好的可靠性和灵活性。

理想情况下，在由 CAN 总线构成的单一网络中可以挂接任意多个节点，但实际应用中，节点的数目受网络硬件的电气特性所限制。一般情况下，同一网络中允许挂接 110 个节点。CAN 可以提供 1Mbit/s 的数据传输率。本实例中，系统采用 CAN 总线结构，实现多区域分布式数据采集和控制，其系统结构如图 10-22 所示。

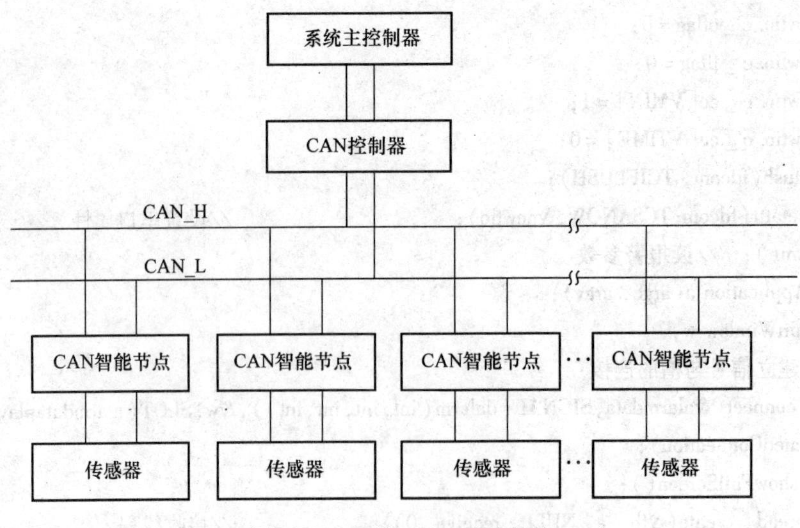

图 10-22　系统 CAN 总线结构

10.2.2　CAN 智能节点的设计

CAN 智能节点可以独立完成数据采集、保存、显示、报警等功能，同时可以将采集数据发送到主控制器，实现远程监控。CAN 智能节点由 S3C2410 处理器、MCP2510CAN 总线控制器、TJA1050CAN 总线收发器以及相应的数据采集电路和显示电路构成。CAN 智能节点的结构如图 10-23 所示。有关数据采集电路和显示电路可参照 10.2 节内容。

CAN 智能节点采用 MCP2510 作为 CAN 总线控制器，MCP2510 与 S3C2410 通过 SPI 总线连接，TJA1050 为 CAN 总线收发器。MCP2510 支持 CAN1.2、CAN2.0A、主动和被动 CAN2.0B 等版本的协议，能够发送和接收标准和扩展报文。MCP2510 还同时具备验收过滤及报文管理功能，MCP2510 包含三个发送缓冲器和两个接收缓冲器，减少了处理器的负担。

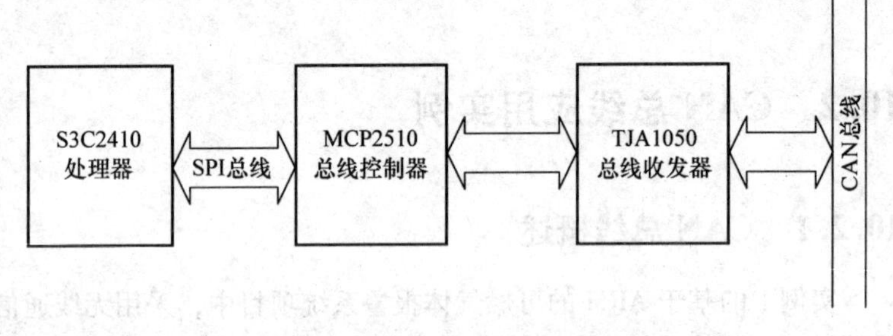

图 10-23　CAN 总线智能节点的结构

MCP2510 支持五种工作模式，即配置模式、正常模式、睡眠模式、监听模式、回环模式。

1）配置模式：正常运行之前，必须对 MCP2510 进行初始化，只有在配置模式下，才能对该器件进行初始化。在初始上电或复位后，该器件自动进入配置模式。

2）正常模式：该模式为 MCP2510 的标准工作模式。该模式下 MCP2510 主动监视总线上的所有报文，并产生确认位和错误帧等。只有在正常工作模式下，MCP2510 才能在 CAN 总线上进行报文传输。

3）睡眠模式：MCP2510 具有内部休眠模式，从而降低了该器件的功耗。即使 MCP2510 处于休眠模式，SPI 接口仍能保持正常工作状态，以允许访问了该器件内的所有寄存器。

4）监听模式：监听模式使 MCP2510 可以接收包括错误报文在内的所有报文。这种模式可用于总线监视的应用和热插拔状态下的波特率检测。

5）回环模式：此模式可使 MCP2510 内部发送缓冲器和接收缓冲器之间无需通过 CAN 总线进行报文自发自收。该模式主要用于系统研发和测试。

10.2.3　CAN 接口电路的设计

CAN 总线接口电路如图 10-24 所示。

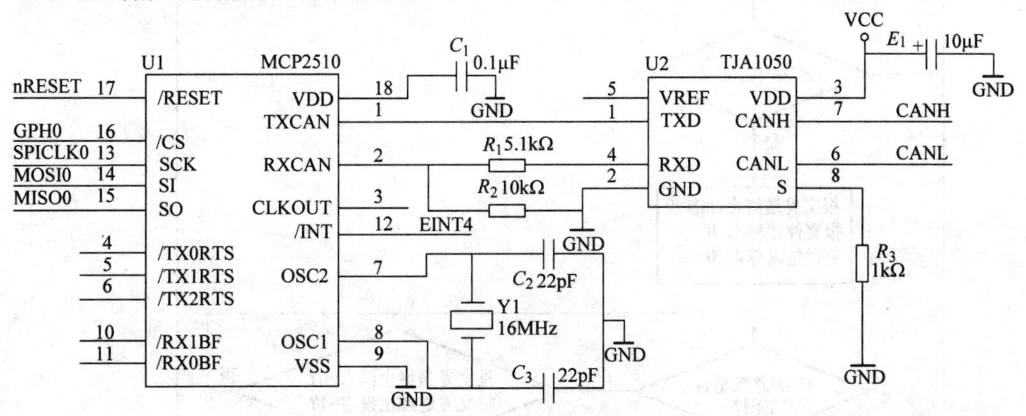

图 10-24　CAN 总线接口电路

图 10-24 中，MCP2510 使用 3.3V 电压供电，它可以通过 SPI 接口与 S3C2410 的 SPI0 直接相连。外部数据和命令通过 SI 引脚传送到器件中，而数据在 SCK 时钟信号的上升沿传送进去。MCP2510 在 SCK 下降沿通过 SO 引脚发送复位、读、写、发送请求、读状态位及位修改命令。有关 SPI 详细的输入输出时序，请参见第 2 章 SPI 总线部分。其他使用的相关资源如下：

1）使用一个通用 I/O 口（GPH0）作为片选信号，低电平有效。

2）采用 S3C2410 的外部中断 EINT4 作为中断引脚，低电平有效。

3）16MHz 晶体振荡器作为输入时钟，MCP2510 内部有晶体振荡电路，可以直接起振。

4）S3C2410 的 SPI0 接口与 MCP2510 的 SPI 接口相连接。

TJA1050 是 CAN 协议控制器和物理总线之间的接口，可以为总线提供发送、接收功能。TJA1050 有一个电流限制电路，保护发送器的输出级，防止由正或负电源电压意外造成的短路对 TJA1050 的损坏。另外，TJA1050 还有一个温度保护电路，当与发送器的连接点的温度超过大约 165℃时，会断开与发送器的连接。TJA1050 的引脚 S 可以选择两种工作模式：高速模式或静音模式。高速模式就是普通的工作模式或者默认工作模式，将引脚 S 接地或者不连接，就可以进入这种模式。将 S 引脚连接到 VCC 即进入静音模式。静音模式下，发送器是禁能的，但器件的其他功能可以继续使用。静音模式可以防止在 CAN 控制器不受控制时对网络通信造成堵塞。

10.2.4　报文的发送与接收

MCP2510 的三个发送缓冲器，每个发送缓冲器占据 14 字节的 SRAM，并映射到存储器中。其中，第 1 个字节 TXBnCTRL 是与报文缓冲器相关的控制寄存器，该寄存器中的信息决定了报文在何种条件下被发送，并在报文发送时指示其状态；中间的 5 个字节用来装载标准和扩展标识符以及其他报文仲裁信息；最后 8 个字节用来装载等待发送的报文的 8 个的数据字节。

MCP2510 通过 SPI 接口写寄存器可以设定控制寄存器中的发送控制位，用以启动相应发送缓冲器的报文发送。但将寄存器中发送控制位置位并不能启动报文发送，而是仅仅将发送缓冲器标记为准备发送，只有当器件检测到总线空闲时，才会启动报文发送，而且优先级最高的报文将首先发送。如果报文发送失败，则发送控制位将保持置位，表明该报文仍在等待发送。如果报文发送已开始但发生错误，则发送错误标志位或仲裁失败标志位将被置位，器件将会在 INT 引脚产生中断。报文发送成功后，寄存器中发送控制位将被清除。报文发送流程如图 10-25 所示。

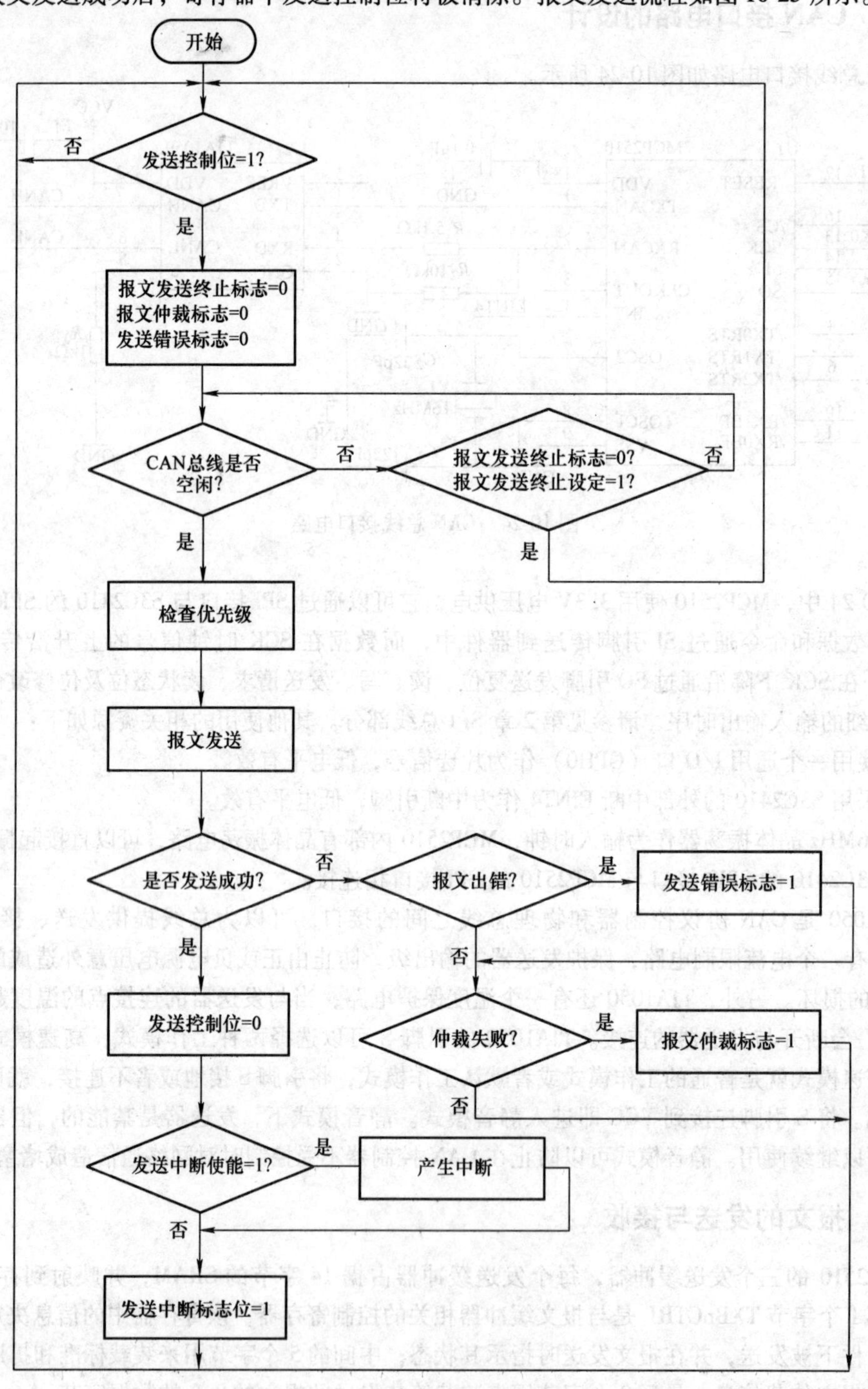

图 10-25　报文发送流程

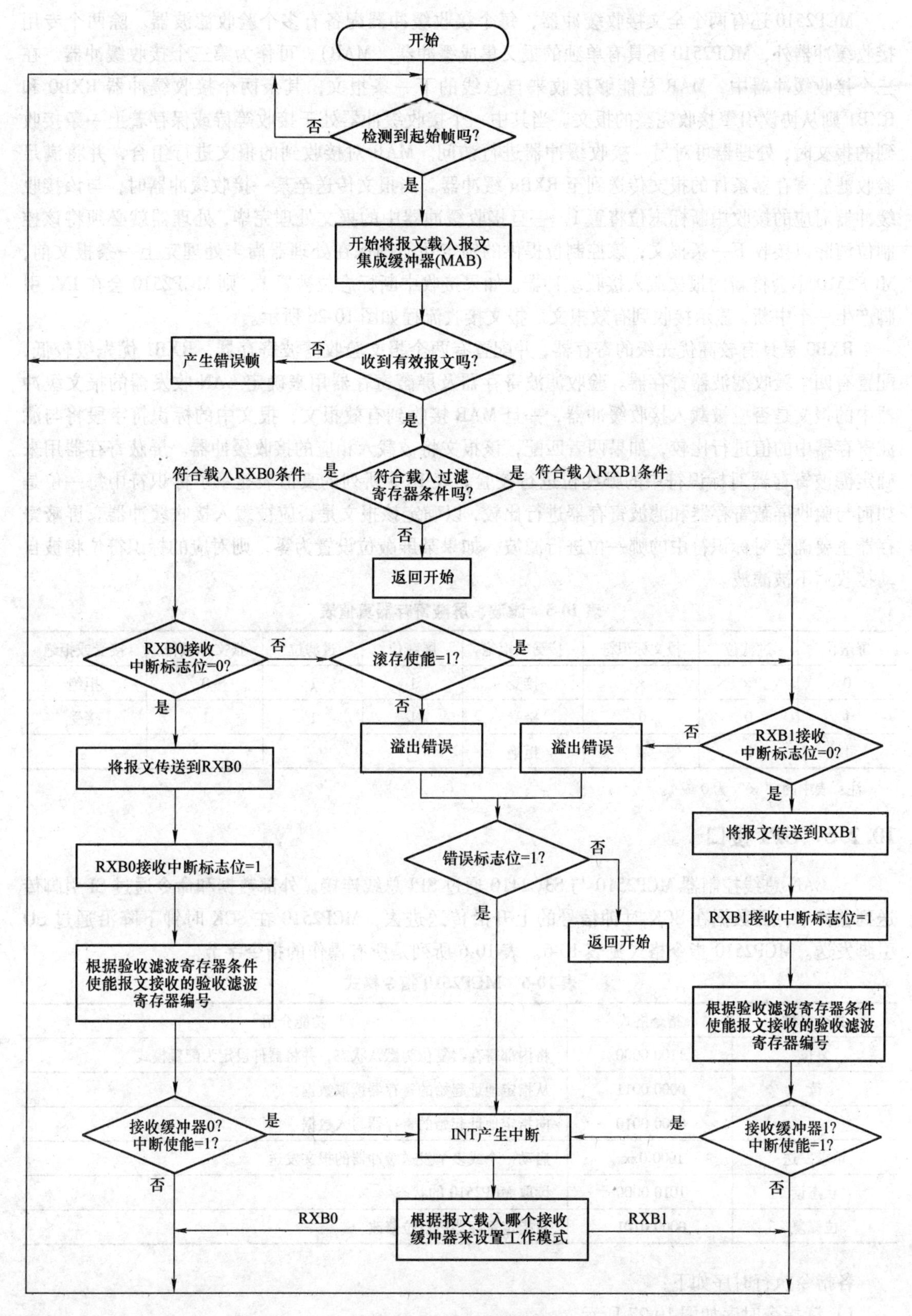

图10-26　报文接收流程

MCP2510 还有两个全文接收缓冲器，每个接收缓冲器配备有多个验收滤波器。除两个专用接收缓冲器外，MCP2510 还具有单独的报文集成缓冲器（MAB），可作为第三个接收缓冲器。在三个接收缓冲器中，MAB 总能够接收来自总线的下一条报文，其余两个接收缓冲器 RXB0 和 RXB1 则从协议引擎接收完整的报文。当其中一个接收缓冲器处于接收等待或保存着上一条接收到的报文时，处理器可对另一接收缓冲器进行访问。MAB 对接收到的报文进行组合，并将满足验收滤波寄存器条件的报文传送到至 RXBn 缓冲器。当报文传送至某一接收缓冲器时，与该接收缓冲器对应的接收中断标志位将置 1。一旦接收缓冲器中的报文处理完毕，处理器就必须将该控制位清除以接收下一条报文，该控制位提供的锁定功能确保在处理器尚未处理完上一条报文前，MCP2510 不会将新的报文载入接收缓冲器。如果接收中断标志位被置 1，则 MCP2510 会在 INT 引脚产生一个中断，显示接收到有效报文。报文接收流程如图 10-26 所示。

RXB0 是具有较高优先级的寄存器，并配置有两个报文验收滤波寄存器，RXB1 优先级较低，配置有四个验收滤波器寄存器。验收滤波寄存器及屏蔽寄存器用来确定 CAN 收发器的报文缓冲器中的报文是否应被载入接收缓冲器，一旦 MAB 接收到有效报文，报文中的标识符字段将与滤波寄存器中的值进行比较，如果两者匹配，该报文将被载入相应的接收缓冲器。屏蔽寄存器用来确定滤波寄存器对标识符中的哪些位进行校验。表 10-5 所列的真值表显示了标识符中每一位是如何与验收屏蔽寄存器和滤波寄存器进行比较，以确定该报文是否应被载入接收缓冲器。屏蔽寄存器主要确定对标识符中的哪一位进行滤波，如果某屏蔽位设置为零，则对应的标识符位将被自动接收而不被滤波。

表 10-5　滤波、屏蔽寄存器真值表

屏蔽位	过滤位	报文标识符	接受或拒绝	屏蔽位	过滤位	报文标识符	接受或拒绝
0	×	×	接受	1	1	0	拒绝
1	0	0	接受	1	1	1	接受
1	0	1	拒绝				

注：表中的“×”为 0 或 1。

10.2.5　SPI 接口

CAN 总线控制器 MCP2510 与 S3C2410 通过 SPI 总线连接。外部数据和命令通过 SI 引脚传送到器件中，而数据在 SCK 时钟信号的上升沿传送进去，MCP2510 在 SCK 时钟下降沿通过 SO 引脚发送。MCP2510 指令格式见表 10-6。表 10-6 所列是所有操作的指令字节。

表 10-6　MCP2510 指令格式

指令名称	指令格式	功能介绍
复位	1100 0000	将内部寄存器复位为默认状态，并将器件设定为配置模式
读	0000 0011	从指定地址起始的寄存器读取数据
写	0000 0010	向指定地址起始的寄存器写入数据
请求发送	1000 0xxx	启动一个或多个发送缓冲器的报文发送
状态读	1010 0000	读取 MCP2510 的状态
位修复	0000 0101	对指定寄存器进行位修改

各指令执行时序如下：

1）读指令时序如图 10-27 所示。

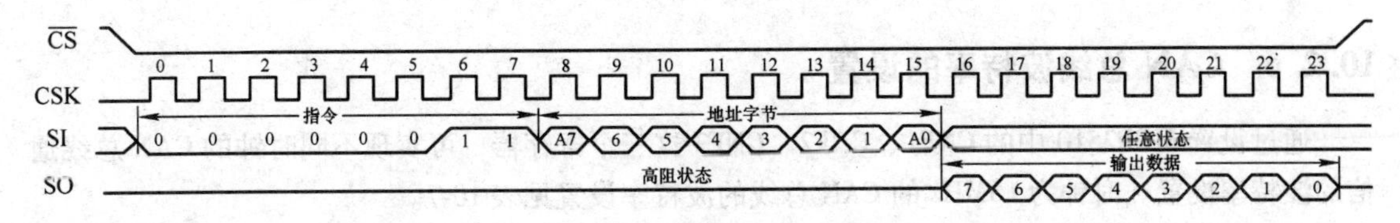

图 10-27　读指令时序

2）写指令时序如图 10-28 所示。

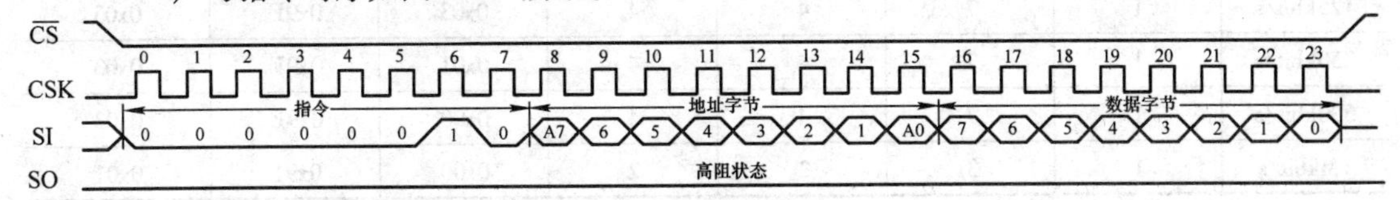

图 10-28　写指令时序

3）请求发送指令时序如图 10-29 所示。

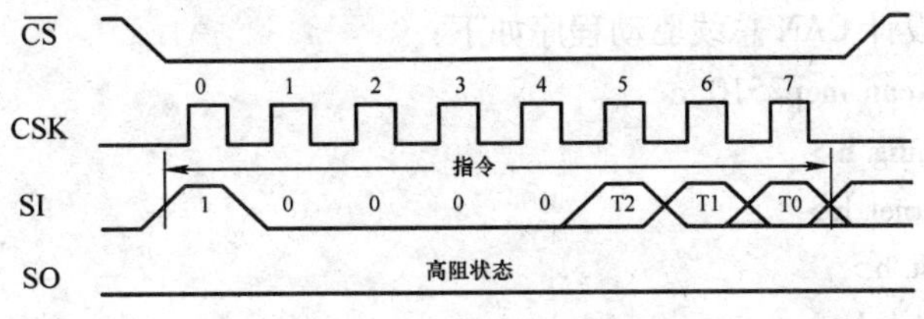

图 10-29　请求发送指令时序

4）复位指令时序如图 10-30 所示。

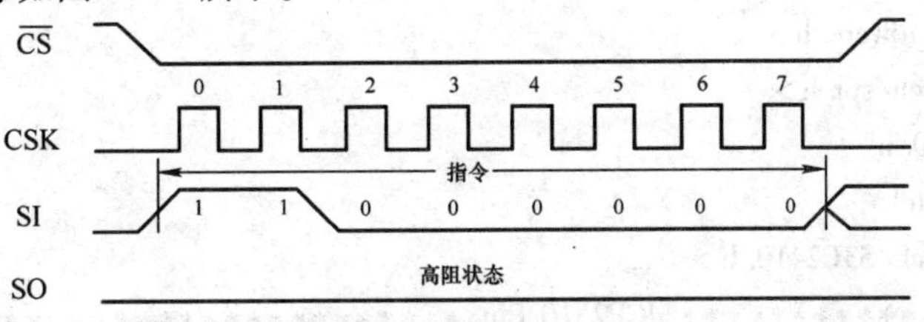

图 10-30　复位指令时序

5）状态读指令时序如图 10-31 所示。

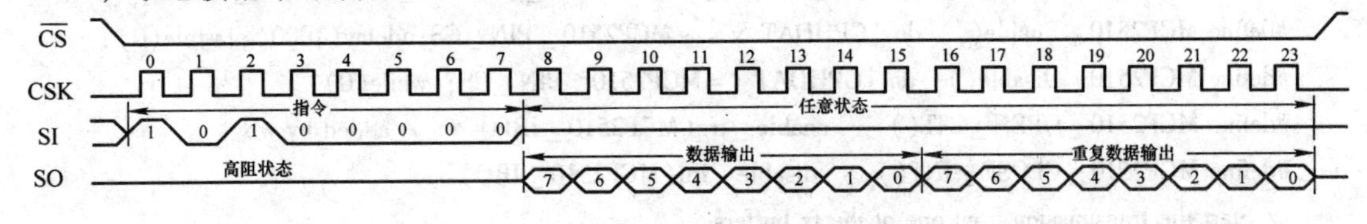

图 10-31　状态读指令时序

6）位修改指令时序如图 10-32 所示。

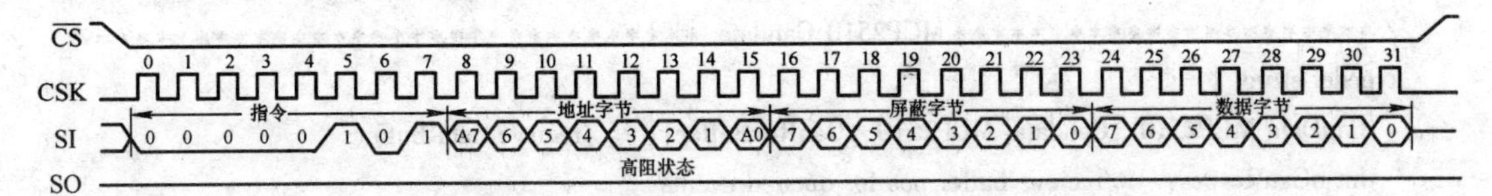

图 10-32　位修改指令时序

10.2.6 CAN 总线波特率的设置

通过设置 MCP2510 中的 CNF1、CNF2、CNF3 这三个寄存器，可实现不同时钟的 CAN 总线通信的波特率设置。时钟为 16MHz 的 CAN 总线的波特率设置见表 10-7。

表 10-7 CAN 总线的波特率设置

波特率	同步段	传输段	相位 1	相位 2	CNF1	CNF2	CNF3
125kbit/s	1	7	4	4	0x03	0x9E	0x03
250kbit/s	1	7	4	4	0x01	0x9E	0x03
500kbit/s	1	7	4	4	0x00	0x9E	0x03
1Mkbit/s	1	3	2	2	0x00	0x91	0x01

10.2.7 CAN 总线驱动程序

根据上述分析，设计 CAN 总线驱动程序如下：

文件名：s3c2410-can-mcp2510.c

```
#include <linux/config.h>
#include <linux/kernel.h>
#include <linux/init.h>
#include <linux/delay.h>
#include <linux/spinlock.h>
#include <linux/delay.h>
#include <asm/hardware.h>
#include <asm/arch/spi.h>
#include "mcp2510.h"
#include "up-can.h"
#include <asm/arch/S3C2410.h>
/*********************** MCP2510 Pin ***********************************/
#define MCP2510_IRQ     IRQ_EINT4  //IRQ_EINT6
#define MCP2510_PIN_CS     (1)  //GPIO_H0
#define GPIO_MCP2510_CS  (GPIO_MODE_OUT | GPIO_PULLUP_DIS | GPIO_H0)
#define MCP2510_Enable()  do {GPHDAT &= ~MCP2510_PIN_CS;udelay(1000);} while(0);
#define MCP2510_Disable()  do {GPHDAT |= MCP2510_PIN_CS;} while(0);
#define MCP2510_OPEN_INT()     enable_irq(MCP2510_IRQ)     //added by wb
#define MCP2510_CLOSE_INT()     disable_irq(MCP2510_IRQ)
// Start the transmission from one of the tx buffers.
#define MCP2510_transmit(address)
  do{MCP2510_WriteBits(address, TXB_TXREQ_M, TXB_TXREQ_M);}while(0)
#define MCP2510_CanRevBuffer  128  //CAN 接收缓冲区大小
/*********************** MCP2510 Candata *********************************/
typedef struct {
  CanData MCP2510_Candata[MCP2510_CanRevBuffer];  //recieve data buffer
  int nCanRevpos;  //recieve buffer pos for queued events
  int nCanReadpos;  //read buffer pos for queued events
```

```
    int loopbackmode;
    wait_queue_head_t wq;
    spinlock_t lock;
}Mcp2510_DEV;
static Mcp2510_DEV mcp2510dev;
#define NextCanDataPos(pos)
    do{(pos) = ((pos) + 1 > = MCP2510_CanRevBuffer? 0: (pos) + 1);}while(0)
#define DEVICE_NAME        "s3c2410-mcp2510"
#define SPIRAW_MINOR   1
static int Major =0;
static int opencount =0;
#define TRUE 1
#define FALSE 0
//#define SendSIOData(data) SPISend(data,0)
//#define ReadSIOData()   SPIRecv(0)
static void   SendSIOData(unsigned int data)
{
      SPISend(data,0);
}
static unsigned int ReadSIOData()
{
      return SPIRecv(0);
}
static inline void MCP2510_Reset(void)
{
      MCP2510_Enable();
      SendSIOData(MCP2510INSTR_RESET);
      MCP2510_Disable();
}
static void MCP2510_Write(int address, int value)
{
      int flags;
      local_irq_save(flags);
      MCP2510_Enable();
      SendSIOData(MCP2510INSTR_WRITE);
      SendSIOData((unsigned char)address);
      SendSIOData((unsigned char)value);
      MCP2510_Disable();
      local_irq_restore(flags);
}
static unsigned char MCP2510_Read(int address)
{
      unsigned char result;
      int flags;
```

```
    local _ irq _ save(flags);
    MCP2510 _ Enable();
    SendSIOData(MCP2510INSTR _ READ);
    SendSIOData((unsigned char)address);
    SendSIOData(0);
    result = ReadSIOData();
    MCP2510 _ Disable();
    local _ irq _ restore(flags);
    return result;
}
static unsigned char MCP2510 _ ReadStatus(void)
{
    unsigned char result;
    int flags;
    local _ irq _ save(flags);
    MCP2510 _ Enable();
    SendSIOData(MCP2510INSTR _ RDSTAT);
    SendSIOData(0);
    result = ReadSIOData();
    MCP2510 _ Disable();
    local _ irq _ restore(flags);
    return result;
}
static void MCP2510 _ WriteBits( int address, int data, int mask )
{
    int flags;
    local _ irq _ save(flags);
    MCP2510 _ Enable();
    SendSIOData(MCP2510INSTR _ BITMDFY);
    SendSIOData((unsigned char)address);
    SendSIOData((unsigned char)mask);
    SendSIOData((unsigned char)data);
    MCP2510 _ Disable();
    local _ irq _ restore(flags);
}
/ ******************************************** \
*   序列读取 MCP2510 数据                       *
\ ********************************************/
static void MCP2510 _ SRead( int address, unsigned char * pdata, int nlength )
{
    int i;
    int flags;
    local _ irq _ save(flags);
    MCP2510 _ Enable();
```

```
    SendSIOData(MCP2510INSTR_READ);
    SendSIOData((unsigned char)address);
    for (i=0; i<nlength; i++) {
        SendSIOData(0);
        *pdata = ReadSIOData();
        pdata++;
    }
    MCP2510_Disable();
    local_irq_restore(flags);
}
/****************************************\
*   序列写入 MCP2510 数据                *
\****************************************/
static void MCP2510_Swrite(int address, unsigned char * pdata, int nlength)
{
    int i;
    int flags;
    local_irq_save(flags);
    MCP2510_Enable();
    SendSIOData(MCP2510INSTR_WRITE);
    SendSIOData((unsigned char)address);
    for (i=0; i < nlength; i++) {
        SendSIOData((unsigned char) * pdata);
        pdata++;
    }
    MCP2510_Disable();
    local_irq_restore(flags);
}
/*******************************************************\
*   设置 MCP2510 CAN 总线波特率                          *
*   参数: bandrate 为所设置的波特率                      *
*       IsBackNormal 为是否要返回 Normal 模式            *
\*******************************************************/
static void MCP2510_SetBandRate(CanBandRate bandrate, int IsBackNormal)
{
    // Go into configuration mode
    MCP2510_Write(MCP2510REG_CANCTRL, MODE_CONFIG);
    switch(bandrate){
    case BandRate_125kbps:
        MCP2510_Write(CNF1, SJW1|BRP4);  //Synchronization Jump Width Length =1 TQ
        // Phase Seg 1 =4, Prop Seg =7
        MCP2510_Write(CNF2, BTLMODE_CNF3|(SEG4<<3)|SEG7);
        MCP2510_Write(CNF3, SEG4);// Phase Seg 2 =4
        break;
```

```
case BandRate_250kbps:
    MCP2510_Write(CNF1, SJW1|BRP2);   //Synchronization Jump Width Length = 1 TQ
    // Phase Seg 1 = 4, Prop Seg = 7
    MCP2510_Write(CNF2, BTLMODE_CNF3|(SEG4 << 3)|SEG7);
    MCP2510_Write(CNF3, SEG4);// Phase Seg 2 = 4
    break;
case BandRate_500kbps:
    MCP2510_Write(CNF1, SJW1|BRP1);   //Synchronization Jump Width Length = 1 TQ
    // Phase Seg 1 = 4, Prop Seg = 7
    MCP2510_Write(CNF2, BTLMODE_CNF3|(SEG4 << 3)|SEG7);
    MCP2510_Write(CNF3, SEG4);// Phase Seg 2 = 4
    break;
case BandRate_1Mbps:
    MCP2510_Write(CNF1, SJW1|BRP1);   //Synchronization Jump Width Length = 1 TQ
    // Phase Seg 1 = 2, Prop Seg = 3
    MCP2510_Write(CNF2, BTLMODE_CNF3|(SEG3 << 3)|SEG2);
    MCP2510_Write(CNF3, SEG2);// Phase Seg 2 = 1
    break;
}
if(IsBackNormal){
    //Enable clock output
    MCP2510_Write(CLKCTRL, MODE_NORMAL | CLKEN | CLK1);
    }
}
/****************************************  \
 *  读取 MCP2510 CAN 总线 ID                *
 *  参数: address 为 MCP2510 寄存器地址      *
 *        can_id 为返回的 ID 值             *
 *  返回值                                  *
 *  TRUE,表示是扩展 ID(29 位)               *
 *  FALSE,表示非扩展 ID(11 位)              *
\****************************************  /
static int MCP2510_Read_Can_ID( int address, __u32 * can_id)
{
    __u32 tbufdata;
    unsigned char * p = (unsigned char * )&tbufdata;
    MCP2510_SRead(address, p, 4);
    * can_id = (tbufdata << 3) | ((tbufdata >> 13)&0x7);
    * can_id & = 0x7ff;
    if ( (p[MCP2510LREG_SIDL] & TXB_EXIDE_M) ==  TXB_EXIDE_M ) {
        * can_id = ( * can_id << 2) | (p[MCP2510LREG_SIDL] & 0x03);
        * can_id  <<= 16;
        * can_id | = tbufdata >> 16;
        return TRUE;
```

```
    }
    return FALSE;
}
/ ******************************************************* \
 *  读取 MCP2510 接收的数据                              *
 *  参数:                                                *
 *     nbuffer 为第几个缓冲区可以为 3 或者 4             *
 *     CanData 为 CAN 数据结构                           *
\ ******************************************************* /
static void MCP2510 _ Read _ Can( unsigned char nbuffer, PCanData candata)
{
    unsigned char mcp _ addr = ( nbuffer << 4)  + 0x31, ctrl;
    int IsExt;
    char dlc;
    IsExt = MCP2510 _ Read _ Can _ ID( mcp _ addr, &( candata -> id) ) ;
    ctrl = MCP2510 _ Read( mcp _ addr - 1) ;
    dlc = MCP2510 _ Read( mcp _ addr + 4) ;
    if ( ( ctrl & 0x08) ) {
        candata -> rxRTR = TRUE;
    }
    else{
        candata -> rxRTR = FALSE;
    }
    dlc & = DLC _ MASK;
    MCP2510 _ SRead( mcp _ addr + 5, candata -> data, dlc) ;
    candata -> dlc = dlc;
}
/ ******************************************* \
 *  设置 MCP2510 CAN 总线 ID                 *
 *  参数: address 为 MCP2510 寄存器地址      *
 *      can _ id 为设置的 ID 值              *
 *      IsExt 表示是否为扩展 ID              *
\ ******************************************* /
static void MCP2510 _ Write _ Can _ ID( int address, __ u32 can _ id, int IsExt)
{
    __ u32 tbufdata;
    if ( IsExt) {
        can _ id & = 0x1fffffff;  //29 位
        tbufdata = can _ id &0xffff;
        tbufdata <<= 16;
        tbufdata| = ( ( can _ id >> ( 18 - 5) ) &( ~0x1f) ) ;
        tbufdata | = TXB _ EXIDE _ M;
    }
    else{
```

```
        can_id& = 0x7ff;  //11 位
        tbufdata = (can_id >> 3) | ((can_id&0x7) << 13);
    }
    MCP2510_Swrite(address, (unsigned char *)&tbufdata, 4);
    MCP2510_Read_Can_ID(address, &tbufdata);
    DPRINTK("write can id = %x, result id = %x\n",can_id, tbufdata);
}
/*********************************************************\
 *  写入 MCP2510 发送的数据                                   *
 *  参数:                                                   *
 *    nbuffer 为第几个缓冲区可以为 0、1、2                      *
 *    CanData 为 CAN 数据结构                                 *
\*********************************************************/
static void MCP2510_Write_Can( unsigned char nbuffer, PCanData candata)
{
    unsigned char dlc;
    unsigned char mcp_addr = (nbuffer << 4) + 0x31;
    dlc = candata -> dlc;
    MCP2510_Swrite(mcp_addr + 5, candata -> data, dlc);  // write data bytes
    MCP2510_Write_Can_ID( mcp_addr, candata -> id,candata -> IsExt);  // write CAN id
    if (candata -> rxRTR)
        dlc | = RTR_MASK;  // if RTR set bit in byte
    MCP2510_Write((mcp_addr + 4), dlc);          // write the RTR and DLC
}
/*********************************************************\
 *  write and send Can data                                *
 *  we must set can id first.                              *
 *  parament:                                              *
 *    nbuffer: which buffer, should be: 0, 1, 2            *
 *    pbuffer: send data                                   *
 *    nbuffer: size of data                                *
\*********************************************************/
static void MCP2510_Write_CanData( unsigned char nbuffer, char * pbuffer, int nsize)
{
    unsigned char dlc;
    unsigned char mcp_addr = (nbuffer << 4) + 0x31;
    dlc = nsize&DLC_MASK;  //nbuffer must <= 8
    MCP2510_Swrite(mcp_addr + 5, pbuffer, dlc);  // write data bytes
    MCP2510_Write((mcp_addr + 4), dlc);          // write the RTR and DLC
}
/*********************************************************\
 *  write and send Remote Can Frame                        *
 *  we must set can id first.                              *
 *  parament:                                              *
```

```
 *      nbuffer: which buffer, should be: 0, 1, 2              *
\*****************************************************/
static void MCP2510_Write_CanRTR( unsigned char nbuffer)
{
    unsigned char dlc = 0;
    unsigned char mcp_addr = (nbuffer << 4) + 0x31;
    dlc |= RTR_MASK;   // if RTR set bit in byte
    MCP2510_Write((mcp_addr + 4), dlc);                  // write the RTR and DLC
}
static void MCP2510_Setup(PCanFilter pfilter)
{
    if(pfilter){                                   //有过滤器
        MCP2510_WriteBits(RXB0CTRL, (RXB_BUKT|RXB_RX_STDEXT|RXB_RXRTR|RXB_
RXF0), 0xFF);
        MCP2510_WriteBits(RXB1CTRL, RXB_RX_STDEXT, 0xFF);
    }
    else{
        MCP2510_WriteBits(RXB0CTRL, (RXB_BUKT|RXB_RX_ANY|RXB_RXRTR), 0xFF);
        MCP2510_WriteBits(RXB1CTRL, RXB_RX_ANY, 0xFF);
    }
}
/***********************************************************\
发送数据 参数:data:发送数据;Note:使用三个缓冲区循环发送
\***********************************************************/
static int ntxbuffer = 0;
static inline void MCP2510_canTxBuffer(void)
{
    switch(ntxbuffer){
    case 0:
        MCP2510_transmit(TXB0CTRL);
        ntxbuffer = 1;
        break;
    case 1:
        MCP2510_transmit(TXB1CTRL);
        ntxbuffer = 2;
        break;
    case 2:
        MCP2510_transmit(TXB2CTRL);
        ntxbuffer = 0;
        break;
    }
}
static inline void MCP2510_canWrite(PCanData data)
{
```

```
    MCP2510_Write_Can(ntxbuffer, data);
    MCP2510_canTxBuffer();
}
static inline void MCP2510_canWriteData(char *pbuffer, int nbuffer)
{
    MCP2510_Write_CanData(ntxbuffer, pbuffer, nbuffer);
    MCP2510_canTxBuffer();
}
static inline void MCP2510_canWriteRTR(void)
{
    MCP2510_Write_CanRTR(ntxbuffer);
    MCP2510_canTxBuffer();
}
/**************************************************************\
                中断服务程序
\**************************************************************/
static void s3c2410_isr_mcp2510(int irq, void *dev_id, struct pt_regs *reg)
{
    unsigned char byte;
    DPRINTK("enter interrupt! \n");
    byte = MCP2510_Read(CANINTF);
    if(byte & RX0INT){
MCP2510_Read_Can(3,&(mcp2510dev.MCP2510_Candata[mcp2510dev.nCanRevpos]));
        MCP2510_WriteBits(CANINTF, ~RX0INT, RX0INT); // Clear interrupt
        NextCanDataPos(mcp2510dev.nCanRevpos);
        DPRINTK("mcp2510dev.nCanRevpos = %d\n", mcp2510dev.nCanRevpos);
        DPRINTK("mcp2510dev.nCanReadpos = %d\n", mcp2510dev.nCanReadpos);
    }
    if(byte & RX1INT){
MCP2510_Read_Can(4,&(mcp2510dev.MCP2510_Candata[mcp2510dev.nCanRevpos]));
        MCP2510_WriteBits(CANINTF, ~RX1INT, RX1INT); // Clear interrupt
        NextCanDataPos(mcp2510dev.nCanRevpos);
    }
    if(byte & (RX0INT|RX1INT)){
        wake_up_interruptible(&(mcp2510dev.wq));
    }
}
/************************************************************\
    CAN 设备初始化函数
    参数: bandrate,CAN 波特率
\************************************************************/
static int init_MCP2510(CanBandRate bandrate)
{
    unsigned char i,j,a;
```

```
    MCP2510_Reset();
    MCP2510_SetBandRate(bandrate,FALSE);
    // Disable interrups.
    MCP2510_Write(CANINTE, NO_IE);
    // Mark all filter bits as don't care:
    MCP2510_Write_Can_ID(RXM0SIDH, 0, TRUE);
    MCP2510_Write_Can_ID(RXM1SIDH, 0, TRUE);
    // Anyway, set all filters to 0:
    MCP2510_Write_Can_ID(RXF0SIDH, 0, 0);
    MCP2510_Write_Can_ID(RXF1SIDH, 0, 0);
    MCP2510_Write_Can_ID(RXF2SIDH, 0, 0);
    MCP2510_Write_Can_ID(RXF3SIDH, 0, 0);
    MCP2510_Write_Can_ID(RXF4SIDH, 0, 0);
    MCP2510_Write_Can_ID(RXF5SIDH, 0, 0);
    MCP2510_Write_Can_ID(TXB0SIDH, 123, 0);
    MCP2510_Write_Can_ID(TXB1SIDH, 100, 0);
    MCP2510_Write_Can_ID(TXB2SIDH, 111, 0);
    //Enable clock output
    MCP2510_Write(CLKCTRL, MODE_LOOPBACK| CLKEN | CLK1);
    // Clear, deactivate the three transmit buffers
    a = TXB0CTRL;
    for (i=0; i < 3; i++) {
        for (j=0; j < 14; j++) {
            MCP2510_Write(a, 0);
            a++;
            }
        a += 2; // We did not clear CANSTAT or CANCTRL
    }
    // and the two receive buffers.
    MCP2510_Write(RXB0CTRL, 0);
    MCP2510_Write(RXB1CTRL, 0);
    return 0;
}
static void MCP2510_SetFilter(PCanFilter pfilter)
{
    MCP2510_Write(MCP2510REG_CANCTRL, MODE_CONFIG);
    // Disable interrups.
    MCP2510_Write(CANINTE, NO_IE);
    if(! pfilter){
        // Mark all filter bits as don't care:
        MCP2510_Write_Can_ID(RXM0SIDH, 0, TRUE);
        MCP2510_Write_Can_ID(RXM1SIDH, 0, TRUE);
        // Anyway, set all filters to 0:
        MCP2510_Write_Can_ID(RXF0SIDH, 0, 0);
```

```
        MCP2510_Write_Can_ID(RXF1SIDH, 0, 0);
        MCP2510_Write_Can_ID(RXF2SIDH, 0, 0);
        MCP2510_Write_Can_ID(RXF3SIDH, 0, 0);
        MCP2510_Write_Can_ID(RXF4SIDH, 0, 0);
        MCP2510_Write_Can_ID(RXF5SIDH, 0, 0);
    }
    else{
        // Mark
        MCP2510_Write_Can_ID(RXM0SIDH, pfilter->Mask, TRUE);
        MCP2510_Write_Can_ID(RXM1SIDH, pfilter->Mask, TRUE);
        // set all filters to same = pfilter->Filter;
        MCP2510_Write_Can_ID(RXF0SIDH, pfilter->Filter, pfilter->IsExt);
        MCP2510_Write_Can_ID(RXF1SIDH, pfilter->Filter, pfilter->IsExt);
        MCP2510_Write_Can_ID(RXF2SIDH, pfilter->Filter, pfilter->IsExt);
        MCP2510_Write_Can_ID(RXF3SIDH, pfilter->Filter, pfilter->IsExt);
        MCP2510_Write_Can_ID(RXF4SIDH, pfilter->Filter, pfilter->IsExt);
        MCP2510_Write_Can_ID(RXF5SIDH, pfilter->Filter, pfilter->IsExt);
    }
    //Enable clock output
    if(mcp2510dev.loopbackmode)
        MCP2510_Write(CLKCTRL, MODE_LOOPBACK| CLKEN | CLK1);
    else
        MCP2510_Write(CLKCTRL, MODE_NORMAL| CLKEN | CLK1);
    // and the two receive buffers.
    MCP2510_Write(RXB0CTRL, 0);
    MCP2510_Write(RXB1CTRL, 0);
    MCP2510_Setup(pfilter);
}
static int s3c2410_mcp2510_ioctl(struct inode *inode, struct file *file, unsigned int cmd, unsigned long
arg)
{
    int flags;
local_irq_save(flags);
    switch (cmd){
    case UPCAN_IOCTRL_SETBAND:      //set can bus band rate
        MCP2510_SetBandRate((CanBandRate)arg ,TRUE);
        mdelay(10);
        break;
    case UPCAN_IOCTRL_SETID:  //set can frame id data
        MCP2510_Write_Can_ID(TXB0SIDH, arg, arg&UPCAN_EXCAN);
        MCP2510_Write_Can_ID(TXB1SIDH, arg, arg&UPCAN_EXCAN);
        MCP2510_Write_Can_ID(TXB2SIDH, arg, arg&UPCAN_EXCAN);
        break;
    case UPCAN_IOCTRL_SETLPBK:  //set can device in loop back mode or normal mode
```

```
        if(arg){
            MCP2510_Write(CLKCTRL, MODE_LOOPBACK| CLKEN | CLK1);
            mcp2510dev.loopbackmode = 1;
        }
        else{
            MCP2510_Write(CLKCTRL, MODE_NORMAL| CLKEN | CLK1);
            mcp2510dev.loopbackmode = 0;
        }
        break;
    case UPCAN_IOCTRL_SETFILTER://set a filter for can device
        MCP2510_SetFilter((PCanFilter)arg);
        break;
    }
local_irq_restore(flags);
    DPRINTK("IO control command = 0x%x\n", cmd);
    return 0;
}
/*****************************************************************\
 *   write and send Can data interface for can device    file        *
 *   there are 2 mode for send data:                                 *
 *       1, if write data size = sizeof(CanData) then send a full can frame *
 *       2, if write data size  <= 8 then send can data,             *
 *           we must set frame id first                              *
\*****************************************************************/
static ssize_t s3c2410_mcp2510_write(struct file *file, const char *buffer,
                size_t count, loff_t * ppos)
{
    char sendbuffer[sizeof(CanData)];
    if(count == sizeof(CanData)){
        //send full Can frame ---frame id and frame data
        copy_from_user(sendbuffer, buffer, sizeof(CanData));
        MCP2510_canWrite((PCanData)sendbuffer);
        DPRINTK("Send a Full Frame\n");
        return count;
    }
    if(count > 8)
        return 0;
    //count  <= 8
    copy_from_user(sendbuffer, buffer, count);
    MCP2510_canWriteData(sendbuffer, count);
    DPRINTK("Send data size = %d\n", count);
        DPRINTK("data = %x,%x,%x,%x,%x,%x,%x,%x\n",
        sendbuffer[0],sendbuffer[1],sendbuffer[2],sendbuffer[3],
        sendbuffer[4],sendbuffer[5],sendbuffer[6],sendbuffer[7]);
```

```
        return count;
}
static int RevRead(CanData  * candata _ ret)
{
        spin _ lock _ irq( &( mcp2510dev. lock) ) ;
        memcpy( candata _ ret,
                &( mcp2510dev. MCP2510 _ Candata[ mcp2510dev. nCanReadpos] ) ,
                sizeof( CanData) ) ;
        NextCanDataPos( mcp2510dev. nCanReadpos) ;
        spin _ unlock _ irq( &( mcp2510dev. lock) ) ;
        return sizeof( CanData) ;
}
static ssize _ t s3c2410 _ mcp2510 _ read( struct file  * filp,char  * buffer, size _ t count, loff _ t  * ppos)
{
        CanData candata _ ret;
        DPRINTK( " run in s3c2410 _ mcp2510 _ read\n" ) ;
retry:
        if ( mcp2510dev. nCanReadpos  !  =    mcp2510dev. nCanRevpos) {
                int count;
                count = RevRead( &candata _ ret) ;
                if ( count)  copy _ to _ user(buffer, ( char  * ) &candata _ ret, count) ;
                DPRINTK( " read data size = % d\n" , count) ;
                DPRINTK( " id = % x, data = % x,% x,% x,% x,% x,% x,% x,% x\n",
                        candata _ ret. id, candata _ ret. data[0] ,
                        candata _ ret. data[1] , candata _ ret. data[2] ,
                        candata _ ret. data[3] , candata _ ret. data[4] ,
                        candata _ ret. data[5] , candata _ ret. data[6] ,
                        candata _ ret. data[7] ) ;
                return count;
        } else {
                if (filp -> f _ flags & O _ NONBLOCK) {
                        return  - EAGAIN;
                }
                interruptible _ sleep _ on( &( mcp2510dev. wq) ) ;
                if ( signal _ pending( current) ) {
                        return  - ERESTARTSYS;
                }
                goto retry;
        }
        DPRINTK( " read data size = % d\n" , sizeof( candata _ ret) ) ;
        return sizeof( candata _ ret) ;
}
static int s3c2410 _ mcp2510 _ open( struct inode  * inode, struct file  * file)
{
```

```
    int i,j,a;
    if(opencount == 1)
        return -EBUSY;
    opencount ++;
    memset(&mcp2510dev, 0 ,sizeof(mcp2510dev));
    init_waitqueue_head(&(mcp2510dev.wq));
    //Enable clock output
    MCP2510_Write(CLKCTRL, MODE_NORMAL| CLKEN | CLK1);
    // Clear, deactivate the three transmit buffers
    a = TXB0CTRL;
    for (i=0; i < 3; i++) {
        for (j=0; j < 14; j++) {
            MCP2510_Write(a, 0);
            a++;
        }
            a += 2; // We did not clear CANSTAT or CANCTRL
    }
    // and the two receive buffers.
    MCP2510_Write(RXB0CTRL, 0);
    MCP2510_Write(RXB1CTRL, 0);
    //Open Interrupt
    MCP2510_Write(CANINTE, RX0IE|RX1IE);
    MCP2510_Setup(NULL);
    MCP2510_OPEN_INT();
    set_gpio_ctrl(GPIO_MCP2510_CS);
    MOD_INC_USE_COUNT;
    DPRINTK("device open\n");
    return 0;
}
static int s3c2410_mcp2510_release(struct inode *inode, struct file *filp)
{
    opencount --;
    MCP2510_Write(CANINTE, NO_IE);
    MCP2510_Write(CLKCTRL, MODE_LOOPBACK| CLKEN | CLK1);
    MCP2510_CLOSE_INT();
    MOD_DEC_USE_COUNT;
    DPRINTK("device release\n");
    return 0;
}
static struct file_operations s3c2410_fops = {
    owner:  THIS_MODULE,
    write:  s3c2410_mcp2510_write,
    read:   s3c2410_mcp2510_read,
    ioctl:  s3c2410_mcp2510_ioctl,
```

```
    open:  s3c2410_mcp2510_open,
    release:  s3c2410_mcp2510_release,
};
#ifdef CONFIG_DEVFS_FS
static devfs_handle_t devfs_spi_dir, devfs_spiraw;
#endif
static int __init s3c2410_mcp2510_init(void)
{
    int ret;
    int flags;
    set_gpio_ctrl(GPIO_MCP2510_CS);
    local_irq_save(flags);
    init_MCP2510(BandRate_250kbps);
    /* Register IRQ handlers */
    ret = set_external_irq(MCP2510_IRQ, EXT_LOWLEVEL, GPIO_PULLUP_DIS);
    if (ret)
        return ret;
    local_irq_restore(flags);
    ret = register_chrdev(0, DEVICE_NAME, &s3c2410_fops);
    if (ret < 0) {
        printk(DEVICE_NAME " can't get major number\n");
        return ret;
    }
    Major = ret;
    /* Enable touch interrupt */
    ret = request_irq(MCP2510_IRQ, s3c2410_isr_mcp2510, SA_INTERRUPT,
            DEVICE_NAME, s3c2410_isr_mcp2510);
    if (ret)
        return ret;
    MCP2510_CLOSE_INT();
#ifdef CONFIG_DEVFS_FS
    devfs_spi_dir = devfs_mk_dir(NULL, "can", NULL);
    devfs_spiraw = devfs_register(devfs_spi_dir, "0", DEVFS_FL_DEFAULT,
            Major, SPIRAW_MINOR, S_IFCHR | S_IRUSR | S_IWUSR,
            &s3c2410_fops, NULL);
#endif
    printk(DEVICE_NAME " initialized\n");
    return 0;
}
static void __exit s3c2410_mcp2510_exit(void)
{
    printk(DEVICE_NAME " unloaded\n");
}
module_init(s3c2410_mcp2510_init);
```

```
module_exit(s3c2410_mcp2510_exit);
```

10.2.8　CAN 应用程序

综合分析 CAN 应用程序设计如下：

```
#include <stdio.h>
#include <unistd.h>
#include <fcntl.h>
#include <time.h>
#include <sys/ioctl.h>
#include <pthread.h>
#include "up-can.h"
#define CAN_DEV      "/dev/can/0"
static int can_fd = -1;
static void * canRev(void * t)
{
    CanData  data;
    int i;
    DPRINTF("can recieve thread begin.\n");
    for(;;){
        read(can_fd, &data, sizeof(CanData));
        for(i=0;i<data.dlc;i++)
            putchar(data.data[i]);
        fflush(stdout);
    }
    return NULL;
}
#define MAX_CANDATALEN      8
static void CanSendString(char *pstr)
{
    CanData data;
    int len = strlen(pstr);
    memset(&data,0,sizeof(CanData));
    data.id = 0x123;
    data.dlc = 8;
    for(;len > MAX_CANDATALEN;len -= MAX_CANDATALEN){
        memcpy(data.data, pstr, 8);
        write(can_fd, &data, sizeof(data));   //write(can_fd, pstr, MAX_CANDATALEN);
        pstr += 8;
    }
    data.dlc = len;
    memcpy(data.data, pstr, len);
    write(can_fd, &data, sizeof(CanData));  //write(can_fd, pstr, len);
}
```

```
int main(int argc, char * * argv)
{
    int i;
    pthread_t th_can;
    static char str[256];
    static const char quitcmd[] = "\\q!";
    void * retval;
    int id = 0x123;
    char usrname[100] = {0,};
        if((can_fd = open(CAN_DEV, O_RDWR)) <0){
                printf("Error opening %s can device\n", CAN_DEV);
                return 1;
        }
    ioctl(can_fd, UPCAN_IOCTRL_PRINTRIGISTER, 1);
    ioctl(can_fd, UPCAN_IOCTRL_SETID, id);
#ifdef DEBUG
    ioctl(can_fd, UPCAN_IOCTRL_SETLPBK, 1);
#endif
    pthread_create(&th_can, NULL, canRev, 0);   //* Create the threads */
    printf("\nPress \"%s\" to quit! \n", quitcmd);
    printf("\nPress Enter to send! \n");
    if(argc ==2){                              //Send user name
        sprintf(usrname, "%s: ", argv[1]);
    }
    for(;;){
        int len;
        scanf("%s", str);
        if(strcmp(quitcmd, str) ==0){
            break;
        }
        if(argc = =2)                          //Send user name
            CanSendString(usrname);
        len = strlen(str);
        str[len] = '\n';
        str[len +1] =0;
        CanSendString(str);
    }
    printf("\n");
    close(can_fd);
    return 0;
}
```

为了开发和调试方便，此应用程序设置的 CAN 总线模块为自回环方式，在终端上输入任意一串字符，都会通过 CAN 总线在终端上收到同样的字符串。

本章内容来源于河南省科技攻关计划项目（092102210008）的支持。

本章小结

本章通过两个实例详细介绍了ARM9的开发过程。实例1重点介绍了“基于ARM的可燃气体报警系统”的实现方法，硬件部分给出了详细的设计电路，包括电源电路、复位电路、存储器扩展电路、LCD触摸屏电路、串口电路、数据采样电路等；软件部分采用Linux和Qt4为开发平台，运用多线程技术以提高系统的实时性能，并给出了驱动程序和应用程序源代码。实例2在上述工程实例基础上进一步介绍了采用CAN总线通信的应用，重点讲述了CAN总线智能节点、接口电路设计以及总线驱动程序设计，并给出了完整的设计程序。

思考与练习

10-1　ARM9系统的存储系统NAND Flash和NOR Flash有什么区别？

10-2　在触摸屏电路设计中，处理器怎样计算触点坐标X与Y位置？

10-3　在应用程序中是如何调用设备驱动程序的？应用程序与驱动程序之间怎样实现数据传递？

10-4　Qt中信号与槽是怎样建立连接的？

10-5　CAN控制器怎样区分判断接收属于自己的数据？

参 考 文 献

[1] Raj Kamal. 嵌入式系统——体系结构、编程与设计 [M]. 北京：清华大学出版社，2005.

[2] 张绮文，王廷广. ARM 嵌入式应用开发完全自学手册 [M]. 北京：电子工业出版社，2009.

[3] Andrew N Sloss. ARM 嵌入式系统开发——软件设计与优化 [M]. 北京：北京航空航天大学出版社，2005.

[4] Qing Li. 嵌入式系统的实时概念 [M]. 北京：北京航空航天大学出版社，2004.

[5] 商斌. 嵌入式 LinuxC 语言开发入门与编程实践 [M]. 北京：电子工业出版社，2008.

[6] 宋延昭. 嵌入式操作系统介绍及选型原则 [J]. 工业控制计算机，2005，18 (7).

[7] 何立民. 物联网概述第 4 篇：物联网时代嵌入式系统的华丽转身 [J]. 单片机与嵌入式系统应用，2012，1.

[8] 何立民. 嵌入式系统支柱学科的交叉与融合 [J]. 单片机与嵌入式系统应用，2008，5.

[9] http：//www. arm. com/zh/products/processors/instruction-set-architectures/index. php

[10] 贾智平，张瑞华. 嵌入式系统原理与接口技术 [M]. 北京：清华大学出版社，2005.

[11] 王黎明，陈双桥，等. ARM9 嵌入式系统开发与实践 [M]. 北京：北京航空航天大学出版社，2008.

[12] 三恒星科技. ARM9 原理与应用设计 [M]. 北京：电子工业出版社，2008.

[13] 林晓飞，刘彬，等. 基于 ARM 嵌入式 Linux 应用开发与实例教程 [M]. 北京：清华大学出版社，2007.

[14] http：//www. linuxidc. com/Linux/2011-09/43817. htm

[15] http：//www. ednchina. com

[16] http：//www. doc88. com

[17] http：//www. eechina. com/

[18] Samsung Electronics. S3C2410X 32-Bit RISC Microprocessor User's Manual，2003.

[19] 博创科技. UP-NetARM2410-S 嵌入式系统实验指导书. 2006.

[20] http：//www. arm. com/products/processors/classic/arm7/index. php

[21] http：//www. actel. com/intl/china/products/mpu/coremp7/default. aspx

[22] http：//www. arm. com/products/processors/classic/arm9/index. php

[23] 徐英慧，马忠梅，王磊，等. ARM9 嵌入式系统设计——基于 S3C2410X 与 Linux [M]. 北京：北京航空航天大学出版社，2007.

[24] 李新峰，何广生，赵秀文. 基于 ARM9 的嵌入式 Linux 开发技术 [M]. 北京：电子工业出版社，2008.

[25] 孙天泽，袁文菊，张海峰. 嵌入式设计及 Linux 驱动开发指南——基于 ARM9 处理器 [M]. 北京：电子工业出版社，2005.

[26] 于明，范书瑞，曾祥烨. ARM9 嵌入式系统设计与开发教程 [M]. 北京：电子工业出版社，2006.

[27] 陈渝. 嵌入式系统原理及应用开发 [M]. 北京：机械工业出版社，2008.

[28] 陈渝. 嵌入式系统实践教程 [M]. 北京：机械工业出版社，2008.

[29] 孙天泽，袁文菊. 嵌入式设计及 Linux 驱动开发指南——基于 ARM9 处理器 [M]. 2 版. 北京：电子工业出版社，2006.

[30] 杨水清，张剑，施云飞. ARM 嵌入式 Linux 系统开发技术详解 [M]. 北京：电子工业出版社，2008.

[31] 俞辉. 嵌入式 Linux 程序设计案例与实验教程 [M]. 北京：机械工业出版社，2009.

[32] 陈虎，吴涛，张安定. 嵌入式系统课程设计［M］. 北京：机械工业出版社，2008.
[33] http：//www. gnu. org/
[34] http：//www. 51cto. com/
[35] Jonaehan Corbet. Linux 网络设备驱动程序［M］. 魏永明，等译. 北京：中国电力出版社，2010.
[36] 陈莉君. 深入分析 Linux 内核源代码［M］. 北京：人民邮电出版社，2002.
[37] http：//www. minigui. org/
[38] http：//www. fmsoft. cn/
[39] http：//www. microwindows. org/
[40] http：//www. tutok. sk/fastgl/
[41] http：//qt. nokia. com/
[42] http：//qt. nokia. com/title-cn/
[43] 陈赜. ARM 嵌入式技术原理与应用［M］. 北京：北京航空航天大学出版社，2011.